T0132914

Leibniz
et la méthode de la science

DU MÊME AUTEUR

L'empirisme de Locke, La Haye, M. Nihoff (Springer), 1973.

Genèse de la théorie cellulaire, Paris/Montréal, Vrin/Bellarmin, 1987.

La dynamique de Leibniz, Paris, Vrin, 1994.

Philosophie de la biologie, Paris, P.U.F., 1997.

Vitalisms. From Haller to the Cell Theory, F. Duchesneau & G. Cimino (eds.), Florence, Leo S. Olschki, 1997.

Les modèles du vivant de Descartes à Leibniz, Paris, Vrin, 1998.

Kant actuel. Hommage à Pierre Laberge, F. Duchesneau, G. Lafrance & C. Piché (dir.), Paris/Montréal, Vrin/Bellarmin, 2000.

Leibniz selon les Nouveaux Essais sur l'entendement humain, F. Duchesneau & J. Griard (dir.), Paris/Montréal, Vrin/Bellarmin, 2006.

Leibniz. Le vivant et l'organisme, Paris, Vrin, 2010.

La physiologie des Lumières. Empirisme, modèles et théories, Paris, Classiques Garnier, 2012.

Claude Bernard. La méthode de la physiologie, F. Duchesneau, J.-J. Kupiec & M. Morange (dir.), Paris, Éditions Rue d'Ulm. 2013.

The Leibniz-Stahl Controversy, F. Duchesneau & J. E. H. Smith (eds.), New Haven, Yale University Press, 2016.

Organisme et corps organique de Leibniz à Kant, Paris, Vrin, 2018.

MATHESIS

Directeur : Hourya Benis SINACEUR

François **DUCHESNEAU**

Leibniz
et la méthode de la science

Deuxième édition augmentée

PARIS

LIBRAIRIE PHILOSOPHIQUE J. VRIN

6 place de la Sorbonne, V e

2022

Première édition © Presses Universitaires de France, 1993
Réimpression augmentée © *Librairie Philosophique J. VRIN*, 2022

ISSN 1765-8055
ISBN 978-2-7116-3012-7
www.vrin.fr

ABRÉVIATIONS

Œuvres de Leibniz

A   *G. W. Leibniz. Sämtliche Schriften und Briefe*, hrsg. von der Akademie der Wissenchaften, Darmstadt(-Berlin), Akademie-Verlag, 1923-…

GM   *G. W. Leibniz. Mathematische Schriften*, hrsg. von C. I. Gerhardt (1849-1863), Hildesheim, G. Olms, 1971, 7 vol.

GP   *Die philosophischen Schriften von G.W. Leibniz*, hrsg. von C. I. Gerhardt (1875-1890), Hildesheim, G. Olms, 1965, 7 vol.

Dutens   *G. W. Leibniz, Opera omnia*, collecta studio L. Dutens [1768], Hildesheim, G, Olms, 1989, 7 vol.

C   *Opuscules et fragments inédits de Leibniz*, éd. L. Couturat [1903], Hildesheim, G. Olms, 1988.

Grua   *G. W. Leibniz. Textes inédits*, publiés et annotés par G. Grua, Paris, P.U.F., 1948, 2 vol.

Autres abréviations

AT   DESCARTES (René), *Œuvres de Descartes*, éd. C. Adam et P. Tannery, nouvelle présentation par B. Rochot et P. Costabel, Paris, Vrin, 1964-1974, 11 vol.

AVANT-PROPOS

Une première édition de ce livre est parue aux Presses Universitaires de France en 1993 : comme elle est épuisée, les exemplaires en sont désormais peu accessibles. Mes collègues leibniziens m'ont convaincu qu'il importait de rendre *Leibniz et la méthode de la science* de nouveau disponible. Ils m'ont fait valoir deux raisons à cet égard : malgré son importance, le sujet a été peu traité ; l'étude que j'ai réalisée reste d'actualité. Une autre raison de rééditer m'est apparue. Leibniz distinguait en la « science générale » des « fondements » (*initia*) et des « échantillons » (*specimina*)[1]. L'œuvre que j'ai consacrée à la philosophie et à la science de Leibniz se partage aussi en fondements et en échantillons. Les échantillons figurent d'abord dans *La dynamique de Leibniz* (Paris, Vrin, 1994), puis dans le triptyque que représentent *Les modèles du vivant de Descartes à Leibniz* (Paris, Vrin, 1998) ; *Leibniz. Le vivant et l'organisme* (Paris, Vrin, 2010) ; *Organisme et corps organique de Leibniz à Kant* (Paris, Vrin, 2018). Sans prise en compte des fondements, l'éclairage des échantillons reste insuffisant et l'on manque surtout à rendre pleine justice à l'œuvre épistémique de celui dont Fontenelle disait qu'il « mena de front toutes les sciences »[2]. Or, s'agissant de la méthode de la science selon Leibniz, je me suis particulièrement intéressé aux questions de fondements. Puisse cette nouvelle édition, revue et augmentée, inciter les chercheurs d'aujourd'hui et de demain à reprendre le flambeau de l'étude qu'on doit en faire !

Montréal,
12 avril 2021

---

1. Voir en particulier *Initia et Specimina scientiæ generalis de instauratione et augmentis scientiarum*, été-automne 1679 (?), A VI 4, 357-361.
2. B. Le Bovier de Fontenelle, *Éloge de M. Leibnitz*, Dutens I, XX.

INTRODUCTION

La construction théorique est au cœur des débats contemporains en philosophie des sciences. Ces débats prennent plusieurs formes. L'une des principales formes d'interrogation porte sur le rapport logique des hypothèses à leur base de validation empirique. Les analyses critiques qui se sont exercées à l'égard des thèses du positivisme logique ont révélé à quel point les projections explicatives de concepts et de lois outrepassent le niveau des propositions qui sont censées rapporter l'ordre observable des phénomènes. S'estompe désormais l'image, héritée du newtonianisme, d'une science de la nature empiriquement fondée et procédant à des dérivations inductives de significations conceptuelles à l'appui de ses explications causales. L'analyse épistémologique des sciences contemporaines de la nature nous apprend que nous reconstruisons le donné empirique en l'exprimant par des modèles mathématisés. Elle nous apprend, par ailleurs, que nos représentations théoriques destinées à exprimer l'ordre profond des choses, celui qui sous-tend les lois empiriques, sont des constructions éphémères et provisoires dont la fonction essentielle consiste à symboliser un système possible de raisons déterminantes derrière l'écran des phénomènes, eux-mêmes retranscrits à l'aide de modèles analogiques. Mais ce système de représentation théorique ne peut être quelconque : il incarne l'effort spéculatif de la raison. Or cet effort est spécifique : il se distingue d'un effort de type plus général tel celui qui sous-tend les constructions métaphysiques et qui, à la limite, pourrait ne répondre qu'à des contraintes d'ordre logique. Par contraste, l'activité rationnelle à l'œuvre dans la science, elle aussi soumise à des normes logiques, s'exerce sous la contrainte additionnelle que l'outil conceptuel puisse nous permettre d'expliquer l'ordre des phénomènes. D'où le postulat d'un pouvoir d'intervention de nos spéculations rationnelles dites scientifiques dans le champ d'une expérience mathématiquement normée et empiriquement confirmée. À défaut de satisfaire à ce postulat, ces spéculations ne seraient, dirait-on, que de la métaphysique. Les concepts théoriques ont un double pouvoir d'intervention : ils servent à édifier une représentation systématique et logique de l'ordre des causes ; ils servent à instruire le procès de validation empirique des hypothèses causales.

Les considérations épistémologiques générales que nous venons de rappeler se situent en nette avancée par rapport aux thèses principielles du positivisme logique, elles-mêmes étayées sur une conception de la méthode d'inspiration newtonienne. Or, même si l'on décide de les accepter pour l'essentiel, il s'en faut de beaucoup que l'on puisse faire état d'une doctrine cohérente et non problématique en philosophie contemporaine des sciences, voire d'un consensus sur la signification des concepts de base dont les philosophes se servent pour décrire l'activité scientifique. En phase postpositiviste, la recherche épistémologique se concentre, semble-t-il, autour de deux pôles : celui de la relativité historique de la connaissance scientifique d'une part, celui de sa signification métaphysique de l'autre, ou plus exactement celui de la frontière indécise entre science et métaphysique.

La science évolue ; ses concepts changent ; ses théories émergent dans un contexte de spéculation où se mêlent les motivations philosophiques et celles qui tiennent aux institutions et aux conditions sociales et culturelles. Surtout la science se défait constamment : elle n'incarne qu'une rationalité provisionnelle. La discontinuité du processus d'évolution en science a fait l'objet de multiples analyses. On a tenté en particulier de fournir des modèles du processus d'accréditation et de rejet des théories : ces modèles devaient faire droit aux facteurs « rationnels » non logiques qui pouvaient rendre compte de l'invention théorique et des mutations conceptuelles et méthodologiques. Ainsi contestait-on les modèles que le positivisme logique nous avait légués et qui représentaient le discours scientifique comme un système symbolique articulé selon des règles de syntaxe logique, dont la validation reposerait exclusivement sur la possibilité de traduire les propositions théoriques en propositions observationnelles. De tels modèles ne pouvaient rejoindre qu'une histoire factice et intemporelle de la science, sans rapport avec le développement réel des théories et des pratiques méthodologiques. D'où l'objectif de constituer une philosophie des sciences explicative de l'histoire réelle ou du moins congruente par rapport à celle-ci. D'où les multiples tentatives, qui, depuis la parution de l'ouvrage de Thomas Kuhn, *The Structure of Scientific Revolutions* (1962), se sont ébauchées en vue d'éclairer épistémologiquement les phases d'élaboration des disciplines scientifiques. Mais, en intégrant de multiples facteurs sociologiques à l'analyse, ne risque-t-on pas de perdre de vue la signification de l'entreprise rationnelle dont on veut figurer le développement concret, ou du moins de la réduire à un bricolage *ad hoc*, dont la cohérence serait plus rhétorique que logique, dont les assises seraient institutionnelles, et dont la visée serait celle du pouvoir, que celui-ci fût technologique, sociopolitique, culturel, ou économique? L'effacement progressif de l'histoire dite internaliste de la science au profit de l'histoire dite externaliste, d'allégeance sociologique, accentue la tendance à interpréter sur le mode relativiste les éléments mêmes du discours scientifique : théories, lois, concepts, modèles mathématiques, protocoles expérimentaux.

Or l'histoire des sciences, qu'on le veuille ou non, ne peut se pratiquer sans un certain nombre d'instruments épistémologiques. Inventions philosophiques, ces instruments sont donc de nature conceptuelle; et leur destination principale est de cerner l'élément proprement rationnel qui articule les mutations de la science, et sans lequel on ne pourrait même pas parler de mutations. Cet élément, c'est celui de la méthode. Car une démarche d'analyse, de construction et de contrôle fonde la représentation scientifique des phénomènes et détermine le pouvoir d'intervention de la science dans l'ordre naturel. S'il est un fait historique indéniable, c'est bien celui-ci : la réflexion sur la méthode a constamment accompagné l'œuvre de science, en en établissant le dessein et en en interprétant l'actualisation. Le XVIIᵉ siècle fut le siècle de la méthode scientifique, celui aussi au cours duquel science moderne s'est véritablement constituée. Aux philosophes d'alors, le concept de méthode apparaissait véritablement au centre de toute préoccupation théorique légitime. Ce concept était en partage entre philosophes et scientifiques. Entre les deux catégories d'artisans de la raison, le clivage des fonctions ne s'était guère produit; il sera principalement le fruit du kantisme, à la fin du XVIIIᵉ siècle. Sans doute vivons-nous aujourd'hui les conséquences multiples, souvent pernicieuses, de cette division radicale du travail. Mais, à défaut d'être lui-même artisan en méthode scientifique, le philosophe devrait-il désormais s'interdire de déployer quelque effort d'analyse afin de cerner, à travers la diversité et la contingence des pratiques historiques de la science, une continuité de stratégies rationnelles?

C'est pourquoi, parmi les modèles historicistes que les épistémologues ont su développer, j'avais naguère trouvé des mérites particuliers à la méthodologie des programmes de recherche scientifique de Lakatos[1]. Partant du falsificationnisme de Popper, Imre Lakatos avait tenté de formuler un modèle du développement scientifique qui pût corriger les difficultés de la formule falsificationniste : ces difficultés tenaient à l'absence d'argument positif menant au choix des hypothèses, alors même que celles-ci se montrent susceptibles de résistance croissante à l'infirmation empirique ; elles tenaient aussi au caractère paradoxal d'une progression rationnelle de la connaissance scientifique par négations successives. Le modèle que Lakatos propose implique que les théories se développent par versions en série : transformant les instances infirmatives des versions précédentes en instances corroboratives, des théories de plus en plus englobantes s'élaborent. Une démarche progressive s'instaure grâce à des corroborations empiriques effectives que les nouvelles versions des théories permettent de prévoir. Il suffit que la progression théorique soit ainsi de temps en temps attestée par ces corroborations pour que le *problemshift* soit considéré non comme dégénératif – cas d'hypothèses *ad hoc* sérielles sans profit heuristique – mais comme progressif. Toute théorie comprend un complexe d'énoncés constitutifs. Or aussi bien les hypothèses représentant le niveau théorique que les propositions représentant par décision méthodologique la base empirique de contrôle peuvent subir des révisions qui assurent le contrôle critique du processus explicatif. Le développement du système logique d'inférences répond à la fin pragmatique d'une subordination croissante des anomalies à la synthèse théorique, sans que croisse indûment le recours aux constructions *ad hoc*. Ainsi Lakatos peut-il décrire de simples phases d'ajustement théorique aussi bien que des processus d'innovation heuristique et de remplacement radical : alors les théories peuvent même cesser d'être tout à fait commensurables dans leurs postulats théoriques sans cesser de l'être au plan des implications empiriques permettant de les contrôler et d'en comparer la fécondité. Ces implications empiriques formeraient ainsi, par décision méthodologique, une base objective de contrôle des constructions théoriques.

1. Voir I. Lakatos, *Philosophical Papers*, vol. I : *The Methodology of Scientific Research Programmes*, Cambridge, CUP, 1978.

Le modèle proposé semble assez flexible pour traduire des épisodes importants dans le développement des sciences de la nature contemporaines. Il est surtout conçu de manière à fournir une représentation du mécanisme par lequel les chercheurs font évoluer la problématique. Dans la construction d'un programme de recherche, interviennent en particulier des concepts programmatiques et des propositions soustraites à l'infirmation empirique et servant à déterminer le développement d'hypothèses et d'inférences empiriques. Lakatos divise ce « noyau dur » (*hardcore*) du programme en heuristique négative et heuristique positive. L'heuristique négative serait constituée de présupposés de type métaphysique et méthodologique, restreignant *a priori* et de façon au moins provisionnelle la possibilité de réviser les postulats théoriques en cours d'élaboration : par exemple, chez Newton, les trois axiomes ou lois fondamentales de la mécanique, l'hypothèse corpusculaire, l'indépendance et l'uniformité du temps et de l'espace conditionnant la possibilité de construire la théorie de la gravitation universelle. L'heuristique positive contient les recettes méthodologiques permettant de développer progressivement le programme. Les modèles géométriques de complexité croissante mis en œuvre par Newton dans le premier livre des *Philosophiæ naturalis principia mathematica* (1687) jouaient précisément ce rôle : ils servaient à ajuster, comme par des analogies progressives, les postulats théoriques à la base observationnelle en différant le risque de réfutation prématurée[1].

Mais nous avions proposé certains ajustements au modèle de Lakatos afin de mieux tenir compte des modalités d'évolution des théories scientifiques. En particulier, l'heuristique négative se révèle sans doute dans la plupart des cas moins dogmatique et moins déterminée sur le plan de l'argumentation rationnelle qu'il ne pourrait paraître de prime abord. Il faut surtout y voir un ensemble de conventions plus ou moins explicites qui se justifient par leur capacité de soutenir la stratégie d'invention inhérente à l'heuristique positive. Par ailleurs, il n'y aurait jamais d'heuristique négative régnant de façon exclusive, à la façon somme toute d'un paradigme kuhnien. On aurait plutôt affaire à des séries d'alternatives, les divers membres de chaque alternative coexistant jusqu'à un certain point et suscitant des formes distinctes d'analyse sur les mêmes objets thématiques. Ce serait la fécondité comparative de ces heuristiques négatives contrastées qui servirait de critère pour les départager dans une démarche

---

1. Cette représentation du modèle épistémologique de Lakatos reprend avec quelques nuances celle que l'on trouvait dans F. Duchesneau, *Genèse de la théorie cellulaire*, Montréal/Paris, Bellarmin/Vrin, 1987, p. 14-15.

de perfectionnement théorique. D'un autre côté, il faut comprendre dans l'heuristique positive, une pluralité de principes et de modèles, intervenant à des niveaux variables, entre le plan de la construction théorique et celui de la mise en forme inductive des données empiriques. La cohérence de l'analyse doit être assurée dans le passage d'un niveau à l'autre : d'où l'idée d'une construction hiérarchique d'explications sous l'égide de principes subalternes par rapport à un principe général de raison déterminante. Régler le rapport sémantique d'expression entre les niveaux est sans doute l'objectif dominant dans la constitution d'une heuristique positive. L'avantage d'une telle conception paraît être de resituer le concept de méthode au cœur d'une représentation des formes de la science qui puisse faire droit à la contingence historique de celles-ci.

Suivant l'autre versant des préoccupations épistémologiques contemporaines, le statut des entités théoriques et le mode de structuration des théories ont suscité des controverses importantes qui se poursuivent jusqu'à maintenant. Une fois dépassée la perspective essentiellement syntaxique que le positivisme logique avait savamment élaborée, une analyse désormais plus préoccupée de considérations sémantiques et pragmatiques s'est développée sur la genèse et sur la signification des théories scientifiques et de leurs éléments constitutifs. Que l'on prenne à titre d'exemples les analyses de Bas Van Fraassen dans *The Scientific Image*[1] ou celles de Ian Hacking dans *Representing and Intervening*[2], ou encore celles de Nancy Cartwright dans *How the Laws of Physics Lie*[3]. Dans tous ces cas, le problème principal mis en valeur est celui de la référence des théories physiques, dans un contexte où l'on essaie de départager ce que signifient les concepts et les lois théoriques et en quoi ces concepts et ces lois dénotent ou non des entités et des processus réels. Ce qui est directement mis en cause, c'est le principe de l'inférence à la meilleure explication comme signifiant l'expression d'un niveau fondamental de la réalité. Somme toute, la discrimination est indécise entre la projection d'entités théoriques sous forme de constructions hypothétiques destinées à rendre compte des lois phénoménologiques gouvernant les apparences sensibles, et l'identification de structures fondamentales de la réalité physique qui correspondraient aux lois théoriques dans leur force d'explication causale. Que représentent donc les constructions de la science ?

1. B. C. Van Fraassen, *The Scientific Image*, Oxford, Clarendon Press, 1980.
2. I. Hacking, *Representing and Intervening : Introductory Topics in the Philosophy of Natural Science*, Cambridge, CUP, 1983.
3. N. Cartwright, *How the Laws of Physics Lie*, Oxford, Clarendon Press, 1983.

Un ensemble de fictions rationnelles qui s'avèrent adéquates à l'explication des phénomènes *pro tempore* mais dont on ne peut prétendre qu'elles symbolisent directement la réalité physique : telle est la position que dicterait une méthodologie empiriste enrichie. L'enrichissement consisterait en effet à admettre le pouvoir de construire des édifices conceptuels : ceux-ci, par implications sémantiques, recouvriraient d'une structure explicative l'ordre des phénomènes et permettraient la mise en œuvre d'expérimentations prospectives qui confirmeraient la pertinence heuristique de l'explication. On pourrait à l'inverse, suivant la thèse d'un réalisme critique, présumer que la construction d'hypothèses susceptibles de corroboration croissante atteste d'une adéquation de nos schèmes explicatifs théoriques par rapport au système des causes réelles qu'ils symbolisent. D'où la signification présumée de nos lois et concepts théoriques comme expressifs de la vérité des choses. Dans un tel cas, la construction théorique référerait au système de la nature comme instance privilégiée de l'ordre métaphysique sous-jacent.

Du point de vue épistémologique, le débat du réalisme critique et de l'empirisme constructif se ramène apparemment à la question du type de vérité que l'on croit devoir accorder aux constructions théoriques ; et l'éventail des possibilités est ouvert entre la pure convention symbolique d'une part, la représentation adéquate de structures réelles de l'autre. Évidemment, une telle alternative reflète jusqu'à un certain point des choix métaphysiques irréductibles. De ce point de vue, elle nous semble figurer une sorte d'assignation de la science devant un tribunal de type kantien. Ne risquons-nous pas alors de devenir les victimes plus ou moins conscientes ou consentantes de ces modèles gnoséologiques préalablement définis sous lesquels nous tentons diversement d'inscrire la connaissance scientifique dans sa prétention à l'objectivité ?

Instruit du paradoxe de Duhem-Quine, le philosophe contemporain des sciences se gardera sans doute d'accorder une valeur absolue aux modèles gnoséologiques auxquels a tendu à nous ramener le débat du réalisme et de l'empirisme en ce qui a trait au statut des entités théoriques. L'idée dominante du paradoxe est celle d'une construction théorique qui peut se maintenir en dépit des réfutations apparentes, parce qu'elle serait construite de façon à pouvoir, en vertu de sa complexité interne, indéfiniment reculer l'échéance de corrections majeures à apporter à ses postulats théoriques [1]. Entre les propositions théoriques et les propositions empiriques constitutives d'une même théorie, il est toujours possible d'assurer la cohérence en modifiant ou en ajustant les modèles intermédiaires. Il s'agit de savoir quoi remettre en cause afin de rétablir l'ordre interne dans ce système de conventions symboliques hiérarchiquement intégrées : aucun élément d'un tel système ne peut prétendre à un rapport d'adéquation stricte à une réalité externe dont le sens ne serait pas compris dans et par la construction théorique. Au sens strict d'ailleurs, le paradoxe déjoue tout autant les arguments de l'empirisme que ceux du rationalisme réaliste. En droit, nous pouvons rajuster la cohérence de l'édifice en faisant porter le doute aussi bien sur les lois théoriques que sur les constats empiriques. Dans la pratique toutefois, l'ajustement se produit quelque part dans l'entre-deux des niveaux, à moins que la complexité des corrections à apporter et la convergence des constats empiriques n'incitent à repenser les principes les plus fondamentaux du système théorique. En tout état de cause, force est de constater que les explications scientifiques se modifient en obéissant à des stratégies plus ou moins globales, plus ou moins sectorielles, suivant le cas. Dans tous ces processus de remise en cause, la cohérence et la force explicative sont à coup sûr des valeurs à réaliser, à maintenir ou à rétablir, mais sans doute jamais de façon rigide ou absolument radicale. L'entreprise de la science apparaît sous le jour d'une rationalité opératoire, susceptible d'adaptations multiples. Cela est vrai à l'intérieur d'un système théorique donné, ce que suppose notre interprétation du paradoxe de Duhem-Quine. Mais cette situation est elle-même idéale. Dans les faits, il n'existe sans doute jamais rien de tel qu'un seul système théorique donné, sans aucune alternative possible. La pluralité des hypothèses de base concurrentes est plutôt la règle, ainsi que leur relative convergence ou divergence. Les constructions théoriques sont donc toujours plus hétérogènes et disparates que les philosophes ne le souhaiteraient lorsqu'ils entreprennent de valider leurs modèles épistémologiques par la considération d'exemples et de cas d'espèce.

Alors quel repère nous reste-t-il pour ajuster nos analyses ? Ce repère semble être celui des modèles et des pratiques méthodologiques, tels qu'ils se sont développés dans des phases d'importance déterminante pour la science. Pour comprendre la théorie, peut-on négliger son mode de construction et de changement adaptatif ? Les concepts et les lois, aussi

1. Voir P. Duhem, *La Théorie physique. Son objet – sa structure* [1914], Paris, Vrin, 1989 (2e éd.), p. 303-304 ; W. V. O. Quine, *From a Logical Point of View*, 2nd ed. revised, Cambridge (Mass.), Harvard University Press, 1980, p. 42-43.

bien phénoménologiques que théoriques, voient leur signification déterminée par la stratégie d'explication et de découverte où ils s'insèrent. Ces modes d'édification ont eu partie liée avec des formes exemplaires de la méthodologie scientifique. Or certaines de ces formes tirent leur origine du développement initial de la science moderne.

Le fait n'est donc sans doute pas sans signification : dans cette même période récente que caractérise le bouleversement des approches en histoire et philosophie des sciences, les études sur les grandes philosophies des XVIIe et XVIIIe siècles ont connu des développements importants, orientés vers une compréhension plus poussée du dessein de construire la science et d'en établir les conditions de possibilité. Le dépassement du paradigme newtonien dans les sciences contemporaines de la nature a motivé et suscité un retour aux sources de la science moderne pour en ressaisir le dessein multiple et le potentiel d'invention méthodologique. Sur Bacon et Gassendi, sur Hobbes et Descartes, sur Galilée, Kepler ou Huygens, sur Locke et Newton, sur les écoles et les institutions de la science aux XVIIe et XVIIIe siècles, de multiples travaux traduisent actuellement cette orientation de recherche. Dans ce contexte, pourquoi revenir à Leibniz et à sa conception de la science ?

Maintes raisons objectives peuvent être invoquées pour expliquer la recherche que j'ai entreprise sur la méthode de la science selon Leibniz. Voici celles qui me semblent les plus essentielles. Protagoniste de développements scientifiques majeurs, tels l'invention du calcul infinitésimal ou l'établissement de la dynamique, Leibniz a su traduire sa pratique scientifique en analyses épistémologiques sur les modes de formation et de justification de la science de la nature comme savoir empirico-rationnel. Ce processus est d'ailleurs à deux sens : l'œuvre scientifique se structure et évolue en fonction d'exigences méthodologiques progressivement dévoilées ; réciproquement, la science en formation instruit le philosophe sur ses modes de constitution et ses normes, voire sur l'ordre architectonique qui tient à ses principes régulateurs. D'autre part, la méthodologie leibnizienne s'est opposée de façon significative à la méthodologie newtonienne. Même si celle-ci a certes historiquement tendu à supplanter celle-là, elle ne semble pas y être jamais totalement parvenue. Or nos préoccupations épistémologiques contemporaines face à des savoirs scientifiques qui renoncent de plus en plus au modèle newtonien nous incitent à reconsidérer avec intérêt la source d'un mode d'analyse et d'explication des phénomènes qui pourrait à la limite se décrire suivant la formule

Hypotheses fingo. Enfin, j'ai réalisé une étude d'ensemble sur la dynamique de Leibniz[1]. En me révélant la structure intégrée des arguments que Leibniz met progressivement en place afin de justifier sa théorie, ce travail a attiré mon attention sur le mode d'intégration des stratégies de découverte et de démonstration propres à la science leibnizienne. Il s'agissait, à l'aide de cette clé épistémologique, d'établir les jalons d'une étude plus générale sur le type d'analyse qu'incarne la notion leibnizienne de méthode.

J'entends donc définir cette conception opératoire de la méthode que Leibniz invente lorsqu'il produit des théories figurant parmi les plus raffinées de la science moderne. Les ressorts épistémologiques articulant ce modèle de la méthode d'explication et de découverte feront l'objet des chapitres consacrés à la méthode d'invention, à l'ordre corrélatif des catégories de vérités, à la structure et au fonctionnement des hypothèses de science, et ultimement au rôle des principes architectoniques.

---

1. F. Duchesneau, *La dynamique de Leibniz*, Paris, Vrin, 1994. Voir aussi *id.*, « Leibniz's theoretical shift in the *Phoranomus* and *Dynamica de potentia* », *Perspectives on Science*, 6 (1998), p. 77-109; *id.*, « Leibniz et la méthode de Hobbes au fondement de la philosophie naturelle », *in* E. Marquer, P. Rateau (dir.), *Leibniz lecteur critique de Hobbes*, Montréal, Presses de l'Université de Montréal; Paris, Vrin, 2017, p. 219-235; *id.*, « Le recours aux principes architectoniques dans la *Dynamica* de Leibniz », *Revue d'histoire des sciences*, 72 (2019), p. 37-60.

CHAPITRE PREMIER

LA MÉTHODE D'INVENTION

À l'époque où se développe la pensée leibnizienne, les méthodologies empiristes prennent leur essor dans le sillage de l'*experimental philosophy* de Boyle et Hooke à Locke et à Newton. Une argumentation similaire vaudrait pour les programmes de recherche que les savants de l'Académie royale des sciences de Paris tentent de mettre en place[1]. Les mots d'ordre de la nouvelle science sont d'observer, de classer, de renvoyer les hypothèses à la mise en forme de l'expérience, d'éviter à tout prix la spéculation déductive *a priori*. Certes, l'idéal mécaniste continue de fixer les normes de l'explication causale : c'est par référence aux modes de l'étendue, de la figure et du mouvement que les phénomènes doivent s'expliquer dans leurs enchaînements réguliers. Mais peut-on accéder aux processus réels d'engendrement des phénomènes par-delà les inférences inductives et analogiques auxquelles l'expérience donne lieu ? Si nul protagoniste de la nouvelle science ne met en doute l'intelligibilité géométrico-mécanique, il arrive que l'on devienne sceptique sur la possibilité de découvrir les mécanismes particuliers à l'arrière-plan des phénomènes, d'accéder à une connaissance certaine des essences réelles par-delà le recours aux modèles analogiques. Ainsi l'hypothèse corpusculaire figure-t-elle comme

1. Voir C. Salomon-Bayet, *L'Institution de la science et l'expérience du vivant. Méthode et expérience à l'Académie royale des sciences, 1666-1793*, Paris, Flammarion, 1978, 1re partie : « L'invocation expérimentale. Les origines 1666-1699 », p. 27-105 ; R. Hahn, *The Anatomy of a Scientific Institution. The Paris Academy of Sciences, 1666-1793*, Berkeley, University of California Press, 1971, chap. premier : « Initiating a Tradition », p. 1-34. Sur la méthodologie au sein de la Royal Society, voir en particulier M. Hunter, *Establishing the New Science : The Experience of the Early Royal Society*, Woodbridge, Boydell Press, 1989.

fondement présumé de la physique pour Boyle et ses successeurs, y compris Newton. Figuration par excellence de l'intelligibilité géométrico-mécanique, elle traduit néanmoins l'impuissance à fonder l'édifice de la science sur des raisons certaines, à le ramener purement et simplement à la norme des déductions *more geometrico* par définitions et axiomes [1]. On comprend dans ces conditions que le rôle dévolu à la philosophie par rapport à la science puisse cesser d'apparaître fondationnel. Il ne s'agirait plus que de contribuer indirectement à édifier la science par l'exercice d'une fonction critique, de délimiter les modalités d'accès à la connaissance certaine en fonction des objets d'analyse et de lever les objections préjudiciables au progrès du savoir scientifique. Telle est par exemple la fonction que Locke assigne à la philosophie par rapport à la science au début de l'*Essay concerning Human Understanding* (1689)[2]. Mais qu'en est-il de Leibniz?

Certes, la position leibnizienne se développe par contraste avec celle des *experimental philosophers*. À l'époque où sa métaphysique se forme et où il élabore la dynamique, Leibniz prend déjà ses distances par rapport au nominalisme de Hobbes en ce qui concerne la doctrine de la vérité[3]; il se refuse à une notation empiriste des lois du choc sans véritable fondement théorique, comme cela se trouve chez Wallis, Huygens et Wren, ce qui l'incite à requérir qu'elles soient fondées sur un principe de conservation absolue : d'où la démonstration du principe de conservation de la quantité de force mesurée suivant le paramètre mv^2 dans le *De corporum concursu* (1678)[4]. Surtout, ce qui nous arrêtera ici en premier lieu, il ébauche des

---

1. Voir à ce propos P. Alexander, *Ideas, Qualities and Corpuscles. Locke and Boyle on the External World*, Cambridge, CUP, 1985; F. Duchesneau, «Locke et les constructions théoriques en science», *Revue internationale de Philosophie*, 45 (1988), p. 173-191; P. R. Anstey, *The Philosophy of Robert Boyle*, London, Routledge, 2000.

2. J. Locke, *An Essay concerning Human Understanding*, Epistle to the Reader, ed. P. H. Nidditch, Oxford, Clarendon Press, 1975, p. 9-10. Sur la méthodologie empiriste de Locke, voir J. Yolton, *Locke and the Compass of Human Understanding*, Cambridge, CUP, 1971; F. Duchesneau, *L'empirisme de Locke*, La Haye, M. Nijhoff, 1973; P. R. Anstey, *John Locke and Natural Philosophy*, Oxford, OUP, 2011.

3. Le texte le plus significatif à cet égard est le *Dialogus*, août 1677, A VI 4, 20-25 (GP VII, 190-193). Voir, A VI 4, 24 : « Nam etsi characteres sint arbitrarii, eorum tamen usus et connexio habet quiddam quod non est arbitrarium, scilicet proportionem quandam inter characteres et res; et diversorum characterum easdem res exprimentium relationes inter se. Et hæc proportio sive relatio est fundamentum veritatis ».

4. Voir G. W. Leibniz, *La Réforme de la dynamique. De corporum concursu (1678) et autres textes inédits*, éd. M. Fichant, Paris, Vrin, 1994; F. Duchesneau, *La dynamique de Leibniz, op. cit.*, p. 95-132.

projets successifs d'encyclopédie où il fait progressivement place à une notion de science générale, à travers laquelle se dessine une conception originale de l'épistémologie, conception plus « architectonique » que « fondationnelle », mais néanmoins irréductible à la seule fonction critique. Cette philosophie leibnizienne de la science interviendra directement dans l'œuvre scientifique, en particulier dans la mise en forme de la dynamique, parce qu'elle incarne un projet de théorisation par-delà les objectifs empiristes de description et de classification. Or Leibniz nous semble avoir été l'un des premiers analystes de ce que l'on entend par « théorie » au sens scientifique. C'est à partir d'un tel concept de théorie qu'il reviendra par la suite à la méthodologie des empiristes pour en signaler les carences et les apories. D'où, entre autres, les développements épistémologiques des *Nouveaux Essais sur l'entendement humain* en réplique à l'*Essay* de Locke, et les *Écrits* de la controverse avec Clarke, porte-parole du newtonianisme dans ses aspects méthodologiques et théoriques.

J'ai choisi d'examiner d'abord le mode de développement des projets d'encyclopédie au temps où s'élaborent la métaphysique leibnizienne et la philosophie de la science qui l'accompagne. Le schéma de démonstration sera le suivant. Dans les projets successifs d'encyclopédie, la place accordée à la science de la nature va croissant, ce qui implique l'autonomisation progressive des parties de cette science par rapport à ce qui tient lieu de philosophie première dans les classifications leibniziennes. La science paraît détenir ses propres principes ; et ceux-ci semblent irréductibles à la métaphysique qu'articule la logique combinatoire appliquée aux vérités premières et aux concepts les plus simples. Toutefois, l'édification de la science proprement dite requiert le développement d'une science générale qui préside à l'articulation démonstrative des connaissances. Cette articulation peut s'opérer suivant une démarche synthétique ou analytique. Mais l'analyse est appelée à prévaloir lorsqu'il s'agit de déterminer une méthodologie de l'invention. Comme les vérités contingentes sont des propositions de fait correspondant à la description de l'univers empirique, c'est-à-dire à l'ordre des phénomènes, la méthode de découverte ne peut se constituer qu'*a posteriori*. Ainsi, s'agissant de formuler les lois de la nature, la réflexion philosophique intervient-elle en exerçant un rôle « régulateur » sur les énoncés exprimant la raison des connexions empiriques, c'est-à-dire leur cause intelligible. De façon corrélative, les « principes » de science, appartenant à l'ordre des vérités contingentes, sont destinés à rester irrémédiablement hypothétiques, mais ils n'en servent pas moins de fondement à l'analyse des phénomènes. Contrairement aux *experimental philosophers*, Leibniz voit dans les implications logiques de cette analyse, construite à partir de séries de consécutions de plus en plus englobantes, un succédané du savoir certain qui découlerait de démonstrations en bonne et due forme construites à partir de définitions et d'axiomes. Il accorde de ce fait une importance inédite à l'opération philosophique qui consiste à décrire les critères, intrinsèques et extrinsèques, régissant la « vérification » des hypothèses. Les critères intrinsèques sont des critères de cohérence des termes de l'*explicans* présumé ; les critères extrinsèques valent par la correspondance que l'on peut établir entre cet *explicans* et les données de l'expérience actuelle ou virtuelle. Mais la suggestion la plus significative de Leibniz est sans doute celle d'associer sans distinction de genre les deux types de critères comme garants d'un même processus inférentiel.

De ce système épistémologique et méthodologique se tire l'obligation de tenir les phénomènes bien fondés pour la réalité même. Cela se comprend si l'on accorde que la recherche des causes doit prendre l'allure d'une formulation de vérités hypothétiques où la relation de vérité projetée sur l'explication des phénomènes tient à la conséquence, c'est-à-dire à l'implication conditionnelle des propositions, et conjointement, à la corroboration empirique dont elles sont susceptibles. Pour que la formulation de vérités hypothétiques rencontre l'objectif de développer la connaissance scientifique, il faut pouvoir traduire les énoncés de fait, vérités contingentes de niveau empirique immédiat, en formes discursives de plus en plus englobantes et systématiques. Celles-ci, à leur tour, permettront de rendre compte d'un ensemble encore plus vaste de données empiriques en en fournissant la *ratio intelligendi* suffisante. Cela n'est possible que si l'on transcrit les données empiriques en analogues de type mathématique, par modélisation et en vertu des caractéristiques combinatoires que l'expérience nous fait progressivement découvrir dans les phénomènes.

Selon Leibniz, le philosophe a un rôle primordial à jouer dans cette mise en forme « théorique » d'une science dont les bases sont nécessairement fournies par l'expérience. Ce rôle est triple. En premier lieu, il comporte la critique des modèles analogiques insuffisants, ou mal déterminés conceptuellement, auxquels les scientifiques ont recours pour former leurs hypothèses : par exemple, ce sera, chez Leibniz, la critique des « natures plastiques immatérielles », conçues par Ralph Cudworth, qui serviraient aux naturalistes de faux principes d'intelligibilité lorsqu'il s'agit de rendre compte des phénomènes d'organisation vitale[1]. Mais le même type d'examen critique portera sur l'attraction newtonienne comme réinstantiation d'un recours aux qualités occultes; et, encore dans la même veine, l'analyse s'attaquera aux apories de l'atomisme et par suite à celles de l'hypothèse corpusculaire[2].

Le deuxième aspect de la tâche philosophique a trait à l'énoncé de principes régulateurs sous le couvert de l'axiome de raison suffisante : il s'agit de formuler de tels principes afin qu'ils sous-tendent l'analyse scientifique dans son déploiement heuristique et, réciproquement, qu'ils corroborent la cohérence systématique des théories.

Enfin, le troisième volet de la fonction épistémologique consiste à établir une logique de la probabilité permettant d'évaluer le rapport à la certitude des diverses propositions appartenant au corpus scientifique. Dans cette perspective, s'impose la nécessité de prendre en compte les modalités de vérité hypothétique dans l'expression des lois de la nature et dans la détermination de la force explicative des hypothèses corroborées.

Il s'agit donc de justifier ce triple rôle de la philosophie par rapport à la science. La tâche requiert une activité de description et d'analyse. 1) Les projets d'encyclopédie impliquent une distribution anticipée des données d'expérience suivant le dessein d'un programme de recherche, et ce dessein s'articule autour de l'idée régulatrice de « science générale ». 2) Les éléments de la réflexion leibnizienne sur la genèse et l'organisation démonstrative du savoir impliquent que l'on prenne en compte la complémentarité des cheminements rationnels que sont l'analyse et la synthèse : c'est là la clé des méthodes de preuve et des méthodes de découverte pour l'ensemble des secteurs de la science. 3) Dans sa rigueur, la *methodus rationis* doit s'appliquer à l'analyse des vérités contingentes s'il s'agit de produire une explication scientifique des phénomènes : comment peut-on justifier ce genre d'application et quelle peut en être la portée théorique ?

---

1. *Considérations sur les principes de vie, et sur les natures plastiques, par l'auteur du système de l'harmonie préétablie* (1705), GP VI, 539-546, ici 534.
2. Voir par exemple *Antibarbarus physicus pro philosophia reali contra renovationes qualitatum scholasticarum et intelligentiarum chimæricarum*, GP VII, 337-344.

ENCYCLOPÉDIE ET SCIENCE GÉNÉRALE

La notion leibnizienne d'encyclopédie ne pose pas en soi de difficulté. Couturat en propose une définition condensée, qui résume bien l'ampleur et la nature du projet : « Cette Encyclopédie devait être le recueil de toutes les connaissances humaines, tant historiques que scientifiques, disposées dans un ordre logique et suivant une méthode démonstrative, en commençant par tous les termes simples et primitifs (qui forment l'alphabet des pensées humaines) » [1]. Au projet d'encyclopédie se rattache d'ailleurs directement l'ambition de fournir une caractéristique universelle des pensées qui puisse exprimer, par des moyens symboliques, la combinatoire interne des notions et celle des jugements combinant les notions de façon externe. Les difficultés relatives à la notion leibnizienne d'encyclopédie, surgissent des modalités de réalisation du projet telles que Leibniz les présente.

Au fondement de la notion, se trouve le principe d'une disposition économique des connaissances humaines : « L'Encyclopédie est un corps où les connaissances humaines les plus importantes sont rangées par ordre » [2]. Leibniz est frappé par la multiplication des ouvrages savants et l'impossibilité grandissante de circonscrire tant les éléments de connaissance empirique que ceux de connaissance rationnelle, en une formule d'accumulation raisonnée et donc de synthèse. Nombreux sont les textes où il expose cette situation en se servant de l'image du boutiquier dont les marchandises seraient offertes à la clientèle dans le désordre et qui n'aurait élaboré aucun système d'inventaire ni de comptabilité [3]. La métaphore nous instruit d'emblée sur la dualité des figures d'un tel désordre : impossibilité d'utiliser des connaissances disponibles et impossibilité de contrôler le processus d'engendrement de nouvelles connaissances. Dans les deux cas, devrait prévaloir un ordre logique de classification qui permette de faire surgir le schéma de la démonstration déjà acquise ou de la démonstration qu'il faut produire de façon originale et neuve. Herbert Knecht souligne de ce fait que le but de l'encyclopédie leibnizienne est

---

1. L. Couturat, *La logique de Leibniz*, Hildesheim, G. Olms, 1969, p. 119.
2. *Ma caractéristique demande une encyclopédie nouvelle*, mars-avril 1679 (?), A VI 4, 161 (GP VII, 40).
3. Voir par exemple, *Præfatio operis ad instaurationem scientiarum*, début 1682 (?), A VI 4, 440 (C 214) ; *De synthesi et analysi universali seu arte inveniendi et judicandi*, été 1683-début 1685 (?), A VI 4, 544 (GP VII, 296).

« [d']intégrer chaque fait rapporté dans un système explicatif général »[1].
Cet analyste oppose des théories explicatives abstraites et universelles,
comme celles de Descartes et des Cartésiens, aux descriptions et aux
inférences inductives sur base de classification approchées et progressives
des naturalistes anglais. Il insiste pour situer dans l'entre-deux de ces
positions méthodologiques et épistémologiques la conception de systèmes
hypothético-déductifs à la façon de Leibniz :

> Bien qu'ici aussi le système soit d'abord ordonnancement et synthèse du
> savoir, dont les hypothèses assurent la cohérence structurale, il ne s'agit pas
> d'abord d'appréhender la vérité absolue, mais d'assurer l'opérationalité de
> la théorie : ce qui importe en premier lieu, c'est l'ouverture à l'expérience,
> non seulement, en tant qu'instance vérificatrice, mais surtout comme outil
> d'investigation et de découverte. La systématisation ne revêt alors pas
> d'abord un statut explicatif, bien que la réduction visée de toute vérité à
> l'identité le pose comme horizon perpétuel, mais un statut instrumental et
> heuristique[2].

Ce point de vue nous semble juste, car il convient de concevoir l'encyclopédie leibnizienne comme une mise en forme des connaissances rationnelles et empiriques. Celle-ci vise à établir l'implication logique des unes
aux autres, en même temps qu'elle répond à l'objectif de programmer
l'expansion de la science tant sur le terrain de la spéculation que sur celui
de l'expérimentation et de la corrélation observationnelle des phénomènes.

Il est difficile de disposer les nombreux projets d'encyclopédie que
Leibniz a élaborés, en une séquence historique nettement configurée. De ce
point de vue, l'analyse fournie par Couturat tend à reconstituer une évolution par étapes suffisamment distinctes, sans doute plus distinctes
qu'elles ne l'ont été en réalité. Au point de départ, en 1668-1669, Leibniz
s'intéresse à l'encyclopédie dans la suite directe de ses tentatives pour
systématiser les recueils de jurisprudence : il s'agit du projet de *Corpus
juris ratiocinandum*. Il projette alors la publication d'une revue qui rende
compte des livres nouveaux et qui informe des inventions et des découvertes. Le répertoire de la revue servirait à indiquer la corrélation des sujets
traités suivant un ordre conjointement logique et didactique, inspiré des
préceptes de la *Nova methodus discendæ docendæque jurisprudentiæ*
(1667). Leibniz conçoit qu'une société de savants est requise pour réaliser
cette œuvre éminemment collective. Grâce à la conjonction des

---

1. H. Knecht, *La logique de Leibniz. Essai sur le rationalisme baroque*, Lausanne, L'Âge
d'homme, 1981, p. 261.
2. *Ibid.*, p. 262.

contributions, on pourra établir un recueil d'observations et d'expériences sur tout ordre d'objets, naturels comme artificiels. Il est corrélativement nécessaire de fixer une *vera methodus inveniendi ac judicandi* : un instrument logique doit en effet intervenir afin d'ordonner la masse d'informations factuelles ainsi rassemblée et de la disposer selon un schéma démonstratif utile [1]. Ce schéma codifie l'enchaînement des vérités acquises en même temps qu'il oriente vers de nouvelles inférences. Dans les innombrables textes où il tentera de déterminer les caractéristiques de cette méthode de démonstration et de découverte, Leibniz va insister sur la conjonction d'une composante analytique et d'une composante synthétique ou combinatoire, ces deux derniers termes étant tenus pour synonymes. L'analyse et la synthèse représentent l'aspect des procédures logiques dans l'édification de l'encyclopédie. L'intérêt et la spécificité du projet leibnizien tiennent précisément à la connexion de ces procédures et des modes de compilation empirique à la base des sciences de la nature. Les fonctions et modèles particuliers à l'analyse et à la synthèse se dévoileront suivant les exigences spécifiques de la mise en forme des données d'observation et d'expérience, mais jusqu'à un certain point, ces exigences elles-mêmes se dévoileront suivant le dessein architectonique qui prévaut dans la déduction des vérités lorsqu'il s'agit de circonscrire la *ratio intelligendi* des phénomènes.

Il y a ensuite lieu de considérer les fragments où Leibniz dresse la liste des divers auteurs dont on pourrait s'inspirer pour remplir les rubriques de l'encyclopédie. Ainsi, vers 1671, Leibniz projette-t-il de corriger et de compléter l'*Encyclopædia* (1620) d'Alsted, en se servant en outre du *Theatrum vitæ humanæ* (1565) de Zwinger. Comme il s'agit pour une bonne part d'un projet de compilation, la mise à jour envisagée des connaissances tirera parti pour la physique en particulier de Hobbes, de Galilée et de Huygens, mais en corrélation avec Aristote. L'exposé des mathématiques se concentrerait autour de la géométrie euclidienne. La contribution de Leibniz serait plus originale en logique, où il entend tirer avantage de son propre art combinatoire en même temps que des

---

1. Voir, tentant de résumer le plan primitif de l'encyclopédie avant 1671, L. Couturat, *La logique de Leibniz, op. cit.*, p. 124-125 : «En effet, l'*Opus magnum* devait comprendre : 1) une *Bibliotheca contracta*, qui serait le résumé des connaissances contenues dans les livres ; 2) un *Atlas universalis*, qui réunirait toutes les figures, tableaux, schémas, propres à illustrer et à compléter l'Encyclopédie ; 3) un *Cimeliorum literariorum corpus*, c'est-à-dire une collection de documents inédits ou rares ; 4) un *Thesaurus experientiæ*, recueil d'observations et d'expériences de toutes sortes (physique, médecine, industrie) ; 5) enfin, la *Vera Methodus inveniendi judicandique*, qui comprend l'Analytique et la Combinatoire».

logiques de Clauberg et de Jungius, sans oublier celle de Port-Royal. Mais l'axe principal des innovations auxquelles il songe, se déploie de la jurisprudence à la théologie. Dans les premiers plans, la dimension métaphysico-morale semble dominante.

Le séjour à Paris aurait modifié la perspective en faveur de la physique, des mathématiques et des nouvelles recherches expérimentales, comme paraît en témoigner la *Methodus physica*, datée de mai 1676[1]. Je m'intéresserai donc aux diverses pièces relatives au projet d'encyclopédie qui se situent dans la séquence 1676-1688, pour l'essentiel la période relative à la recherche d'un fondement pour les lois du mouvement, avec un premier aboutissement dans le *De corporum concursu* (1678), qui reste inédit, puis un second dans la *Brevis demonstratio erroris memorabilis Cartesii et aliorum circa legem naturalem* (1686) où se rélève le principe de conservation de la force vive. Mon objectif n'est pas ici d'analyser le projet dans sa complexité et dans ses formulations évolutives, mais d'y repérer les éléments qui y esquissent la conception d'une méthodologie.

Si l'on suit cette ligne d'analyse, on peut sans doute s'intéresser à un plan postérieur à la période parisienne et figurant sous le titre *Dialogi de rerum arcanis*, biffé et remplacé par la nouvelle mention *Guilielmi Pacidii*[2]. Sa principale caractéristique est un ordre de déploiement des connaissances qui part de la logique comme méthode d'invention de la vérité en y annexant la caractéristique, l'algèbre et une nouvelle sorte d'analyse, susceptible de révéler une géométrie cachée; l'étape suivante est métaphysique, portant sur Dieu, les âmes et les deux labyrinthes, celui de la liberté et celui de la composition du continu; puis survient l'étude des fondements d'un système de la nature, les sections correspondantes se répartissant comme suit : 1) géométrie du mouvement ou détermination des lignes, fixation des barycentres, réduction du mouvement au calcul; 2) physique du mouvement ou étude de la force et du concours ainsi que des réactions; 3) arts mécaniques, ou étude des coordinations de mouvements, correspondant à la figure, à la cohérence et à la force des corps; 4) hypothèse physique démonstrative et arts physiques; 5) causes cachées des choses et constitution d'une médecine rationnelle (*medicina dogmatica*); 6) secrets de la nature, exaltation et teinture des corps (= chimie). Les sections ultimes prendraient appui sur la théorie de l'esprit pour définir les principes de la morale et de la politique.

---

1. *Methodus physica*, A VI 3, 454-458.
2. GP VII, 51-52 note.

Dans le fragment *Guilielmi Pacidii Plus Ultra*[1], qui fournit une liste comparable, on assiste, semble-t-il, à un déplacement significatif de la séquence d'expansion des connaissances. Mais sans doute faut-il également tenir compte des allusions métaphoriques. Si comme pour le fragment précédent, il s'agit là d'un texte portant la «signature» de Pacidius, inaugurée avec le *Pacidius Philalethi* de 1676, les références sont en outre à des protagonistes de l'*experimental philosophy*, Francis Bacon à cause du *De augmentis scientiarum*, et Joseph Glanvill, l'un des membres fondateurs de la Royal Society et l'auteur d'un *Plus Ultra*[2]. Après les sections introductives sur le dessein de l'«encyclopédie démonstrative», Leibniz entend traiter des éléments de vérité éternelle, c'est-à-dire des principes qui commandent l'art de démontrer dans toutes les disciplines à l'instar de ce qui se passe dans les mathématiques. Cette figure de la *mathesis* commande la constitution de la caractéristique, puis la formulation de l'*ars inveniendi*; à son tour, celui-ci se spécifie en synthèse ou art combinatoire et en analyse. On entre alors dans le cœur de ce que l'on pourrait appeler la «philosophie première» leibnizienne, avec la combinatoire spéciale ou science des formes ou de la qualité en général, fondée sur la distinction du semblable et du dissemblable, et avec l'analyse spéciale ou science de la quantité en général, laquelle se fonde sur la distinction des grandeurs. La mathématique générale est issue des deux précédents systèmes de connaissances. Dans le cadre des mathématiques entrent alors l'algèbre, la géométrie, l'optique et la phorographie ou description des mouvements à partir des traces ou apparences. Puis on entre dans le cadre d'explication des phénomènes avec la *dynamique ou étude des causes des mouvements, science des causes et des effets, de la puissance et de l'acte.* Suivent évidemment les démonstrations dynamiques relatives aux solides et aux fluides, et la mécanique dans ses applications diverses. Palier suivant : les éléments de physique, qui visent l'explication causale des qualités sensibles et du mode d'appréhension sensible de ces qualités. On serait alors en mesure de traiter de l'astronomie physique et des principes généraux gouvernant le système du monde, et par

---

1. *Guilielmi Pacidii plus ultra sive initia et specimina scientiæ generalis de instauratione et augmentis scientiarum, ac de perficienda mente, rerumque inventionibus ad publicam felicitatem*, avril-octobre 1686 (?), A VI 4, 673-677 (GP VII, 49-53).

2. J. Glanvill, *Plus Ultra : or, The Progress and Advancement of Knowledge Since the Days of Aristotle*, London, James Collins, 1668 ; voir également, *id.*, *Scepsis Scientifica : or, Confest Ignorance, the Way to Science ; In an Essay of the Vanity of Dogmatizing, and Confident Opinion*, London, Henry Eversden, 1665. Voir à propos de Glanvill, Henry G. Van Leeuwen, *The Problem of Certainty in English Thought*, La Haye, M. Nijhoff, 1970, p. 71-89.

spécification, des objets particuliers de l'univers physique, des réalités inorganiques aux plantes et aux animaux. Sur cette base peut se constituer une médecine qui ne serait ni conjecturale ni purement empirique, mais susceptible de rationalisation progressive par combinaisons de données d'observation, ce que Leibniz qualifie de *medicina provisionalis*. De là l'encyclopédie peut s'élever aux sciences politiques et juridiques, pour aboutir ultimement à la théologie. La métaphysique est absente de ce schéma de construction, de même que la morale proprement dite. L'ordre de succession des disciplines de la logique à la « science des formes » et à la mathématique générale implique néanmoins la validation progressive d'une hypothèse sur la structure formelle de la réalité. Le passage du rationnel *a priori* au rationnel *a posteriori* se produit avec la « dynamique » : l'expression est caractéristique d'une phase relativement avancée des analyses leibniziennes sur le système de la nature. Et là s'insère visiblement une considération métaphysique sur l'ordre des causes à l'arrière-plan des phénomènes. De manière analogue, le passage des considérations sur les êtres vivants aux sciences morales suppose la réflexion sur la nature de l'esprit et les passions de l'âme, dans une jonction significative de la psychologie rationnelle et de la psychologie empirique. À vrai dire, le texte peut apparaître n'être pas sans affinités avec les développements ultérieurs de la philosophie naturelle selon Leibniz, à tout le moins avec ceux qui se manifestent dans la période s'étendant du *Discours de métaphysique* au *Système nouveau de la nature et de la communication des substances*, donc entre 1686 et 1695.

Le texte suivant à considérer serait le *Consilium de encyclopædia nova conscribenda methodo inventoria*, qui, lui, est spécifiquement daté du 15/25 juin 1679 [1]. Ce texte mérite qu'on analyse avec attention la typologie séquentielle qui s'y trouve développée, même s'il semble s'agir d'un état du plan de l'encyclopédie moins systématiquement achevé que celui que nous venons de considérer : en particulier, entre la géométrie et la mécanique, le statut spécial de la dynamique n'est point reconnu, comme il le sera dans la période de maturité du système leibnizien après 1686, et cela même si le principe de conservation de la force vive est acquis depuis 1678. Par contre, le texte a le mérite de souligner le lien encyclopédique qui permet de rattacher les corpus empiriques aux synthèses de vérités rationnelles en ordre de déploiement architectonique.

---

1. 15/25 juin 1679, A VI 4, 338-349 (C 30-41).

Aucun texte en effet ne permet de mieux saisir cette articulation propre à la typologie leibnizienne des sciences que le *Consilium*. L'encyclopédie, comme nous l'avons noté, vise à favoriser l'invention en établissant l'ordre démonstratif en lequel puissent s'inscrire les propositions gouvernant le développement des sciences spécifiques. D'où l'intérêt qu'il y a à déterminer comment faire intervenir une telle diversité de propositions « séminales » dans une même structure inférentielle conçue *more geometrico*. Pour Leibniz, le modèle idéal est celui où l'on aurait affaire à des propositions universelles réciproques, ce qui donnerait lieu à une équivalence entre les traitements analytique et synthétique auxquels de telles propositions se trouveraient soumises. C'est cette norme de substitution des équivalents définitionnels *salva veritate* que Leibniz fixe comme critère de vérité analytique lorsqu'il discute avec Conring du statut des hypothèses, substituts imparfaits pour des vérités dont on devrait pouvoir établir analytiquement le rapport à l'identité[1]. Le tissu propositionnel de chaque science comporte des « principes » et des « conclusions ». Au nombre des principes, figurent les « définitions », les « axiomes », les « hypothèses » et les « phénomènes ». Les conclusions, pour leur part, se décomposent en « observations », « théorèmes » et « problèmes ».

Dans cette typologie, les définitions sont tenues essentiellement pour nominales et reposeraient sur le consensus des agents rationnels impliqués dans la tâche de construire la science. Certes, on peut supposer que les définitions de science seraient susceptibles d'un dévoilement intégral en concepts primitifs qui en établît la possibilité *a priori* : il ne semble pas que Leibniz conçoive la nécessité d'une telle opération lorsqu'il s'agit de termes renvoyant à l'ordre réalisé de la nature comme référent. Il importe seulement que ces termes soient l'objet d'une appréhension conceptuelle distincte et uniforme pour tous les agents concernés. Parmi les principes, seuls les axiomes sont manifestes par l'évidence interne résultant de la considération des termes. Les hypothèses sont assumées pour des raisons en grande partie pragmatiques, puisqu'on peut en déduire des conclusions qui s'avèrent conformes aux faits empiriques que l'on a découverts et surtout à ceux que l'on découvrira par ailleurs. Quant aux phénomènes, « ce sont des propositions qui se prouvent par l'expérience, mais si l'expérience n'est pas facile à exécuter ou que nous ne l'ayons pas encore nous-mêmes réalisée, elle doit se prouver sur la base de témoignages »[2]. Il s'agit

---

1. Voir lettre à Conring du 19/29 mars 1678, A II 1, 397-402.

2. A VI 4, 341 (C 33) : « Phaenomena sunt propositiones quæ per experientiam probantur, sed si experientia non sit factu facilis aut a nobis ipsis facta non sit, testibus probanda est ».

de propositions fondées sur le témoignage empirique de façon immédiate ou médiate, mais pouvant donner lieu à des inférences déductives moyennant une mise en forme théorique par l'intermédiaire d'axiomes et d'hypothèses. La tripartition des *conclusiones* en observations, théorèmes et problèmes ne constitue donc pas un décalque strict des principes de départ. Car les observations résultent des phénomènes par induction seule. Les théorèmes, par contre, s'affichent comme résultant indifféremment des diverses sortes de principes, pourvu que la forme démonstrative, primordialement déductive, des arguments soit garantie. Les problèmes renvoient pour leur part à des applications concrètes de schèmes inférentiels dans des cas de pratique : il s'agit donc d'arguments technologiques qui peuvent s'inférer de la science.

La présentation encyclopédique de ce divers de propositions initiales fait ressortir comment un ordre de type mathématique prévaut dans la production des théorèmes, que ceux-ci soient le fruit de conséquences purement rationnelles ou mixtes, intégrant, dans ce dernier cas, le recours aux phénomènes et/ou aux hypothèses. Leibniz envisage donc que le modèle à privilégier puisse exprimer le mode d'invention et l'articulation progressive des raisons fondant la preuve de la conclusion. Les ressources de la représentation schématique et du calcul, par exemple algébrique, constituent un ensemble de procédés symboliques pour exploiter systématiquement les connexions rationnelles, même s'ils ne les fondent pas, mais les expriment plutôt.

Le rassemblement des diverses sciences s'opère donc sous le couvert d'un ordre analytique ou combinatoire recouvrant tant le plan des vérités de fait que celui des vérités de raison, et dont les formalismes ne fournissent que des expressions symboliques. En fait, Leibniz propose une série progressive de disciplines de l'ordre destinées à fournir l'articulation, la structure des investigations sur les objets scientifiques les plus divers. Ces arts de l'ordre spécifique s'engendrent suivant un passage du simple au complexe, de l'abstrait au concret, du rationnel au phénoménal. Ils comprennent la connaissance des modes d'articulation de termes dans le tissu des diverses sciences. Il s'agit donc d'arts théoriques, définissant des aires méthodologiques. La séquence est la suivante[1] : 1) *Grammatica* ou théorie de l'intelligence des signes, construite suivant un modèle combinatoire et reposant sur la norme d'une sémantique générale démonstrative. 2) *Logica*, proposant une combinatoire de règles d'inférence et de techniques de jugement (théorie des preuves rationnelles) et facilitant la

---

1. Voir A VI 4, 344-349 (C 35-40).

solution analytique des apories. 3) *Mnemonica*, comportant la théorie des moyens d'enregistrement mnémonique. 4) *Topica*, à laquelle appartient la méthodologie rationnelle de l'invention selon un éventail qui se déploie de la rhétorique à l'algèbre. 5) *Ars formularia*, qu'il convient d'identifier à la combinatoire, puisqu'elle traite du même et du différent, du semblable et du dissemblable, des formes en général, abstraction faite de leurs rapports de grandeur extensive ou intensive. Cette discipline intégrerait donc l'aspect proprement analytique de la géométrie comme de l'algèbre[1]. La notion d'une spécieuse universelle gouverne cette catégorie de pratique méthodologique. 6) *Logistica*, ou théorie des rapports mathématiques les plus généraux relatifs à l'ordre et à la grandeur. 7) *Arithmetica*, relative à l'expression distincte des grandeurs par les nombres. 8) *Geometria sive scientia de situ et figuris*, à laquelle se trouvent rattachées maintes technologies et même l'optique, si l'on fait abstraction du lien ténu de cette discipline aux phénomènes concrets. 9) *Mechanica*, ou science de l'action et de la passion, qui fournit le lien de la physique aux mathématiques, et qui dépasse l'ordre purement géométrique de la phoronomie, figuration abstraite du mouvement dans l'espace. La question à laquelle cette discipline s'intéresse, se formule : « Comment de la rencontre des corps les directions et vitesses des mouvements se trouvent-elles changées ? »[2]. Elle ne peut espérer la résoudre par recours à l'imagination et à la représentation géométrique des mouvements, mais seulement par une intellection plus poussée des raisons causales des mouvements physiques. À cette discipline se rattachent aussi de nombreuses technologies. 10) *Pæographia* : c'est la science typologique et analytique des qualités sensibles, simples et complexes. La rationalisation discursive de ces propriétés empiriques ne peut se faire que par leur accouplement avec des notions communes de type géométrico-mécanique relatives aux modes de l'étendue, du *situs*, du changement dynamique. D'où le fait que les qualités sensibles puissent

---

1. Ce point est mis en valeur dans l'interprétation que Martin Schneider donne de la combinatoire des formes au cœur de la *mathesis universalis* leibnizienne. Cette combinatoire des formes appartient d'une part à la sphère des sciences logiques, d'autre part à celle des mathématiques, grâce à un développement de relations impliquant successivement la similitude, la congruence et la coïncidence. Voir M. Schneider, « Funktion und Grundlegung der Mathesis Universalis im Leibnizschen Wissenschaftsystem », *in* A. Heinekamp (Hrsg.), *Leibniz. Questions de logique, Studia leibnitiana, Sonderheft 15*, Stuttgart, F. Steiner, 1988, p. 162-182.
2. A VI 4, 346 (C 38) : « Quomodo ex corporum conflictu motuum directiones et celeritates immutentur : quod per solam imaginationem consequi non licet, et sublimioris opus est scientiæ ».

faire l'objet d'un traitement qui dépasse le niveau observationnel : même si elles sont traitées *historice*, c'est-à-dire de façon descriptive, il est possible de dépasser ce niveau d'analyse en prenant appui sur leur connexion à des notions susceptibles de traitement rationnel analytique et/ou combinatoire. À partir de là, la construction théorématique et l'inférence hypothético-déductive deviennent possibles. D'où l'établissement d'un ordre méthodologique propre à la physique, superposé à une base de connexions empiriques et l'exprimant sur le mode de l'intelligibilité analytique et présumément combinatoire :

> Les qualités intelligibles ou mixtes tombent sous la considération géométrique et mécanique. Ainsi des théorèmes peuvent être construits au sujet de leurs causes et effets, d'où il sera possible d'énoncer un jugement aussi sur les causes et effets des choses purement sensibles. Le pivot de la physique entière consiste donc en une énumération exacte de ces qualités, en la distinction de leurs degrés et en l'examen de la façon dont elles ont coutume de s'associer dans un même sujet ou dans plusieurs, qui ont d'ailleurs une certaine convenance ou connexion ou relation [1].

L'étape suivante est désignée 11) *Homœographia* et correspond en définitive à l'étude des combinaisons et réactions chimiques. Celle-ci se fonde sur des schèmes hypothético-déductifs que nous fournit l'analyse physique, et elle prend en compte des interactions empiriques complexes entre particules, interactions interprétées selon des rapports gradués de qualités que révèle l'observation progressive des corps. Cette analyse progressive s'attache d'abord aux éléments physiques, qui correspondent à des propriétés génériques des corps suivant leur état. Leibniz mentionne quatre corps élémentaires de base correspondant aux quatre éléments aristotéliciens : la terre (froide et sèche), l'eau (froide et humide), l'air (chaud et humide) et le feu (chaud et sec). L'analyse toutefois prend son départ de corps « moins génériques », mais présentant un certain nombre de qualités dites similaires, susceptibles de traduire une similarité d'aspects suivant des catégories nominalement distinctes. Dans chaque catégorie, ces qualités peuvent comporter des variations assignables de degrés qui permettent une typologie plus fine. Le texte du *Consilium* mentionne

---

1. A VI 4, 347 (C 39) : « Qualitates vero intelligibiles aut mixtæ sub Geometricam et Mechanicam considerationem cadunt, et ita theoremata erui possunt, circa earum causas atque effectus, unde etiam de causis et effectibus mere sensibilium judicium aliquod facere licebit. Totius ergo physicæ cardo vertitur, in accurata enumeratione harum qualitatum earumque per gradus distinctione, et quomodo inter se in eodem subjecto diversisve sed convenientiam quandam aut connexionem commerciumve habentibus copulari soleant ».

comme catégories : les sels, les sucs, les pierres, les métaux. Le texte daté de mai 1676 et intitulé *Methodus physica* donnait comme exemples de corps de nature distincte : le sel commun, le nitre, l'alun, le soufre, la fumée, l'huile, le vin, le lait, le sang, etc. [1]. Le texte *De modo perveniendi ad veram corporum analysin et rerum naturalium causas* (1677) mentionnait pour sa part le nitre, le sel commun, le soufre, l'alcali, la fumée, l'esprit de vin [2]. Les qualités des corps typiques sont à détailler suivant une analyse empirique progressive : d'abord les qualités sensibles immédiates, puis celles que l'on obtient par le traitement expérimental, d'abord sur le corps seul à l'aide des corps les plus communs : air, eau, terre et feu, puis dans des combinaisons de plus en plus complexes avec d'autres corps de statut similaire, mais suivant un ordre qui évite d'embrouiller la recherche causale. Suivant cette discrimination progressive des qualités, la nature des substrats se traduira en un corps de doctrine scientifique dans les limites de l'expérience possible : « Une investigation plus poussée des qualités étant ainsi obtenue, on pourra déterminer la nature du sujet autant qu'il se peut à partir des données d'expérience » [3]. La structure méthodologique est ici du même type que celle qui prévaut pour la physique, sauf que l'objet privilégié d'analyse est l' « économie interne des corps » (*interioris corporum œconomia*) [4].

Les termes suivants de la division encyclopédique sont désignés : 12) *Cosmographia*, qui fournit l'hypothèse de base pour expliquer le « système » des grands corps de notre univers, suivant des raisons qui tiennent à la mécanique et à la physique, mais appliquées à un ensemble plus englobant de phénomènes. Les modèles analytiques sont tirés dans ce cas de l'expérience des phénomènes terrestres. 13) *Idographia* ou science des corps organiques. L'approche typologique se fonde ici sur des combinaisons hypercomplexes, reflétées dans l'association des qualités sensibles pour tel ou tel corps organique, plutôt que sur des dichotomies reposant sur telle ou telle caractéristique empirique exclusive. Mais Leibniz insiste sur la nécessité d'ouvrir à l'analyse, donc à l'ordre des théorèmes hypothético-déductifs, ces qualités sensibles coordonnées dont la variété apparaît infinie, suivant des sphères de plus en plus englobantes, depuis le traitement séparé des qualités jusqu'à leur traitement dans le contexte de

---

1. A VI 3, 456 (C 94).
2. A VI 4, 1973 (GP VII, 266).
3. A VI 4, 348 (C 39) : « Inde adhibita superiori qualitatum inquisitione, poterit determinari natura subjecti, in quantum ex datis experimentis possibile est ».
4. A VI 4, 348 (C 39).

l'organisme intégré. La méthode encyclopédique entraîne l'ajout de 14) *Moralis*, qui intègre ce que nous entendrions par psychologie, 16) *Geopolitica* et 18) *Theologia naturalis*[1].

Le texte du *Consilium* relatif à la structure méthodologique que l'on doit attribuer à la chimie et à la biologie s'éclaire par référence aux textes antérieurs de la *Methodus physica* et du *De modo*. Dans le premier, Leibniz avance deux présuppositions méthodologiques. D'abord, il y aurait lieu de supposer que la nature interne des corps similaires (inorganiques), tels que sont le nitre ou le sel commun, est relativement simple, de telle sorte qu'un ange nous la dévoilant, nous saisirions sans difficulté la chaîne déductive menant à tous les effets empiriques caractérisant de telles entités phéno-ménales. Il peut s'agir d'effets surgissant de ces corps pris isolément ou pris dans des combinaisons qui les associent à d'autres. Les effets seraient alors traités comme des prédicats directement inférables de la notion des sujets concernés, « comme il nous est facile de prédire les effets d'une machine dont nous comprenons la structure »[2]. De façon significative, Leibniz va concevoir un analogue analytique de cette déduction idéale. Il suppose que, par régression à la façon des algébristes, l'expérimentateur puisse tirer d'un nombre limité, mais suffisant de données phénoménales un concept signifiant cette nature intime des corps :

> D'où il suit qu'il nous sera facile de dériver d'expériences non néces-
> sairement nombreuses la nature intime de ces corps. Car si cette nature est
> simple, des expériences doivent en découler facilement; et si des expé-
> riences en découlent facilement, cette nature même doit à son tour
> s'ensuivre facilement par régression à partir d'un nombre suffisant
> d'expériences[3].

Une telle opération dépend du principe de continuité, qui rend légitime le passage des effets phénoménaux aux causes hypostasiées, et du traitement combinatoire abstrait des caractéristiques phénoménales, qui permet d'en tirer une raison suffisante des phénomènes dans leur complexité concrète. Le traitement analytique *a posteriori* doit corres-pondre à une combinatoire réelle que nous nous représenterions de façon

---

1. Les n°s 15 et 17 se trouvent omis.
2. A VI 3, 456 (C 94) : « Quemadmodum facile nobis est prædicere effectus machinæ cujus structuram intelligimus ».
3. *Ibid.* : « Ex his sequitur facile nobis fore, ex non admodum multis experimentis intimam eorum corporum derivare naturam. Nam, si simplex est hæc natura experimenta ex ea facile sequi debent; et, si experimenta ex ea facile sequuntur, [debet] vicissim etiam ipsa facile sequi per regressum ex sufficienti experimentorum numero ».

hypothético-déductive : ce serait en quelque sorte un *a priori* de seconde instance.

Le *De modo* développe l'idée d'une connaissance idéale de type angélique qui nous ferait accéder aux causes intelligibles des phénomènes. Or, à défaut de posséder cette science de vision immédiate, certains concepts nous permettent une reconstitution suffisante, sinon parfaitement adéquate, des chaînes phénoménales : il s'agit des concepts de grandeur, de figure, de mouvement, et de perception. C'est à ce dernier concept, signifiant l'action intérieure, que l'on renverra ce qui ne peut être présumé explicable à l'aide des catégories géométrico-mécaniques. Celles-ci sont en revanche pleinement utilisables dans le champ de l'explication physique et, par extension, dans celui de l'explication chimique. On peut en effet résoudre des qualités sensibles en leur assignant des causes ou raisons sur une base inférentielle par association à des caractéristiques phénoménales géométrisables. Il s'ensuit que l'on peut former des hypothèses sur les modes généraux des phénomènes physiques, c'est-à-dire élaborer des modèles discursifs sur les mécanismes présumément en jeu. Plus ou moins multiples, ces hypothèses n'ont certes qu'une valeur relative, mais leur intelligibilité et, par suite, leur validité tiennent pour une bonne part à la mise en forme combinatoire qu'elles permettent d'opérer sur les données phénoménales spécifiques.

Conjointement, Leibniz doit faire droit à une analyse des corps inorganiques, et par extension des corps organiques, en ensembles complexes de qualités, ce qui ne peut se faire que par la résolution empirique des phénomènes. Ce niveau d'analyse ne permet pas d'élaboration théorique abstraite du type de celle qui prévaut pour les modèles fondamentaux de structures physiques. L'analyse reste alors phénoménale, même si elle reconstitue un ordre combinatoire des caractéristiques qualitatives que l'expérience révèle, et même si elle assume les résultats de l'autre type d'analyse. Si celle-ci fournit en effet des modèles abstraits correspondant aux qualités, ces modèles sont conçus indépendamment des caractéristiques émergentes, surgissant des complexes de qualités. Mais n'est-on pas en droit de postuler une homogénéisation progressive des deux types d'analyse permettant d'étendre le même ordre analytico-combinatoire aux phénomènes à divers niveaux de complexité ? Pour l'instant, Leibniz entrevoit d'adapter les modèles d'intelligibilité géométrique à l'explication des diverses « qualités » intégrées aux ensembles phénoménaux similaires, c'est-à-dire inorganiques, et aux ensembles organiques. Il s'agit d'une approche analytique préliminaire à l'établissement d'un véritable ordre hypothético-déductif. Celui-ci dépendra de notre capacité de développer des analogues mathématiques représentant les caractéristiques phénoménales et de les comprendre en une analyse de plus en plus englobante :

> La résolution est double : l'une résout les corps en qualités variées par les phénomènes ou expériences ; l'autre résout les qualités sensibles en causes ou raisons par le raisonnement. Il faut donc chercher par un raisonnement institué avec exactitude les causes formelles et générales des qualités, causes qui soient en fait communes à toutes les hypothèses, et il faut établir des dénombrements exacts mais généraux des modes possibles, par exemple en matière de poids, de ressort, de lumière ou de chaleur, de froid, de liquidité, de solidité, de ténacité, de volatilité, de fixité, de solubilité, de précipitation à l'aide de menstrue, de cristallisation. Si nous combinons des analyses avec les expériences, nous découvrirons quelle est en quelque sujet la cause de chaque qualité. Cela s'accomplira par des définitions et la langue philosophique [1].

Cette dernière phrase semble ouvrir la possibilité d'un développement théorique de type combinatoire englobant la diversité des modèles qu'il faut supposer pour rendre compte des phénomènes complexes et de leurs caractéristiques spécifiques.

Ce développement indique l'horizon normatif pour la mise en forme des explications empiriques. Dans le *De modo*, Leibniz s'en tient surtout aux ressources que peut fournir l'analyse directement appliquée aux propriétés phénoménales et à leurs regroupements en espèces (*species*), c'est-à-dire en structures d'entités matérielles. Confronté au caractère réciproque (*circulus*) de nombreuses réactions chimiques, Leibniz envisage une typologie : celle-ci repérerait empiriquement les structures qui commandent aux autres dans ces processus interreliés. Ainsi obtiendrait-on les bases d'une interprétation de type combinatoire pour des composés plus complexes, résultant de com*bin*aisons, de con*ter*naisons, de con*qua*ter*naisons, etc. L'idée semble ici dérivée du modèle combinatoire, mais suivant un schème de réalisation expérimental :

---

1. A VI 4, 1975 (GP VII, 267-268) : « Duplex est resolutio : una corporum in varias qualitates per Phænomena seu experimenta ; altera, qualitatum sensibilium in causas sive rationes per ratiocinationem. Itaque accuratissima ratiocinatione instituta quærendæ sunt qualitatum causæ formales et generales quæ scilicet omnibus hypothesibus sint communes et instituendæ accuratæ, sed generales, possibilium in iis modorum dinumerationes, ut in pondere, elastro, lumine seu calore, frigore, liquiditate, firmitate, tenacitate, volatilitate, fixitate, solubilitate, præcipitatione ex menstruo, crystallisatione. Has analyses si combinemus cum experimentis, quænam in quolibet subjecto cujusque qualitatis sit causa, deprehendemus. Hæc autem per definitiones et linguam rationalem egregie inprimis fient ».

Ainsi il nous suffirait de déterminer un petit nombre d'espèces (*species*), d'où nous puissions produire par art les diverses autres espèces et qualités sensibles; puisqu'en effet, lorsqu'on comprend la cause, on comprend l'effet, à partir de ces quelques espèces exactement comprises, et en y ajoutant l'observation exacte de ce qui survient dans la préparation, nous pourrons expliquer toutes les autres espèces parfaitement à l'instar d'une machine[1].

Les termes initiaux de ces combinaisons seront donc des *species* relativement complexes mais servant d'ingrédients pour la production d'effets complexes. À ces ingrédients s'ajoutent d'ailleurs des instruments généraux de réaction, savoir les éléments de la tradition aristotélicienne : feu, air, eau, terre, qui eux-mêmes comportent des variantes qualitatives suivant les ensembles complexes où ils s'insèrent. L'analyse des réactions doit s'opérer de façon à faire ressortir des effets spécifiques en dépit des variations et elle doit permettre de concevoir une progression analogique dans l'établissement des séries d'expérimentations :

> Lorsque, divers ingrédients et instruments une fois fournis, le même effet se produit, il doit être rapporté à ce qui est commun à chacun. [...] Il faut entreprendre d'abord ces expériences pour lesquelles l'analogie avec d'autres expériences promet un certain résultat singulier. On peut croire que ce qui est similaire dans de multiples cas déjà découverts, le sera aussi dans d'autres cas, qui n'ont pas encore été découverts, mais qui semblent avoir de la connexion avec les précédents; ou du moins seront-ils approchants. Soit que l'événement montre aussi cette similitude dans tous les autres cas, soit qu'il échoue à la montrer, nous en sortirons toujours gagnants[2].

Sans que l'on entre dans le détail des indices méthodologiques fournis, certaines orientations analytiques semblent privilégiées. Ainsi, une fois les *species* déterminées, on étudiera leur interaction isolée deux à deux,

---

1. A VI 4, 1972 (GP VII, 266) : « Ideo sufficit nos paucas quasdam species posse determinare, ex quibus varias alias species et qualitates sensibiles possimus arte producere ; cum enim intellecta causa intelligatur effectus, sequitur ex his paucis speciebus accurate intellectis, accedente accurata notitia eorum quæ in preparatione contingent, posse a nobis perfecte et ad machinæ instar, explicari species reliquas omnes ».

2. A VI 4, 1973 (GP VII, 266-267) : « Quando diversis adhibitis ingredientibus atque instrumentis idem prodit effectus referendus est, ad id quod est utrique commune. [...] Tentanda sunt ea inprimis experimenta, in quibus analogia cum aliis experimentis singularem aliquem eventum spondet. Credibile est ea, quæ in multis jam compertis sunt similia, etiam in aliis quæ nondum experti sumus, sed quæ cum expertis connexionem habere videntur, fore similia, aut saltem appropinquantia, sive autem eventus offendat etiam in reliquis similitudinem, sive fallat, semper lucrabimur ».

en contrôlant les agents instrumentaux qui interviennent dans le processus ; puis on procédera suivant une combinatoire complexifiante, en faisant intervenir d'autres *species* sur les complexes qualitatifs résultant de combinaisons simples. La norme d'une progression analogique suggère la sélection du matériel expérimental qui permettra d'observer des combinaisons de facteurs nettement déterminés. Cela vaudra particulièrement pour l'étude des corps organiques : dans ce cas, les techniques d'observation microscopique se déploieront sur des structures typiques et dûment sélectionnées pour leur rôle de modèles. C'est ce que Malpighi, principal protagoniste de la méthodologie microstructuraliste, rattachait à la métaphore du *microscope de la nature*[1]. La nécessité de construire une analyse rigoureuse entraîne d'ailleurs l'utilisation de moyens permettant une représentation distincte et donc relativement structurée des propriétés phénoménales : d'où le recours aux *organa empirica*, instruments naturels ou artificiels servant à analyser les données phénoménales en vue d'en établir des modèles géométrico-mécaniques.

Or de telles indications méthodologiques n'ont de valeur que si l'on postule que les phénomènes peuvent fournir les éléments suffisants d'une explication, c'est-à-dire justifier la recherche d'une combinaison *a posteriori* des données et fournir un schéma de progression inférentielle à partir de ces données rassemblées et systématisées. Mais ne pourrait-il y avoir de véritables éléments matériels derrière l'écran des propriétés phénoménales, éléments qui fussent irréductibles aux modèles analogiques que l'on peut constituer en partant de l'expérience des phénomènes ? Ces éléments ne seraient-ils pas des agents de causalité inanalysables par rapport aux phénomènes mêmes ? Leibniz professe ici d'adhérer à la thèse d'une relative continuité entre les modèles construits sur les caractéristiques empiriques et les structures causales sous-jacentes aux phénomènes. La validité de cette présomption de continuité s'infère d'un rapport direct à nos moyens de conceptualisation du divers empirique. Cette validité est donc essentiellement pragmatique : « Il est vraisemblable, affirme Leibniz, que les corps mêmes similaires d'aspect [= inorganiques] ne sont pas à ce point composés qu'il faille désespérer de pouvoir comprendre leur constitution interne, pour autant que cela soit requis pour nombre de nos

---

1. Sur la modélisation micromécaniste selon Malpighi, voir F. Duchesneau, *Les modèles du vivant de Descartes à Leibniz*, Paris, Vrin, 1998, p. 196-208 ; *id.*, *Leibniz. Le vivant et l'organisme*, Paris, Vrin, 2010, p. 25-44.

usages » [1]. D'où le caractère apparemment *ad hoc* des arguments invoqués pour écarter l'hypothèse d'une structure submicroscopique hétérogène à l'ordre de surface.

Leibniz ne saurait nullement contester la subdivision extensive des corps à l'infini. Or cela ne doit pas signifier que les phénomènes se rattachent causalement à des éléments premiers irrémédiablement inassignables dans leurs dimensions comme dans leurs propriétés. Les métaphores alléguées renvoient à des opérations techniques dans lesquelles on négligera certaines particules insignifiantes, sans effet sur la manipulation de *species* prises en masses considérables. Selon cette conception, il existerait des facteurs négligeables que l'on peut et doit identifier à des structures subtiles sous-jacentes à ces *species* matérielles. Mais, si l'ordre de surface est relativement stable, il n'y a pas lieu de supposer en profondeur de variabilité infinie des parties subtiles : cette hypothèse ne contribuerait en rien à la détermination d'une raison suffisante des effets macroscopiques. La recherche de raison suffisante repose plutôt sur le développement continu d'une analyse des phénomènes en direction de leurs conditions structurales internes. La continuité exige de même qu'il n'y ait pas de disparité quantitative marquée entre effets et causes, ce qui supposerait par exemple que les mouvements subtils soient d'une ampleur équivalente aux effets macroscopiques résultants. On est de ce fait justifié d'admettre que les phénomènes puissent exprimer *a posteriori* la combinaison de facteurs dont ils résultent. Et tel est notablement le cas pour les *species* organiques. Le *Consilium* suggère à ce propos une analyse des phénomènes qui viserait à constituer une combinatoire empirique faisant intervenir des rapports progressivement de plus en plus complexes. Régulièrement déployée, cette combinatoire traduirait, exprimerait adéquatement, l'ordre causal sous-jacent *sub specie phænomenalitatis*. Plus on progresse dans la mise en lumière analytique des rapports complexes d'intégration et d'interrelation organique, plus on se rapproche d'une connaissance par raison suffisante adéquate de l'ordre régissant la production même des phénomènes. Ainsi, traitant des qualités qui caractérisent les organismes, Leibniz affirme-t-il :

> Il faut d'abord poser celles que possèdent les espèces de ce genre, lorsqu'elles se présentent seulement aux sens (en commençant par le sens de la vue), ensuite celles qu'elles acquièrent lorsqu'elles sont traitées pour

---

1. A VI 4, 1974 (GP VII, 268) : « Verisimile ideoque est corpora ipsa aspectu similia non esse adeo composita, ut desperandum sit eorum intimam constitutionem quantum ad multos usus nostros necesse est, a nobis posse deprehendi ».

soi ou laissées à elles-mêmes (c'est-à-dire à elles-mêmes et à l'air), ou jointes à d'autres individus semblables (car en cela elles diffèrent des espèces similaires [inorganiques]), ou bien encore examinées à l'aide de l'eau, du feu et d'autres corps, en particulier ceux qui sont tout à fait similaires; et enfin rattachées aux corps des animaux, puisque toute cette recherche doit être surtout menée pour connaître la nature des animaux [1].

En définitive, dès le *Consilium*, c'est-à-dire dès 1679, Leibniz songe à un ordre encyclopédique des connaissances scientifiques, s'étendant par degrés des disciplines purement rationnelles, développant l'architecture formelle de la *mathesis*, aux disciplines qui en constituent des applications dans le champ des vérités empiriques. Remarquable est le système de constructions combinatoires par analogie et par projection hypothétique qui permet de concevoir des objets d'analyse conformes aux données d'expérience et progressivement plus complexes. Le principal artifice méthodologique dans cette mise en ordre « inventive » des connaissances tient au déploiement de définitions reflétant ces combinaisons, les unes adéquates et réelles, les autres inadéquates et nominales mais susceptibles de livrer une intelligibilité provisoire et méthodologiquement perfectible des phénomènes représentés. La construction de l'ordre encyclopédique est architectonique pour autant que les systèmes de connaissances établis ou projetés à chaque palier servent à l'analyse des objets de degré supérieur, mais sans que ceux-ci puissent s'y réduire. L'ordre émergeant au palier supérieur requiert une raison suffisante que seuls des principes heuristiques du type du principe de continuité permettent de découvrir et d'expliciter par optimalisation et intégration des déterminations de niveau inférieur. Toutefois, ces synthèses de combinaisons de plus en plus spécifiques et englobantes, répondant à l'exigence de figurer l'intelligibilité des phénomènes complexes dans leurs divers ordres, doivent s'édifier de telle sorte que l'on puisse en enchaîner les éléments et les paliers de façon démonstrative. De ce point de vue, la science doit se présenter comme un vaste ensemble de connaissances actuellement ou potentiellement

---

1. *Consilium de encyclopædia nova conscribenda methodo inventoria*, A VI 4, 348 (C 40) : « Ponendæ primum eæ quas habent hujusmodi species tantum sensibus oblatæ (incipiendo a sensu oculorum), inde quas per se tractatæ acquirunt vel sibi (id est sibi et aëri) relictæ vel aliis sibi similibus individuis conjunctæ (nam in eo differunt a similibus) vel aqua ignive aliisque corporibus et primum maxime similaribus examinatæ ; ac denique cum corporibus magis compositis, imo ipsis speciebus et maxime cum corporibus animalium copulatæ, quoniam omnis illa inquisitio maxime ad cognoscendam animalium naturam dirigi debet ».

déductives[1]. Et les disciplines qui ressortissent à la *mathesis* doivent fournir les instruments de cette structure argumentative à travers le système encyclopédique des sciences. La possibilité d'assimiler la science empirique des phénomènes à la structure démonstrative sous l'égide d'une *mathesis universalis* fait partie des objectifs primordiaux compris dans cette vision encyclopédique[2]. Jugeant la science boylienne, Leibniz va précisément vouloir l'achever en l'intégrant à l'aide de modèles de type mathématique. Il s'agit là de sa conception mathématisante du mécanisme des modernes[3].

Théoricien de la science, Leibniz va concentrer ses efforts sur cette structure argumentative, à la fois démonstrative et heuristique. Sa vie durant, il envisagera que l'encyclopédie puisse s'accomplir dans l'intégralité de son dessein comme projet collectif, mais ce sera surtout pour évoquer l'hypothèse que des puissances politiques suffisamment éclairées

1. M. Lærke, « *More mathematico demonstrata, Ordine naturali exposita :* Leibniz sur l'organisation de l'encyclopédie », *in* A. Pelletier (ed.), *Leibniz Experimental Philosophy*, Stuttgart, F. Steiner, 2016, p. 239-255, entend montrer que Leibniz envisage de constituer une grande partie de l'encyclopédie sur la base de descriptions des voies de recherche et de découvertes suivies par les chercheurs, en les contrastant à l'ordre démonstratif des connaissances suivant le modèle euclidien. En fait, toute l'encyclopédie ne consiste que dans les mises en relation rationnelle possibles entre les concepts figurant les divers ordres de réalités : d'où des représentations de ces voies d'intellection qui peuvent être tantôt plus descriptives et empiriques, tantôt plus conformes aux modèles démonstratifs variés se rattachant à la *mathesis*. Mais la visée de l'opération n'en reste pas moins celle d'inventer les connexions démonstratives les plus englobantes pour l'ensemble des composantes de l'encyclopédie.

2. D. Rabouin, Introduction, *in* G. W. Leibniz, *Mathesis universalis. Écrits sur la mathématique universelle*, Paris, Vrin, 2018, p. 7-69, détaille les corpus qui ont pu diversement intervenir dans la conception leibnizienne de la *mathesis universalis*. Il insiste sur le fait que, dans la période où se situent les écrits d'importance méthodologique auxquels nous nous intéressons, le terme tend à désigner une science qui est en même temps un art des « formes », orienté vers l'invention et s'appuyant sur une logique de l'imagination, selon laquelle se déploie l'ordre dans les sciences, à commencer par les mathématiques. Voir *ibid.*, p. 67-68 : « Une des formulations ramassées que Leibniz propose pour ce nouveau projet est la constitution d'une "logique de l'imagination". Il s'agit alors de s'appuyer sur un système de relations élargissant les relations habituellement dévolues au traitement des seules quantités et autorisant le développement de tout un aspect "qualitatif" des mathématiques. [Dans ce modèle, la *mathesis universalis*] figure une "science générale des relations abstraites", directement issue d'une théorie de nature logique, *appliquée* au domaine des mathématiques (ou, dans le vocabulaire de Leibniz, des "imaginables") ».

3. Voir lettre à Oldenburg du 28 décembre 1675, A III 1, 332 : « Boyliano itaque more semper philosophabuntur homines, nostrum aliquando ad finem perducent ; nisi quatenus ipsa quoque Natura rerum, in quantum cognita est, calculis subjici potest, et novis detectis et ad Mechanismum reductis qualitatibus, novam applicandi materiam Geometris dabit ».

et capables de fournir les moyens institutionnels requis puissent intervenir, en particulier par le biais de dotations aux académies et autres tels regroupements de chercheurs. Les meilleurs exemples à cet égard nous sont fournis par les fragments *Contemplatio de historia statuque præsenti eruditionis* [1], *Recommandations pour instituer la science générale* [2] et *Discours touchant la méthode de la certitude et l'art d'inventer* [3]. Cette analyse intéresse essentiellement la programmation pratique du projet d'encyclopédie et les objectifs visés de connaissance et de bonheur pour le genre humain. Par contre, dans cette phase de maturité, Leibniz est amené à insister sur la structure argumentative de l'encyclopédie et à en délimiter l'étude comme une fin propre et stratégique. C'est d'ailleurs sous ce chef qu'il tend à situer sa contribution personnelle au *magnum opus* collectif. Il n'est pas sans intérêt de se référer à cet égard à la conception tardive de l'encyclopédie qui se fait jour dans les *Nouveaux Essais sur l'entendement humain* (1704). Locke avait repris à la fin de l'*Essay concerning Human Understanding*, la division tripartite des connaissances en *physica, practica* et *semiotica*. Dans la première catégorie, entrerait tout ce qui peut être objet de considération théorique en philosophie naturelle : esprits ou corps, phénomènes ou substances, il s'agirait là de traiter des réalités connaissables de la nature. Dans la catégorie des connaissances relatives à la pratique, figureraient les considérations de morale, de politique, de jurisprudence, voire les principes des divers arts et techniques. Sous l'appellation de sémiotique, Locke inscrit la recherche de connaissance réflexive relative aux instruments de connaissance : idées et termes. Dans ce registre du savoir, il s'agit d'analyser la connaissance, ses procédés logiques et linguistiques, ses modes et ses limites. La critique de Leibniz consiste à montrer que la typologie lockienne est équivoque : dans l'édifice du savoir ainsi constitué, chacune des parties peut légitimement prétendre absorber les deux autres par dérivation démonstrative à partir de principes correspondant aux catégories fondamentales du secteur [4]. En contrepartie,

---

1. Début 1682 (?), A VI 4, 449-490 (GP VII, 127-156).
2. Avril-octobre 1686, A VI 4, 694-713 (GP VII, 157-173).
3. Août 1688-octobre 1690, A VI 4, 951-962 (GP VII, 198-203).
4. *Nouveaux Essais*, 4.21, A VI 6, 522 : « Mais la principale difficulté qui se trouve dans cette division des sciences est que chaque partie paraît engloutir le tout. Premièrement la Morale et la Logique tomberont dans la Physique prise aussi généralement qu'on vient de dire. Car en parlant des esprits, c'est-à-dire des substances qui ont de l'entendement et de la volonté, et en expliquant cet entendement à fond, vous y ferez entrer toute la Logique ; et en expliquant dans la doctrine des esprits ce qui appartient à la volonté, il faudrait parler du bien et du mal, de la félicité et de la misère, et il ne tiendra qu'à vous de pousser assez cette doctrine

Leibniz propose de considérer deux mises en ordre possibles, deux
«positions» des vérités de science : l'une serait «synthétique et
théorique», l'autre «analytique et pratique». Les deux méthodes de
constitution du savoir peuvent avoir cours conjointement tant dans
l'encyclopédie considérée de façon générale que dans certains corpus
scientifiques particuliers qui viendraient s'y intégrer. Un système de
renvois terminologiques, donc conceptuels, peut intervenir de façon
complémentaire pour coordonner les deux cheminements sur des points
spécifiques et permettre de retrouver l'articulation particulière d'un
ensemble de démonstrations ou d'expériences distinctes. Sous réserve
d'approfondir la signification particulière de cette distinction leibnizienne
entre analyse et synthèse, nous pouvons en retenir qu'il s'agit là des deux
faces du processus rationnel à l'œuvre dans l'édification de l'encyclopédie. La doctrine de l'analyse et de la synthèse en vient à occuper la
position centrale des considérations épistémologiques sur le mode d'intégration à la fois architectonique et discursif des connaissances auquel
Leibniz identifie la science en acte [1].

Corrélativement aux formulations canoniques du projet d'encyclopédie que nous avons examinées, Leibniz s'est donc soucié d'établir le
statut d'une telle doctrine de l'analyse et de la synthèse. Dans ce contexte,
il délimite le champ de ce qu'il désigne comme «science générale» [2]. Dans
le *Plus ultra*, après l'indication des objectifs généraux de l'encyclopédie,

pour y faire entrer toute la Philosophie pratique. En échange, tout pourrait entrer dans la Philosophie pratique comme servant à notre félicité. Vous savez qu'on considère la Théologie avec
raison comme une science pratique ; et la Jurisprudence, aussi bien que la Médecine, ne le sont
pas moins. De sorte que la doctrine de la félicité humaine ou de notre bien et mal absorbera
toutes ces connaissances, lorsqu'on voudra expliquer suffisamment tous les moyens qui
servent à la fin que la raison se propose. [...] Et en traitant toutes les matières par dictionnaires
suivant l'ordre de l'alphabet, la doctrine des langues (que vous mettez dans la Logique avec
les Anciens, c'est-à-dire dans la discursive), s'emparera à son tour du territoire des deux
autres. Voilà donc vos trois grandes provinces de l'Encyclopédie en guerre continuelle,
puisque l'une entreprend toujours sur les droits des autres».

1. Ce point est bien mis en valeur par P. Rateau, «La philosophie et l'idée d'encyclopédie
universelle des connaissances selon Leibniz», *Archives de philosophie*, 81 (2018),
p. 115-141. S'y trouve nettement dégagé le projet leibnizien d'encyclopédie comme mise en
forme des notions, des vérités, des constats d'expérience et des hypothèses selon leur degré de
validation en un réseau global, susceptible de révision progressive et donnant lieu à de
multiples parcours possibles suivant les voies distinctes de l'analyse et de la synthèse.

2. Sur la conception leibnizienne de la science générale, voir A. Pelletier, «*Logica est
Scientia generalis* : l'unité de la logique selon Leibniz», *Archives de philosophie*, 76 (2013),
p. 271-294 ; *id.*, «The *Scientia Generalis* and the Encyclopaedia», *in* M. R. Antognazza (ed.),
Oxford Handbook of Leibniz, New York, OUP, 2018, p. 162-176.

Leibniz avait inscrit en tête du développement encyclopédique ce qui allait être spécifié comme contenu de la science générale proprement dite : les éléments de vérité éternelle et l'art de découvrir. Dans un certain nombre de textes, Leibniz va concentrer l'analyse sur le projet de cette partie instrumentale de l'encyclopédie et viser en outre à en fournir des exemples d'application. D'où les exposés relatifs aux *Initia scientiæ generalis* et aux *Specimina scientiæ generalis*. Dans le fragment *Initia et specimina scientiæ generalis de nova ratione et augmento scientiarum*, la science générale est définie comme comportant deux parties[1]. L'une vise à instaurer la science en produisant des « éléments de vérité éternelle », autrement dit des principes pouvant servir à mettre la démonstration en forme logique; une idée significative à cet égard est celle d'un calcul démonstratif généralisé à développer. L'autre partie définit l'art d'inventer, qui comporte un mode combinatoire et un mode analytique, dont la caractéristique est d'être implicitement combinatoire, ou du moins convertible à la forme combinatoire. Le premier mode serait davantage tourné vers la constitution de sciences complètement articulées; l'autre concernerait plutôt la résolution des problèmes[2]. Mais l'exposé le plus significatif des articulations de la science générale est celui que l'on trouve dans le texte *Initia et specimina scientiæ generalis de instauratione et augmentis scientiarum* de datation probable été-automne 1679[3]. Suivant cet exposé, les « éléments de vérité éternelle » et l'« art d'inventer » occuperaient les deux premiers livres des *Initia*, le troisième livre devant être consacré au projet de fondation de l'encyclopédie (*Consilium de encyclopædia condenda*). Les sections programmatiques sur la science générale sont ainsi décrites :

> [*Des*] *éléments de vérité éternelle*, c'est-à-dire de la forme d'argumentation par laquelle, au moyen du calcul, on puisse supprimer démonstrativement toute controverse et soit déterminer la vérité absolument, soit du moins démontrer, quand les données ne sont pas suffisantes, la probabilité la plus élevée qu'on puisse tirer de ces données de telle sorte que nous puissions suivre la raison autant que possible.

---

1. Été-automne 1679 (?), A VI 4, 354-355.
2. Leibniz concentre parfois en une seule formule les deux volets de la science générale, voir, par exemple, *Introductio ad scientiam generalem modum docentem inveniendi demonstrandique*, été-automne 1679 (?), A VI 4, 370 (GP VII, 60) : « Scientiam generalem intelligo quæ modum docet omnes alias scientias ex datis sufficientibus inveniendi et demonstrandi; itaque illæ cognitiones quæ casu tantum inveniri potuerunt, ab hac scientia non pendent ».
3. A VI 4, 357-362 (GP VII, 57-59).

De l'art d'inventer, c'est-à-dire du fil palpable pour conduire la recherche et de ses espèces Combinatoire et Analytique, par lesquelles on puisse fonder les sciences ou des portions de science soit exactement, soit autant que possible provisionnellement, par lesquelles aussi on puisse résoudre des problèmes isolés de telle sorte qu'on ait le moins possible besoin d'autres connaissances assumées de l'extérieur et que chacun puisse non seulement comprendre mais, si nécessaire, découvrir par soi tout ce qu'un autre doué de quelque génie que ce soit a déjà trouvé à partir des mêmes données, non par chance mais par raison, ou trouvera jamais dans les siècles futurs par un raisonnement d'ampleur limitée. Il s'agit aussi ici de la méthode consistant à instituer des expériences pour qu'elles nous servent à suppléer ce qui manque aux données [1].

Dans une présentation comme celle-ci, l'encyclopédie peut se construire sur la base des seules connaissances séminales dans les divers domaines. Une fois en possession de ces connaissances, nous pourrons en effet leur appliquer les procédures de la science générale pour constituer ou reconstituer l'édifice démonstratif de la science. Ces connaissances séminales seront constituées de relations certaines, mais aussi de relations qui ne sont certes pas indubitables, mais qu'il convient toutefois d'accepter sous bénéfice de contrôle ultérieur en raison de leur importance stratégique pour promouvoir l'invention de nouveaux développements [2]. Le même thème se trouve développé dans le morceau *De usu artis combinatoriæ præstantissimo qui est scribere encyclopædiam*. Leibniz y souligne que le but de l'encyclopédie est de produire une intégration des connaissances scientifiques : d'où la nécessité d'une recherche portant sur l'origine commune de multiples connaissances dérivées, la mise en œuvre de la

1. A VI 4, 359 (GP VII, 57) : « Lib. I. Elementa Veritatis æternæ, seu de forma argumentandi qua modum calculi omnes controversiæ demonstrative tollantur, et vel absolute determinetur veritas, vel quando sufficientia non sunt data, saltem maxima probabilitas quæ ex datis haberi potest demonstretur, ut quantum possibile est rationem sequamur. Lib. II. De Arte Inveniendi, seu filo palpabili regendæ inquisitionis ejusque artis speciebus Combinatoria et Analytica, quibus scientiæ earumve portiones vel exacte, vel quoad licet provisionaliter condi : tum etiam separata problemata ita solvi possint, ut aliis notitiis forinsecus assumtis quam minimum sit opus, et ut quisque non tantum intelligere, sed et si opus est invenire per se possit, quæcumque alius quantocunque ingenio præditus ex iisdem datis non casu, sed ratione vel jam invenit vel unquam futuris seculis ratiocinatione non nimis prolixa sit inventurus. Et de Methodo Experimenta instituendi, ut serviant ad supplenda quæ datis desunt ».
2. Voir A VI 4, 360 (GP VII, 58) : « Quod opus non nimis erit prolixum, qui ea quæ ex cæteris per consequentiam ope Scientiæ generalis facilius duci poterunt vel omittentur vel saltem distinguentur. Quemadmodum et distinguentur certa ab incertis ; relationes authenticæ ab his quæ licet in dubium revocari possunt, aliquando ubi magni momenti sunt non erunt omittendæ ».

dérivation pouvant se révéler soit analytique, soit synthétique. Il s'agit somme toute de saisir le principe d'intégration des connaissances dans un ensemble démonstratif et d'en tirer une méthode de découverte[1]. Ce principe doit valoir indifféremment pour l'encyclopédie dans son ensemble et pour chacune de ses parties. Certes, les définitions qui engendrent les théorèmes de base varieront nécessairement d'une science particulière à l'autre; des différences se manifestent dans l'application des principes architectoniques, lorsqu'on passe des sciences rationnelles aux sciences empiriques, mais aussi lorsqu'on parcourt dans chaque secteur la gamme des diverses disciplines. Leibniz présume néanmoins que l'on doit pouvoir faire fond sur des méthodes de démonstration qui déploient leurs ressources formelles à travers le champ des divers savoirs; de même, il doit être possible d'assigner les caractères généraux de la *methodus inventionis*, lesquels déterminent son application analogique aux divers objets de théorisation.

Selon Martin Schneider, la science générale constitue la logique et comprend les principes de toutes les sciences[2]. La *mathesis universalis* comme science des choses imaginables et la métaphysique comme science des choses intelligibles lui sont subordonnées. Dans la *mathesis universalis*, il convient de distinguer une science de la qualité, s'intéressant à la similitude et à la différence des formes, et une science de la quantité: d'une part, *combinatoria specialis*, d'autre part, *analysis specialis*, pour reprendre la terminologie du *Plus ultra*. Si la *mathesis* s'intéresse au nombre, à la grandeur, à la figure, elle devient arithmétique, algèbre, géométrie. Mais la *mathesis universalis* s'intéresse de façon plus générale aux concepts et à leurs relations. De ce point de vue, elle représente le volet en quelque sorte formel de la science générale, de même que celle-ci donne lieu à un volet méthodologique: analyse et synthèse, caractéristique universelle et grammaire rationnelle, calcul général. C'est ce volet méthodologique qui fournit l'armature formelle de l'*ars inveniendi*, par contraste

---

1. *De usu artis combinatoriæ præstantissimo*, été-automne 1678 (?), A VI 4, 84 (C 164): « Qui multa valde a se invicem diversa et valde difficilia quærit, is facilius ea inveniet cum aggredietur integram Encyclopædiam, vel saltem integram scientiam qua ipsa continentur, quam si quærat ea singulatim. [...] De scribenda Encyclopædia Inventoria, cujus ope appareat origo inventionis potissimarum quas habemus veritatum, eaque tam synthetica quam analytica » Ce texte est accompagné d'une annotation marginale qui évoque sans doute Descartes, *Principia philosophiæ*, III, § 45 : « Hinc si possemus investigare aliquam originem globi terreni, seu modum quo potuisset revera intelligi generatus, facilius possemus reperire naturam plantarum et animalium quam alio modo ».

2. Voir M. Schneider, « Funktion und Grundlegung der Mathesis Universalis », art. cit.

aux *elementa veritatis æternæ*. Schneider établit le rôle central de la combinatoire comme science des formes : celle-ci dépasse l'usage mathématique quantificateur en direction d'une spécieuse de portée universelle qui puisse servir à construire des algorithmes variés suivant les domaines d'application[1].

Dans ce contexte, Leibniz accorde une particulière importance aux applications de la science générale. D'où ses tentatives pour en fournir des « échantillons » (*specimina*), correspondant aux « fondements » (*initia*). Dans le fragment *Initia et specimina scientiæ novæ generalis*, Leibniz propose une « synopsis » de ce que serait l'ouvrage. Il suggère alors comme exemples d'application une assez longue série des éléments de l'encyclopédie même[2]. Dans la pratique toutefois, la liste des *specimina* va se restreindre. Comme Couturat l'a noté[3], on aboutit alors à deux séries. Suivant l'une, on aurait affaire à la mathématique générale, à la géométrie, à la mécanique et à un essai de physique ; suivant l'autre, à la géométrie, à la mécanique et aux éléments de jurisprudence universelle. Dans tous les cas, il s'agirait de la version leibnizienne *post reformationem* de ces sciences. La mathématique dont il est question recouvre à la fois la théorie de la

---

1. Faisant référence aux travaux de E. Knobloch sur l'*analysis situs* leibnizienne, M. Schneider note que ce développement significatif survient après la période parisienne, avec la *Characteristica geometrica* : voir « Funktion und Grundlegung der Mathesis Universalis », art. cit., p. 171 : « Von hier aus wird die volle Tragweite der neuen Mathesis universalis deutlich : Sie ist einerseits eine Logik der Imagination, und insofern auf anschauliche Gegenstände restringiert, andererseits aber, insofern Zähl- und Rechenprozesse nichts anderes als logisch-kombinatorische Transformationsprozesse darstellen, auch auf nicht-anschauliche Gegenstandsbereiche anwendbar, wenn sich diese in einem Zeichensystem formalisieren, und das heisst : in einem indirekte Sinne *veranschaulichen* lassen. Damit werden auch nicht-mathematische Gegenstandbereiche, etwa die intelligiblen Bereiche der Metaphysik oder der Moral, einer Mathematisierung zugänglich. In diese Richtung zielten ja die erwähnten späten Bemerkungen von Leibniz zur Mathesis Generalis. Damit aber hat Leibniz nichts anderes geleistet, als den Begriff anschaulicher Form-Ähnlichkeit zu dem abstrakter Struktur-Ähnlichkeit zu erweitern ».

2. Début 1682 (?), A VI 4, 442-443 (GP VII, 65) : « Specimina subjicienda erunt novæ artis, nempe mea Mathesis generalis. Nova mechanica fundamenta hactenus incognita. Demonstrationes physicæ generalis, et tentamenta quædam physicæ specialis cum Medicina provisionali. Elementa scientiæ moralis et civilis, jurisque naturæ et utilitatis publicæ [...] Sequitur Metaphysica et Theologia naturalis ; denique fundamenta rei literariæ seu humaniorum literarum et hinc ductæ demonstrationes Historicæ pro Theologia revelata ».

3. L. Couturat, *La logique de Leibniz*, *op. cit.*, p. 140-141. D'après l'édition Erdmann, Couturat propose une troisième liste tirée du fragment *Initia et specimina scientiæ generalis de nova ratione et augmento scientiarum*. Mais, vérification faite, le texte ne semble pas justifier cette lecture, voir *Initia et specimina scientiæ generalis de nova ratione instaurationis et augmento scientiarum*, été-automne 1679 (?), A VI 4, 353-355.

grandeur ou de la quantité et celle de la similitude des formes ou de la qualité; et elle enveloppe la capacité de fournir un calcul de portée générale, une spécieuse universelle. De même, la géométrie que Leibniz projette étend la solution des problèmes au-delà de la capacité de fournir des équations algébriques pour certaines courbes; il s'agit de produire les éléments d'une géométrie transcendante qui aura recours à l'*analysis situs* pour étendre le champ de ses démonstrations [1]. En mécanique, Leibniz veut faire valoir une explication portant sur la force comme cause des changements mécaniques. Pour se faire, il tire d'un principe qui a sa source dans la métaphysique, de quoi engendrer démonstrativement des lois du mouvement que l'expérience puisse corroborer [2]. Le *tentamen physicum*, pour sa part, viserait à fournir une analyse des qualités sensibles en termes d'équivalents mécaniques, ce qui permettrait de proposer une hypothèse adéquate sur la distinction des espèces de réalités physiques et sur leur nature intérieure analogiquement déterminée. Si l'on choisit l'illustration de la science générale par les éléments de jurisprudence, il s'agira de proposer une théorie de la justice qui se fonde sur une déduction de type géométrique à partir d'un système de définitions représentatives du droit; en corrélation, la théorie de l'équité supposera une forme de calcul probabiliste.

Qu'y a-t-il de commun à ces divers *specimina*? À l'évidence, Leibniz conçoit qu'une même approche méthodologique prévaut dans tous ces corpus théoriques. Cette approche associe le recours obligé à une forme d'enchaînement démonstratif et l'intervention de divers systèmes de principes et postulats définitionnels justifiés par l'ordre analytique ou combinatoire s'y exprimant. Or ces applications relancent précisément le problème des critères de la construction théorique dans un contexte de

1. On ne saurait minimiser l'importance des travaux de Leibniz relatifs aux fondements de la géométrie et à l'*analysis situs* pour une compréhension adéquate du projet leibnizien de corpus scientifique intégré. Voir à ce sujet V. De Risi, *Geometry and Monadology. Leibniz's Analysis situs and Philosophy of Space*, Basel, Birkhäuser, 2007.
2. Voir *Initia et specimina scientiæ generalis de instauratione et augmentis scientiarum*, A VI 4, 361 (GP VII, 58): «Mechanica, ubi unico principio adhibito ostenditur, quomodo omnia problemata mechanica revocentur ad puram Geometriam, et motuum Leges experimentis consentientes a priori [exacte] demonstrari possint. [Adjecta sunt] inventa quædam Mechanica [insignis utilitatis]». Pour une autre version très voisine, voir *Initia scientiæ generalis conspectus speciminum*, été-automne 1679 (?), A VI 4, 363 (GP VII, 59-60): «Mechanica præter magnitudinem et situm considerat vim seu causam mutationis. Hujus Scientiæ Elementa vera quæ satis late pateant, hactenus nuspiam extantia ex unico principio veræ Metaphysicæ ita demonstrantur, ut imposterum problemata ejus omnia quæ hactenus physica sunt habita, revocari possint ad puram Geometriam».

progression indéfinie de la connaissance scientifique. Dans quelle mesure un système de dérivation ou de construction des connaissances scientifiques *more geometrico* peut-il s'assimiler à la vision d'une encyclopédie ouverte ? Une telle encyclopédie doit en effet servir à dresser l'inventaire des connaissances acquises en même temps qu'elle doit opérer leur synthèse systématique et en faire des instruments pour découvrir de nouvelles connaissances.

Dans le concept leibnizien d'encyclopédie domine la norme d'un système de propositions vraies dont la connaissance découle d'un ordre institué génériquement entre les éléments divers et potentiellement infinis du savoir. Le système des propositions vraies définit ce que l'on entend par « science » lorsque la connaissance des éléments propositionnels est certaine[1]. Les modes de la certitude incluent certes l'évidence, mais aussi les diverses formes de l'inférence démonstrative. L'évidence leibnizienne correspond à la saisie du caractère fondationnel et de ce fait irréductible de certaines vérités. Dans un fragment *De principiis*, Leibniz rappelle ses entretiens avec Christoph Rojas de Spinola sur le fondement de l'évidence. Alors que Spinola professait le recours au principe d'autorité et, de ce fait, au consensus empirique des hommes accréditant telle ou telle opinion, Leibniz défendait la thèse d'une nécessaire autonomie des propositions fondationnelles pour autant que l'on veuille établir la possibilité de la science et la légitimité de son ordre. « Je réponds, écrivait Leibniz, que ces propositions sont évidentes par soi qui, lorsqu'on les supprime toutes, entraînent la suppression de la vérité »[2]. Entendons par là que l'évidence, acquise par développement analytique des concepts, correspond aux prérequis de toute inférence rationnelle, soit dans l'ordre des développements rationnels purs par combinaison de concepts, objets d'analyses finies, soit dans l'ordre des développements rationnels mixtes par combinaison de concepts du type précédent et de données empiriques, lesquelles s'expriment par des concepts non actuellement analysés et potentiellement analysables à l'infini. Ainsi Leibniz, lorsqu'il projette de fixer les éléments premiers de la science, développe-t-il la doctrine des vérités primitives (ou primordiales) de raison qui se réduisent au principe de non-contradiction et aux propositions identiques, et celle des vérités primitives

---

1. Voir *Præcognita ad encyclopædiam sive scientiam universalem*, hiver 1678-1679 (?), A VI 4, 135 (GP VII, 43) : « Scientia est certa verarum propositionum cognitio ».

2. 1679-1685 (?), A VI 4, 124 (C 183) : « Respondeo ea per se evidentia esse, quibus sublatis omnis sublata est veritas ».

de fait (*cogito*; *varia a me cogitantur*), pour en tirer les prémisses de base de toute inférence. La question des modes de l'inférence démonstrative est gouvernée quant à elle par l'idée que le prédicat est contenu dans le sujet, le conséquent dans l'antécédent, de telle sorte que la résolution des termes par substitution des équivalents, si elle s'avère possible, doit permettre de rendre manifeste une telle relation d'inhérence [1]. Il va de soi que cette résolution peut être adéquatement réalisée dans l'ordre des vérités de raison, ou rester indéfiniment implicite, quel que soit le degré de résolution, lorsqu'il s'agit de vérités de fait. Dans ce dernier cas, le témoignage de l'expérience atteste d'une relation présumée d'inhérence de prédicat à sujet, de conséquent à antécédent; et la raison suffisante de l'implication est reportée à l'infini sous l'idée d'une série causale dont nous ne découvrons qu'*a posteriori* les ultimes chaînons :

> Bien que [les vérités de fait] aussi aient leurs raisons et ainsi puissent être résolues par leur propre nature, elles ne pourraient cependant être connues de nous *a priori* par leurs causes, sauf si nous connaissions la série totale des choses, ce qui dépasse la puissance de l'esprit humain; c'est pourquoi on les apprend *a posteriori* par des expériences [2].

Si la science intègre nécessairement les vérités de fait ainsi assignées *a posteriori*, Leibniz y ajoute les propositions vraies déterminant des jugements de probabilité et, par conséquent, les constructions hypothétiques par lesquelles on projette la raison suffisante présumée de telle ou telle connexion empirique. La vérité de ce type de propositions et des inférences qui les mettent en œuvre réside dans la comparaison raisonnée par rapport aux normes de l'évidence et de la démonstration en forme. Cette comparaison est raisonnée puisqu'on tente d'établir des critères de légitimité pour ce type de savoir : ces critères doivent être tels qu'ils valorisent le fait que des connaissances hypothétiques puissent s'intégrer architectoniquement à l'ensemble discursif d'un savoir efficace. Comme nous le

---

1. Voir M. Malink, A. Vasudevan, « Leibniz on the logic of conceptual containment and coincidence », *in* V. De Risi (ed.), *Leibniz and the Structure of Sciences. Modern Perspectives on the History of Logic, Mathematics, Epistemology*, Cham, Springer, 2019, p. 1-46. Étudiant les deux formes que prennent les types de calcul logique chez Leibniz, celle qui repose sur l'inclusion des termes et celle qui repose sur la coïncidence et valorise les relations d'équivalence, ils établissent qu'il s'agit d'une seule et même théorie logique. Ils soulignent que, pour Leibniz, le principe de substitution des équivalents constitue un mode privilégié d'inférence en arithmétique et en géométrie. Sans doute faut-il voir là une pratique argumentative hautement caractéristique que Leibniz étend à d'autres domaines du savoir.

2. A VI 4, 135 (GP VII, 44).

verrons à la lumière de la correspondance avec Conring, les critères d'admissibilité des hypothèses sont conjointement analytiques et pragmatiques. La valeur des hypothèses tient à leur capacité de systématiser en un tout cohérent et simple une multiplicité de connexions empiriques et en même temps d'anticiper sur l'explication d'un nombre croissant de données d'expérience en servant de fil d'Ariane pour ces corroborations à venir.

Le champ que doit couvrir l'encyclopédie correspond à l'ensemble du réseau propositionnel en lequel se détaille le savoir de certitude et de probabilité, mais il est caractéristique que Leibniz a de plus en plus en vue l'expansion du domaine des sciences proprement dites avec implication pour le développement des connaissances et le bien-être futur de l'humanité[1]. Si le projet initial de l'encyclopédie leibnizienne, selon l'interprétation de Couturat[2], a pris sa source dans la nécessité de codifier la jurisprudence, il s'est progressivement étendu à la mise en forme d'un corpus de connaissances théoriques et pratiques sous l'égide d'un dessein métaphysique. Puis, à sa période de formation canonique entre 1678 et 1688, alors que la science leibnizienne élabore ses fondements propres et que le système métaphysique se met en place, il paraît manifeste que l'encyclopédie visera la systématisation des connaissances de type scientifique en un ensemble rationnellement articulé. Or, conjointement, un projet philosophique se greffe sur le projet apparemment de plus en plus positif d'encyclopédie : ce projet philosophique est celui d'une science générale qui puisse établir les principes opératoires (*initia*) de la raison et de l'expérience à l'œuvre dans le développement des connaissances scientifiques. La mise en œuvre de ces principes dans des échantillons (*specimina*) représentant le point de la recherche dans des domaines particuliers permet à son tour de réviser les principes en les transformant en outils d'invention ultérieure[3].

1. Voir *Discours touchant la méthode de la certitude et l'art d'inventer*, août 1688-octobre 1690 (?), A VI 4, 952-962 (GP VII, 174-183).

2. L. Couturat, *La logique de Leibniz, op. cit.*, p. 120-131.

3. Ce point de vue est bien illustré par A. Pelletier, « Logica est scientia generalis », p. 293 : « La *logica generalis*, au sens de Jungius, fait place à une *Scientia Generalis* chez Leibniz, qui n'est pas tant un instrument extérieur à l'encyclopédie des sciences que l'explicitation des voies plurielles de l'invention. La logique continue certes de traiter des "choses générales" en les distinguant des "choses spéciales" qui en sont l'usage dans les différentes sciences et logiques. Mais il faut entendre ces choses générales comme les fondements de l'invention. L'unité de la logique n'est ainsi pas celle d'un système ou d'une doctrine fermée, mais consiste dans l'identification, jamais achevée, des principes de l'ensemble du savoir.

L'articulation du système scientifique relève d'une caractéristique rationnelle, et de ce fait universelle, dont le fondement s'exprime dans et par la combinatoire[1]. Mais la science générale ne se contente pas de traduire l'idée d'une combinatoire articulant la généralisation par caractères des théorèmes en lesquels se condense le savoir des disciplines scientifiques particulières; elle prend la science comme objet d'analyse. Elle s'intéresse alors aux processus rationnels spécifiques qu'incarnent les diverses disciplines: enchaînement du simple au complexe suivant les contenus de connaissance visés; détermination des concepts servant à la mise en forme théorique des connaissances; approches méthodologiques plus ou moins *a priori* ou *a posteriori*, synthétiques ou analytiques. Le projet épistémologique de la science générale se double alors naturellement de visées méthodologiques: il s'agit de fixer des principes de découverte et de critique, permettant de formaliser, donc de généraliser les capacités analytiques et synthétiques de l'entendement individuel en les concentrant sur la zone de problèmes en périphérie du savoir acquis. À cela s'ajoute la possibilité d'assigner le type d'expérience à réaliser pour suppléer les lacunes de la chaîne déductive en laquelle s'exprime le savoir acquis, même lorsqu'il s'agit de connaissances de type empirique qui ne peuvent être que provisionnellement fondées. Cette articulation de la science générale à l'encyclopédie est bien rendue dans le fragment suivant:

> Il importe à la félicité du genre humain que soit fondée une Encyclopédie, c'est-à-dire une collection ordonnée de vérités suffisant, autant que faire se peut, à la déduction de toutes choses utiles. Ce sera comme un trésor public où pourront être accumulées toutes les belles inventions et observations. Mais parce qu'elle deviendrait d'un fardeau extrême, surtout en ce qui a trait à l'histoire civile et naturelle, il faut entretemps une science générale

À cet effort de l'esprit humain conviennent alors autant les noms de "philosophie générale", de "vraie logique", d' "art d'inventer" que celui de "vraie métaphysique" ».

1. Voir *Introductio ad Encyclopædiam arcanam; sive initia et specimina scientiæ generalis, de instauratione et augmentis scientiarum, deque perficienda mente, et rerum inventionibus, ad publicam felicitatem,* été 1683-début 1685 (?), A VI 4, 527 (C 511-512): « Scientia Generalis nihil aliud est quam Scientia de Cogitabili in universum quatenus tale est, quæ non tantum complectitur Logicam hactenus receptam, sed et artem inveniendi, et methodum seu modum disponendi, et Synthesin atque Analysin, et Didacticam, seu scientiam docendi; Gnostologiam, quam vocant, Noologiam, Artem reminiscendi seu Mnemonicam, Artem characteristicam seu symbolicam, Artem Combinatoriam, Artem Argutiarum, Grammaticam philosophicam: Artem Lullianam, Cabbalam sapientum, Magiam naturalem, forte etiam Ontologiam seu scientiam de Aliquo et Nihilo, Ente et Non Ente, Re et modo rei, Substantia et Accidente. Non multum interest quomodo Scientias partiaris, sunt enim corpus continuum quemadmodum Oceanus ».

où soient contenus les principes premiers de la raison et de l'expérience
[...] en y ajoutant la méthode de découvrir et de juger par laquelle toutes les
[connaissances] les plus spéciales, pour autant que ce soit au pouvoir de
l'homme, peuvent être tirées, quand il le faut, de ces principes tout à fait
englobants [1].

C'est donc en développant la structure formelle de l'encyclopédie que
se dégage la nécessité de recourir à la science générale. Il s'agit alors de
développer cette science générale comme substrat de la méthodologie
scientifique.

À la lumière de tels développements présumés de l'encyclopédie, articulés selon le dessein de la science générale, le point de vue leibnizien sur
la connaissance démonstrative en science se précise. L'encyclopédie se
définit en effet comme projet d'inventaire des connaissances acquises.
Il s'agit de coordonner celles-ci en un système démonstratif ou, à tout le
moins, de les rassembler de façon à identifier rationnellement les lacunes à
combler. Ainsi l'encyclopédie conjuguerait-elle la fonction de répertoire, à
l'instar du projet de Francis Bacon, et la fonction de modèle méthodologique pour des recherches à compléter ou à instaurer : de ce second point
de vue, l'objectif serait d'esquisser le plan des démonstrations à fournir
sous forme de prémisses hypothétiques et de règles d'inférences et de
découvertes (principes architectoniques). C'est ce que traduit une assertion
comme celle-ci :

> Cet inventaire dont je parle serait bien éloigné des systèmes et des diction-
> naires, et ne serait composé que de quantité de Listes ou dénombrements,
> Tables, ou Progressions qui serviraient à avoir toujours en vue dans
> quelque méditation ou délibération que ce soit, le catalogue des faits et des
> circonstances et des plus importantes suppositions et maximes qui doivent
> servir de base au raisonnement [2].

---

1. *Studia ad felicitatem dirigenda*, hiver 1678-1679 (?), A VI 4, 138 (GP VII, 45-46) :
« Hinc sequitur interesse ad fœlicitatem humani generis, ut condatur Encyclopædia quædam,
seu ordinata collectio Veritatum, quoad ejus fieri potest ad omnia utilia inde deducenda sufficientium. Eaque erit instar ærarii publici, cui omnia præclare inventa atque observata inferri
possint. Sed quia maximæ molis futura esset, præsertim pro his quæ ad historiam civilem ac
naturalem pertinent, interea opus est Scientia quadam Generali, qua principia rationis atque
experientiæ primaria contineantur, [...] accedente tamen inveniendi judicandique Methodo,
qua specialissima quæque etiam ubi opus quantum in humana potestate est, ex principiis illis
non admodum vastis duci possint ». La même thèse est exposée dans les *Initia et specimina
scientiæ generalis de instauratione et augmentis scientiarum*, été-automne 1679 (?), A VI 4,
359-360 (GP VII, 57-58).
2. *Nouvelles ouvertures*, avril-octobre 1686 (?), A VI 4, 691 (C 229).

Or Leibniz est convaincu de l'impossibilité de fonder cet inventaire sur la seule mise en forme inductive des connaissances dispersées. Il faut qu'une recherche méthodologique trace le plan de la dérivation démonstrative; et celle-ci est d'autant plus requise que les objets de recherche se hiérarchisent davantage par paliers suivant leurs caractéristiques spécifiques. Le *Consilium* nous a d'ailleurs fourni l'indication d'un tel canevas de recherches scientifiques, conçues suivant les caractéristiques de classes de plus en plus complexes et intégrées de phénomènes. La recherche méthodologique susceptible de remplir cette fonction relève de la science générale, dans la mesure où celle-ci se définit comme le corpus des modèles pour le jugement et l'invention, c'est-à-dire pour la mise en ordre des connaissances dans la perspective d'une rationalisation progressive des phénomènes, même les plus complexes. Par rationalisation entendons ici la détermination de raisons suffisantes adéquates. Leibniz va rattacher conjointement cette assignation de raisons suffisantes aux éléments des vérités nécessaires et à la découverte des structures d'intelligibilité soustendant le tissu des phénomènes: «La science générale consiste dans le jugement et dans l'invention, ou bien en analytiques et en topiques, c'est-à-dire en marques (*notis*) de la vérité et en fil pour découvrir»[1]. Le texte *Nouvelles ouvertures* insiste de même sur le rôle instrumental de la science générale dans la mise en forme des connaissances en vue d'en permettre la croissance réglée et l'accomplissement progressif par résorption des *terræ incognitæ*; et dans ce cas également, il s'agit de définir une «*méthode* de juger et d'inventer»[2]. Or la discrimination des concepts en fonction des critères de vérité et de fécondité fait partie de cette méthode. Lorsque Leibniz développe sa typologie des idées dans la série de textes épistémologiques qu'inaugurent les *Meditationes de cognitione, veritate et ideis* (1684)[3], il lui arrive d'insister sur la distinction à maintenir entre concepts parfaits et imparfaits. Dans tous les cas impliqués par la connaissance scientifique, il doit s'agir de concepts distincts: les uns adéquats, dont on peut fournir des définitions réelles, montrant la possibilité de l'objet défini; les autres inadéquats, lorsqu'on est limité aux définitions nominales, fournissant des marques suffisantes pour reconnaître l'objet, mais sans que

1. *Parænesis de scientia generali*, août-décembre 1688 (?), A VI 4, 972 (C 219): «Scientia Generalis consistit in judicio et inventione, sive Analyticis et Topicis, id est in Notis veritatis et filo inveniendi».

2. A VI, 4, 690-691 (C 228-229).

3. Voir A VI 4, 585-592 (GP IV, 422-425); *Discours de métaphysique*, §24-25, A VI 4, 1565-1570 (GP IV, 449-451); et la reprise ultérieure dans les *Nouveaux Essais*, 2.29, 2.30, 2.31, A VI 6, 254-266.

l'on puisse établir l'intégrale compatibilité des ingrédients conceptuels impliqués dans le *definiendum* [1]. Dans le cas des notions empiriques, l'analyse de ces ingrédients ne peut être menée à terme. Au lieu d'une possibilité qui s'établirait *a priori* par l'analyse conceptuelle, nous devons alors nous contenter d'une possibilité attestée par le fait que l'objet signifié existe ou a existé, comme l'enseigne l'expérience.

Or Leibniz croit bon de s'inspirer du fragment sur *L'esprit géométrique* de Pascal pour établir une distinction quelque peu différente entre les concepts distincts et confus, fondée cette fois sur l'équivalence ou la non-équivalence des définitions *salva veritate* pour un même concept. Dans le fragment en question, Pascal soutenait à la fois deux thèses qui retiennent l'attention de Leibniz. D'une part, les géomètres raisonnent à partir de principes clairement établis et acquis en vue de toute manipulation démonstrative ultérieure, quelle qu'elle soit. Mais ces principes ne laissent pas d'être « nets et grossiers », si on les compare aux principes auxquels l'esprit de finesse (d'analyse) doit s'intéresser en ce qui concerne les réalités concrètes, objets des vérités de fait. Pascal affirmait :

> Ce sont choses tellement délicates et si nombreuses [complexes], qu'il faut un sens bien délicat et bien net pour les sentir et juger droit et juste, selon ce sentiment, sans pouvoir le plus souvent le démontrer par ordre comme en géométrie, parce qu'on n'en possède pas ainsi les principes, et que ce serait une chose infinie de l'entreprendre. Il faut tout d'un coup voir la chose, d'un seul regard et non pas par progrès de raisonnement, au moins jusqu'à un certain degré [2].

Certes, Leibniz ne saurait admettre une connaissance de pur sentiment, irréductible à toute forme d'analyse conceptuelle. Mais il lui semble admissible de considérer l'application de l'analyse *more geometrico* dans les limites d'une appréhension restreinte du contenu des concepts lorsqu'il s'agit de vérités de fait. En vertu de cette application restreinte de l'analyse,

---

1. D. Rabouin, « The difficulty of being simple : on some interactions between mathematics and philosophy in Leibniz's analysis of notions », *in* N. B. Goethe, P. Beeley, D. Rabouin (eds), *G. W. Leibniz, Interrelations between Mathematics and Philosophy*, Dordrecht, Springer, 2016, p. 49-72, établit que Leibniz, dans son projet initial d'analyse intégrale des notions complexes se heurte à la difficulté d'en réaliser la réduction aux identiques, même dans le cas des concepts de nombres. À défaut d'analyse complète un savoir parfait, les ressources sur lesquels Leibniz finit par compter sont le recours à l'expérience et la production de définitions causales. Peuvent également intervenir des réductions partielles aux identiques et l'établissement de relations d'équivalence, telles que pratiquées notamment en géométrie.

2. Pascal, *Œuvres complètes*, Paris, Seuil, 1963, p. 576*a*.

il lui paraît concevable d'envisager un cheminement démonstratif à partir de concepts imparfaits, pour lesquels on ne peut assigner de *definiens* intégralement déterminé, soit que les diverses définitions ne puissent être ramenées à l'identité analytique, soit que la validité de la définition se fonde sur le seul contrôle empirique :

> On montre que pour de parfaites démonstrations des vérités ne sont pas requis de parfaits concepts des choses. Le signe d'un concept imparfait est si plusieurs définitions s'offrent de la même chose dont l'une ne peut être démontrée par l'autre, et aussi si quelque vérité de fait est établie par l'expérience, dont nous ne pouvons donner de démonstration [1].

Leibniz ajoute que plus on augmente le nombre de définitions sans possibilité de réduction analytique, plus imparfait est le concept, et *vice versa*. Par ailleurs, les notions de réalités complètes ne peuvent s'exprimer pour nous que dans des concepts imparfaits. D'où il est aisé de se figurer que la substitution des équivalents définitionnels dans les démonstrations scientifiques est suspendue à la possibilité d'approcher provisionnellement de la rigueur analytique souhaitable dans l'expression des concepts distincts. Il est néanmoins toujours possible de construire l'enchaînement déductif des propositions sur la partie des ingrédients conceptuels appartenant aux notions complètes que l'on peut adéquatement saisir. Lorsque Leibniz fait par ailleurs allusion au fragment sur *L'esprit géométrique*, c'est pour relever la nécessité de pousser aussi loin que possible l'explicitation des principes, tels les axiomes géométriques, quel que soit le domaine d'application de l'analyse. Car les distinctions pascaliennes ne permettent pas d'assigner de limites à la pénétration analytique, en termes de ce qui serait « trop douteux ou trop obscur » pour que la détermination géométrique, nécessairement abstraite et relative, puisse aucunement s'y appliquer [2]. Au contraire, de même qu'il faut s'employer à démontrer

---

1. *Parænesis de scientia generali*, A VI 4, 974 (C 220) : « [...] ostenditur ad perfectas demonstrationes Veritatum non requiri perfectos conceptus rerum. Signum conceptus imperfecti est, si plures dantur definitiones ejusdem rei quarum una per alteram non potest demonstrari, item si qua veritas de re constat per experientiam, cujus demonstrationem dare non possumus ».

2. *Projets et essais pour arriver à quelque certitude pour finir une bonne partie des disputes et pour avancer l'art d'inventer*, août 1688-octobre 1690 (?), A VI 4, 970 (C 181) : « On m'a communiqué un Écrit de feu M. Pascal intitulé *Esprit géométrique*, où cet illustre remarque que les Géomètres ont coutume de définir tout ce qui est un peu douteux, et de démontrer tout ce qui est un peu douteux. Je voudrais qu'il nous eût donné quelques marques pour connaître ce qui est trop douteux, ou trop obscur. Et je suis persuadé, que pour la perfection des sciences il faut même qu'on démontre quelques propositions qu'on appelle

même les axiomes de géométrie, à l'instar d'Apollonius ou de Roberval, de même convient-il de ne pas restreindre en général le champ d'application de la méthode analytique : « [Une telle prospection analytique conditionnelle] n'est pas nécessaire pour les apprentis, ni même pour les maîtres ordinaires, mais pour avancer les sciences et pour passer les colonnes d'Hercule, il n'y a rien de si nécessaire »[1]. Sur l'océan sans bornes des causalités phénoménales, la navigation de découverte suppose « une science sur les matières les plus incertaines qui [fasse] connaître démonstrativement les degrés de l'apparence et de l'incertitude »[2].

Certes, la méthode analytique doit pour cette fin contribuer à élaborer une logique des probabilités. Mais, plus fondamentalement, la méthode même doit s'offrir comme un moyen de saisir et d'intégrer l'intelligibilité fragmentaire des connaissances portant sur la diversité des sortes de phénomènes dans leur ordre spécifique. La science générale, qui pose les conditions d'accès aux notions distinctes plus ou moins adéquates suivant les domaines de connaissance, détermine les modalités d'emploi de la méthode d'analyse dans la perspective d'une intégration et d'un accomplissement des savoirs « incomplets », en particulier de type empirique. Il importe donc à ce stade de saisir comment se déterminent de telles modalités de la méthode d'analyse.

ANALYSE ET SYNTHÈSE

Nombreuses ont été les interprétations proposées du rapport analyse-synthèse dans la philosophie leibnizienne[3]. Ainsi se trouve-t-on confronté à un certain nombre de thèses uniformisantes. La science générale, nous l'avons noté, se subdivise en deux parties, respectivement désignées comme *ars judicandi* et *ars inveniendi*. La science générale fournit l'armature logique, la structure de mise en forme rationnelle de toute science et de tout programme de recherche : aussi l'art de juger et celui d'inventer se profilent-ils respectivement comme logique de la démonstration et logique de l'invention. Or Leibniz souligne avec constance que la méthode

axiomes comme en effet Apollonius a pris la peine de démontrer quelques-uns de ceux qu'Euclide a pris sans démonstration ».

1. A VI 4, 970 (C 182).

2. *Nouvelles ouvertures*, A VI 4, 689 (C 227).

3. Pour une recension des principales interprétations, voir H. J. Engfer, *Philosophie als Analysis*, Stuttgart-Bad Cannstadt, Frommann-Holzboog, 1982, p. 193-199.

rationnelle (*methodus rationis*) conjugue deux cheminements : les voies de l'analyse et de la synthèse. Le recoupement ou l'articulation des deux distinctions fait l'objet de divergences significatives dans la littérature. On assiste tantôt à l'assimilation de la synthèse et de la découverte, de l'analyse et de la démonstration, ou à l'inverse; ou bien encore, à l'inclusion de l'analyse et de la synthèse à la fois dans la démonstration et dans la découverte, et réciproquement. Chez Couturat, par exemple, la figure dominante est méthodologique. Suivant une inspiration de type cartésien, l'analyse apparaît fondamentale dans l'invention; le rôle de la synthèse est identifié à la démonstration, mais elle intervient aussi comme processus de mise en forme portant sur la structure combinatoire des concepts et des propositions – les propositions apparaissent dans ce contexte comme des formules expressives de calculs effectués à partir de combinaisons de concepts[1]. Heinrich Heimsoeth défendait un ordre de dominance inverse[2] : selon lui, la synthèse représentait le processus fondamental de découverte, l'analyse servant à détailler et à prouver des vérités déjà disponibles. Il reconnaissait toutefois que Leibniz présentait à l'occasion une description inverse des fonctions. Selon Leroy Loemker, la théorie de l'analyse et de la synthèse jouerait différemment selon qu'il s'agit de concepts ou de propositions[3]. D'un côté, le modèle est combinatoire, et donc synthétique, de l'autre, euclidien, ce que Loemker interprète selon la perspective de l'analyse géométrique. Et Leibniz doit avoir conçu une certaine utilisation successive de ces deux modèles aux divers stades de constitution de la science. Ainsi, dans les *Generales inquisitiones* (1686), Leibniz tente-t-il de faire la part des concepts exprimant des relations, mais sa logique de l'inclusion prédicative lui servirait de modèle principal. Certes, on peut faire état de spécifications de la relation logique, essentiellement combinatoire, de forme $S = P$, en vue de permettre des applications aux contextes variés de la physique et des mathématiques. Mais il s'agit alors de recours à des définitions spécifiques de niveau intermédiaire : celles-ci détermineraient des combinatoires provisionnelles. L'idéal de la méthode serait d'atteindre la certitude de la connaissance « par son adéquation aux choses, selon le double processus de la réduction

---

1. L. Couturat, *La logique de Leibniz, op. cit.*, p. 177-179.

2. H. Heimsoeth, *Die Methode der Erkenntnis bei Descartes und Leibniz*, Giessen, A. Töpelmann, 1912-1914, p. 215-222.

3. L. Loemker, « Leibniz's Conception of Philosophical Method », *in* I. Leclerc (ed.), *The Philosophy of Leibniz and the Modern World*, Nashville, Vanderbilt University Press, 1973, p. 135-157.

analytique des croyances aux premiers principes et aux concepts primitifs, et de la synthèse résultante, suivant l'ordre démonstratif, des lois ou règles particulières, et des concepts complètement définis applicables aux divers champs d'investigation»[1]. De ce point de vue, les constructions de type analytique, tels les analogues mathématiques signifiant des lois approchées de fonction pour des séries infinies, semblent poser des problèmes d'intelligibilité par défaut de structure combinatoire.

L'inventaire que nous propose Engfer inclut en outre des interprétations moins uniformisantes, comme celles de Hans-Werner Arndt[2] et de Martin Schneider[3]. La thèse de Arndt consiste à rattacher la synthèse à la théorie du jugement, qui reposerait sur l'emploi du langage ordinaire; la théorie de la découverte serait analytique parce qu'elle requiert l'institution d'un calcul suivant une spécieuse dont l'algèbre fournit un modèle possible. Cette interprétation suscite de considérables paradoxes quand on la confronte aux textes leibniziens. Ceux-ci soutiennent pour la plupart un parallélisme de statut de l'analyse et de la synthèse. La thèse soutenue par Schneider constitue à maints égards une reprise d'indications contenues dans les commentaires classiques de Cassirer et de Russell. Il faut rattacher la distinction des méthodes à la logique du concept. En vertu de la structure combinatoire des concepts composés, selon Leibniz, toute opération de démonstration porte sur des énoncés propositionnels, impliquant une analyse des termes complexes en termes incomplexes, et ultimement en concepts primordiaux. Mais Leibniz doit nécessairement compléter sa conception analytique des vérités par une conception synthétique, sous peine de laisser en suspens la justification des vérités contingentes, voire celle des vérités nécessaires impliquant la construction de leurs objets. Une interprétation de ce genre traduit une lecture de Leibniz en quelque sorte médiatisée par une théorie de la connaissance de type kantien. Or une telle construction tend sans doute à déformer la conception que Leibniz se faisait du rapport des concepts à la réalité. Ce rapport était un rapport d'expression réglée impliquant des différences de formes variées à l'infini. La résolution des concepts en leurs termes primordiaux ne doit pas dissimuler le fait que la théorie des jugements

---

1. L. Loemker, « Leibniz's Conception of Philosophical Method », art. cit., p. 149.

2. H.-W. Arndt, *Methodo scientifica pertractum. Mos geometricus und Kalkülbegriff in der philosophischen Theorienbildung des 17. und 18. Jahrhunderts*, Berlin, Walter de Gruyter, 1971, p. 99-123; « Die Zusammenhang von Ars iudicandi und Ars inveniendi in der Logik von Leibniz », *Studia Leibnitiana*, 3 (1971), p. 205-213.

3. M. Schneider, *Analysis und Synthesis bei Leibniz*, thèse de doctorat, Bonn, 1974.

implique que l'on prenne en compte des relations de raison suffisante. Celles-ci, dans le cas des vérités contingentes tout au moins, ne peuvent se concevoir que par la médiation de principes architectoniques[1]. L'exigence analytique implique certes la résolution des concepts, mais aussi celle des relations propositionnelles en leurs éléments primordiaux; et certains de ceux-ci sont indéniablement de type architectonique. En revanche, sans doute convient-il de relever que les principes architectoniques font essentiellement l'objet d'un dévoilement analytique, même s'ils peuvent servir une fonction de synthèse combinatoire. Et, par ailleurs, pour autant qu'elle implique des constructions de type synthétique, la méthode déductive requiert, semble-t-il, que l'on fasse appel à une fonction de schématisme, laquelle ne peut sans doute opérer si elle ne s'appuie sur des développements analytiques préalables. Tout inventaire critique des interprétations nous contraint à reconnaître que l'analyse et la synthèse apparaissent indissolublement liées dans la conception leibnizienne de la *methodus rationis*. Sans doute l'analyse et la synthèse leibniziennes peuvent-elles même donner lieu à une gamme analogique de modèles légitimes.

Leibniz ne considère jamais la méthode d'analyse comme constituant à elle seule l'*ars inveniendi*. Le fil d'Ariane de la recherche scientifique est double. Le genre *ars inveniendi* se partage en effet en deux espèces : l'art combinatoire et l'art analytique. L'une et l'autre espèce comprennent les moyens dont l'intellect dispose pour fonder les divers corpus scientifiques et pour résoudre les problèmes qui surgissent dans l'édification des sciences, en déterminant les réquisits de la solution. L'*ars inveniendi* intervient de façon déterminante, même si la solution envisagée ou obtenue n'a qu'un caractère provisoire et conditionnel, comme c'est généralement le cas lorsqu'on traite de problèmes relatifs aux données empiriques. Le propre de la méthode sous ses deux formes, combinatoire et analytique, est de servir non seulement une fin de mise en forme des connaissances acquises, mais aussi et plus fondamentalement, une fin de découverte : elle servira à articuler tout programme de recherche susceptible de mobiliser les représentants de la communauté scientifique. Lorsque Leibniz fournit

---

1. P. Schrecker a soutenu une thèse de la diversité des points de départ du cheminement rationnel chez Leibniz, voir «Leibniz and the art of inventing algorisms», *Journal of the History of Ideas*, 8 (1947), p. 107-116. Considérant la seule voie de la synthèse, qu'il identifie à la méthode déductive, il se voit obligé d'admettre des principes de détermination du système des vérités de fait qui échapperaient à l'articulation interne purement combinatoire. Il faut sans doute réviser en profondeur ce type d'approche.

le plan des *Initia scientiæ generalis*, il met d'abord en scène le projet d'établir des *elementa veritatis æternæ*, c'est-à-dire de fournir la théorie de l'argumentation rationnelle, puis il définit l'objectif conjoint des parties combinatoire et analytique de l'art d'inventer :

> [Par la combinatoire et l'analytique], des sciences ou des portions de science peuvent être fondées de façon provisionnelle, et aussi des problèmes distincts peuvent être résolus, de telle sorte que chacun puisse non seulement comprendre, mais, s'il le faut, découvrir tout ce qu'un autre, de quelque force d'esprit qu'il fût, a découvert à partir des mêmes données, non par hasard, mais par raison, ou découvrira jamais dans les siècles futurs par un raisonnement suffisamment concis [1].

Leibniz étend d'ailleurs le champ de la méthode d'invention, tant combinatoire qu'analytique, à l'établissement des expériences, pour autant qu'il faille déterminer les données manquantes en vue de mettre notre connaissance des phénomènes en forme rationnelle.

En conjuguant combinatoire et analytique, Leibniz prend ses distances par rapport à l'analyse vulgaire d'une part, par rapport à l'analyse cartésienne d'autre part. Sous le terme d'analyse vulgaire, Leibniz semble désigner le processus consistant à faire ressortir les principes sur lesquels reposeraient les jugements humains [2] : de ce point de vue, l'analyse vulgaire rejoint la topique aristotélicienne et elle ne vaut que dans la mesure où l'on veut proposer un usage *dialectique* des propositions que l'on se contente de supposer vraies « pour les besoins de la cause ». Plus intéressante est la critique que Leibniz propose de l'analyse cartésienne dans le fragment *De la sagesse*, que l'on peut dater de 1676 et qui semble correspondre à une phase relativement ancienne de ses réflexions sur la science générale. Par allusion à la règle dite de l'analyse dans le *Discours de la méthode*, Leibniz indique l'absence de « critère technique » dans le processus analytique prévu par Descartes et repris par les Cartésiens :

---

1. *Initia et specimina scientiæ generalis sive de instauratione et augmentis scientiarum*, été-automne 1679 (?), A VI 4, 359 (GP VII, 57) : « De Arte inveniendi, seu filo palpabili regendæ inquisitionis ejusque artis speciebus Combinatoria et Analytica, quibus scientiæ earumve portiones vel exacte, vel quoad licet provisionaliter condi : tum etiam separata problemata ita solvi possint, ut aliis notitiis forinsecus assumtis quam minimum sit opus, et ut quisque non tantum intelligere, sed et si opus est invenire per se possit, quæcunque alius quantocunque ingenio præditus ex iisdem datis non casu, sed ratione vel jam inventis vel unquam futuris seculis ratiocinatione non nimis prolixa sit inventurus ».

2. Voir *Initia et specimina scientiæ novæ generalis*, début 1682 (?), A VI 4, 442 (GP VII, 64) : « Subjiciam et Analysin judiciorum humanorum vulgarem, seu principia quibus vulgo hominum opiniones nituntur, non contemnenda, sed dialectica ».

« Quoiqu'ils aient dit qu'il [fallait] diviser la difficulté en plusieurs parties, [les Cartésiens] n'ont pas donné l'art de le faire, et ils n'ont pas remarqué qu'il y a des distributions qui brouillent plus qu'elles n'éclairent »[1]. Fondamentalement, la divergence par rapport à Descartes découle de la critique de la fausse distinction des connaissances et des notions estimées suivant le seul critère de l'évidence, c'est-à-dire suivant l'apparence psychologique que constitue l'appréhension « intuitive » des concepts[2]. Mis à part le cas de notions primitives, qui d'ailleurs se révèlent telles par le fait qu'elles ne supposent aucun réquisit plus fondamental et se constituent comme signes d'elles-mêmes, c'est par la définition en termes de propriétés réciproques, par la réduction progressive des réquisits en termes distincts, que l'on parvient à l'appréhension adéquate des connaissances. Ces dernières peuvent alors être tenues pour parfaites dans leur ordre. D'où les maximes suivantes, susceptibles de fournir le modèle d'une analyse cartésienne révisée :

Quand on a poussé l'analyse à bout, c'est-à-dire qu'on a considéré les réquisits qui entrent dans la considération de quelques natures qu'on n'entend que par elles-mêmes, qui sont sans réquisits et qui n'ont besoin de rien hors d'elles, pour être conçues, on est parvenu à une connaissance parfaite de la chose proposée. [...] La marque d'une connaissance parfaite est, lorsqu'il ne s'offre rien de la chose dont il s'agit, dont on ne puisse rendre raison, et qu'il n'y a point de rencontre dont on ne puisse prédire l'événement par avance[3].

Leibniz avance comme objectif de la méthode la saisie de la raison d'être de l'objet à connaître par décomposition analytique des réquisits jusqu'à ce qu'on soit en mesure de saisir l'ordre des présupposés dont ils découlent, et que par-delà se dévoile la série des implications possibles de la notion. Dans l'ordre des connaissances dérivées de l'expérience, cela suppose que l'on parvienne à remonter à la causalité sous-jacente, par

1. *De la sagesse*, A VI 3, 671 (GP VII, 83).
2. Voir *Meditationes de cognitione, veritate et ideis*, novembre 1684, A VI 4, 590 (GP IV, 425) : « Hinc ergo tandem puto intelligi posse, non semper tuto provocari ad ideas, et multos specioso illo titulo ad imaginationes quasdam suas stabiliendas abuti ; neque enim statim ideam habemus rei, de qua nos cogitare sumus conscii, quod exemplo maximæ velocitatis paulo ante ostendi. Nec minus abuti video nostri temporis homines jactato illo principio : *quicquid clare et distincte de re aliqua percipio, id est verum seu de ea enuntiabile*. Sæpe enim clara et distincta videntur hominibus temere judicantibus, quæ obscura et confusa sunt. Inutile ergo axioma est, nisi clari et distincti criteria adhibeantur, quæ tradidimus, et nisi constet de veritate idearum ».
3. *De la sagesse*, A VI 3, 671 (GP VII, 83).

l'appréhension des chaînes de réquisits. Qu'en est-il dans ces conditions de la synthèse, processus présumé inverse de l'analyse? Une autre maxime précise le sens de la synthèse en la rattachant à une analyse préalable qui aurait abouti à la connaissance parfaite :

> Ayant le catalogue des pensées simples on sera en état de recommencer *a priori* et d'expliquer l'origine des choses, prise de leur source d'un ordre parfait et d'une combinaison ou synthèse absolument achevée. Et c'est tout ce que peut faire notre âme dans l'état où elle est présentement [1].

Tout laisse entendre qu'une fois établie la liste des notions ou connaissances originaires, la synthèse se développe par combinatoire; et ce processus est ampliatif par rapport à la matière dont l'analyse est partie. D'ailleurs, l'ordre combinatoire détermine les «distributions ou énumérations» correspondant à la quatrième maxime cartésienne. Leibniz suggère à ce propos une progression dichotomique en vue d'engendrer de façon combinatoire des notions complexes à partir des notions originaires, analytiquement dévoilées. Le passage des objets simples et généraux aux plus composés et spécifiques repose, quant à lui, sur des analyses partielles et préliminaires permettant de faire intervenir des représentations adéquates de raisons suffisantes aux étapes successives de la synthèse. Ces analyses partielles et préliminaires doivent converger en une sorte d'approche synthétique pour que l'on accède au «catalogue des pensées simples ou qui ne sont pas fort éloignées des simples»[2]. Enfin, l'analyse apparaît à Leibniz la condition d'établissement des démonstrations de science dans la mesure où, partant de la décomposition incomplète des notions en termes abstraits, elle établit la légitimité d'inférences propositionnelles adéquates, et permet ainsi la synthèse démonstrative. Il s'agit alors d'une analytique des vérités, constituée à partir d'une analytique partielle des notions complexes, comme en atteste la maxime suivante :

> Il est très difficile de venir à bout de l'analyse de choses, mais il n'est pas si difficile d'achever l'analyse des vérités dont on a besoin. Parce que l'analyse d'une vérité est achevée quand on en a trouvé la démonstration, et il n'est pas toujours nécessaire d'achever l'analyse du sujet ou prédicat pour trouver la démonstration de la proposition. Le plus souvent le commencement de l'analyse de la chose suffit à l'analyse ou connaissance parfaite de la vérité qu'on connaît de la chose [3].

---

1. A VI 3, 672 (GP VII, 84).
2. *Ibid.*
3. A VI 3, 671 (GP VII, 83).

Si synthèse démonstrative il y a, c'est suite à la mise en évidence analytique des conditions d'enchaînements possibles des propositions, et cette dernière opération relève d'une analyse des notions par laquelle se révèle la possibilité de combiner les ingrédients conceptuels impliqués. D'où le fait que la combinatoire gouvernant toute synthèse constitue l'objet ultime du dévoilement analytique. Cette intégration de la synthèse à l'analyse comme résolution des notions complexes était sans doute profondément étrangère à la démarche cartésienne : celle-ci récusait toute idée de combinatoire des formes dans l'appréhension analytique des objets de connaissance. Mais comment évaluer la différence des approches analytiques ?

Une étude systématique de l'analyse des anciens d'après l'exposé de Pappus d'Alexandrie a été entreprise par Jaako Hintikka et Unto Remes[1]. Ces deux interprètes s'intéressent particulièrement à la structure logique de l'analyse et à ses procédures de validation. L'analyse (ἀνάλυσις) constituait pour les géomètres grecs une méthode de découverte : celle-ci servait à obtenir les preuves d'un théorème ou les constructions requises afin de résoudre un problème. L'analyse supposait le recours à des constructions sur les figures ; et le parcours de l'analyse devait être corroboré par le parcours inverse de la synthèse : c'est seulement à cette condition que l'analyse paraissait constituer un mode de déduction fondé, la preuve se trouvant confirmée et validée par la synthèse.

Toute référence classique à l'analyse comme méthode est commandée par le début du livre VII des *Collections mathématiques* de Pappus.

La résolution [analyse] est le processus qui part de ce qui est recherché en tant que concédé et qui vise à travers ce qui en découle de façon concomitante, à atteindre quelque chose de concédé dans la synthèse. Dans la résolution en effet, posant ce qui est recherché comme résolu, nous considérons ce qui survient de là, et derechef nous traitons de même l'antécédent de cette première étape jusqu'à ce que, progressant de la sorte, nous atteignions quelque chose de connu, ou qui soit du nombre des principes. Et nous appelons ce type de processus résolution, puisqu'il s'agit d'une solution obtenue à rebours. Dans la composition [synthèse], renversant le processus, nous posons comme donné ce que nous avons admis en dernier dans la résolution ; et ici nous ordonnons selon la nature ces conséquents qui étaient là des antécédents, et, une fois la combinaison réciproque de ces

1. J. Hintikka, U. Remes, *The Method of Analysis. Its Geometrical Origin and Its General Significance*, Dordrecht, Reidel, 1974.

propositions achevée, nous nous trouvons être parvenus à la fin de la recherche; ce mode est appelé composition[1].

Comme Hintikka et Remes semblent l'avoir établi, le texte de Pappus n'implique pas de confusion entre deux cheminements possibles de l'analyse, l'un vers le haut, où il s'agit simplement de découvrir, dans la description du cas théorique ou problématique, les principes d'où l'on pourra déduire le théorème, l'autre vers le bas, où il s'agirait plutôt d'inférer les principes comme conséquences logiques de la conclusion présumée. Le renversement de l'ordre dans la synthèse deviendrait alors problématique. Si P implique Q, il n'est pas nécessairement vrai que Q implique logiquement P. À supposer que le cheminement de l'analyse vers le bas soit la règle, on ne peut admettre la possibilité du renversement logique de l'analyse en synthèse que si toutes les étapes de la chaîne analytique sont constituées de relations convertibles. En fait, dans les cas évoqués par les géomètres grecs, il ne semble pas s'agir de telles relations. Faut-il alors renoncer à l'analyse comme processus d'inférence logique? Hintikka et Remes font remarquer que Pappus utilise les termes ἀκολουθεῖν et τὸ ἀκόλουθον pour désigner le lien généralement décrit comme celui qui permet de passer du problème posé et tenu pour résolu à ses conséquents. Aussi convient-il plutôt de parler de concomitance que de conséquence. Pour la synthèse, les termes utilisés – ἀπόδειξις, ἑπόμενα, συμβαίνειν – renvoient à la notion d'inférence logique. À notre avis, Leibniz aura conscience de cette dualité de modes pour l'analyse : le mode logique impliquerait des relations réciproques comme étapes successives et rendrait possible le renversement pur et simple sous forme de synthèse; le mode que nous qualifierons d'heuristique ou de pragmatique vaudra

---

1. *Pappi Alexandrini Collectionis Quæ supersunt*, éd. F. Hultsch, Berlin, Weidmann, 1876-1877, II, p. 634 : « Resolutio igitur est ea via ac ratio qua a quæsito tamquam concesso per ea quæ deinceps consequuntur perducimur ad id quod compositione conceditur. Nam in resolutione, id quod quæritur tamquam factum supponentes, illud unde hoc contingit et rursus, quid illi antecesserit, consideramus, donec ita regredientes in aliquid, quod jam cognitum sit vel in numero principiorum habeatur, incidimus, atque eiusmodi rationem, quoniam veluti retro fit solutio, ἀνάλυσιν vocamus. In compositione autem vicissim illud, quod in resolutione ultimum effecimus, utpote iam factum præmittentes, eaque quæ illic præcedunt secundum rei naturam sequentia collocantes et alterum alteri copulantes postremo constructionem quæsiti absolvimus, idque σύνθεσιν appellamus ». Les lecteurs du XVIIe siècle ont surtout pris connaissance de ce texte dans la traduction latine de Commandino, *Pappi Alexandrini mathematicæ collectiones*, parue à Venise en 1589 et que cite E. Gilson, *René Descartes. Discours de la méthode. Texte et commentaire*, Paris, Vrin, 1976 (5e éd.), p. 188.

surtout pour la formulation des hypothèses, en particulier dans les sciences de la nature. Le premier mode se situera au plan de relations combinatoires dûment explicitables; le second construira une intelligibilité présumée dans la formulation même du problème, qui rendra celui-ci susceptible de résolution pragmatique, avec contrôle déductif ultérieur postulé. En tout état de cause, pour Pappus comme pour Leibniz, la méthode est une méthode d'analyse et de synthèse conjuguées : si, dans la phase analytique, l'inférence logique est profilée par construction ou hypothèse, elle est plus précisément visée dans la phase synthétique, suivant l'idéal normatif de relations réciproques qui puissent assurer la convertibilité de la démonstration.

Pour comprendre la structure démonstrative de l'analyse-synthèse chez Pappus, il convient d'en rendre compte sans la restreindre à un modèle strictement propositionnel de l'invention-démonstration. Hintikka et Remes établissent les apories engendrées par un tel modèle d'exposition inspiré des *Analytiques* d'Aristote. Le processus inférentiel est en fait suspendu à deux directives méthodologiques : 1) l'idée d'étudier l'inter-relation des objets géométriques dans une configuration donnée; 2) l'idée heuristique générale de fournir le maximum d'informations pertinentes à cette configuration[1]. Les conséquences de cet état de choses sont significatives. L'énoncé du théorème ou du problème tenu pour résolu doit se traduire en une instantiation sous forme de figure : c'est un cas d'exemplification (*ecthèse*). Par ailleurs, les constructions auxiliaires projetées sur la figure n'impliquent pas nécessairement l'enchaînement d'étapes démonstratives : il y a là une présentation par construction des données – une fonction de schématisme, pourrait-on dire. Dans la synthèse, ces constructions, qui ont été projetées comme hypothèse dans la phase analytique, se justifient à l'intérieur même du cheminement qui détermine l'inférence[2].

---

1. Voir J. Hintikka, U. Remes, *The Method of Analysis, op. cit.*, p. 38.
2. Voir *ibid.*, p. 46 : « Thus from the point of view of the definitive deductive argument auxiliary constructions are presupposed in analysis as it were only hypothetically, not actually. (It may even happen that a tentative auxiliary construction eventually turns out to be impossible !) On the contrary, the very purpose of analysis is to find the desired construction which is executed in the synthesis. This holds obviously for problematical analysis, where the construction constitutes a solution to the problem at hand. It is also true of theoretical analysis, where the proof cannot be carried out before appropriate auxiliary constructions have actually been carried out in synthesis ».

Imre Lakatos a lui aussi proposé un modèle d'interprétation de l'exposé de Pappus[1]. En définitive, il considère l'analyse-synthèse comme un modèle d'investigation qui aurait précédé les tentatives pour axiomatiser la géométrie euclidienne. Ce modèle se caractérise en effet par la relative indistinction de l'heuristique et de la justification démonstrative. Il se caractériserait aussi par la congruence de l'induction et de la déduction au sein d'une même procédure d'inférence : les étapes successives impliqueraient la découverte de lemmes présumés vrais jusqu'à ce qu'on puisse renverser le processus et déduire ainsi la conjecture initiale. La circularité du processus ne peut être admise comme légitime que si les diverses étapes consistent en relations réciproques. Du moins, cette exigence doit être postulée, si l'on se fonde sur une conception formalisante des implications déductives. Mais il se trouve que, dans l'épistémologie de style cartésien, le cercle de Pappus devient la règle, alors que le lien des étapes de l'analyse-synthèse ne peut être tenu pour conforme à une inférence formellement valide. C'est ainsi que Lakatos montre le schéma de Pappus à l'œuvre dans la structure déductive de l'argumentation empirico-inductive et conjointement hypothético-déductive que Descartes propose lorsqu'il s'agit de fonder la physique suivant le dessein d'un ordre conforme à la *mathesis*. De même en serait-il lorsque Newton traite d'analyse et de synthèse dans le contexte d'une philosophie naturelle empiriquement fondée. Lakatos souligne à notre avis le profil global du cheminement analytique tel qu'il se manifestera dans la méthode des hypothèses de type cartésien ; mais cette interprétation ne saurait rendre aussi bien compte de la position leibnizienne. Leibniz en effet conçoit l'analyse-synthèse comme une procédure heuristique, mais aussi indéniablement comme un système méthodologique susceptible d'établir des démonstrations valides. De ce point de vue, l'analyse de Hintikka et Remes nous semble plus conforme à la façon dont Leibniz a reçu l'héritage pappusien.

Il semble clair que le modèle de la synthèse est fourni par la démonstration géométrique. Celle-ci se construit à partir des éléments, à savoir définitions et axiomes ; et elle développe les implications logiques de ces éléments placés en relations réciproques de plus en plus composées. De ce fait, la synthèse apparaîtrait surtout comme un procédé d'exposition résultant des constructions que la connaissance des éléments sous-tend et justifie. Le fil de la démonstration consiste alors en un enchaînement de termes suivant l'ordre direct des implications conditionnelles. À l'inverse,

---

1. I. Lakatos, « The method of Analysis-Synthesis », in *Mathematics, Science and Epistemology. Philosophical Papers*, vol. 2, Cambridge, CUP, 1978, p. 70-103.

l'analyse des géomètres anciens, comme Descartes le relevait par exemple
dans les *Regulæ ad directionem ingenii*, consistait essentiellement en un
procédé d'invention pour résoudre les problèmes: supposant les
problèmes résolus sur les figures, on y opérerait des constructions par
lesquelles on se donnerait des relations hypothétiques qui, d'étape en
étape, mèneraient à des principes identifiables aux éléments[1]. Ce cheminement de l'argumentation tisse le fil de la démonstration directe en
remontant des conséquences aux prémisses de l'implication conditionnelle. Descartes attribuait cette méthode aux géomètres grecs comme
procédé secret de découverte. L'absence de témoignage direct sur les
constructions analytiques reposerait donc sur une décision de ne pas les
divulguer aux non-initiés. La critique cartésienne dominante à l'égard de
l'analyse des Anciens vise l'obligation de constituer une progression de
relations hypothétiques par représentation de lignes sur les figures:
l'entendement ne possède pas alors de véritable autonomie dans la détermination de concepts intermédiaires. Or l'objectif de Descartes, dans
l'établissement de la méthode, était de promouvoir l'universalité de
l'analyse comme méthode tant de découverte que de démonstration.
De fait, cela supposait qu'il libérât l'analyse du cheminement descriptif par
représentation sensible des constructions[2]. Cela supposait aussi qu'il
établît le modèle d'une analyse portant sur le dévoilement des natures
simples dans la décomposition conceptuelle des natures composées.
Descartes entendait également fournir des règles d'exhaustion des

1. Voir Descartes, *Regulæ ad directionem ingenii*, Reg. IV, AT X, 373: «Satis enim
advertimus veteres Geometras analysi quadam usos fuisse, quam ad omnium problematum
resolutionem extendebant, licet eamdem posteris inviderint», Voir aussi *Réponses aux
secondes objections*, AT IX-1, 122.
2. Cette tentative de libération est signalée dans la deuxième partie du *Discours de la
méthode*, AT VI, 18, et donne lieu à la description renouvelée de l'analyse dans la *Géométrie*,
l'algèbre venant relayer le processus régressif sur les figures géométriques, voir AT VI,
372-373: «Ainsi, voulant résoudre quelque problème, on doit d'abord le considérer comme
déjà fait, et donner des noms à toutes les lignes qui semblent nécessaires pour le construire,
aussi bien à celles qui sont inconnues qu'aux autres. Puis, sans considérer aucune différence
entre ces lignes connues et inconnues, on doit parcourir la difficulté selon l'ordre qui montre,
le plus naturellement de tous, en quelle sorte elles dépendent mutuellement les unes des
autres, jusqu'à ce qu'on ait trouvé moyen d'exprimer une même quantité en deux façons:
ce qui se nomme une Équation, car les termes de l'une de ces deux façons sont égaux à ceux de
l'autre. Et on doit trouver autant de telles Équations qu'on a supposé de lignes qui étaient
inconnues. Ou bien, s'il ne s'en trouve pas tant, et que, nonobstant, on n'omette rien de ce qui
est désiré en la question, cela témoigne qu'elle n'est pas entièrement déterminée; et lors, on
peut prendre à discrétion des lignes connues, pour toutes les inconnues auxquelles ne
correspond aucune Équation».

hypothèses possibles de façon à reconstituer les équivalents stricts de démonstrations par implication conditionnelle, lorsque la décomposition des natures complexes ne peut qu'être relative, comme c'est le cas dans l'analyse des phénomènes de la nature[1]. Descartes ne pouvait éviter de traiter des critères de validité pour ces propositions qui servent à suppléer une progression analytique discursive.

Le contenu des *Regulæ* peut se rattacher à cette tâche épistémologique; il est sans doute raisonnable de considérer aussi les préceptes méthodologiques du *Discours de la méthode* comme un résumé des conditions épistémologiques appelées à prévaloir dans l'identification de progressions analytiques valides. Or il apparaît assez vite que Descartes renvoie à un critère psychologique de distinction des ingrédients conceptuels lorsqu'il s'agit d'évaluer les relations projetées dans le but de remonter aux principes de la démonstration. L'appréhension des connexions entre concepts par ailleurs distincts fournit la chaîne des intuitions à laquelle s'articule la démonstration analytique. D'une certaine manière, Descartes sous-estime alors la nécessité de vérifier la structure formelle des implications dans l'inférence démonstrative. Sa conception de l'*illatio* repose sur la possibilité actuelle d'enchaîner certaines perceptions distinctes de relations conceptuelles. La stratégie abstraite d'imposer aux concepts des connexions formelles de type général afin de garantir la validité des propositions résultantes lui semble de ce fait constituer un vain artifice de la raison. C'est ce défaut qu'il dénonce dans l'exposition synthétique. Il suffit à cet égard de reprendre les explications fournies dans les *Réponses aux secondes objections*.

L'analyse montre la vraie voie par laquelle une chose a été méthodiquement inventée, et fait voir comment les effets dépendent des causes; en sorte que, si le lecteur la veut suivre, et jeter les yeux soigneusement sur tout ce qu'elle contient, il n'entendra pas moins parfaitement la chose ainsi démontrée, et ne la rendra pas moins sienne, que si lui-même l'avait inventée. Mais cette sorte de démonstration n'est pas propre à convaincre les lecteurs opiniâtres ou peu attentifs: car si on laisse échapper, sans y prendre garde, la moindre des choses qu'elle propose, la nécessité de ses conclusions ne paraîtra point; et on n'a pas coutume d'y exprimer fort amplement les choses qui sont assez claires de soi-même, bien que ce soit ordinairement celles auxquelles il faut le plus prendre garde. La synthèse, au contraire, par une voie tout autre, et comme en examinant les causes par leurs effets (bien que la preuve qu'elle contient soit souvent aussi des effets

---

1. Voir D. Clarke, *Descartes' Philosophy of Science*, Manchester, Manchester University Press, 1982, p. 148-159.

par les causes), démontre à la vérité clairement ce qui est contenu en ses conclusions et se sert d'une longue suite de définitions, de demandes, d'axiomes, de théorèmes et de problèmes, afin que, si on lui nie quelques conséquences, elle fasse voir comment elles sont contenues dans les antécédents, et qu'elle arrache le consentement du lecteur, tant obstiné et opiniâtre qu'il puisse être; mais elle ne donne pas, comme l'autre, une entière satisfaction aux esprits de ceux qui désirent d'apprendre, parce qu'elle n'enseigne pas la méthode par laquelle la chose a été inventée[1].

Pour illustrer le rapport cartésien de l'analyse et de la synthèse, Léon Brunschvicg faisait jadis référence au problème de Pappus que Golius avait proposé à Descartes[2]. Le problème s'énonce, rappelons-le: «Étant données $2n$ droites, trouver le lieu d'un point tel que le produit de ses distances à n de ces droites soit dans un rapport déterminé au produit de ses distances aux n autres»[3]. L'influence de ce problème sur Descartes fut sans doute décisive pour les recherches aboutissant à la *Géométrie*. Or l'interprétation qu'avance Brunschvicg consiste à identifier les *effets* dans l'ordre démonstratif aux lignes, les *causes* aux relations métriques déterminant la position des lignes. L'analyse substitue aux lignes la formulation présumée des proportions métriques jusqu'à ce que la raison d'ordre pour des lieux solides de n lignes soit atteinte. Or la synthèse peut développer des applications variées de la raison d'ordre, à condition de ne pas perdre de vue que la *preuve* de validité formelle de ces applications réside dans l'appréhension analytique d'une condition suffisante pour toute construction analogue; et cette condition ne se dévoile que dans la phase d'analyse. De façon non moins caractéristique, Brunschvicg rattache la distinction des causes et des effets selon l'ordre analytique à la distinction que la règle VI des *Regulæ* proposait entre l'absolu et le relatif en termes de primauté dans l'ordre des implications conceptuelles, et par suite réelles, des natures simples. Le texte cartésien est ici particulièrement significatif:

J'appelle absolu tout ce qui contient en soi la nature pure et simple dont il est question: ainsi tout ce qui est considéré comme indépendant, cause, simple, universel, un, égal, semblable, droit, ou d'autres choses de ce genre; et je l'appelle le plus simple et le plus facile, afin que nous nous en servions pour résoudre les questions. Le relatif, au contraire, est ce qui participe à cette même nature, ou du moins à quelque chose d'elle, par où il peut être rattaché à l'absolu et en être déduit suivant un certain ordre; mais

---

1. AT IX-1, 121-122.
2. L. Brunschvicg, *Les étapes de la philosophie mathématique*, Paris, Blanchard, 1972, p. 116-118.
3. AT I, 235, note.

qui, en outre, renferme dans son concept d'autres choses que j'appelle relations : tel est tout ce qu'on appelle dépendant, effet, composé, particulier, multiple, inégal, dissemblable, oblique, etc. Ces choses relatives s'éloignent d'autant plus des absolues, qu'elles contiennent plus de relations de cette sorte subordonnées les unes aux autres ; et c'est la nécessité de les distinguer que nous enseigne cette règle, ainsi que l'obligation d'observer leurs connexions réciproques et leur ordre naturel, de telle façon que, partant de la dernière, nous puissions parvenir à ce qui est le plus absolu en passant par toutes les autres. Le secret de toute la méthode consiste à regarder avec soin en toutes choses ce qu'il y a de plus absolu [1].

Nous avons alors affaire à une convergence des réquisits de l'analyse indifféremment considérée comme méthode d'invention et de démonstration. D'une part, le jeu conceptuel des distinctions permet de rattacher, par des connexions plus ou moins variées et multiples, les termes complexes des problèmes à des raisons suffisantes de l'ordre qui s'y trouve impliqué. Par ailleurs, le processus de résolution se déroule par dévoilement progressif des ingrédients conceptuels sous le regard de l'entendement réflexif : il s'agit de perceptions enchaînées des connexions entre concepts. Enfin, le cheminement démonstratif le plus fondamental est celui qui remonte des effets aux causes par substitution graduelle de connexions conceptuelles au divers que l'on se représentait au départ dans la formulation complexe du problème : il s'agit de saisir la cause dans l'effet comme sa raison essentielle. Le déploiement des effets à partir des principes est en comparaison une opération aveugle, puisqu'elle s'exerce suivant les formes générales de l'argumentation et que celles-ci recouvrent sans les éclairer directement, les rapports effectifs d'implication conditionnelle entre les éléments conceptuels signifiant l'effet à analyser.

Par contraste avec la caractérisation cartésienne de l'analyse, la doctrine leibnizienne se présente comme une tentative pour substituer à la progression intuitive un processus de développement des structures formelles impliquées dans l'enchaînement des concepts et des propositions. Yvon Belaval, entre autres, a judicieusement décrit les facteurs de divergence entre Descartes et Leibniz sur la méthode d'invention et de démonstration [2]. Il insiste en particulier sur les modèles mathématiques différents auxquels les deux philosophes se réfèrent : Descartes essentiellement à la géométrie métrique à laquelle il coordonne la symbolisation

---

1. AT X, 381-382 ; voir pour la traduction : Descartes, *Œuvres et lettres*, textes présentés par A. Bridoux, Paris, Gallimard, 1953, p. 53-54.
2. Y. Belaval, *Leibniz critique de Descartes*, Paris, Gallimard, 1960, chap. III : « La critique des quatre préceptes », p. 133-198.

algébrique, Leibniz à des mathématiques utilisant les ressources de moyens formels plus puissants[1].

Sur le plan des modèles, il ressort que Descartes revendique, comme Brunschvicg l'avait noté, l'autonomie de l'analyse mathématique par rapport aux implications formelles que révèle la logique : celle-ci lui semble vide de connaissance et superflue ; il s'agit plutôt, en constituant des chaînes d'intuitions, de résoudre les problèmes jusqu'aux principes et de mettre en évidence la construction progressive des relations dérivées de natures simples. Quant à Leibniz,

> à tout le moins est-il certain qu'il fait, contre Descartes, des mathématiques une promotion de la Logique d'Aristote – ce qui l'autorise à rapprocher géomètres, jurisconsultes, scolastiques, lullistes, physiciens, métaphysiciens – et qu'il défend une théorie analytique du raisonnement mathématique[2].

Pour Leibniz, la validité des mathématiques tiendrait à la correspondance que l'on peut établir entre les étapes de la décomposition analytique et une série de jugements dont on peut chaque fois identifier formellement la validité. Ces jugements exprimeraient des définitions réelles, établissant la possibilité des objets considérés, donc la compatibilité des divers ingrédients conceptuels servant à les définir. Alors que Descartes n'admet d'essences intelligibles que dans l'intuition actuelle de l'idée, Leibniz ne reconnaît ces essences que lorsqu'elles se trouvent explicitées et donc démontrées sous forme de définitions réelles. L'idée apparaît alors non comme l'objet irréductible de l'entendement passif, mais comme le signe de jugements enveloppés pouvant dévoiler leur contenu par l'intermédiaire d'opérations d'intellection adéquate. Ces opérations réalisées ou susceptibles de l'être, ces jugements symboliseraient l'ordre intelligible au fondement de la réalité.

---

1. Voir *ibid.*, p. 137, où Belaval propose un tableau selon lequel le contenu architectonique de ces mathématiques se trouverait subordonné aux principes d'une logique formelle. Des études plus récentes, notamment celles d'Arnaud Pelletier (voir n. 2 p. 46 *supra*) et de David Rabouin (voir n. 2 p. 44 *supra*), ont montré que les mathématiques leibniziennes se développent sous un concept de *mathesis universalis* qui ne peut en aucun cas impliquer leur subordination formelle à un calcul logique. Corrélativement, si une logique générale tend à se mettre en place, elle implique une science des formes qui est de l'ordre d'une métaphysique, par-delà tout corpus théorique voué aux relations quantitatives.

2. Y. Belaval, *Leibniz critique de Descartes, op. cit.*, p. 138.

Certes, Descartes envisage aussi une forme d'explicitation des idées par l'analyse. Mais il s'agit alors de remonter analytiquement du relatif à l'absolu dans la saisie intuitive des conditions d'intelligibilité de l'objet à analyser : une *inspectio mentis* circonscrit les connexions essentielles qui déterminent cet objet, et permet par suite d'en opérer la dérivation à partir des natures simples. Leibniz, en revanche, s'intéresse à la composition et à la décomposition des concepts : ceux-ci forment ou devraient former des marques suffisantes pour reconnaître l'objet correspondant comme réel en raison de sa possibilité intrinsèque. Selon Leibniz, il s'agit là d'une voie d'accès privilégiée au modèle analytique. Lorsqu'on passe en effet du domaine empirique au domaine rationnel, la discrimination des concepts et celle des propositions où ils s'insèrent, requiert que l'on prolonge la décomposition et la composition jusqu'au dévoilement des connexions formelles de compatibilité des ingrédients. Ainsi doit-on remonter jusqu'aux concepts primitifs, ou du moins jusqu'aux concepts dont la résolution ultérieure n'est plus strictement requise pour fonder l'argumentation rationnelle, puisque celle-ci peut se construire sur la seule partie effectuée de la décomposition. De ce point de vue, l'*inspectio mentis* n'est jamais suffisante, sauf dans le cas-limite des concepts absolument primitifs ou des vérités primitives de raison et de fait. Il faut en outre pouvoir établir, à toutes les étapes de la composition-décomposition, le système des réquisits gouvernant les implications conditionnelles. La démonstration est en effet une *catena definitionum*[1] ; et la définition est elle-même un complexe de réquisits spécifiant la possibilité de l'objet signifié. L'analyse consiste à exprimer les réquisits d'une définition adéquate, et cela suppose l'agencement des réquisits de telle sorte que chaque expression adéquate du *definiendum* implique la réciprocité par rapport aux autres expressions possibles fondées sur des réquisits équivalents. Un fragment que les éditeurs ont intitulé *Elementa ad calculum condendum* et daté de l'hiver 1678-1679 fournit une représentation condensée de ce modèle logique de l'analyse par résolution définitionnelle :

La résolution est la substitution de la définition à la place du défini. La composition est la substitution du défini à la place de la définition. *Du même défini il peut y avoir maintes définitions* [...] [les illustrations renvoient ici à la combinatoire par lettres et par nombres entiers]. Toute propriété réciproque peut être une définition. Une définition est d'autant plus parfaite que les termes qui y entrent sont moins résolubles. Une

---

1. Cet aspect de la doctrine leibnizienne a été nettement souligné par L. Couturat, *La logique de Leibniz, op. cit.*, p. 205-207.

définition est suffisamment parfaite si, une fois qu'elle a été expliquée, on ne peut plus douter que le défini soit possible. [...] Si l'une des définitions est choisie, toutes les autres seront démontrées à partir de celle-ci comme des propriétés. Toute propriété réciproque épuise la nature entière du sujet ; c'est-à-dire que de toute propriété réciproque on peut les déduire toutes. [...] Un *réquisit* est ce qui peut entrer dans une définition [1].

Ajoutons aux thèses de ce fragment l'affirmation d'une primauté de la définition causale ou génétique parmi les définitions réelles, car elle indique un ordre, sinon le seul ordre possible d'engendrement de l'objet, et elle enveloppe, de ce fait, l'expression de séries équipollentes de réquisits. Dans ces conditions, on ne peut que donner raison à Belaval lorsqu'il identifie la théorie de la définition comme la « clé de l'analyse » selon Leibniz [2]. La perception des concepts peut ne fournir qu'un moyen apparent d'accéder aux connexions essentielles qui structurent quelque objet complexe d'intellection : d'où le risque d'être victime d'une réso-lution illusoire. La résolution véritable se fonde sur la logique des connexions : celle-ci garantit que l'on a affaire à des démonstrations en règle. Et l'analyse vise à trouver des raisons pour établir de telles connexions.

Selon Hans-Jürgen Engfer [3], les *elementa veritatis æternæ* ont pour fonction de fournir les instruments en vue de démontrer les vérités déjà connues. Les modèles auxquels Leibniz recourt alors sont le modèle d'Euclide et le modèle synthétique proposé par Pappus. L'analyse s'insère dans ce schéma suivant le modèle analytique de Pappus, comme instrument pour découvrir la preuve. Or la thèse dominante est celle d'une équivalence de l'analyse et de la synthèse en vertu de règles permettant la conversion démonstrative. La position de Pappus est d'ailleurs dépassée dans la mesure où Leibniz distingue des sous-types d'analyse : *per saltum*

---

1. A VI 4, 151-153 (C 258) : « Resolutio est substitutio definitionis in locum definiti. Compositio est substitutio definiti in locum definitionis. Ejusdem definiti multæ possunt esse definitiones [...]. Omnis proprietas reciproca potest esse definitio. Definitio eo perfectior est quo minus resolubiles sunt termini qui in eam ingrediuntur. Definitio satis perfecta est, si ea semel explicata dubitari non potest an definitum sit possibile. [...] Si una ex definitionibus eligatur cæteræ ex ea demonstrabuntur ut proprietates. Unaquæque proprietas reciproca totam subjecti naturam exhauri, seu ex unaquaque proprietate reciproca duci possunt omnia. [...] Requisiti est quod definitionem ingredi potest ». Il est à noter que dans ce texte comme dans plusieurs autres, la composition des notions est symbolisée par la composition des facteurs suivant le modèle arithmétique et algébrique de la multiplication. Voir L. Couturat, *La logique de Leibniz, op. cit.*, p. 192-193.

2. Y. Belaval, *Leibniz critique de Descartes, op. cit.*, p. 194.

3. Voir H.-J. Engfer, *Philosophie als Analysis, op. cit.*, p. 191-199.

comme en algèbre, ou *per problemata media* comme dans la topique ou la réduction de type géométrique. Il faut aussi tenir compte de certaines références au modèle de Pappus, selon lesquelles la méthode analytique est placée en priorité par rapport à la synthèse ; mais cela se produit dans une perspective de constructions hypothétiques, et celles-ci restent sujettes à validation démonstrative par voie de synthèse. Si l'analyse et la synthèse conjuguées définissent une méthode de validation des propositions, Leibniz introduit dans cette méthode des propositions une analyse portant sur les concepts en vertu du principe de l'inclusion du prédicat dans le sujet[1]. Par ailleurs, la réduction des principes de type euclidien apparaît comme un impératif de la méthode leibnizienne : il faut, pour fonder la démonstration, remonter à l'axiome d'identité et à des démonstrations adéquates. D'où le caractère très fondamental de l'analyse des concepts. Tout autre recours aux axiomes en ferait des présupposés inanalysés ; mais ces présupposés provisoirement inanalysés peuvent être requis dans la phase analytique proprement dite, et ils peuvent alors servir à articuler des processus de découverte.

Certes, l'analyse se fonde sur les réquisits des concepts, mais ces réquisits peuvent être perçus comme des ingrédients conceptuels compossibles qui se combinent pour former des relations dérivées et fournir de la sorte la définition des objets plus complexes. C'est pourquoi, d'une certaine manière, l'analyse s'exprime indifféremment sur le mode dit analytique et sur le mode dit synthétique ou combinatoire. La synthèse en effet ne saurait être une simple formule d'exposition. Si la synthèse fait partie de l'art de juger et d'inventer, c'est parce que l'entendement est capable de saisir les rapports analytiques fondamentaux qui sous-tendent la résolution des objets plus complexes, et parce qu'on peut rendre compte de ces objets eux-mêmes en produisant ou en dévoilant la formule combinatoire appropriée.

---

1. Mais l'analytique des propositions ne se réduit pas strictement à l'analytique des concepts. C'est la différence de point de vue qu'Engfer oppose à l'analyse fournie par M. Schneider dans *Analyse und Synthese bei Leibniz*. Voir H.-J. Engfer, *Philosophie als Analysis, op. cit.*, n. 54, p. 197 : « Schneider [...] hat diese Unterscheidung nicht getroffen, obwohl er seine Arbeit in die Teile "Analysis und Synthesis der Begriffe" und "Analysis und Synthesis der Aussagen" unterteilt ; er interpretiert die Analyse und Synthese von Aussagen unmittelbar im Sinne der analytischen Urteilstheorie als Analyse und Kombination von Begriffen und überspringt auch in der einleitenden Bestandsaufnahme über den Gebrauch der Begriffe Analyse und Synthese die beweisanalytischen Ansätze bei Leibniz ».

De nombreux textes témoignent de cette intégration des procédés analytique et synthétique sous la même idée architectonique de méthode rationnelle (*methodus rationis*). Par exemple, le *De synthesi et analysi universali seu Arte inveniendi et judicandi*[1] introduisait les distinctions que Leibniz établit entre l'analyse et la synthèse, mais comme corollaires d'une unique théorie de la méthode. Cette théorie repose sur l'*ars combinatoria* : il s'agit d'abord de déterminer les prédicaments des termes incomplexes (concepts) de façon à pouvoir en ordonner les implications ; il s'agira ensuite d'ordonner les séquences de termes complexes (propositions) qui peuvent en être tirés par construction progressive. Toute l'opération est évidemment soumise à la norme d'intelligibilité des notions distinctes. Il est postulé que l'on peut progressivement réduire, et par divers moyens, les notions non distinctes, c'est-à-dire confuses et de ce fait insuffisamment déterminées. De plus, la théorie des définitions réelles, incluant le modèle normatif des définitions génétiques, illustre le mode d'application de l'art combinatoire aux objets d'intellection tant analytique que synthétique. Le rôle de l'analyse est déterminé par ce modèle, en particulier lorsqu'elle s'applique à des notions qui comprennent un nexus infini de termes.

Hobbes avait fait valoir que toutes les vérités se démontrent par computations à partir de définitions, ce que Leibniz admet. Mais l'auteur du *De corpore* supposait aussi les définitions issues de l'imposition arbitraire de signes verbaux, sans raison d'être intrinsèque des significations représentées et sans référence à un ordre d'essences indépendant des conceptions de l'esprit[2]. Leibniz ne saurait accepter ce nominalisme qui dénierait à l'analyse conceptuelle la prétention légitime de démontrer *a priori* la possibilité des choses en produisant des définitions réelles. Certes, établir ainsi la possibilité ne correspond pas nécessairement au mode effectif de génération de l'objet d'expérience, mais la doctrine des idées distinctes adéquates implique que l'on peut formuler des jugements vrais sur le contenu de l'essence considérée. Pour être vrais, ces jugements doivent être cohérents par rapport à toute série possible de réquisits équipollents. C'est pourquoi l'analyse peut consister à poser des hypothèses qui

---

1. Été 1683-début 1685 (?), A VI 4, 538-545 (GP VII, 292-298).
2. Hobbes, *De corpore*, éd. K. Schuhmann, Paris, Vrin, 1999, I, chap. 2, § 1-6, p. 19-22. Sur la ligne de partage entre le nominalisme de Hobbes et celui de Leibniz, Voir C. Leduc, *Substance, individu et connaissance chez Leibniz*, Montréal/Paris, Presses de l'Université de Montréal/Vrin, 2009, p. 21-59; *id.,* « L'objection leibnizienne au conventionnalisme de Hobbes », *in* E. Marquer, P. Rateau (dir.), *Leibniz lecteur critique de Hobbes*, Montréal/Paris, Presses de l'Université de Montréal/Vrin, 2017, p. 35-51.

équivaillent à des définitions réelles de type génétique ; il s'agit là d'une forme de substitution pour des propositions que l'on devrait en principe obtenir par combinaison à partir de notions primitives. L'art combinatoire fixe l'ensemble des permutations possibles entre les éléments des séries équipollentes de réquisits, ce qui laisse alors une latitude de choix entre les diverses expressions combinatoires de la même structure essentielle. L'analyse accède à l'une de ces expressions comme raison suffisante des connexions d'un objet plus complexe. Il n'est pas évident que l'on ait alors atteint la réduction ultime. Celle-ci n'est atteignable par analyse que si l'on peut reconstituer des équivalences définitionnelles significatives à partir de l'expression analytique choisie comme fil d'Ariane. Mais l'exhaustion des formules possibles de réquisits n'est garantie que provisionnellement. Cela peut et doit suffire dans la plupart des démonstrations, même de géométrie, où l'on doit tenter de réduire le plus possible le nombre des axiomes et des postulats sous réserve de démonstration analytique ultérieure plus poussée :

> Fonder une hypothèse ou expliquer le mode de production n'est rien d'autre que démontrer la possibilité d'une chose, ce qui est utile, même si souvent la chose considérée n'a pas été engendrée de cette manière. Ainsi la même ellipse peut être comprise comme décrite dans un plan à l'aide de deux foyers et du mouvement d'un fil à l'entour, ou comme une section conique ou cylindrique. Une fois trouvé une hypothèse ou un mode de génération, on possède une définition réelle, d'où l'on peut encore tirer d'autres définitions; et parmi celles-ci on pourra choisir celles qui s'accordent le plus à toutes les autres conditions, quand on cherche le mode de production effectif de la chose. En outre, parmi les définitions réelles, les plus parfaites sont celles qui s'avèrent communes à toutes les hypothèses ou modes de génération et qui comprennent la cause prochaine, enfin celles par lesquelles la possibilité de la chose se révèle aussitôt, sans présupposition d'aucune expérience et sans démonstration requise de la possibilité de quelque autre chose. C'est en définitive le cas lorsque la chose se résout en simples notions primitives comprises par soi. C'est cette connaissance que j'ai coutume d'appeler adéquate ou intuitive; car, s'il y avait la moindre incompatibilité (*repugnantia*), elle apparaîtrait aussitôt, puisqu'il n'y a plus place pour aucune résolution [1].

1. A VI 4, 543-543 (GP VII, 295) : « Hypothesin porro condere seu modum producendi explicare, nihil aliud est quam demonstrare rei possibilitatem, quod utile est, etsi sæpe res oblata tali modo generata non sit; eadem enim ellipsis vel in plano ope duorum focorum et fili circumligati descripta, vel ex cono, vel ex cylindro secta intelligi potest ; et una reperta hypothesi seu modo generandi habetur aliqua definitio realis, unde etiam aliæ duci possunt, ex quibus deligantur quæ cæteris rebus magis consentaneæ sint, quando modus quo res actu

Mais il ne suffit pas de définir l'analyse et la synthèse comme un dévoilement d'ordre combinatoire suivant l'un ou l'autre mode. Leibniz doit aussi prendre en compte le système de résolution-composition qui prévaut dans les vérités de fait. Dans le cas de telles vérités, l'entendement ne peut saisir la raison d'être des réquisits sur la base de la seule compossibilité logique. Sans entrer dans le mode de composition des vérités de fait et dans la subordination de ces vérités au principe de raison suffisante qui les régit architectoniquement, examinons les procédés méthodologiques qui caractérisent l'analyse et la synthèse lorsqu'elles s'appliquent à cette catégorie d'objets. Sous le couvert des vérités primitives de fait, c'est-à-dire l'affirmation du *cogito* et celle d'une pluralité d'objets de pensée, semble s'imposer un précepte portant sur l'intelligibilité des concepts que garantit le consensus des phénomènes. L'analogie se rapporte ici à la compossibilité des réquisits définitionnels. La structure combinatoire présumée des vérités contingentes donne prise à l'analyse : on peut décomposer les propositions exprimant les phénomènes en se servant des vérités abstraites de raison comme d'instruments de transposition et par suite de résolution – « d'où se forment des sciences mixtes »[1]. En fait, dans le cas des savoirs empiriques, plus ou moins formalisés, le partage est particulièrement ardu entre modes analytique et synthétique de découverte et de démonstration. La mise en ordre des expériences est à la fois synthétique, puisqu'elle résulte de la comparaison des instances, et analytique, puisqu'elle consiste à saisir un ordre d'implication causale ou conditionnelle dans le divers des phénomènes. En outre, la convergence des modes méthodologiques s'affirme nettement au plan de la transposition suivant tel ou tel modèle tiré du registre des vérités de raison, car alors, on a affaire à des « prénotions »[2] : celles-ci à la fois régissent la mise en forme des données empiriques et servent à inventer les hypothèses qui se traduiront en implications conditionnelles (rôle analytique). De telles hypothèses adéquates figurent de façon cohérente et féconde les raisons

---

producta est quæritur. Porro ex definitionibus realibus illæ sunt perfectissimæ, quæ omnibus hypothesibus seu generandi modis communes sunt, causamque proximam involvunt, denique ex quibus possibilitas rei immediate patet, nullo scilicet præsupposito experimento, vel etiam nulla supposita demonstratione possibilitatis alius rei, hoc est, cum res resolvitur in meras notiones primitivas per se intellectas ; qualem cognitionem soleo appellare adæquatam seu intuitivam. Ita enim si qua esset repugnantia, statim appareret quia nulla amplius locum habet resolutio ».

1. A VI 4, 544 (GP VII, 296).
2. *Ibid.*

d'être causales à la source des séquences réglées de phénomènes (conjonction des fonctions analytique et synthétique).

Que le cheminement de la démonstration (comme de l'invention) soit *a priori*, et l'on aura affaire à une stratégie d'implications entre équivalents définitionnels exprimant les termes incomplexes, puis à une stratégie de dérivation systématique par connexions formelles jusqu'à la mise en ordre déductif de propositions plus ou moins complexes. L'analyse et la combinatoire figurent alors la possibilité d'opérer l'intellection du composé au simple, ou du simple au composé. Que le cheminement soit *a posteriori*, et l'on aura affaire à des procédés qui s'apparentent aux substitutions d'équivalents définitionnels, mais sous la forme d'hypothèses, s'articulant à des dénominations extrinsèques, à des notions symboliques et ultimement inadéquates, à des définitions nominales partiellement adéquates. Ainsi peut-on opérer certaines transpositions analytiques ou combinatoires de séquences phénoménales en termes de vérités abstraites, interprétables suivant les implications conditionnelles des vérités de raison. Ainsi peut s'exprimer l'intelligibilité qui se déploie à l'infini dans les vérités de fait. Dans ces constructions hypothétiques, les modèles analytiques et synthétiques d'argumentation apparaissent indissociables; la validité de telles constructions dépend d'un dévoilement d'ordre induit par prolepses et vérifiable par contrôles empiriques successifs[1].

L'unité de la démarche scientifique tient alors aux caractéristiques logiques du dévoilement de l'ordre plutôt qu'aux modes de connaissance mis en œuvre. L'orientation du processus logique départage analyse et synthèse, mais cette distinction reste relative, puisqu'une structure combinatoire est impliquée en tout objet de connaissance et en toute vérité qu'on puisse affirmer à son propos :

> Synthèse il y a, lorsque commençant aux principes et parcourant les vérités par ordre, nous découvrons certaines progressions et établissons des tables ou quelquefois des formules générales, dans lesquelles la solution de questions ultérieures pourrait se trouver. Par contre, l'analyse, en vue de

---

1. Voir L. Loemker, « Leibniz's conception of philosophical method », *in* I. Leclerc (ed.), *The Philosophy of Leibniz and the Modern Mind*, *op. cit.*, p. 142 : « To combine the goal of the best possible arrangement of known truth with that of discovery, he [Leibniz] found it necessary to combine the method of analysis and synthesis based on Euclidean order with that based on the analytic-synthetic ordering of observation and empirical verification ». Loemker fait en particulier référence au processus déductif tel que présenté dans les *Principia logico-metaphysica*, début-automne 1689 (?), A VI 4, 1643-1649 (C 518-523), selon lesquels, dans un contexte empirique donné, des définitions particularisantes sont requises pour assurer la dérivation à partir de principes analogues à des axiomes identiques.

résoudre le seul problème considéré, remonte aux principes comme si ni nous ni d'autres n'avions rien découvert déjà [1].

Une autre formule significative nous est offerte par un fragment mathématique qui a le mérite de souligner l'affinité fonctionnelle de l'analyse et de la synthèse, même si les ensembles de vérités résultantes peuvent sembler disparates :

> Il y a deux méthodes : synthétique, c'est-à-dire par l'art combinatoire, et analytique. L'une et l'autre peuvent montrer l'origine de la découverte : ce n'est donc pas le privilège de l'analyse. La différence est que l'art combinatoire à partir d'éléments plus simples dévoile une science tout entière, ou du moins une série de théorèmes et de problèmes, et parmi cet ensemble on trouve ce qui est recherché. L'analyse par contre réduit le problème proposé à des éléments plus simples ; et cela se fait par saut, comme en algèbre, ou par des problèmes intermédiaires dans la topique, ou par réduction proprement dite. La même différence se retrouve à l'intérieur de la combinatoire : car nous ordonnons à partir des éléments premiers ou à partir d'éléments plus prochains [2].

La synthèse établit une construction axiomatique des propositions : ainsi possédera-t-on pour le domaine concerné un corpus intégré de connaissances. Le mode par excellence d'expression de la théorie est donc synthétique. C'est ce que Leibniz rattache à l'idée de science comme ensemble de théorèmes, comme série complète d'implications déterminant les problèmes successifs et leurs modes de résolution : il s'agit alors d'une construction de type hypothétique. Par ailleurs, Leibniz conçoit tant l'analyse que la synthèse comme donnant lieu soit à des constructions ou résolutions immédiates, soit à de telles opérations, mais différées : les résolutions différées comprennent des séries de résultats intermédiaires. Ainsi l'analyse et la synthèse peuvent-elles rester provisionnelles en n'atteignant

---

1. A VI 4, 544 (GP VII, 296-297) : « Synthesis est cum a principiis inchoando, et ordine veritates percurrendo progressiones quasdam deprehendimus et velut Tabulas vel etiam interdum formulas generales condimus, in quibus postea oblata inveniri possint. Analysis vero solius oblati problematis causa ad principia regreditur, perinde ac si nihil antea inventum jam a nobis vel aliis haberetur ».

2. *De methodo synthetica aut analytica*, été-automne 1679 (?) A VI 4, 351 (C 557) : « Duæ sunt Methodi Synthetica seu per artem combinatoriam, et analytica. Utraque ostendere potest inventionis originem ; neque ergo hoc est privilegium analyseos. Discrimen in eo est quod combinatoria orsa a simplicioribus, totam aliquam scientiam, vel saltem theorematum et problematum seriem exhibet, et inter ea etiam id quod quæritur. Analysis vero problema propositum reducit ad simpliciora ; et fit vel per saltum, ut in Algebra, vel per problemata intermedia, in Topica vel reductiva. Idem discrimen et in combinatoria, ordimur enim vel a primis vel a propinquis ».

que des paliers médiats dans l'enchaînement des raisons. Cela vaut indifféremment lorsqu'on combine des caractères dérivés ou qu'on analyse sous le couvert de notions imparfaites, comme dans les hypothèses. La complémentarité de l'analyse et de la synthèse se révèle aussi dans la pluralité des usages discursifs que l'on peut rattacher à la recherche de l'ordre. Leibniz note en particulier le caractère plus général, plus théorique, plus systématique des synthèses, le fait qu'elles servent à inventer des applications des théories, à constituer des tableaux et répertoires[1], le fait qu'elles dessinent les articulations de l'encyclopédie comme corpus scientifique intégré[2]. « Se trompent tout à fait ceux qui pensent que l'analyse l'emporte sur la synthèse, puisque l'analyse a été conçue pour découvrir la synthèse parfaite »[3]. L'analyse apparaît aisément en effet comme un moyen de parvenir au fil conducteur d'un développement synthétique, lequel inclura la solution du problème de départ; ou encore, l'analyse se trouvera déployée pour réaliser le rapprochement d'un problème à résoudre et d'un corpus théorique. Dans nombre d'instances, Leibniz souligne que l'analyse ne saurait être utilisée indépendamment d'une synthèse adventice. Cela est certes le cas lorsqu'un corpus est déjà constitué et disponible :

> L'analyse est rarement pure, car la plupart du temps, en cherchant des intermédiaires nous tombons sur des artifices déjà découverts auparavant par d'autres ou par nous-mêmes, soit par hasard soit par raison; nous trouvons ces artifices comme des tables ou des répertoires dans notre mémoire ou dans les rapports d'autrui et nous les appliquons ici, ce qui constitue une synthèse[4].

Tel est nécessairement le cas lorsqu'on a affaire à un cryptogramme et qu'il s'agit d'inventer une grille pour le déchiffrer. Il est alors nécessaire de prendre appui sur certaines règles synthétiques de combinaison des signes en fonction de leurs significations possibles. Mais, lorsqu'il s'agit d'établir l'ensemble des réquisits possibles d'un objet infiniment complexe, telle une réalité contingente appartenant au système de la nature, l'analyse n'y

---

1. A VI 4, 545 (GP VII, 297); *De methodo synthetica aut analytica*, été-automne 1679 (?), A VI 4, 351 (C 557); A VI 4, 580-581 (C 159).

2. *De arte inveniendi*, 1675 (?), A VI 3, 429-430 (C 168).

3. A VI 4, 581 (C 159) : « Valde autem errant qui putant Analysin Synthesi præstare, cum analysis ad synthesin perfectam inveniendam sit comparata ».

4. A VI 4, 545 (GP VII, 297) : « Raro tamen pura est analysis, plerumque enim media quærendo incidimus in artificia ab aliis vel a nobis sive casu sive ratione jam olim inventa, quæ sive in memoria nostra sive in aliorum relationibus tanquam in Tabula vel repertorio deprehendimus atque huc applicamus, quod syntheticum est ».

saurait suffire; il faut alors prendre appui sur le consensus des phénomènes, qui fournit une synthèse relative[1]. La considération du cryptogramme et celle des réalités contingentes se conjuguent dans le passage que voici :

La méthode analytique peut parfois, en raison de la nature des choses, ne pas trouver l'issue; la méthode synthétique le peut toujours. Comme exemples d'un cas où l'analytique ne peut trouver l'issue, prenons l'art de déchiffrer et d'autres instances où il faut établir des tables et les parcourir quand nous voulons savoir si un nombre donné est premier; nous examinons de même les diviseurs possibles par ordre[2].

Même si l'analyse et la synthèse expriment la même procédure fonctionnelle de base, la nature du savoir empirique requiert que l'accent soit mis sur la méthode analytique[3]. Cette méthode semble une condition obligée de toute invention, comme un élément essentiel de l'art pour développer la connaissance lorsqu'il s'agit de saisir l'ordre se développant en séries à l'infini. Or ce cas est fondamentalement celui des théories visant à expliquer les séquences phénoménales. L'analyse engendre des hypo-

---

1. M. Schneider souligne ce point, voir *Analysis und Synthesis bei Leibniz, op. cit.*, p. 158-159 : « Dabei bleibt noch zu bemerken, daß es nicht genügt, die Widerspruchsfreiheit der *notiones secundum nos primæ* durch Erfahrung nachzuweisen. Vielmehr müssen alle *notiones secundum nos primæ*, in die ein bestimmter kontingenter Begriff analysiert worden ist, als miteinander verträglich (d.h. untereinander widerspruchsfrei) nachgewiesen werden, was durch die Erfahrung eines Objekts, an welchem sie *gemeinsam* wahrgenommen werden, möglich ist. Man kann somit sagen, daß die Analyse der kontingenten Begriffe laufend durch die Erfahrung ergänzt werden muß, nicht nur in bezug auf die Widerspruchsfreiheit der *notiones secundum nos primæ*, sondern auch in bezug auf die Widerspruchsfreiheit der Gesamtkonstitution, als die eine Analyse den betreffenden kontingenten Begriff erscheinen läßt ». Schneider fait en particulier référence à *Generales inquisitiones*, § 69, A VI 4, 762 (C 375) : « Itaque inter prima principia est, terminos quos in eodem subjecto existere deprehendimus non involvere contradictionem ».

2. *De arte inveniendi in genere*, été-automne 1678 (?), A VI 4, 80-81 (C 162) : « Analytica interdum per naturam rerum exitum reperire non potest, synthetica semper. Exemplum ubi Analytica sola exitum reperire non potest, in arte deciphrandi, aliisque casibus ubi condendæ sunt Tabulæ et percurrendæ, cum scire volumus an datus numerus sit primus; et examinamus divisores possibiles ordine ».

3. Ce point est indirectement mis en évidence par L. Loemker dans sa présentation de la méthode des hypothèses comme application de la méthode de raison à l'explication des phénomènes, voir L. Loemker, « Boyle and Leibniz », *in* I. Leclerc (ed.), *The Philosophy of Leibniz and the Modern Mind, op. cit.*, p. 262 : « Thus the conjectural method of hypothesis is a valid empirical method, analogous to that of algebra, which involves a special form of the more general method of analysis and synthesis. But it is an auxiliary method, made necessary by the fact that man's understanding is finite while the complexity of the natural order is infinite ». De ce point de vue, cette méthode serait donc à dominante analytique.

thèses ; celles-ci forment la cheville ouvrière du dévoilement d'un ordre dissimulé en même temps qu'exprimé par des connexions complexes. La méthode analytique se distingue en effet par le fait qu'elle ne présuppose rien d'autre que ce qui est strictement requis pour la solution du problème considéré. Par contre, la méthode synthétique donnerait, si elle était utilisable dans de tels cas, une pluralité de voies de résolution possible que l'on ne pourrait toutes suivre jusqu'à atteindre les réquisits spécifiques du problème. Il y aurait une part de hasard considérable dans le choix de la ligne de démonstration *a priori* qui puisse envelopper la solution recherchée. À plusieurs reprises, mais particulièrement dans l'opuscule *Projet et essais pour arriver à quelque certitude, pour finir une bonne partie des disputes et pour avancer l'art d'inventer*, Leibniz tend à présenter l'analyse, selon sa conception, comme incarnant de façon générique « l'art d'inventer admirable »[1].

Il assimile alors l'analyse à l'art de développer la démonstration dans quelque domaine de la connaissance que ce soit, mais en même temps il la situe dans le prolongement de la synthèse, bâtissant comme elle le fait sur des éléments de connaissance préalablement articulés suivant l'ordre combinatoire. La démonstration est combinatoire jusqu'à ce qu'il convienne de la transformer en instrument heuristique. L'ordre analytique est alors privilégié dans la recherche des chaînons démonstratifs. Dans ces conditions, tout système reste ouvert, car l'inventaire des raisons peut donner lieu à une pluralité indéfinie de cheminements possibles :

> Je trouve [dans l'enchaînement démonstratif des propositions] deux limites que la raison nous prescrit, les voici : 1) il est nécessaire de continuer la synthèse jusqu'à ce qu'on la puisse changer en analyse ; 2) il est utile de continuer la synthèse jusqu'à ce qu'on voie des progressions à l'infini ; 3) quand il y a quelques beaux théorèmes, surtout qui servent à la pratique, il est bon de les marquer aussi. Mais la première règle suffit pour le nécessaire[2].

Comprenons ici que le troisième précepte, qui ne marque pas une limite à l'enchaînement démonstratif même, concerne surtout des propositions théoriques relatives à la mise en forme des données d'expérience et résumant des constructions hypothétiques (synthèses adventices). Quant au deuxième précepte, il s'applique sans doute aux enchaînements démonstratifs lorsque ceux-ci deviennent impuissants à rendre compte

---

1. *Projet et essais pour avancer l'art d'inventer*, août 1688-octobre 1690 (?), A VI 4, 963 (C 175).
2. A VI 4, 969 (C 180).

déductivement d'un objet impliquant l'infini, comme c'est manifestement le cas dans l'explication des réalités contingentes, substances et phénomènes. Mais, fait significatif, le premier précepte, seul requis pour le traitement des vérités nécessaires, implique que l'analyse soit l'objectif visé par les combinaisons et synthèses : elle constituerait de ce fait la finalité propre de la *methodus rationis* comme méthode d'invention.

Cette perspective est confirmée tant par la description leibnizienne de la méthode analytique que par l'indication des moyens de généraliser l'analyse. Dans le *De arte inveniendi in genere*, après avoir rappelé que la méthode analytique se présente rarement à l'état pur, Leibniz entreprend de la décrire pour faire ressortir la structure formelle des arguments qui en forment les ingrédients.

Comme souvent, il nous présente d'abord des modèles de la méthode, mixte et pure. Si l'on construit une machine en y conjuguant des notions de roue pleine et de roue dentelée, le problème est certes analytique, mais sa solution repose sur des progressions synthétiques préalables : c'est de l'analyse mixte. Mais, si je dois concevoir l'intervention de roues libres sans axe, c'est par nécessité analytique que j'ai recours à la notion d'une rotation assurée par des dentelures. Le *De synthesi et analysi universali* mentionnait, pour sa part, comme plus combinatoires et synthétiques, l'usage et l'application d'une invention déjà faite, par exemple l'utilisation des propriétés de l'aiguille magnétique sous forme de boussole, et comme plus purement analytique la conception des moyens en fonction d'une fin technique dûment prescrite[1]. Toute la procédure méthodologique est suspendue à la clé de voûte de l'art combinatoire comme science des formes en général. Toutefois, il est admis que des formes ou formules peuvent s'inscrire dans des ensembles diversement complexes dont l'analyse fournirait la raison suffisante, à défaut d'un inventaire systématique de toutes les combinaisons, inventaire impossible à effectuer. Ceci dit, la caractéristique principale de la méthode analytique est de ne présumer aucun réquisit, sauf ceux qui s'avèrent strictement indispensables à la résolution projetée. Ce décompte sélectif échappe à la synthèse, puisque celle-ci doit illustrer toutes les possibilités de composition abstraite des ingrédients conceptuels, donc tous les cheminements déductifs possibles.

Certes, le nombre de réquisits peut être tel qu'il ne soit pas possible de circonscrire de façon déterminée les données du problème. Alors, quel que soit le nombre de solutions restant ouvertes – et ce nombre peut être au moins assigné de façon hypothétique – l'analyse peut se restreindre à l'une

1. A VI 4, 545 (GP VII, 297).

ou quelques-unes des branches de la différenciation combinatoire, et pour celles-ci, tenter d'établir la connexion des réquisits à des conditions antérieurement admises. Or la détermination peut ne jamais atteindre la compatibilité des réquisits avec des conditions élucidées de façon intégrale. À défaut de ce dévoilement *a priori*, l'expérience peut alors confirmer la résolution analytique des réquisits par référence à des conditions antécédentes empiriquement garanties. Ce dévoilement *a posteriori* justifie du moins la rationalité latente des conceptions conditionnelles analytiquement découvertes.

Enfin, Leibniz suggère que l'analyse de ce qui est plus particulier peut s'effectuer sous le couvert d'une résolution analytique de ce qui est plus général. Ce point présente un intérêt certain lorsqu'il s'agit, par exemple, d'analyser des phénomènes complexes à l'aide de modèles géométriques et mécaniques. Il est certain, entre autres, qu'il y aurait alors place pour le recours à des techniques de détermination du type de celles que procure le calcul infinitésimal. Pour figurer ce recours, Leibniz se sert ici du modèle de la sécante qui permet d'accéder à la détermination de la tangente comme limite en géométrie simple. Le passage suivant résume le point de vue leibnizien sur l'analyse comme expression de la *methodus rationis*. Il souligne la thèse essentielle suivant laquelle l'analyse représente une combinatoire réelle, combinatoire qui engloberait les phénomènes et les substances :

> Selon la méthode analytique, en ce qui concerne l'objet de recherche, il faut d'abord considérer s'il est si déterminé par les conditions suivant lesquelles il est objet de recherche, qu'il soit unique ; s'il a plutôt une infinité ou une infinité infinie de solutions ; ou plutôt s'il est déterminé pour des instances précises. Ce qui est recherché, c'est une détermination de tous les réquisits ou de certains seulement. Si quelque chose est objet de recherche, il faut concevoir assurément des déterminations compatibles avec des déterminations antérieures, ce qui requiert souvent un grand art. Plus nous aurons rendu la chose déterminée, plus nous la résoudrons facilement. Il n'est pas toujours possible de trouver des déterminations parfaites. Même si je n'ai pas encore démontré quelque chose *a priori*, je puis le voir *a posteriori*, car autrement tous les nombres irrationnels seraient rationnels. Quand nous ne pouvons trouver de déterminations plus spécifiques, alors nous observons s'il est possible par chance de concevoir quelque problème plus général, qui comprenne celui-là et qui soit plus facile à résoudre [1].

---

1. *De usu artis combinatoriæ præstantissimo qui est scribere encyclopædiam*, été-automne 1678 (?), A VI 4, 85 (C 165-166) : « In Analytica Methodo id quo quæritur consideremus ante omnia an ex his conditionibus ex quibus quæritur sit ita determinatum, ut sit

Ainsi la description formelle de ce que Leibniz entendait par ce terme révèle l'affinité de l'analyse par rapport à l'art de façonner des combinaisons. L'analyse, par ailleurs, fournit les moyens appropriés en vue de compléter des synthèses préliminaires : elle dresse le compte des réquisits pour la solution de problèmes qui dépendent de théories précédemment établies et reçues. L'analyse reflète l'objectif de trouver une expression combinatoire pour les composantes de la réalité, qu'il s'agisse de phénomènes ou de substances. Comme la recherche d'une traduction conceptuelle pleinement adéquate serait infinie, et pour contrer les régressions indéfinies dans l'établissement du savoir scientifique, Leibniz conçoit la méthode analytique comme un instrument en vue de forger des hypothèses systématiques, comme un moyen de réaliser des démonstrations cohérentes et progressives chaque fois que l'infini prévaut dans le *nexus* de termes qui exprimerait l'ordre des réalités naturelles.

MÉTHODE ANALYTIQUE ET SCIENCE DES PHÉNOMÈNES

L'appréciation de la méthode analytique en science requiert que l'on examine les modalités de son expansion possible. Un fragment qui semble dater de l'époque parisienne suggère que l'on distingue les parties combinatoire et analytique de l'art d'inventer : l'invention des questions relèverait davantage de la combinatoire, celle des solutions davantage de l'analyse[1]. Cette distinction toutefois n'a rien d'absolu, puisque résoudre des problèmes techniques suppose en général une aptitude combinatoire. Mais c'est là une réalisation différente de celle que constitue la découverte de propositions vraies. Dans ce dernier cas, la prévalence de l'analytique semble maintenue, tout au moins si l'on suppose une accumulation précédente du savoir sous forme synthétique. En un sens objectif immédiat, la division de l'objet en parties, l'observation de ses rapports distinctifs de

unicum ; an vero infinitas vel infinities infinitas habeat solutiones, an vero sit determinatum ad certos casus. Quæriturque vel determinatio omnium vel quorundam tantum. Si quæritur aliquod tantum, excogitemus scilicet determinationes cum prioribus determinationibus compatibiles, quod sæpe magnæ est artis. Quanto autem rem magis determinatam reddiderimus, eo facilius solvemus. Non semper possibile est determinationes reperire perfectas. Quod etsi nondum demonstraverim a priori, video tamen a posteriori, nam alioqui omnes irrationales forent rationales. Quando vel non possumus reperire specialiores determinationes, tunc videamus an liceat forte generalius aliquod problema concipere, quod istud comprehendat, et quod sit solutu facilius isto ».

1. *De arte inveniendi*, 1675 (?), A VI 3, 428-432 (C 167-170).

lieu, de connexion, de forme, etc., composent l'approche analytique alors que l'approche synthétique présuppose un rapport construit à partir d'éléments extérieurs à l'objet même. Ainsi l'anatomie est-elle plutôt analytique, alors que les expériences physiologiques d'asphyxie en laboratoire avec dissection consécutive relèveraient plutôt de la synthèse. Les distillations seraient analytiques, les réactions chimiques combinatoires. Mais ce point de vue est trop sommaire si l'on tient compte du mode d'expansion des connaissances dans le temps : les expériences, qui impliquent des combinaisons d'éléments matériels, servent littéralement d'instruments pour des analyses plus élaborées que celles que permet l'observation immédiate :

Dans une certaine période de temps, certaines opérations qui étaient auparavant combinatoires deviennent analytiques, ce mode de combinaison étant devenu familier à tous et se présentant spontanément aux esprits les plus lents [1].

Somme toute, on se sert de combinaisons sanctionnées par la raison et/ou par l'expérience en vue de poursuivre l'analyse sur des objets plus complexes. Afin de généraliser l'art analytique, il convient de codifier les opérations discursives à l'aide d'une caractéristique universelle. Par suite, l'analyse pourrait s'exercer comme une activité de calcul appliquée aux objets les plus divers, que l'on pourrait ainsi progressivement réduire à des équivalents combinatoires. Les catalogues d'observations et d'expériences, comme *compendia historiarum selectiorum*, et les théorèmes, comme *compendia calculi* [2], joints ou non aux résultats d'expérience, établiront les conditions d'un développement progressif des connaissances scientifiques. Dans ces conditions, l'analyse se déploie en effet sur la base combinatoire des ingrédients conceptuels requis, que ceux-ci forment des notions complexes abstraites ou qu'ils expriment des connexions phénoménales, objets d'analyses indéfinies, mais susceptibles de traitement ordonné [3].

---

1. A VI 3, 429 (C 168) : «Unde tractu temporis quædam operationes quæ erant antea combinatoriæ, fient analyticæ ; pervulgato apud omnes eo combinandi more, et tardissimo cuivis occurrente».

2. A VI 3, 429-430 (C 168-169).

3. Ce même écrit comporte un passage où Leibniz caractérise en fonction de l'analyse et de la synthèse les dispositions d'esprit prévalant parmi les savants, voir A VI 3, 431 (C 170) : «Porro quæ hic de Combinatoriæ et Analyseos differentia dixi, inserviunt ad discernenda hominum ingenia ; nam alii magis analytici sunt. Ita etsi Galilæus et Cartesius in utraque arte excelluerint, plus tamen in Galilæo Combinatoriæ, in Cartesio Analyticæ. Geometræ et jurisconsulti analytici magis, medici et politici combinatorii sunt. Plus est securitatis in Analytica,

Le passage des sciences rationnelles aux sciences empiriques ne change pas fondamentalement ce mode d'expansion de l'art analytique. D'une part, Leibniz fait valoir l'analogie comme instrument général d'analyse[1]. L'analogie exerçait déjà ce rôle en géométrie lorsqu'Apollonius transposait les démonstrations d'Euclide sur le cercle à d'autres sections coniques et parvenait à construire des inférences analytiques sur l'harmonie des figures, processus que Leibniz tendait à transformer en méthode, lors même qu'il commençait à s'intéresser à la géométrie analytique comme l'atteste le fragment *De la méthode de l'universalité*[2]. De même Grégoire de Saint-Vincent ne traitait-il pas les problèmes de quadrature du cercle et de l'hyperbole par analogie avec les combinaisons de la droite et de la parabole? Et ne pouvait-on concevoir de se servir des théorèmes relatifs aux sections coniques pour s'élever par analogie à la résolution d'équations de degrés plus élevés?

Suivant ce modèle discursif, l'induction à partir des données d'expérience doit se structurer par le choix analytique de la connexion significative au sein d'un ensemble de phénomènes expérimentalement assignables. Une telle connexion est atteinte par analogie : « Il appartient à l'art de choisir ce qu'il faut examiner en premier, et cela se réduit à l'analogie ; et en cela consiste tout l'art des expériences »[3]. Deux types de problèmes peuvent alors susciter l'analyse : la détermination des propriétés d'un objet de recherche empirique, parfois extrêmement complexe, la recherche de la cause d'un phénomène donné. Cette seconde investigation s'inscrit d'ailleurs dans le cadre plus vaste de la première, puisque par cause on entend d'abord ici des connexions en termes de conditions empiriques suffisantes pour la production du phénomène donné. Au sujet de ce type de recherche, Leibniz nous renvoie d'une part à la codification par Francis Bacon des procédures inductives et de leurs instances caractéristiques. Il lui semble d'autre part que l'analyse des phénomènes par les

---

plus difficultatis in Combinatoria ». Ce dernier jugement est sans doute trop catégorique, si l'on tient compte des nombreux textes où Leibniz souligne que la démarche synthétique est plus naturelle, mais qu'elle ne peut atteindre de façon suffisamment directe la solution de problèmes tant soit peu complexes. Voir, par exemple, A VI 4, 580-581 (C 159); A VI, 4, 85 (C 165).

1. *Schediasma de arte inveniendi theoremata*, septembre 1674, A VI 3, 425 (C 174) : « Sunt et aliæ methodi investigandi theoremata, per analogiam aliorum jam inventorum ».

2. *De la méthode de l'universalité*, C 97-98.

3. A VI 3, 425 (C 174) : « [...] artis est eligere præ ceteris examinanda, et hoc jam reducitur ad Analogiam ; et in eo consistit tota ars experimentorum ».

phénomènes répond génériquement à une règle d'analogie[1]. L'énoncé initial se lit :

> L'analogie est fondée en cela, que nous soupçonnons que les choses qui conviennent ou s'opposent en beaucoup d'éléments conviennent ou s'opposent aussi pour des données voisines des premières[2].

Dans la même ligne, Leibniz propose que l'on considère deux modalités de la connaissance empirique qui, toutes deux semble-t-il, peuvent s'inscrire sous le recours analytique à l'analogie. Il s'agit de l'art de formuler des hypothèses et de l'art de colliger les observations. Dans le premier cas, non seulement la métaphore cartésienne du déchiffrage des cryptogrammes s'applique, mais, de façon plus fondamentale, le procédé analytique abstrait, qui implique, comme nous l'avons déjà souligné, la médiation d'une projection combinatoire sur l'ordre impliqué dans les signes, dévoile le modèle formel de toutes les hypothèses destinées à rendre compte des phénomènes. Dans cette perspective, l'analogie, en tant que rapport présumé de continuité harmonique des formes ou des raisons sous-tendant l'ordre des phénomènes comme *nexus* de signes, constitue le fil conducteur dans l'énoncé d'hypothèses. Il ne s'agit pas de plaquer une hypothèse *a priori* sur les phénomènes et de justifier ce processus par la correspondance établie entre les conséquents déduits de l'hypothèse et les données d'expérience, mais de résoudre analytiquement des données en projetant une continuité d'ordre entre des termes plus abstraits exprimant les phénomènes : l'analyse renvoie ici à une combinatoire présumée sur base de continuité harmonique. Par ailleurs, il peut se faire que la

---

1. Couturat signale que cette règle préfigure l'énoncé canonique du principe de continuité à partir de 1687 : voir C 174, n. 2 : « On entrevoit déjà ici le principe de continuité, dont la formule la plus générale, corollaire du principe de raison, est : "Datis ordinatis etiam quæsita esse ordinata" (GP III, 52) ». Couturat fait aussi référence à un texte significatif sur le lien des principes, *Principia logico-metaphysica*, mars 1689-mars 1690 (?) (C 519) : « Statim enim hinc nascitur axioma receptum *nihil esse sine ratione*, seu *nullum effectum esse absque causa*. Alioqui veritas daretur, quæ non posset probari a priori, seu quæ non resolveretur in identicas, quod est contra naturam veritatis, quæ semper vel expresse vel implicite identica est. Sequitur etiam cum omnia ab una parte se habent ut ab alia parte in datis determinantibus, tunc etiam in quæsitis seu consequentibus omnia se eodem modo habitura utrinque ». Or nous savons que le recours au principe de continuité était déjà opératoire dans les phases d'élaboration de la mécanique réformée qui allaient aboutir au *De corporum concursu* au début de 1678, à l'instar d'autres principes illustrant l'application architectonique du principe de raison suffisante, tel celui de l'équivalence entre cause pleine et effet entier.

2. A VI 3, 425-426 (C 174) : « Analogia autem in eo fundatur, ut quæ in multis conveniunt aut opposite sunt, ea in datis quoque vicinis ad priora convenire aut opposita esse suspicemur ».

transposition symbolique puisse ne s'accomplir que de façon différée. C'est le cas pour des domaines de connaissance où l'on ne peut spécifier ni produire par combinaison expérimentale les conditions de contrôle et de vérification des hypothèses. On y est réduit à la collection des observations, par exemple dans l'étude des phénomènes astronomiques ou météorologiques. Nous n'y pouvons rien apprendre qu'en enregistrant les données de fait. Mais le processus de connaissance impliqué n'est point passif pour autant, car les tables de compilation, conformément aux normes que Bacon fixait à l'induction, doivent être corrélées suivant une approche systématique «pour consolider certaines harmonies ou analogies»[1]. Dans ces conditions, le principe de continuité comme principe architectonique structure l'inférence inductive, que celle-ci soit soumise à une projection d'hypothèse ou qu'elle engendre des généralisations empiriques de façon plus nettement *a posteriori*. La transposition symbolique reste dans les deux cas, mais de façon plus ou moins immédiate, plus ou moins différée, l'instrument par excellence de l'analyse suivant la forme analogique. Dans de nombreux textes, Leibniz développe l'idée que les notions confuses de qualités sensibles, trame de base de notre connaissance des phénomènes, peuvent donner prise à l'analyse si l'entendement se concentre sur les notions distinctes de propriétés géométrico-mécaniques associées et si celles-ci représentent des raisons suffisantes pour expliquer les congruences et les connexions constantes que l'observateur repère parmi et entre les phénomènes[2]. Il s'agit là de ce que Leibniz qualifie d'analyse physique et décrit comme un jeu d'analogies réglées par lesquelles on pourrait à la limite atteindre et figurer des causes déterminantes des phénomènes, à la fois empiriques et rationnelles :

> Le secret de l'analyse physique consiste en cet unique artifice, à savoir que nous ramenons des qualités confuses des sens [...] aux qualités distinctes qui les accompagnent, lesquelles sont le nombre, la grandeur, la figure, le mouvement, la consistance, les deux dernières étant proprement physiques. C'est pourquoi, si nous découvrons que des qualités distinctes déterminées accompagnent toujours certaines qualités confuses (par exemple, que toute couleur surgit d'un rayon réfracté et non d'un rayon réfléchi), et, si à l'aide

---

1. A VI 4, 426 (C 174) : « [...] ad harmonias quasdam, sive analogias constabiliendas ».
2. Voir, par exemple, *Nouveaux Essais*, 4.2. 12, A VI 6, 371-372 ; 4.3. 16, A VI 6, 382-383. M. Fichant, « Le "principe des principes" : idées et expérience », *in* A. Pelletier (ed.), *Leibniz's Experimental Philosophy*, Stuttgart, F. Steiner Verlag, 2016, p. 25-40, ici p. 32-33, développe ce point en se référant à *Præfatio ad libellum elementorum physicæ*, 1678-1679 (?), A VI 4, 2001-2006, en soulignant qu'il s'y trouve une formulation initiale de ce qui est constamment évoqué dans les *Nouveaux Essais*.

des qualités distinctes nous pouvons expliquer de façon définie toute la nature de certains corps, de telle sorte que nous puissions démontrer que ceux-ci ont telle grandeur, telle figure et tel mouvement, par le fait même, il faut que les qualités confuses résultent aussi d'une telle structure, bien qu'il n'y ait aucune définition des qualités confuses, ni par suite de démonstration à leur sujet. Il suffit donc que nous puissions expliquer distinctement toutes les propriétés concevables qui les accompagnent, au moyen de conclusions constantes, s'accordant avec l'expérience. Car, au moyen de certaines qualités suffisantes pour déterminer la nature des corps, nous pouvons découvrir les causes; et à partir de ces causes démontrer tous les autres effets, c'est-à-dire toutes les qualités; et ainsi trouve-t-on par détour (*per circuitum*) ce qu'il y a de réel et de distinct dans les qualités confuses [1].

Le caractère démontrable attribué à la physique se justifie par la possibilité de s'y hausser analytiquement du plan des observations à celui des démonstrations : les expériences assurent la corroboration de ces dernières par le biais des applications empiriques qu'on en peut tirer par synthèse ou combinatoire. Dans le manuscrit intitulé *Methodus physica*, daté de mai 1676, comme dans maints autres textes, Leibniz répertoriait en effet *demonstrationes, experimenta, historiæ*, en tant que composantes de la connaissance scientifique. Et il spécifiait que la connaissance des démonstrations marquait l'effort accompli par l'entendement sur l'ensemble des éléments du discours rationnel [2], y compris sur les éléments relatifs aux données empiriques qu'il s'agit d'analyser ou de synthétiser. Le même texte soulignait que la connaissance des corps inorganiques (*corpora similaria*) pouvait s'élever jusqu'à la saisie conceptuelle de la nature ou structure intime d'où dérivent les caractéristiques empiriques dont il faut

---

1. *Revocatio qualitatum confusarum ad distinctas*, 1677 (?), A VI 4, 1961-1962 (C 190) : « Analyseos physicæ arcanum in hoc uno consistit artificio, ut qualitates sensuum confusas […] revocemus ad distinctas quæ eas comitantur, quæ sunt numerus, Magnitudo, figura, motus, consistentia, ex quibus duæ postremæ proprie physicæ sunt. Itaque si deprehendamus certas qualitates distinctas semper comitari quasdam confusas (exempli gratia omnem colorem oriri ex radio refracto, non vero reflexo) et, si ope distinctarum qualitatum definite totam corporum quorundam naturam explicare possimus, ita ut demonstrare queamus ipsa talis esse magnitudinis figuræ et motus ; eo ipso jam necesse est etiam qualitates confusas ex tali structura resultare, licet qualitates confusas ex ipsis aliter demonstrare non possimus, quia qualitatum confusarum nulla datur definitio, nec proinde de illis demonstratio. Sufficit ergo nos omnia distincte cogitabilia, quæ ipsa comitantur, posse explicare constantibus conclusionibus, experientiæ consentientibus. Nam ope quarundam qualitatum ad determinandam naturam corporum sufficientium possumus invenire causas ; et ex his causis demonstrare reliquos affectus, seu cæteras qualitates, et ita invenietur per circuitum, quid realis et distincti qualitatibus confusis insit ».

2. Voir A VI 3, 455 (C 93).

rendre compte. Certes, nous ne pouvons y accéder directement sur le mode d'une connaissance rationnelle pure, que Leibniz décrit métaphoriquement comme connaissance angélique. Mais, comme il le suggère dans une lettre à Detlev Clüver d'août 1680, tout ce qui est objet d'une telle connaissance peut être légitimement recherché par les moyens de la caractéristique, c'est-à-dire par l'intermédiaire d'*analoga* symboliques donnant prise au calcul, ou du moins à l'estime rationnelle : ceux-ci permettent de structurer de façon démonstrative les connaissances, objets d'une telle transposition analytique[1]. Le *Methodus physica* développe la même thèse mais en insistant sur le rôle instrumental de la caractéristique dans la mise en forme rationnelle des connaissances de type empirique :

> On espérera vainement un art de raisonner véritable dans des matières difficiles et en quelque sorte abstruses, comme sont celles de la physique, aussi longtemps que l'on ne possédera pas un art caractéristique ou langue rationnelle qui contracte admirablement en un abrégé les opérations de l'esprit et qui puisse seule accomplir en physique ce que l'algèbre accomplit en mathématiques[2].

Or, à supposer qu'on puisse accéder par hypothèse à une proposition exprimant la structure intime de tel ou tel type de corps, comme *nexus* de caractères phénoménaux, on devra pouvoir en faire découler des expériences par inférence combinatoire : celles-ci seront appelées à corroborer les propriétés empiriques connues et à révéler celles que peut engendrer l'interaction avec une pluralité d'autres corps suivant des conditions déterminantes données. Réciproquement, c'est une séquence analytique qui permet par régression d'accéder à la détermination de la nature même du corps :

> Car si cette nature est simple, des expériences doivent en découler facilement ; et si des expériences en découlent facilement, à son tour la nature

1. Voir lettre à Clüver du 31 août/10 septembre 1680, A III 3, 264 : « Sed quæcumque sola ratione etiam Angelica investigari possunt, ea proprie per characteristicam et investigata hactenus, et imposterum investigatum iri, et eo longius nos prodituros quo characteristicam magis perfecerimus, iterum tibi affirmo ».

2. A VI 3, 456 (C 94) : « Vera ratiocinandi ars in rebus difficilibus et nonnihil abstrusis, quales sunt physicæ frustra speratur, quamdiu non habetur ars characteristica sive lingua rationalis, quæ mirifice in compendium contrahit operationes mentis, et sola præstare potest in Physicis, quod Algebra in Mathematicis ».

en question elle-même doit suivre facilement par régression d'un nombre suffisant d'expériences[1].

Reste évidemment le problème de garantir un système relativement simple de concepts exprimant la structure intime des corps. Sur ce point, les positions de Leibniz, énoncées ici comme dans le *De modo perveniendi ad veram corporum analysin et rerum naturalium causas* de mai 1677[2], connaîtront par la suite une relativisation significative, liée à l'avènement de la dynamique et à la phénoménalisation des caractéristiques extensives au profit de la force : celle-ci en effet ne peut être réduite à la stricte adéquation par rapport à son expression phénoménale. Mais, lorsque Leibniz révisera sa conception de l'essence des réalités matérielles au point de renoncer à une figuration « simple » de la structure intime du corps individuel, il retiendra néanmoins que cette structure peut donner lieu à une notion distincte, provisionnellement adéquate sous forme symbolique, pour fin de classification et de systématisation des phénomènes, comme en témoigneront les développements des *Nouveaux Essais*[3]. De ce point de vue, les développements ultérieurs ne dénonceront pas la thèse de la *Methodus physica*. Ne peut-on deviner des nombres cachés lorsqu'on applique l'analyse à des indices dont on rétablit hypothétiquement la raison suffisante en en projetant l'ordre de connexion ? De même, la transposition symbolique au sens leibnizien permet d'assigner l'ordre qui lie les expériences disponibles et celles qu'il conviendrait de réaliser pour déterminer de façon suffisante la structure intime des réalités phénoménales. C'est par la *determinatio characteristica* que l'on peut même projeter le schéma des déterminations à fournir par l'analyse et la combinatoire expérimentale conjuguées : « L'art caractéristique montrera non seulement comment il faut se servir des expériences, mais aussi quelles expériences sont à entreprendre et suffiront à déterminer la nature de la chose considérée »[4].

---

1. A VI 3, 456 (C 94) : « Nam si simplex est hac natura experimenta ex ea facile sequi debent; et, si experimenta ex ea facile sequuntur, [debet] vicissim etiam ipsa facile sequi per regressionem ex sufficienti experimentorum numero ».

2. A VI 4, 1971-1975 (GP VII, 265-269).

3. Voir, pour l'analyse de ces divers passages, F. Duchesneau, « Leibniz on the Classificatory Function of Language », *Synthese*, 75 (1988), p. 174-181.

4. A VI 3, 456 (C 94) : « Ars characteristica ostendet non tantum quomodo experimentis sit utendum, sed et quænam experimenta sint sumenda et ad determinandam rei subjectæ naturam sufficientia ».

Dans une autre pièce, intitulée *La vraie méthode* par les éditeurs et datée présumément de la seconde moitié de 1677[1], Leibniz souligne que la science dépend de la démonstration et que celle-ci suppose une méthode consistant à établir une chaîne d'expériences ou de preuves – il y a équivalence de ces deux termes – qui se contrôle au fur et à mesure que se construit et se déroule le processus discursif. L'artifice indispensable pour établir cette séquence ordonnée et en montrer les liens rationnels entre éléments consiste à raisonner sur des signes qui expriment adéquatement ces liens rationnels entre et dans les éléments eux-mêmes. Alors que Leibniz n'a pas encore élaboré la dynamique, il prévoit de tirer de la « science des mouvements » la « clef de la physique et par conséquent de la médecine »[2]. Et il fait référence ici à une structure démonstrative comme instrument analytique pour l'investigation rationnelle des phénomènes dans la poursuite d'une mise en forme des données d'expérience. Cette structure démonstrative doit ordonner la recherche impliquant le divers empirique en permettant de le transcrire en séquences caractéristiques. S'il est fait usage de l'instrument analytique constitué de façon présomptive ou hypothétique, affirme Leibniz :

> Je crois qu'il ne nous reste à présent que de faire certaines expériences à dessein et propos délibéré, et non pas par hasard et en tâtonnant comme cela se fait communément; afin d'établir là-dessus le bâtiment d'une physique assurée et démonstrative[3].

Certes, le modèle de l'*Hypothesis physica nova* et son intégration imparfaite du schéma démonstratif de la *Theoria motus abstracti* guident Leibniz vers la prise en compte d'un écart possible des données empiriques par rapport à tout modèle démonstratif. Il faut en effet construire les modèles de façon analogique à partir des bases empiriques de référence. Mais les données d'expérience une fois transposées en données rationnelles au moyen d'une représentation par signes, on peut procéder par voie d'inférence, et déterminer corrélativement la nécessité ou la probabilité des raisonnements ainsi construits :

> Car, quoiqu'il faille toujours certaines expériences pour servir de base au raisonnement, néanmoins, ces expériences une fois données, on en tirerait tout ce que tout autre en pourrait jamais tirer; et on découvrirait même

1. A VI 4, 3-7 (C 153-157).
2. A VI 4, 4 (C 153).
3. A VI 4, 4 (C 156).

celles qui restent encore à faire, pour l'éclaircissement de tous les doutes qui restent[1].

Leibniz reconnaît ici la nécessité de tirer des modèles hypothétiques une mise en forme analogique de l'expérience : ce point dépasse la corrélation imparfaite de la théorie du mouvement abstrait (*a priori*) et de la théorie du mouvement concret (*a posteriori*) suivant la présentation de 1671. Il est suggéré que la construction résulte d'une transposition analytique des données d'expérience. L'idée subsiste toutefois que cette transposition doit permettre l'articulation d'inférences rigoureuses tant sur les implications nécessaires du modèle que sur le degré de vraisemblance de la transposition analogique des données d'expérience. La démonstration porte donc soit sur les connexions conceptuelles reflétant l'ordre des phénomènes exprimés *more geometrico*, soit sur l'estimation des probabilités sous-tendant la transposition analogique des données. Certes, on n'élimine pas de ce fait l'aspect problématique de toute réduction provisionnelle de l'ordre phénoménal, car celui-ci se déploie à l'infini. Toutefois, dans les limites d'une saisie par notions distinctes, même inadéquates et symboliques, l'intellect fini peut construire une science architectonique provisionnelle de la nature[2]. Celle-ci est susceptible de perfectionnements ultérieurs, soit par démonstration plus poussée des postulats provisoires, soit par extension des corrélations empiriques servant à corroborer l'hypothèse. Notre interprétation s'appuie ici en premier lieu sur les moyens de substitution suggérés pour approcher au plus près des définitions réelles inaccessibles de réalités contingentes :

> Puisqu'il n'est pas en notre pouvoir de démontrer parfaitement *a priori* la possibilité des choses, c'est-à-dire de les résoudre jusqu'à ce qu'on parvienne à Dieu et au néant, il nous suffira de réduire leur immense

---

1. A VI 4, 4 (C 156).

2. Voir *Filum cogitandi sive de logica nova condenda*, été 1683-début 1685 (?), A VI 4, 533 (C 416-417) : « Constat non tantum omnes veritates in rerum natura et mente Autoris Dei omnium conscii esse determinatas, sed etiam *determinatum esse quid a nobis ex notitiis quas jam habemus colligi possit*, sive absoluta certitudine, sive maxima quæ ex datis haberi possit probabilitate ». Voir A VI 4, 533 (C 417) : « Ita enim semper didicissemus, scilicet veritatem vel probatam, vel reductam saltem ad propositiones quasdam simpliciores quæ adhuc probandæ restarent, nec unquam postea resumsissemus priorem controversiam sed quæstiones novas ex ea enatas, cumque non eatur in infinitum et cum semper profecissemus aliquid, nec unquam in vanum laboravissemus, ideo mox in plurimis quæstionibus cognovissemus, quicquid de illis ex datis mente humana scriri potest ».

multitude à un petit nombre d'entre elles dont on peut ou supposer et postuler la possibilité, ou la prouver par expérience[1].

Mais un argument également substantiel se tire de la corrélation nécessaire des inventaires systématiques d'expériences et de raisons suffisantes présumées suivant la même méthode conjointement analytique et combinatoire. Dans un tel cas, cette méthode sert à développer progressivement les ressources de la transposition analogique des données suivant des modèles symboliques conçus *more geometrico*.

Il nous faut deux choses pour sortir de cette confusion : un inventaire ample muni de multiples et très fidèles indices et un livre des raisons qui s'en infèrent. L'inventaire doit contenir ou indiquer toute l'histoire de la nature et de l'art et tout ce qui est établi par les sens et par des rapports, et qui se révèle digne d'être enregistré. Le livre des raisons assurément doit comprendre les démonstrations mêmes de la vérité (ou absolues ou, quand ce n'est pas possible autrement, étayées sur l'hypothèse), ou celles de la probabilité et de la présomption les plus élevées. Mais l'un et l'autre, à mon avis, ne peuvent être espérés dans cette immense variété des opinions humaines, si nous ne nous servons de la méthode. [...] Celle-ci fait disparaître toutes les controverses et produit le résultat que, dans les choses éloignées de l'expérience sensible et de la représentation figurée, nous pouvons procéder suivant un calcul irréfragable et un ordre déterminé[2].

À l'époque où le programme se perfectionne, cette tendance méthodologique ne fait que se confirmer : la science se constituera en intégrant la combinatoire des données empiriques à des modèles symboliques par transposition analogique. L'avantage des disciplines mathématiques

---

1. *De organo sive arte magna cogitandi*, mars-avril 1679 (?), A VI 4 (C 431) : « Quoniam vero non est in potestate nostra perfecte a priori demonstrare rerum possibilitatem, id est resolvere eas usque in Deum et nihilum, sufficiet nobis ingentem earum multitudienm revocare ad paucas quasdam, quarum possibilitas vel supponi ac postulari, vel experimento probari potest ».

2. *Præfatio operis ad instaurationem scientiarum*, début 1682 (?), A VI 4, 440-441 (C 215) : « Duobus ergo nobis opus est, ut ex illa confusione eluctemur, inventario amplo suis multiplicibus ac fidelissimis indicibus instructo, et libro subductarum rationum; quorum operum prius, nempe inventarium, Historiam omnem Naturæ artisque, et quicquid sensu et relatione constat dignum memoratu vel contineat, vel indicet, at posterius, nimirum Liber rationum ipsas (vel absolutas, vel cum aliter non licet hypothesi nixas), sive veritatis, sive etiam probabilitatis maximæ præsumtionisque demonstrationes ex sensu cognitis ductas, comprehendat. Sed neutrum ego sperandum arbitror, in tanta humanarum opionum varietate, nisi utamur Methodo [...] quæ omnes controversias e medio tollit, efficitque ut in rebus etiam a sensu et figura remotissimis, calculo quodam irrefragabili ordineque determinato procedere possimus ».

consiste dans leur aptitude à présenter les objets qu'elles analysent sous la forme de séries ordonnées dont les éléments s'enchaînent par implication conceptuelle lorsque l'entendement se concentre sur la liaison logique des termes. Dans les *Elementa rationis*, Leibniz souligne que le développement de la physique présuppose l'obtention d'expériences de plus en plus déterminantes dans un ensemble intégré, le *corpus humanæ scientiæ*[1], mais, conjointement, leur réduction de plus en plus poussée à la géométrie. Leibniz souligne volontiers que cela ne se fait que par la révélation des mécanismes sous-jacents aux phénomènes : ceux-ci s'expriment dans et par la corrélation analytique des figures et mouvements des parties. Et cette révélation ne peut s'opérer que par le développement d'analogies systématiques tirées des phénomènes observables mêmes. Réciproquement, il importe de saisir le nécessaire raffinement des modèles géométriques requis pour réaliser des transpositions analogiques appropriées. Il faut concevoir la géométrisation par paliers successifs d'abstraction : des rapports représentables par projection de lignes dans l'espace aux rapports quantitatifs symbolisés par les nombres et les symboles algébriques, et de ceux-ci aux rapports de similitude et d'ordre, objets de la spécieuse analytique, elle-même susceptible d'expression par les modèles institués aux paliers précédents d'abstraction. Ce jeu des paliers d'abstraction ne justifie-t-il pas les techniques du calcul infinitésimal par exemple et n'en permet-il pas l'application à l'analyse des mécanismes physiques ? De tels moyens multiplient de façon significative les ressources de la simple géométrisation métrique des phénomènes ; ils ajoutent à notre capacité d'inférence (*per consequentias educere*)[2] en inscrivant les données empiriques sous des modèles mécaniques de plus en plus systématiques et adaptés. Si, par exemple, Galilée, Kepler, Gilbert ou Harvey ont élaboré des modèles mécaniques de phénomènes spécifiques, il revient à Descartes d'avoir le premier tenté d'associer les *explicantia* en un ensemble ordonné et d'avoir suppléé les vérités manquantes par des projections hypothétiques. Suivant un tel programme, la transformation des hypothèses en vérités confirmées aurait pu s'avérer possible, si du moins Descartes s'était préoccupé d'établir d'une part la certitude des *explicantia*, d'autre part, une base de contrôle et de corroboration suffisante au plan des conséquences expérimentales :

---

1. *Elementa rationis*, avril-octobre 1686, A VI 4, 716 (C 336).
2. *Ibid.*

À ces découvertes ainsi réunies et agencées en un seul système Descartes en a ajouté d'autres célèbres; et si une plus longue vie lui avait été consentie, sans doute nous aurait-il donné un jour beaucoup d'autres vérités solides et utiles, et il ne se serait point contenté de nous livrer des hypothèses, belles certes, louables et éminemment dignes d'être connues, qui serviront aussi d'exemples de subtilité et d'intelligence, mais néanmoins trop éloignées de l'usage et par suite stériles, pour ne rien dire de leur incertitude [1].

Or, parmi ces lacunes de la méthodologie cartésienne, se signalent à la fois l'imperfection de la *mathesis* mise en œuvre et l'insuffisance des moyens combinatoires déployés pour retranscrire les données phénoménales. On peut donc en inférer que Leibniz compte faire prévaloir les caractéristiques positives correspondantes dans son programme méthodologique.

Toutefois, le modèle méthodologique serait incomplet si l'on n'ajoutait le fait que la corrélation de la *mathesis* et de la description analytique des phénomènes est assurée en dernier ressort par des principes architectoniques qu'il revient sans doute ultimement à la métaphysique de justifier. Et cela même si leur intervention s'explique de façon plus immédiate et pragmatique par la cohérence et la pertinence heuristique qu'ils confèrent au système des vérités de fait, et même s'ils ne transgressent nullement les limites du mécanisme dans l'explication des divers phénomènes. C'est évidemment à la dynamique qu'il faut se référer pour concevoir le rôle de tels principes architectoniques dans la mise en forme d'un corpus théorique. Mais, du point de vue de la méthode, le déploiement intégral d'un ordre analytique présumé des phénomènes requiert que l'on se serve de tels principes. Ainsi les transcriptions analogiques et symboliques de données phénoménales prétendront-elles exprimer la rationalité du réel par-delà toute figuration nominale et hypothétique résultant de l'analyse *more geometrico*. Les principes architectoniques serviront en effet de liens fonctionnels des représentations géométriques appliquées aux objets d'expérience. À ce titre, ils constituent l'« âme de la connaissance humaine » (*animam cognitionis humanæ*)[2]. Leibniz en souligne donc le rôle dans l'articulation interne des constructions scientifiques :

---

1. A VI 4, 721 (C 341) : « Horum inventis inter se copulatis atque in unum systema adornatis præclara addidit Cartesius, cui si diuturnior vita contigisset, haud dubie ille nobis aliquando veritates dedisset solidas et in vita profuturas multo plures, nec tantum hypotheses tradidisset, pulchras quidem illas et plausibiles et scitu dignissimas, atque in exemplum subtilitatis ingeniique profuturas, attamen nimis ab usu remotas adhuc sterilesque, ut de incertitudine nihil dicam ».

2. A VI 4, 722 (C 341).

il résulterait de leur emploi que la transcription géométrique des phénomènes acquerrait une prérogative de réalité :

> En dernière analyse, on comprend certainement que la physique ne peut se passer de principes métaphysiques. Même si, en effet, elle peut ou doit se réduire à la mécanique, ce que nous accorderons tout à fait aux philosophes corpusculaires, cependant dans les premières lois mêmes de la mécanique on trouve quelque chose de métaphysique en plus de la géométrie et des nombres, à propos de cause et d'effet, de puissance et de résistance, de changement et de temps, de similitude et de détermination, toutes choses par quoi une transition se produit des choses mathématiques aux substances réelles[1].

En définitive, la position leibnizienne sur les constructions analytiques de la science se distingue de toute anticipation cartésienne par son raffinement. Leibniz conçoit les projections hypothétiques explicatives et fécondes comme expressives d'un ordre combinatoire. *De jure*, cet ordre se déploierait à l'infini, mais on en obtient une représentation analogique finie par la transcription mathématique. L'intervention des principes architectoniques garantit l'adéquation suffisante de cette opération : ces principes fournissent l'armature formelle de l'anticipation hypothétique ; ils font ressortir l'ordre des données empiriques dans l'expérience où il s'exprime.

Considérons en effet ce que les textes relatifs à la science générale et à l'ordre analytique du savoir soulignent au sujet de la méthode des hypothèses. À défaut de démonstration actuelle, l'hypothèse se recommande d'une part par la simplicité et l'élégance d'une formule fournissant l'explication « distincte » d'une pluralité de faits d'expérience ; d'autre part, elle vaut par son utilité, car elle permet d'anticiper provisionnellement le dévoilement de vérités déterminées :

> Il faut avant tout soutenir que nous connaissons les propositions à leurs fruits, soit que d'une hypothèse on puisse dériver des découvertes belles ou utiles à la vie, soit qu'on puisse prédiquer à partir de là des vérités auparavant ignorées. C'est ce qu'il faut confesser au sujet du système de Pythagore, de la circulation (sanguine) selon Harvey, des réactions des chimistes, de la supposition par Galilée du mouvement accéléré, de la

---

1. A VI 4, 722 (C 341-342) : « In ultima certe analysi deprehenditur, Physicam principiis Metaphysicis carere non posse. Etsi enim ad Mechanicam reduci possit debeatque, quod corpuscularibus philosophis plane largimur, tamen in ipsis primis Mechanicæ Legibus præter Geometriam et numeros, inest aliquid Metaphysicum, circa causam, effectum; potentiam et resistentiam; mutationem et tempus; similitudinem et determinationem, per quæ transitus datur a rebus mathematicis ad substantias reales ».

mesure de la réfraction par Snell et Descartes, des découvertes de Torricelli, de Pascal, de Guericke et de Boyle relatives à l'air. Ce que l'on dit habituellement que les prognoses font la célébrité des médecins, je voudrais qu'on l'entende aussi des philosophes, savoir qu'on leur fasse confiance quand, par la force de la raison, ils peuvent prédire des expériences non encore réalisées par quiconque [1].

Rien là qui ne soit familier au lecteur de la correspondance avec Hermann Conring, contemporaine de la découverte du principe de conservation de la force vive (début 1678). Mais remarquons qu'il s'agit de tirer les fruits de propositions hypothétiques, c'est-à-dire d'inférer des séries de prédicats conformes à une pluralité de données d'expériences actuelles, mais pouvant aussi préfigurer des constats d'expériences à réaliser. Si l'on tient compte de l'inhérence du prédicat dans le sujet pour toute proposition vraie, il s'agit somme toute de synthétiser des vérités de fait générales renvoyant à une infinité de vérités particulières dont elles fourniraient la loi d'engendrement. De telles projections synthétiques seraient sans nul doute des notions incomplètes; mais elles révéleraient les relations d'ordre prévalant entre des éléments empiriques qui se déploient à l'infini, et elles constitueraient en dernier ressort l'expression de réalités individualisées suivant des progressions indéfinies de détails.

Lorsqu'on tente de cerner le programme méthodologique leibnizien, la toile de fond de toute l'opération consiste dans le projet d'une encyclopédie visant la mise en forme des connaissances acquises et l'organisation des recherches à entreprendre pour les accroître. À travers la série des plans successifs pour une encyclopédie, se fait jour un certain nombre de thèses épistémologiques. Ainsi Leibniz conçoit-il de soumettre à une même structure démonstrative l'ensemble des disciplines rationnelles et empiriques. Divers principes de classification et de formalisation peuvent permettre d'articuler des définitions: celles-ci renvoient plus ou moins

---

1. *Ad constitutionem scientiæ generalis*, début 1682, A VI 4, 458-459 (GP VII, 132-133): «Illud autem ante omnia tenendum est, ut sententias ex fructibus earum cognoscamus, utrum scilicet ex aliqua hypothesi derivari possint inventa egregia aut ad vitam utilia, prædicique possint veritates antea ignoratæ. Quod fatendum est de systemate Pythagoreo, de Circulatione Harveana, de pugilibus Chymicorum, de Galilei suppositione motus accelerati, de Snellii et Cartesii mensura refractionis, de Torricellii, Pascalii, Gerickii et Boilei circa aërem inventis. Quod enim vulgo dicitur, prognoses Medicum nobilitare, id de philosophis quoque intelligi velim; ut illis tum maxime credatur, cum vi rationis prædicere possunt experimenta, nondum a quoquam sumta».

directement aux contenus de l'expérience; en même temps, elles sont présumées analytiquement décomposables. Le modèle dominant de la rationalité qui se manifesterait ainsi est de type combinatoire. Par ailleurs, Leibniz envisage une intégration architectonique des disciplines : les objets les plus complexes impliqueraient et exprimeraient un type d'organisation que des procédures hypothético-déductives révéleraient conforme aux exigences d'un ordre à la fois formel et causal. Traitant des sciences empiriques, Leibniz souligne en diverses pièces relatives à la *methodus physica* que la théorie suppose la conjonction d'une analyse combinatoire des propriétés qualitatives et de leurs connexions avec des modèles qui s'appuient sur la conceptualisation de causes formelles possibles pour de telles qualités. Une continuité et une correspondance relatives sont présumées entre l'ordre de surface, empiriquement décrit, et l'ordre des raisons suffisantes causales, objet de constructions hypothétiques et de projections analogiques. Or, sous l'égide de la *mathesis* comme logique de ce qui est imaginable, il s'agit précisément de concevoir les moyens qui puissent fournir une structure démonstrative à ces synthèses combinatoires expressives de l'ordre complexe des phénomènes. L'intégration à la fois architectonique et discursive des connaissances peut et doit se concevoir de façon méthodologiquement cohérente. Tel est l'objectif visé par le dessein d'une science générale qui comprendrait à la fois les principes de l'argumentation rationnelle et ceux de l'heuristique scientifique. La science générale comporte un volet ontologique qui se ramène à la *mathesis universalis* comme science des choses imaginables et à la métaphysique comme science des choses intelligibles. La *mathesis* s'intéresse à la similitude et à la différence des formes, et aux rapports de quantité, donnant ainsi lieu à une combinatoire et à une analyse spéciale. Or le volet métaphysique de la science générale se double d'un volet heuristique, l'*ars inveniendi* : celui-ci combine les techniques de l'analyse et celles de la synthèse, les unes renvoyant aux autres dans un processus substitutionnel où domine l'idée d'une combinatoire susceptible d'englober les rapports quantitatifs et qualitatifs. Dans ce contexte, les sciences particulières sont appelées à illustrer la possibilité de cheminements démonstratifs partant de concepts plus ou moins parfaits et perfectibles, dont la signification peut parfois intégrer un rapport obligé à l'expérience. Par son volet heuristique, et par la production d'échantillons (*specimina*), la science générale établit la légitimité de prospections analytiques conditionnelles dans le cadre de savoirs « incomplets ».

Il est difficile de spécifier de façon rigoureuse la part respective qu'assument l'analyse et la synthèse dans la science générale comme *ars inveniendi* : d'où les interprétations très diverses que nous offre la littérature. Au total, combinatoire et analytique apparaissent indissociables et complémentaires. La décomposition analytique de l'objet à connaître doit nous mener aux réquisits des notions qui l'expriment, dévoilant ainsi la série de leurs implications : lorsqu'il s'agit d'objets de l'expérience, ces chaînes de réquisits doivent permettre d'atteindre à une expression suffisante de la causalité sous-jacente aux phénomènes. La synthèse correspond à l'actualisation du processus démonstratif, une fois que l'analyse des concepts a permis de concevoir l'enchaînement des propositions qui en enveloppent les implications ; mais, corrélativement, la structure même des objets d'analyse se conçoit par des synthèses partielles ou provisionnelles. La théorie de l'analyse comme processus d'inférence logique tient à l'exposé de la méthode analytique par Pappus d'Alexandrie. La méthode analytique prenait alors deux formes particulières : il pouvait, d'une part, s'agir d'une méthode proprement heuristique qui se fondait sur la construction de rapports auxiliaires pour discerner comment, en supposant le problème résolu, se dévoilent les principes de la solution : l'inférence n'aurait alors qu'une validité en quelque sorte pragmatique. Il pouvait d'autre part, s'agir d'une inférence logique formellement valide à condition que les chaînons de la démonstration analytique fussent constitués de relations réciproques : d'où la possibilité d'un renversement suivant l'ordre synthétique. Or les problèmes que l'analyse servait en général à résoudre n'étaient pas de ce second ordre, mais impliquaient constructions et anticipations hypothétiques. Dans la tradition de Pappus, la construction de relations additionnelles sur la figure servait à éluder cette difficulté logique, puisque la solution du problème était figurée comme une exemplification (ecthèse) de l'ordre synthétique présumé. La solution cartésienne du problème consiste à faire intervenir le pouvoir de l'intuition intellectuelle dans la saisie des relations d'implication entre concepts, les termes absolus selon l'ordre se dévoilant dans la décomposition des termes complexes ; lorsqu'il s'agit de relations présumées, comme dans le cas des hypothèses de physique, la simplicité et la cohérence du système de relations que l'analyse dévoile au regard de l'esprit suffirait à en faire un succédané légitime d'analyse véritable, une sorte de figuration de connexions entre « natures simples ». Or, selon Leibniz, l'analyse doit nécessairement épouser les contours d'une procédure de dévoilement d'implications logiques : de ce point de vue, les structures formelles sont partie prenante de la décomposition analytique, et l'*inspectio mentis* n'offre jamais spontanément les garanties requises d'intelligibilité. L'analyse opère par résolutions définitionnelles, c'est-à-dire par la mise en évidence de combinaisons de réquisits qui signifient la possibilité des objets correspondants. Certes, lorsque l'on a affaire à des définitions nominales, à des constructions hypothétiques, il s'en faut de beaucoup que la *catena definitionum* s'actualise sur un mode pleinement démonstratif. L'analyse est alors une anticipation programmatique de démonstration potentielle. Elle se fonde sur des synthèses provisoires et conditionnelles : celles-ci esquissent une figure suffisante de l'ordre combinatoire des objets correspondants. L'ordre combinatoire ainsi partiellement réalisé fixe les permutations possibles entre ingrédients conceptuels assignés à l'explication d'un type donné de phénomènes : d'où une certaine latitude de choix entre hypothèses, c'est-à-dire entre séries équivalentes de réquisits définitionnels « nominaux ». De ce fait, pour les savoirs empiriques plus ou moins formalisés, le partage est difficile à opérer entre fonctions analytique et synthétique de la méthode.

En un sens plus pragmatique, l'on peut néanmoins tenir la progression analytique pour la pointe heuristique de la *methodus rationis*, car, s'appuyant sur des synthèses préalables, l'analyse est appelée à inventer le prolongement des enchaînements démonstratifs, par exemple en forgeant des hypothèses, lorsque le nombre de solutions concevables en vertu d'une combinatoire *a priori* est indéfini. Ce mode d'expansion des connaissances par voie analytique vaut certes pour les sciences rationnelles, mais il correspond particulièrement au développement des sciences empiriques. De ce point de vue, l'analogie apparaît comme un instrument général d'analyse. Ainsi, dans l'analyse des phénomènes, l'emploie-t-on pour fixer le mode de connexion de propriétés phénoménales complexes et pour remonter aux réquisits qui spécifient la cause ou la raison déterminante des relations empiriques. Dans cette veine, le principe architectonique de continuité peut servir à structurer l'inférence inductive sous forme de projections d'hypothèses ou simplement de généralisations empiriques. Lorsque Leibniz détaille les composantes du discours de la science physique en *demonstrationes, experimenta* et *historiæ* (descriptions d'observations), il souligne que ces composantes s'articulent les unes aux autres grâce aux transpositions symboliques : celles-ci permettent en effet d'inférer de telles composantes certaines synthèses combinatoires de type hypothétique. La science progressera ainsi en intégrant des ensembles de données sous des modèles symboliques par transposition analogique.

Ces modèles s'inspireront d'une *mathesis* capable de spécifications multiples au-delà de la géométrie *stricto sensu*, et intégrant jusqu'à une spécieuse analytique des rapports de similitude et de forme. En dernier ressort, toutefois, la mise en forme des constructions théoriques par voie d'analyse requiert l'intervention de principes architectoniques. Le statut épistémologique de ces principes commande ultimement celui de toutes les vérités de science [1].

---

1. Dans les études qu'il a consacrées à la science générale selon Leibniz (voir n. 2 p. 46, *supra*), Arnaud Pelletier soulève la question de la disparition paradoxale de presque toute référence et de tout exposé en règle relatifs à la science générale dans la philosophie leibnizienne tardive, celle qui se développe somme toute après le voyage en Italie (1688-1690). L'hypothèse à laquelle Pelletier accorde la plus forte créance fait de la métaphysique, telle que Leibniz en vient alors à la concevoir, l'accomplissement du programme de la science générale. Nous endossons assez volontiers cette interprétation, notamment si l'on tient compte du fait que la science générale était appelée à se décliner en principes fondamentaux et en échantillons architectoniques. La métaphysique tardive énonce ce qui s'apparente à de tels principes et semble avoir eu comme objectif principal de les fournir. Quant aux échantillons, ils peuvent apparaître diversement présents dans la production scientifique de Leibniz. En témoignerait en particulier l'entreprise de rédaction de la *Dynamica de potentia*, amorcée en 1689-1690, dont le style même semble se conformer assez justement aux prescriptions méthodologiques de la science générale, telles que nous avons tenté de les expliciter : voir à ce sujet F. Duchesneau, *La dynamique de Leibniz, op. cit.*, p. 147-173 ; *id.*, « Le recours aux principes architectoniques dans la *Dynamica* de Leibniz », *Revue d'histoire des sciences*, 72 (2019), p. 37-60. Outre le fait de représenter, par sa forme comme par son contenu, une figure déterminante de la science générale, elle pointe en direction d'une réforme corrélative de la mathématique comme science générale de la quantité et de la métaphysique comme théorie des individualités en tant que sujets de force et d'action : voir à ce sujet D. Rabouin, *Mathématiques et philosophie chez Leibniz. Au fil de l'analyse des notions et vérités*, thèse d'habilitation, 2019, p. 279-285.

CHAPITRE II

L'ORDRE DES VÉRITÉS

Chez Leibniz, les distinctions kantiennes entre jugement analytique et jugement synthétique, entre jugement synthétique *a priori* et jugement synthétique *a posteriori* sont, en tant que telles, introuvables. On trouve chez Leibniz, ainsi que chez Descartes, des définitions de l'analyse et de la synthèse comme méthodes permettant d'atteindre à la démonstration de la vérité[1]. Or l'influence des distinctions kantiennes a suscité des interprétations significatives et partiellement antinomiques de la véritable distinction leibnizienne entre vérités nécessaires et contingentes, entre vérités de raison (ou de raisonnement) et vérités de fait. Les modèles primordiaux de telles interprétations se rencontrent chez Russell et chez Couturat. Certes, une partie des études récentes sur la contingence et le statut des mondes possibles chez Leibniz a visé à préciser ou à rectifier les schémas d'analyse qui avaient été alors proposés. Mais les reconstructions actuelles prennent-elles assez en compte la spécificité de la distinction leibnizienne en son contexte épistémologique et, par voie de conséquence, son absence de congruence par rapport à la distinction kantienne de l'analytique et du synthétique? En restituant sa cohérence propre à la distinction leibnizienne, il devient possible de mettre en perspective les « interprétations déviantes » de Russell et de Couturat et d'apprécier à leur juste valeur certaines « rectifications » contemporaines.

---

1. Voir par exemple *De synthesi et analysi universali seu de arte inveniendi et judicandi*, été 1683-début 1685 (?), A VI 4, 544-545 (GP VII, 296-298).

Il devient surtout possible de déterminer comment la science de la nature peut se constituer en articulant vérités de raison et vérités de fait les unes aux autres, produisant ainsi une catégorie mixte, celle des vérités hypothétiques. Ces vérités intermédiaires impliquent qu'il soit possible et légitime de substituer des connexions analytiques provisionnelles aux connexions synthétiques que l'expérience nous fait induire. Une telle possibilité dépend des modalités d'application du principe de raison suffisante à l'ordre contingent des phénomènes. Par le fait même, il s'agit de concevoir en contexte leibnizien quel type de connexions propositionnelles peut sous-tendre la formulation d'une science des phénomènes.

VÉRITÉS DE RAISON ET VÉRITÉS DE FAIT

À la distinction leibnizienne des vérités nécessaires et contingentes, Leibniz rattache les deux principes qui gouvernent nos raisonnements : le principe de contradiction et celui de raison déterminante (ou de raison suffisante). L'ensemble est présenté de façon strictement articulée dans la *Monadologie* :

> 31. Nos raisonnements sont fondés sur *deux grands principes, celui de la contradiction* en vertu duquel nous jugeons *faux* ce qui en enveloppe, et *vrai* ce qui est opposé ou contradictoire au faux.

> 32. Et celui de la raison suffisante, en vertu duquel nous considérons qu'aucun fait ne saurait se trouver vrai, ou existant, aucune énonciation véritable, sans qu'il y ait une raison suffisante, pourquoi il en soit ainsi et non pas autrement. Quoique ces raisons le plus souvent ne puissent point nous être connues.

> 33. Il y a aussi deux sortes de *vérités*, celles de *Raisonnement* et celles de *Fait*. Les vérités de *Raisonnement* sont nécessaires et leur opposé est impossible, et celles de *Fait* sont contingentes et leur opposé est possible. Quand une vérité est nécessaire, on peut trouver la raison par l'analyse, la résolvant en idées et en vérités plus simples, jusqu'à ce qu'on vienne aux primitives. [...]

36. Mais la raison *suffisante* se doit trouver aussi dans les *vérités contingentes ou de fait*, c'est-à-dire, dans la suite des choses répandues par l'univers des créatures ; où la résolution en raisons particulières pourrait aller à un détail sans bornes, à cause de la variété immense des choses de la Nature et de la division des corps à l'infini [...] [1].

À ces sections, il est utile d'ajouter pour les fins de notre analyse, un exposé plus « technique » du principe de raison suffisante, que nous fournit la lettre à Arnauld du 4/14 juillet 1686. Le principe s'y trouve lié au principe de l'énonciation logique : *in omni propositione vera, prædicatum inest subjecto* : « Il faut toujours qu'il y ait quelque fondement de la connexion des termes d'une proposition, qui se doit trouver dans leurs notions » [2].

Mettons à part ici les propositions qui traduisent immédiatement l'axiome de contradiction sous la forme de l'identité. La parfaite équivalence ou substituabilité des termes permet d'y retrouver la forme *A est A*. Il s'agit des vérités primitives de raison que Leibniz caractérise comme suit : « Les vérités primitives de raison sont celles que j'appelle d'un nom général *identiques* parce qu'il semble qu'elles ne font que répéter la même chose, sans nous rien apprendre » [3].

Par contraste, la plupart des vérités nécessaires ont besoin de démonstration et constituent les vérités dérivées de raison. De même que l'énonciation logique est gouvernée par le principe *prædicatum inest subjecto*, la démonstration est régie par la règle ou le principe de substitution des équivalents. Suivant une formule héritée du *De arte combinatoria*, on pourrait considérer le concept non primitif comme un produit de facteurs (par analogie avec les produits de facteurs en arithmétique). L'énonciation sera vraie si l'on peut considérer le prédicat comme exprimant un facteur ou une combinaison plus ou moins partielle des facteurs du produit, représenté quant à lui par le sujet.

Il s'agit de l'un des modes possibles de relation des termes dans la proposition, celui que semble décrire de la façon la plus adéquate la formule *p.i.s.* Mais le principe de substitution des équivalents est plus extensif, car il faut admettre des résolutions de termes complexes qui

---

1. GP VI, 612-613. Pour un exposé parallèle, voir *Essais de théodicée*, § 44, GP VI, 127. Pour une analyse de la genèse et des formulations du principe de raison suffisante, voir A. Lalanne, *Genèse et évolution du principe de raison suffisante dans l'œuvre de Leibniz*, Lille, Atelier national de reproduction des thèses, 2015 ; *id.*, « Les dernières évolutions du principe de raison suffisante », *Les Études philosophiques*, juillet 2016/3, p. 321-225.

2. A II 2, 80 (GP II, 56).

3. *NE*, 4.2. 1, A VI 6, 361.

n'aboutissent pas à des relations d'inclusion stricte du prédicat dans le sujet (comme un facteur dans le produit qu'il permet de décomposer). Imaginons le cas d'une analyse de termes complexes aboutissant à une relation telle :

$$\frac{a}{b} = \frac{c}{d}$$

ou le cas mentionné par Leibniz lui-même du rapport de grandeur entre deux segments de droite inégaux [1] :

$$L > M$$

Il faut donc faire état des tentatives considérables de Leibniz pour avancer la logique des relations de non-inclusion au sens strict; et il convient d'admettre que la règle de substitution des équivalents permet d'analyser des vérités dérivées en termes de décomposition de concepts complexes en concepts intégrants et en relations irréductibles. Évitons donc de réduire l'inclusion du prédicat dans le sujet à l'analogie « littérale » du facteur dans le produit arithmétique. L'analogie comprise dans la formule *p.i.s.* doit rester suffisamment ouverte pour rendre compte des diverses formes de réduction conceptuelle du complexe au simple, en particulier pour les vérités de géométrie. Il semble excessif d'attribuer à la formule *p.i.s.* une valeur si absolue qu'il ne puisse y avoir de relations d'équivalence diverses, établies *salva veritate*. Un texte significatif de Leibniz à cet égard est sans doute celui-ci :

---

1. Voir *5ᵉ Écrit à Clarke*, § 47, GP VII, 401-402 : « Je donnerai encore un exemple de l'usage de l'esprit de se former à l'occasion des accidents qui sont dans les sujets, quelque chose qui leur réponde hors des sujets. La raison ou proportion entre deux lignes *L* et *M* peut être conçue de trois façons : comme raison du plus grand *L* au moindre *M*, comme raison du moindre *M* au plus grand *L*, et enfin comme quelque chose d'abstrait des deux, c'est-à-dire comme la raison entre *L* et *M*, sans considérer lequel est l'antérieur ou le postérieur, le sujet ou l'objet. Et c'est ainsi que les proportions sont considérées dans la musique. Dans la première considération, *L* le plus grand est le sujet; dans la seconde, *M* le moindre est le sujet de cet accident, que les philosophes appellent relation ou rapport. Mais quel en sera le sujet dans le troisième sens ? On ne saurait dire que tous les deux, *L* et *M* ensemble, soient le sujet d'un tel accident, car ainsi nous aurions un accident en deux sujets, qui aurait une jambe dans l'un, et l'autre dans l'autre, ce qui est contre la notion des accidents. Donc, il faut dire que ce rapport dans ce troisième sens est bien hors des sujets; mais que n'étant ni substance ni accident, cela doit être une chose purement idéale, dont la considération ne laisse pas d'être utile. Au reste, j'ai fait ici à peu près comme Euclide, qui ne pouvant pas bien faire entendre absolument ce que c'est *raison* prise dans le sens des Géomètres, définit bien ce que c'est que *mêmes raisons* ».

Je crois que vous n'admettrez pas en effet d'accident qui soit en même temps dans deux sujets. Je pense ainsi au sujet des relations : autre chose est la paternité en David, autre chose la filiation en Salomon, mais la relation commune à l'un et l'autre est une chose simplement mentale, dont le fondement se trouve dans les modifications des singuliers [1].

Comme Benson Mates le signale [2], lorsque la relation ne peut s'inscrire sous la forme prédicative A est B_i, et qu'elle s'énonce sous la forme A $\Re$ B où A et B sont des termes singuliers et $\Re$ une expression relationnelle, il peut sembler requis que Leibniz admette une troisième catégorie d'entités métaphysiquement fondamentales, outre les substances individuelles et leurs attributs. Or les tentatives leibniziennes vont toutes dans le sens d'une réduction de type indirect. Par exemple, « Titus est plus sage que Caius » se trouve retraduit de la façon suivante : « Titus est sage, et en tant que (*qua*) sage il est supérieur pour autant que (*quatenus*) Caius en tant que (*qua*) sage est inférieur ». Mates conclut :

Il est difficile pour un non-métaphysicien d'évaluer les raisons de Leibniz relatives à de telles contorsions linguistiques, mais, en tout état de cause, nous pouvons voir qu'il espérait analyser des énoncés relationnels au moyen de combinaisons suffisamment complexes (et non en général véri-fonctionnelles) d'énoncés qu'il tenait pour atomiques [3].

Nicholas Rescher développe une idée analogue, mais en faisant mieux ressortir que la réduction des relations intervient au seul plan métaphysique par l'hypothèse de leur intégration à l'intérieur du concept des individus substantiels [4]. Il reste donc que sur le plan des vérités de raison, rien n'interdit de poser des relations fondamentales de type abstrait dotées d'un statut purement idéal et servant à articuler l'analyse des concepts conçus comme produits de facteurs notionnels [5].

---

1. Lettre à des Bosses du 21 avril 1714, GP II, 486.
2. B. Mates, « Leibniz on Possible Worlds », *in* H. G. Frankfurt (ed.), *Leibniz. A Collection of Critical Essays*, Notre-Dame, Notre-Dame University Press, 1976, p. 335-364.
3. *Ibid.*, p. 354.
4. Voir N. Rescher, *Leibniz's Metaphysics of Nature*, Dordrecht, Reidel, 1981, p. 69 : « Leibniz is concerned to establish not the logical eliminability of relations but their meta-physical dispensability at the level of individual substances. It needs to be stressed here that what is at issue is not a strictly *logical* doctrine, but a *metaphysical* one ».
5. Ce point est conforme aux conclusions des analyses fines réalisées par M. Mugnai, *Leibniz' Theory of Relations*, Stuttgart, F. Steiner, 1992, voir notamment p. 133 : « Relations conceived as individual properties of a subject (for instance : "to be the father" conceived as a property of Sophroniscus) can be considered as inhering in the given subject – even though, in the proper sense of the word, it is the foundation (*fundamentum*) of the relation, which really

Au fondement de la théorie de la démonstration subsiste réellement le principe de substitution des équivalents *salva veritate*. 1) Le principe définit l'identité qui est au fondement de toute vérité de raison. 2) Le principe rend compte du processus de la démonstration qui assure la réduction des vérités dérivées de raison en vérités primitives par voie d'analyse. Citons deux textes à l'appui de la connexion entre 1) et 2).

> Sont identiques les termes dont l'un peut être substitué à la place de l'autre, la vérité étant sauve, tels le triangle et le trilatère, le quadrangle et le quadrilatère [1].

> [...] Il ne me semble pas que l'on ait besoin ici d'autre démonstration que de celle qui repose sur la substitution mutuelle des équivalents [2].

La cheville ouvrière du processus consiste dans la définition, qui va tenir à la substitution progressive des *definita* aux *definienda*. D'où la formule célèbre qui fait de la démonstration une *catena definitionum* :

> J'ai toujours pensé que la démonstration n'était rien d'autre qu'une chaîne de définitions ou en guise de définitions, [une chaîne] de propositions déjà antérieurement démontrées à partir de définitions ou assumées avec certitude. Au reste, l'analyse n'est rien d'autre qu'une résolution du défini en sa définition, ou de la proposition en sa démonstration, ou du problème en sa résolution [3].

Arrivés à ce point, nous pouvons opérer un double constat : 1) Le processus de démonstration est analytique, si l'on entend par là qu'il *développe la connexion impliquée dans les termes des propositions vraies*, les propositions vraies étant celles qui sont en mesure d'établir leur droit à la validité formelle (non-contradiction). 2) C'est l'analyse ou résolution des concepts (par la définition) qui permet d'atteindre le fondement des

---

inheres, and not the relation itself. This explains in what sense Leibniz may consider relations as "mere ideal things" and as "inhering in things", at the same time ».

1. *Specimen calculi universalis*, début-été 1679 (?), A VI 4, 282 (GP VII, 219) : « Eadem sunt quorum unum substitui potest, salva veritate, ut *Triangulum* et *Trilaterum*, *Quadrangulum* et *Quadrilaterum* ».

2. Lettre à Placcius du 16/26 novembre 1686, A II 2, 103 : « [...] enim mihi non alia ibi videatur opus esse demonstratione, quam quæ pendet ex mutua æquipollentium substitutione ».

3. Lettre à Conring du 3/13 janvier 1678, A II 1², 580 (GP I, 185-186) : « Ego semper putavi Demonstrationem nihil aliud esse quam catenam definitionum, vel pro definitionibus, propositionum jam ante ex definitionibus demonstratarum aut certe assumtarum. Analysis enim nihil aliud est quam resolutio definiti in definitionem, aut propositionis in suam demonstrationem, aut problematis in suam effectionem ».

vérités nécessaires, à savoir la non-contradiction sous la forme de l'identité *A est A*.

À ce stade, prenons pour acquise la connaissance des distinctions éclairantes fournies par les *Meditationes de cognitione, veritate et ideis* (1684) et retranscrites pour l'essentiel dans les sections 24 et 25 du *Discours de métaphysique*. Une connaissance distincte inadéquate ou suppositive équivaut à une définition nominale – définition qui énumère les marques distinctives de l'objet. Une connaissance distincte adéquate équivaut à une définition réelle – définition qui établit la possibilité, c'est-à-dire le caractère non contradictoire de son objet. Le déploiement simultané de tous les ingrédients primitifs d'une notion constitue une connaissance intuitive. Dans le cas des vérités de raison, la connaissance adéquate symbolique fournit un équivalent discursif de cette forme idéale d'intellection. Cette connaissance équivaut à la définition réelle des termes par substitution progressive de termes plus primitifs jusqu'à l'équivalence intégrale en termes de concepts primitifs, irréductibles à l'analyse. Dans le domaine des connaissances humaines, les définitions arithmétiques nous fournissent sur ce point un modèle sans doute indépassable. C'est à ce point qu'il convient de raccorder la démonstration proposée par Leibniz de la proposition *2 + 2 = 4*.

Définitions

1) *Deux* est un et un ;
2) *Trois* est deux et un ;
3) *Quatre* est trois et un.

Axiome. Mettant des choses égales à la place, l'égalité demeure.

Démonstration

– 2 et 2 est 2 et 1 et 1 (par la déf. 1)
– 2 et 1 et 1 est 3 et 1 (par la déf. 2)
– 3 et 1 est 4 (par la déf. 3)

$$\underbrace{\begin{matrix} 2 + 2 \\ 2 + \overbrace{1 + 1} \\ \underbrace{3 + 1} \\ 4 \end{matrix}}$$

Donc (par l'axiome) :
– 2 et 2 est 4. Ce qu'il fallait démontrer[1].

---

1. *NE*, 4.7.10, A VI 6, 413-414.

Ce type de démonstration ne se justifie que moyennant la garantie que fournissent respectivement l'axiome *sous-jacent* de substitution des équivalents – l'égalité arithmétique en constituant un modèle – et le recours à des définitions réelles[1]. On peut dire à la lumière d'un exemple tel $2 + 2 = 4$ que la possibilité de démontrer les vérités nécessaires consiste tout entière dans la réduction des énoncés aux définitions et aux axiomes identiques :

> Je tiens à la vérité que le principe des principes est en quelque façon le bon usage des idées et des expériences ; mais en l'approfondissant on trouvera qu'à l'égard des idées ce n'est autre chose que de lier les définitions par le moyen des axiomes identiques[2].

Le problème pourra être soit de fournir des définitions réelles : c'est par exemple le problème de l'argument ontologique imparfait des Cartésiens ; soit de concevoir les moyens de la substituabilité *salva veritate*. L'un des cas les plus conformes à la formule leibnizienne et qui illustrent le mieux la nécessité de construire les conditions de la substituabilité est celui des démonstrations des géomètres : la validité en serait fondée sur le recours à des définitions génétiques ou causales ; la possibilité de l'objet correspondant serait stipulée sous réserve de non-contradiction dans les conséquences inférables de la construction même de l'objet[3]. Dans un tel cas, c'est l'hypothèse de construction de l'objet qui révèle à la fois la possibilité de l'objet et l'absence de contradiction implicite dans le concept. Une pluralité d'hypothèses dérivables les unes des autres, c'est-à-dire substituables les unes aux autres, peut constituer le critère par excellence de la démontrabilité. En témoigne excellemment le cas de l'ellipse : on peut fournir de cette figure diverses définitions génétiques ou causales qui, toutes, sont réciproquement dérivables. Par un processus d'élimination des connotations non spécifiques, on peut parvenir à inférer de ces diverses hypothèses ou définitions génétiques de l'ellipse les termes généraux

1. Voir *NE*, 4.7.6, A VI 6, 409 : « Qu'un et un font deux, ce n'est pas une vérité proprement, mais la définition de deux. Quoiqu'il y ait cela de vrai et d'évident que c'est la définition d'une chose possible ».

2. *NE*, 4.12.6, A VI 6, 450-451 Voir, pour une analyse détaillée des conditions de la démonstration, M. Fichant, *Science et métaphysique dans Descartes et Leibniz*, Paris, P.U.F., 1998, « Les axiomes de l'identité et la démonstration des formules aristhmétiques : « $2 + 2 = 4$ », p. 286-328.

3. Voir GP IV, 401 : « Les Géomètres, qui sont les véritables maîtres dans l'art de raisonner, ont vu que pour que les démonstrations qu'on tire des définitions soient bonnes, il faut prouver ou postuler au moins que la notion comprise dans la définition est possible. C'est pourquoi Euclide a mis parmi ses postulats que le cercle est quelque chose de possible, en demandant qu'on puisse décrire un cercle dont le centre et le rayon soient donnés ».

d'une définition qui exprime les conditions d'équivalence entre définitions[1].

Or il y a définition nominale et définition réelle. Si l'on se limite aux
premières – comme on doit le faire par exemple en fournissant une
expression générale des lois de la physique – on ne pourra avoir que des
vérités nécessaires *suppositives* : celles-ci seront conditionnelles à la possibilité non *a priori* démontrée de la connexion affirmée des termes, possibilité qui peut faire l'objet d'une certitude inductive. Des vérités de raison
(à l'état pur) la preuve doit reposer en dernier ressort sur les définitions
réelles et les relations d'identité, c'est-à-dire d'équivalence *salva veritate*.

La réduction aux identiques des vérités de raison ne signifie donc
nullement qu'au terme de l'analyse on ait au sens strict de pures tautologies. La proposition de forme *A est A* illustre la démonstration réalisée de
la connexion signifiée par les termes, ce qui se réfère à la «réalité objective» des idées vraies : les idées vraies sont celles qui s'explicitent en définitions réelles, c'est-à-dire établissent la possibilité de leur objet. Cette
théorie des vérités de raison, démontrables par réduction aux identiques, se
conçoit uniquement dans le contexte d'une certaine théorie du concept qui
lève les apories de l'analyticité pure (tautologie), appliquée aux vérités
mathématiques.

Par exemple, Leibniz proteste de façon significative contre l'interprétation de la démonstration comme calcul logique opéré sur des définitions
nominales. C'est cette interprétation qu'il avait rencontrée chez Hobbes :

> Comme il voyait que toutes les vérités pouvaient être démontrées à partir de
> définitions, mais qu'il croyait que toutes les définitions étaient arbitraires et
> nominales, parce qu'il dépend de l'arbitraire d'imposer des noms aux

---

1. Voir *De synthesi et analysi universali seu arte inveniendi et judicandi*, été 1683-début
1685 (?), A VI 4, 542-543 (GP VII, 295) : « Hypothesin porro condere seu modum producendi
explicare, nihil aliud est quam demonstrare rei possibilitatem, quod utile est, etsi sæpe res
oblata tali modo generata non sit ; eadem enim ellipsis vel in plano ope duorum focorum et fili
circumligati descripta, vel ex cono, vel ex cylindro secta intelligi potest ; et una reperta hypothesi seu modo generandi habetur aliqua definitio realis, unde etiam aliæ duci possunt, ex
quibus deligantur quae ceteris rebus magis consentaneæ sint, quando modus quo res actu
producta est quæritur. Porro ex definitionibus realibus illæ sunt perfectissimæ, quæ omnibus
hypothesibus seu generandi modis communes sunt causamque proximam involvunt, denique
ex quibus possibilitas rei immediate patet, nullo scilicet præsupposito experimento vel etiam
nulla supposita demonstratione possibilitatis alterius rei, hoc est cum res resolvitur in meras
notiones primitivas per se intellectas, qualem cognitionem soleo appellare adæquatam seu
intuitivam ; ita enim si qua esset repugnantia, statim appareret, quia nulla amplius locum habet
resolutio ».

choses, Hobbes voulait que les vérités consistassent dans les noms et qu'elles fussent arbitraires [1].

[Par la nécessité de recourir à des définitions qui établissent la possibilité de la chose], nous saisissons aussi la différence entre les *définitions nominales* qui contiennent les marques des choses qu'on veut distinguer des autres, et les *définitions réelles* qui établissent la possibilité des choses définies ; et l'on répond ainsi à l'objection de Hobbes qui prétendait que les vérités sont arbitraires parce qu'elles dépendraient de définitions nominales, ne considérant pas que la réalité d'une définition ne dépend pas de nous et qu'on ne peut pas grouper ensemble n'importe quelles notions. Aussi les définitions nominales ne suffisent-elles à une connaissance parfaite qu'à condition qu'il soit établi par ailleurs que la chose définie est possible. On voit aussi par là clairement ce qu'est une idée vraie et ce qu'est une idée fausse : une idée est vraie quand la notion est possible, elle est fausse quand elle implique contradiction [2].

Pour compléter le tableau sans doute pouvons-nous ajouter quelques propositions sur le statut des vérités nécessaires et sur le statut des concepts qu'on y trouve : 1) Les concepts de type mathématique peuvent être appris par recours à la synthèse *a posteriori* (à partir de l'instantiation empirique), mais leur vérité est établie par l'analyse indépendamment de tout recours à l'expérience [3] ; c'est-à-dire les propositions explicitant ces concepts peuvent être démontrées *a priori*. D'où ce que l'on peut considérer comme une justification analytique. 2) Les concepts inhérents aux vérités de raison sont des abstraits conçus *sub ratione possibilitatis*. Ce sont de ce fait des notions incomplètes si l'on réfère à leurs analogues existants – la sphère conceptuelle par rapport à la sphère du tombeau d'Archimède. Mais ces notions incomplètes sont susceptibles d'une analyse finie en termes de substitution d'équivalents définitionnels jusqu'aux concepts primitifs d'ordre mathématique. 3) Établir la vérité de ces concepts consiste à la construire *a priori*, c'est-à-dire à l'aide des dispositions internes de la réflexion. L'esprit les « tire de son propre fonds » [4]. L'entendement réflexif joue à cet égard un rôle « architectonique ». 4) Justifier cette disposition architectonique supposerait que l'on soit en mesure de déterminer le système total des concepts premiers sur lesquels s'édifie la multiplicité

1. A VI 4, 542 (GP VII, 294-295).

2. *Meditationes de veritate, cognitione et ideis*, trad. fr. P. Schrecker, *Opuscules philosophiques choisis*, Paris, Vrin, 1966, p. 13. La référence à l'objection de Hobbes renvoie à *De corpore*, I, III, § 7-19, Paris, Vrin, 1999, p. 35-41.

3. Voir *NE*, préface, A VI 6, 50.

4. Voir *NE*, 1.1.5, A VI 6, 80.

indéfinie des vérités nécessaires pour notre entendement. Mais ce qui ressort c'est a) que ces concepts originent de la réflexion en même temps qu'ils la déterminent; b) que leur délimitation comme objet de connaissance n'est jamais indépendante de l'activité du sujet; c) que leur rapport *sub ratione possibilitatis* à l'ordre des choses finies – réalités « objectives » – se détaille à l'infini par renvoi à la structure analysable à l'infini de tout monde possible – on peut dire que ces concepts primitifs de type mathématique représentent de façon seulement symbolique le système total de cet ordre général; d) que leur caractérisation n'est jamais close, compte tenu de la possibilité indéfinie d'édifier des systèmes formels dans l'ordre mathématique. 5) Le principe de raison suffisante s'applique aux vérités nécessaires, même s'il n'est pas requis pour les démontrer[1]. Cette application du principe de raison figure dans le passage déjà cité de la correspondance avec Arnauld : « Il faut toujours qu'il y ait quelque fondement de la connexion des termes, qui se doit trouver dans leurs notions »[2]. En appliquant le principe de raison aux vérités nécessaires, Leibniz fait référence à la structure des mondes possibles suivant la formule des *Nouveaux Essais* : « Toutes les idées intelligibles ont leurs archétypes dans la possibilité éternelle des choses »[3]. Leibniz s'exprime dans le même sens en rapport avec la critique de Hobbes :

> Il vaut donc mieux placer les vérités dans le rapport entre les objets des idées, qui fait que l'une est comprise ou non comprise dans l'autre. Cela ne dépend point des langues, et nous est commun avec Dieu et les anges; et lorsque Dieu nous manifeste une vérité, nous acquérons celle qui est dans son entendement, car quoiqu'il y ait une différence infinie entre ses idées et les nôtres quant à la perfection et à l'étendue, il est toujours vrai qu'on convient dans le même rapport. C'est donc dans ce rapport qu'on doit placer la vérité, et nous pouvons distinguer entre les *vérités*, qui sont indépendantes de notre bon plaisir et entre les expressions, que nous inventons comme bon nous semble[4].

---

1. Voir *Specimen inventorum de admirandis naturæ generalis arcanis*, 1688 (?), A VI 4, 1616 (GP VII, 309) : « Itaque duo sunt prima principia omnium ratiocinationum, Principium nempe contradictionis, quod scilicet omnis propositio identica vera et contradictoria ejus falsa est; et principium reddendæ rationis, quod scilicet omnis propositio vera, quæ per se nota est, probationem recipit *a priori*, sive quod omnis veritatis reddi ratio potest, vel ut vulgo ajunt, quod nihil fit sine causa. Hoc principio non indiget Arithmetica et Geometria, sed indiget Physica et Mechanica, eoque usus est Archimedes ».
2. Lettre à Arnauld, 4/14 juillet 1686, A II 2, 80 (GP II, 56).
3. *NE*, 4.4. 5, A VI 6, 392.
4. *NE*, 4.5. 2, A VI 6, 397.

En un mot, les vérités nécessaires, dites également vérités éternelles, décrivent, sans risque de contradiction, la structure formelle des mondes possibles, structure qui représente la loi universelle de l'ordre, qui permet d'instituer la comparaison des divers mondes possibles, mais que nous nous représentons abstraitement, et comme par morceaux.

Des vérités nécessaires aux vérités contingentes la transition, si elle n'est pas évidente, doit pouvoir s'analyser à l'aide d'une théorie assez puissante, comme le suggère Leibniz lui-même, en affirmant qu'elles diffèrent suivant un rapport analogue à celui des nombres rationnels aux nombres irrationnels (ou sourds)[1]. Il s'agit donc d'assigner la différence « essentielle » des deux types de vérités par l'analyse.

Plusieurs critères servent conjointement à délimiter les vérités contingentes par rapport aux vérités nécessaires. Leur opposé est possible. Elles concernent « la suite des choses répandues par l'univers des créatures »[2] ; elles portent donc sur des existants. La résolution analytique de ces vérités se poursuivrait à l'infini, si on leur appliquait le mode de la démonstration par substitution d'équivalents. Corrélativement, la preuve de ces vérités requiert strictement le principe de raison suffisante. Les concepts représentés par les termes sujets de ces propositions sont des notions complètes par contraste avec les termes abstraits des vérités de raison, qui représentent des construits analytiques finis décrivant la structure universelle de tous les mondes possibles.

L'énonciation logique est gouvernée par le principe *prædicatum inest subjecto* (dans le sens que nous avons spécifié) ; et cela vaut autant pour les vérités contingentes que pour les vérités nécessaires. Comme l'explique Couturat : « La raison en est que toute vérité est déterminée par la nature logique de ses termes, qu'elle y est en quelque sorte inscrite d'avance et qu'il suffit de les analyser à fond pour l'y découvrir »[3]. Cela revient à postuler que les vérités contingentes résultent de connexions conceptuelles susceptibles d'une explication *a priori*, c'est-à-dire d'une explication à partir de la seule considération des concepts en jeu, et donc indépendamment des occurrences empiriques exprimant ces connexions dans les faits. La raison des rapports empiriques ne serait aucunement inférable des occurrences de fait si l'on ne substituait à celles-ci des connexions de type

---

1. Voir *Specimen inventorum*, A VI 4, 1616 (GP VII, 309) : « Essentiale est discrimen inter veritates necessarias sive æternas, et veritates facti sive contingentes, differuntque inter se propemodum ut numeri rationales et surdi ».

2. *Monadologie*, § 6, GP VI, 612.

3. L. Couturat, *La logique de Leibniz, op. cit.*, p. 209.

propositionnel. En droit, l'analyse des concepts pourrait rendre compte *a priori* de ces connexions si l'analyse procédait *ad infinitum* : conception apparemment rationaliste des vérités de fait, dont le moins qu'on puisse dire est qu'elle dévie de l'entendement commun.

Pour compléter cette caractérisation, rappelons que Leibniz identifie des vérités primitives de fait suivant des « expériences immédiates internes d'une immédiation de sentiment »[1]. Il s'agit de propositions exprimant les deux versants de l'expérience du *cogito* : d'une part, *sum res cogitans* ; d'autre part, *sunt cogitata* : j'ai des pensées diverses. Suivant le parallèle des vérités primitives de raison réduites aux identiques, il s'agit de vérités ayant une certitude qui ne saurait s'appuyer sur aucune preuve. Par ailleurs, l'implication conceptuelle dans les vérités de fait dérivées ne saurait pas plus se réduire à ces vérités primitives que, dans les vérités nécessaires dérivées, elle ne se réduit à l'identité pure (tautologie). Le processus d'analyse des propositions dérivées repose sur des chaînes de définitions qui expliquent la possibilité de connexions des termes complexes. Obtenue par substitution d'équivalents définitionnels, l'identité reste le mode opératoire formel de la dérivation des vérités de raison. Mais, dans le cas des vérités de fait, le mode opératoire de la dérivation est le recours à une raison suffisante ou à une série de raisons suffisantes des propositions reliées plus ou moins directement aux expériences immédiates internes. Si toutes les connexions logiques des vérités de fait sont d'une certaine manière empiriquement comprises dans le *cogito*, il en faut rendre raison par une analyse adéquate des contenus conceptuels où de telles connexions logiques se trouvent impliquées.

Pour résoudre la question très complexe du statut des vérités de fait, Leibniz recourt : 1) à des raisons logico-métaphysiques ; 2) à des raisons épistémologiques plus directement liées à sa façon de concevoir la connaissance scientifique.

Certains textes illustrent de façon très nette les raisons logico-métaphysiques : il s'agit, par exemple, des sections 8 et 13 du *Discours de métaphysique* et de la lettre à Arnauld du 4/14 juillet 1686. La notion individuelle d'Alexandre est raison suffisante de toutes les propositions vraies affirmant un prédicat du sujet Alexandre. Voyant déployé le contenu de cette notion, Dieu pourrait y découvrir *a priori* qu'Alexandre vaincra Darius et Porus, etc. Dans le même cas, notre connaissance ne peut qu'être *a posteriori*, par définitions nominales à partir des dénominations

---

1. *NE*, 4.2. 1, A VI 6, 367.

extrinsèques. Mais « quand on considère la connexion des choses »[1], l'exigence d'une raison suffisante de toutes les dénominations intrinsèques du sujet temporel nous impose de supposer une preuve *a priori* possible du déploiement des prédicats, preuve qui serait de l'ordre de la définition réelle.

Techniquement, se pose la question de savoir en quoi consiste la contingence de telles propositions et, de façon plus précise, en quoi elles se distinguent des propositions exprimant des vérités nécessaires. La même règle *p.i.s.* s'applique dans les deux cas : elle stipule la détermination de la vérité par l'implication logique des termes propositionnels. Il s'ensuit que dans les deux cas, la proposition pourrait être inférée de l'analyse ou explication des termes et, pour la proposition prédicative, de celle du concept du sujet. La différence ne peut donc résider que dans la façon d'opérer l'inférence. Dans le style du *Discours de métaphysique*, cela devient, pour les vérités contingentes, une inférence suspendue à une hypothèse : la connexion nécessaire des notions est postulée, une fois posé le décret libre de Dieu actualisant le meilleur des mondes possibles. Mais, si l'on essaie de s'abstraire tant soit peu du style métaphysique, la relation propositionnelle dans *César franchira le Rubicon*, qui en fait une vérité contingente, repose sur la connexion nécessaire de l'énonciation par rapport aux déterminations de la notion complète et individuelle du sujet *César*. Cette notion est un possible réalisé. Comme possible, elle n'exclut nullement une infinité d'autres possibles qui, terme à terme, impliqueraient des énonciations contradictoires par rapport à celles que l'on peut déduire de la notion. Comme possible actualisé, la notion, et par suite la totalité de ses implications catégoriques, requiert une raison déterminante.

La stratégie première de Leibniz va consister à situer cette raison déterminante à la fois à l'intérieur de la notion, pour satisfaire à la règle de l'énonciation vraie pour tout sujet possible, et hors de la notion, pour rendre compte de l'actualisation du sujet possible. Du point de vue métaphysique, la raison de la vérité contingente se situe dans le premier décret libre qui institue l'univers, en fonction duquel les énonciations vraies relatives à *César* seront certaines, c'est-à-dire nécessaires *ex hypothesi* : c'est là la raison externe. Du point de vue logique, la notion de *César* comme existant (possible), suivant une formule de la lettre à Arnauld, « enveloppe *sub ratione possibilitatis* les existences ou vérités de fait ou décrets de Dieu, dont les faits dépendent »[2]. C'est là la raison interne correspondante.

---

1. *Discours de métaphysique*, § 8, A VI 4, 1541 (GP IV, 433).
2. Lettre à Arnauld du 4/14 juillet 1686, A II 2, 75 (GP II, 52).

Dans cette perspective, qu'enveloppent au juste les notions dont les connexions internes s'explicitent en vérités contingentes ? Traitant de la proposition *César franchira le Rubicon*, Leibniz indique que la « démonstration de ce prédicat de César n'est pas aussi absolue que celles des nombres ou de la géométrie »[1]. De la notion de la sphère considérée *sub ratione generalitatis seu essentiæ, seu notionis specificæ sive incompletæ*[2], c'est-à-dire selon des notions abstraites de modes sans substrat existentiel, on peut tirer des vérités de raison sur les propriétés géométriques de ce solide, mais non des vérités d'un autre type qui porteraient sur les circonstances particulières relatives à une certaine sphère existant *hic et nunc*. De même, on ne peut établir que l'agent individuel que je suis accomplira nécessairement le voyage qu'il projette. La notion générique de sphère ne me permet pas d'inférer les dimensions particulières de telle sphère actualisée. À plus forte raison, l'inférence semble impossible de la notion d'un agent rationnel fini à la prédication d'un acte ou événement individualisé dans le temps et l'espace. La notion individuelle requiert une analyse qui s'ouvre à l'infini. Le point de départ pour nous en est inévitablement une signification empirique, donc partielle, de la notion, signification établie à partir de certaines marques phénoménales. La résolution analytique de cette notion liée à l'instantiation empirique nécessiterait des distinctions *ad infinitum* pour discerner les composantes de la notion par rapport aux composantes de tous les autres sujets possibles :

> Car la notion de moi en particulier et de toute autre substance individuelle est infiniment plus étendue et plus difficile à comprendre qu'une notion spécifique comme est celle de la sphère, qui n'est qu'incomplète et n'enferme pas toutes les circonstances nécessaires pour venir à une certaine sphère. Ce n'est pas assez que je me sente une substance qui pense, il faudrait concevoir distinctement ce qui me discerne de tous les autres esprits possibles ; mais je n'en ai qu'une expérience confuse. Cela fait que, quoiqu'il soit aisé de juger que le nombre des pieds du diamètre n'est pas enfermé dans la notion de la sphère en général, il n'est pas si aisé de juger certainement (quoiqu'on le puisse juger assez probablement) si le voyage que j'ai dessein de faire est enfermé dans ma notion, autrement il serait aussi aisé d'être prophète que d'être géomètre[3].

1. *Discours de métaphysique*, § 13, A VI 4, 1548 (GP IV, 438).
2. Lettre à Arnauld du 4/14 juillet 1686, A II 2, 74 (GP II, 52).
3. *Ibid.*, A II 2, 75 (GP 52-53).

Notons que l'inférence probable nous permettrait de déduire dans une certaine mesure les vérités contingentes. Mais le point de vue de l'entendement divin correspondrait à la possibilité d'une représentation adéquate des « notions pleines et compréhensives ». Comment caractériser ces notions intégralement analysables ? Ce seraient des notions déployant suivant un rapport parfait la possibilité des réalités individuelles, c'est-à-dire la possibilité de leurs causes, c'est-à-dire le détail à l'infini des déterminations dont l'individu résulte dans le monde possible où il se trouve intégré. La représentation intégrale de la cause, bref de ce système de déterminations, implique le rapport de l'individu à tous les autres individus compatibles sous une loi d'ordre spécifiant une forme concrète et particulière de l'ordre universel. Cette loi d'ordre enveloppe elle-même la représentation d'un décret possible dans la mesure où elle montre la raison de celui-ci, une raison de finalité qui soit déterminante pour une volonté souveraine et sage. On reconnaîtra ici au passage la doctrine de l'élection du meilleur des mondes possibles. La transcription du propos métaphysique donnerait ceci : la notion pleine et compréhensive au fondement de toute vérité contingente se déploie analytiquement sous la forme d'une loi de détermination causale appropriée à l'objectif de rendre compte d'un objet diversifié à l'infini, en le représentant comme s'intégrant à un système d'individualités structurées suivant le plan de l'ordre optimal.

Sur un plan plus épistémologique, pour notre entendement fini, les vérités de fait ne peuvent être que présomptivement analytiques suivant la formule : *semper notio prædicati inest subjecto in propositione vera*. Comme nous l'avons déjà remarqué pour les vérités de raison, l'articulation réciproque des termes de la proposition vraie est subordonnée à l'élaboration du concept. La connexion est analytique, une fois acquise une représentation adéquate de la structure de l'objet :

> Je ne demande pas davantage de liaison ici que celle qui se trouve *a parte rei* entre les termes d'une proposition véritable, et ce n'est que dans ce sens que je dis que la notion d'une substance individuelle enferme tous ses événements et toutes ses dénominations, même celles qu'on appelle vulgairement extrinsèques (c'est-à-dire qui ne lui appartiennent qu'en vertu de la connexion générale des choses et de ce qu'elle exprime tout l'univers à sa manière), puisqu'il faut toujours qu'il y ait quelque fondement de la connexion des termes d'une proposition, qui se doit trouver dans leurs notions[1].

---

1. Lettre à Arnauld du 4/14 juillet 1686, A II 2, 80 (GP II, 56).

Dans le cas des vérités de raison, la représentation adéquate de la connexion repose sur un construit *a priori* où le rapport des ingrédients conceptuels est donné d'emblée. Les concepts ont comme référents des possibles dont on peut rendre compte par définition réelle; et leur connexion se justifie par l'analyse sans qu'il soit nécessaire de recourir à des raisons extrinsèques aux définitions réelles. Par contre, selon la *Monadologie*, le concept du possible actualisé renverrait à une «résolution en raisons particulières [qui] pourrait aller à un détail sans bornes»[1]. La connexion des termes dans la proposition vraie se rapporte alors à une synthèse présumée accomplie sous forme de représentation adéquate de l'objet, qui pour nous ne peut survenir qu'*a posteriori*. Les énonciations vraies portant sur les existants et sur les événements n'affichent donc qu'une nécessité *ex hypothesi*. La preuve de ces énonciations ne peut être tirée des concepts par analyse que si l'on postule une raison suffisante de la connexion. La connexion apparaît synthétique, compte tenu de la connaissance nécessairement inadéquate que nous avons des individus par des définitions nominales. Mais le principe de raison appliqué à la forme propositionnelle des vérités contingentes nous incite à postuler qu'une connexion analytique sous-tend la connexion synthétique.

Comment Leibniz peut-il justifier cette substitution d'une connexion analytique présumée à la connexion synthétique que nous induisons *de facto*? La question reste en grande partie ouverte, et elle ne comporte sans doute pas de réponse simple pour l'interprète des textes leibniziens. Nous pouvons toutefois suggérer l'esquisse d'une réponse. Leibniz conçoit l'édification de la science suivant le modèle de la démonstration par substitution d'équivalents. Cela suppose que l'on puisse réécrire les énonciations de fait en leur substituant des énonciations fonctionnellement équivalentes qui soient, en même temps, suffisamment conformes à la rationalité analytique des vérités nécessaires. C'est l'un des problèmes de la méthodologie leibnizienne de déterminer les formes et les moyens de cette conformité suffisante. Le principe de la transcription se trouve affirmé et réaffirmé à travers le livre IV des *Nouveaux Essais*. On y lit, par exemple :

> La liaison des phénomènes qui garantit les vérités de fait se vérifie par le moyen des vérités de raison, comme les apparences de l'optique s'éclaircissent par la géométrie[2].

---

1. *Monadologie*, § 36, GP VI, 612-613.
2. *NE*, 4.2. 14, A VI 6, 374-375.

Je crois bien que nous n'irons jamais aussi loin qu'il serait à souhaiter; cependant, il me semble qu'on fera quelques progrès considérables avec le temps dans l'explication de quelques phénomènes, parce que le grand nombre des expériences que nous sommes à portée de faire, nous peut fournir des *data* plus que suffisants, de sorte qu'il manque seulement l'art de les employer, dont je ne désespère point qu'on poussera les petits commencements depuis que l'*analyse infinitésimale* nous a donné le moyen d'allier la géométrie avec la physique et que la dynamique nous a fourni les lois générales de la nature [1].

Le fondement de la vérité des choses contingentes et singulières est dans le succès, qui fait que les phénomènes des sens sont liés justement comme les vérités intelligibles le demandent [2].

Nous devrons certes considérer les diverses stratégies déployées afin de soumettre les vérités de fait à des développements qui les rendent de plus en plus conformes aux raisons analytiques des vérités nécessaires. Suivant cette direction propre à la théorie leibnizienne de la science, nous rencontrerons l'analyse d'une sorte de catégorie intermédiaire entre vérités de fait et vérités de raison, la catégorie des vérités hypothétiquement nécessaires [3]. Le rapport des nombres irrationnels aux nombres rationnels est affaire de construction donnant lieu à des définitions « approchées », et par conséquent à des connaissances distinctes symboliques enveloppant des possibilités d'analyse plus ou moins radicales et permettant des systématisations plus ou moins amples. Le degré de pertinence analytique et le degré de capacité systématique mesureraient, si une telle mesure était donnée, la transition graduée des vérités de raison explicites aux vérités de raison implicites, c'est-à-dire enveloppées dans la complexité infinie des représentations sensibles et imaginatives. Le rapport des nombres irrationnels aux nombres rationnels fournit l'analogie appropriée à la mise en relation des vérités nécessaires et des vérités contingentes. Le tout est de concevoir les « méthodes » susceptibles d'assurer cette mise en relation dans la pratique de la connaissance rationnelle. Ce projet est spécifiquement

1. *NE*, 4.3. 26, A VI 6, 389.

2. *NE*, 4.4. 5, A VI 6, 392.

3. Sur la notion de vérités hypothétiquement nécessaires chez Leibniz, voir l'analyse esquissée par R. McRae, *Leibniz. Perception, Apperception, and Thought*, Toronto, University of Toronto Press, 1976, en particulier p. 121-125, et F. Duchesneau, « Étude critique : Robert McRae, Leibniz : Apperception, and Thought », *Canadian Journal of Philosophy*, 7 (1977), p. 853-863. Signalons aussi l'analyse donnée par H. Ishiguro, « Leibniz on Hypothetical Truths », *in* M. Hooker (ed.), *Leibniz. Critical and Interpretive Essays*, Manchester, Manchester University Press, 1982, p. 90-101.

leibnizien, et il semble de nature à réfuter toute tentative pour retrouver chez Leibniz l'exacte congruence des distinctions kantiennes. C'est pour avoir sous-estimé l'importance de cette activité constructive de la raison tant dans les vérités de raisonnement que dans celles de fait que certaines interprétations classiques des thèses leibniziennes prêtent le flanc à la critique. Nous en prendrons pour exemple celles de Couturat et de Russell.

Couturat affirme que pour Leibniz toutes les énonciations vraies sont analytiques, qu'il s'agisse de vérités de raison ou de vérités de fait: « En résumé, toute vérité est formellement ou virtuellement identique ou, comme dira Kant, *analytique*, et par conséquent doit pouvoir se démontrer *a priori* au moyen des définitions et du principe d'identité »[1]. Cette affirmation s'applique sans difficulté aux vérités de raison. Mais la caractéristique de l'analytique chez Leibniz est-elle congruente à celle que l'on retrouve chez Kant, où il s'agit moins de la démonstration des vérités – caractère *a priori* ou *a posteriori* des preuves – que de la dérivation des contenus de connaissance, compte tenu de la structure de notre entendement suivant la problématique critique héritée de Locke? Quelle que soit la diversité des interprétations possibles de la distinction kantienne, l'esprit de cette distinction est bien rendu dans les *Prolégomènes à toute métaphysique future qui pourra se présenter comme science*. Kant y affirme :

> Quelle que soit l'origine des jugements ou la condition de leur forme logique, ils présentent pour le fond une différence qui fait qu'ils sont soit simplement *explicatifs*, n'ajoutant rien au contenu de la connaissance, soit extensifs, augmentant la connaissance donnée; les premiers pourront être appelés *analytiques*, les seconds synthétiques[2].

Par contraste, selon Leibniz, toutes les connexions propositionnelles peuvent *de jure* faire l'objet d'une analyse qui remonte aux implications primitives des concepts. Cette possibilité est une possibilité de fait (*de facto*) dans le cas des seules vérités de raison. En ne retenant, suivant la formule kantienne, que la forme analytique *subjective* des connexions propositionnelles, on escamote en quelque sorte la réalité *objective* de ces connexions, qui caractérise, semble-t-il, le conceptualisme leibnizien.

Par ailleurs, la caractérisation proposée par Couturat s'applique de façon inadéquate aux vérités leibniziennes de fait. Certes, toutes les connexions propositionnelles peuvent *de jure* faire l'objet d'une résolution

---

1. L. Couturat, *La logique de Leibniz, op. cit.*, p. 210.
2. Kant, *Prolégomènes à toute métaphysique future qui pourra se présenter comme science,* trad. fr. J. Gibelin, § 2, Paris, Vrin, 1968, p. 20-21.

analytique jusqu'aux termes primitifs. Mais cette démarche est indéfiniment régressive dans le cas des vérités contingentes, où la connexion est
assurée par une raison suffisante de type hypothétique. Il ne saurait être
alors question de rien qui ressemble à l'analyticité au sens kantien, à la
tautologie même implicite des contenus de pensée correspondant à la
connexion propositionnelle prédicat-sujet. La philosophie leibnizienne
peut admettre dans le cas des vérités contingentes l'équivalent d'une
fonction de synthèse opérant au niveau de la représentation. Il s'agit
d'expressions de la raison suffisante intervenant *ex hypothesi* pour garantir
la connexion propositionnelle du point de vue de notre entendement fini.
Mais la notion de formes pures de la représentation n'a pas de sens dans une
perspective leibnizienne : de ce fait, des propositions synthétiques *a priori*
au sens kantien sont inconcevables. La synthèse opérant au plan de la
représentation doit toujours pouvoir se résorber en connexions analytiques
au plan de l'entendement pur *a priori*, même si la résorption se développe à
l'infini à l'instar des asymptotes. En un mot, la géométrie doit pouvoir
trouver sa justification même à la limite dans l'analyse mathématique
(représentée par l'arithmétique et l'algèbre) comme science *a priori* de
l'ordre. Cette analyse de niveau plus général n'est qu'exemplifiée.
Le synthétique *a priori* n'est donc pas justifié. Par ailleurs, le synthétique
a posteriori serait de l'analytique enveloppé à l'infini, mais à condition de
concevoir l'analytique comme renvoyant à la construction de connexions
conceptuelles sous la règle de substitution des équivalents et non pas
comme renvoyant à la stricte tautologie des énoncés[1].

L'interprétation de Russell attribue à Leibniz une distinction analy-
tique/synthétique recoupant de façon congruente la distinction néces-
saire/contingent : les propositions vraies qui n'affirment pas l'existence à
des moments particuliers sont nécessaires et analytiques, mais celles qui
affirment l'existence à des moments particuliers sont contingentes et
synthétiques[2].

Or l'analyse de Russell comporte des défauts majeurs. Selon Russell,
Leibniz aurait réduit toutes les connexions propositionnelles à la stricte
inhérence du prédicat dans le sujet : c'est là forcer l'interprétation.
Par ailleurs, une vérité sera tenue pour analytique si la décomposition
des termes a abouti à des termes primitifs compatibles. Selon Russell,
établir cette compatibilité des ingrédients conceptuels de la connexion

1. Sur la règle de substitution de concepts équivalents *salva veritate*, voir H. Ishiguro,
Leibniz's Philosophy of Logic and Language, Cambridge, CUP, 1990 (2ᵉéd.), p. 17-43.
2. B. Russell, *La philosophie de Leibniz*, Paris, F. Alcan, 1908, p. 5.

propositionnelle ne revient-il pas à une forme de jugement synthétique? L'analytique pur serait donc une illusion leibnizienne qui se dissiperait dès que l'on prend en compte les opérations de connexion des termes dans les vérités de raison. Notre analyse antérieure tend à montrer que cette critique est non pertinente. La forme « tautologique » de l'identité ne constitue qu'une modalité de l'opération d'analyse, la substitution des équivalents, qui permet de dévoiler les connexions conceptuelles que l'entendement établit *a priori* et dont il tire le contenu des propositions nécessaires.

Sur les vérités de fait, Russell semble-t-il rendre les thèses leibniziennes avec plus de fidélité? Il soutient que l'assertion d'existence est irréductible à toute forme de décomposition conceptuelle. L'existence ne saurait, affirme-t-il, constituer un prédicat compris dans la notion de sujet. Leibniz l'aurait bien compris et sa conception des vérités contingentes s'apparenterait à la critique kantienne de l'argument ontologique. À notre avis, la récurrence de Kant à Leibniz sur ce point est douteuse. Car, pour Leibniz, l'argument ontologique est précisément valable sous réserve que l'on ait d'abord établi la possibilité du concept duquel on veut inférer l'existence de l'entité signifiée[1]. Mais, dans le même temps, pour être fidèle à Leibniz, on doit ramener la prédication d'existence, dans le cas des individus actualisés, à des raisons déterminantes *sub ratione possibilitatis*, ce qui précisément nous engage dans un processus d'analyse ouvert à l'infini. Or le détail infini des raisons pour lesquelles tel sujet existe, tel événement survient, tel ordre s'institue dans le déroulement des phénomènes, est conçu par Leibniz comme soumis à une intégration possible dans le concept déployé du meilleur des mondes possibles. Certes, Russell raccorde la raison de l'existence au principe du meilleur, mais il interprète cette raison suffisante en la réduisant à une justification morale hétérogène par rapport à l'ordre des raisons « analytiques ». L'analyse des raisons à l'infini d'ailleurs ne lui semble pas représenter la marque spécifique de la contingence : celle-ci exprimerait essentiellement l'irréductibilité de l'existence à la résolution analytique des prédicats. Comment ne pas saisir là un remodelage de la thèse leibnizienne? Leibniz transcrit les relations contingentes comme exprimant une loi d'intégration des réalités individuelles en système organiquement ordonné. Les énoncés de vérités contingentes impliquent comme raisons déterminantes des énoncés de

---

1. O. Nachtomy, « Modal adventures between Leibniz and Kant : Existence and (temporal, logical, real) possibilities », *in* S. Mark (ed.), *The Actual and the Possible. Modality and Metaphysics in Modern Philosophy*, New York, OUP, 2017, p. 64-93, illustre ce point de façon adéquate.

connexion causale : en un mot, raisons et causes d'existences s'identifient dans le système des possibles actualisés. Et même s'il faut procéder à l'intégration des raisons sous forme d'hypothèses, le modèle impliqué dans ce processus nous écarte d'une conception purement *a posteriori* des connexions synthétiques au fondement des énoncés de fait.

Russell et Couturat interprétaient en des sens diamétralement opposés la distinction des vérités nécessaires et contingentes que Leibniz avait proposée. Russell voyait dans les premières des énoncés idéalement analytiques, c'est-à-dire enveloppant de pures tautologies : d'où une fausse caractérisation des vérités de raison, car Leibniz aurait dû les identifier comme synthétiques *a priori*. Russell identifiait les vérités contingentes comme empiriquement synthétiques, c'est-à-dire comme signifiant des synthèses de termes dérivés de l'expérience, qu'uniraient des raisons suffisantes extrinsèques à l'ordre logique, du type des valeurs d'harmonie et de perfection « morale ». Plus fidèle à la lettre des formules leibniziennes, Couturat tenait toute vérité leibnizienne pour analytique, par opposition à toute forme de synthéticité des jugements. Les vérités leibniziennes n'impliqueraient donc que des jugements de type analytique : l'entendement pourrait en droit déployer par analyse la connexion entre termes prédicats et termes sujets, de façon à ce que ressorte un rapport de pure identité au fondement de toute proposition vraie. L'analyse serait réalisable en un nombre fini d'étapes pour les vérités de raison ; en un nombre infini d'étapes pour les vérités de fait. Nous avons montré en quoi ces interprétations étaient inadéquates. Leur déficience résulte sans doute en partie d'une analyse récurrente des distinctions leibniziennes en fonction des concepts kantiens d'analytique et de synthétique. Or il n'y a pas chez Leibniz de question kantienne sur la dérivation des connaissances exprimées et mises en forme par le jugement, c'est-à-dire sur les déterminations analytiques ou synthétiques *a priori* ou synthétiques *a posteriori* pour un entendement qui produit le jugement en liant les concepts.

Parmi les nombreux commentaires sur cette question, nous nous contenterons de suggestions d'analyse recueillies chez Curley, Adams et Ishiguro et convergeant dans une certaine mesure vers la reconstruction et les critiques que nous avons avancées.

E. M. Curley[1] part de l'opposition entre l'interprétation russellienne initiale et celle que Russell propose lorsqu'il tente après coup d'intégrer les thèses de Couturat sur la structure analytique de tous les jugements, sur le

1. E. M. Curley, « The Root of Contingency », *in* R. S. Woolhouse (ed.), *Gottfried Wilhelm Leibniz. Critical Assessments*, London, Routledge, 1994, I, p. 187-207.

fait que les vérités contingentes impliqueraient une analyse infinie, sur l'interprétation réductrice du principe de raison suffisante sous la forme : toute vérité est analytique. Le refuge de Russell est l'hypothèse qu'il y aurait deux systèmes leibniziens : un système officiel, suspendant les vérités contingentes à l'harmonie préétablie et à l'élection par Dieu du meilleur des mondes possibles, et un système secret, rapprochant les vérités contingentes des vérités nécessaires par le biais des déterminations analytiques. Curley récuse cette hypothèse et vise à réhabiliter la première interprétation russellienne des vérités d'existence (synthétiques) en montrant comment Leibniz y insère ses modèles analytiques. Mis à part le cas de Dieu, l'existence ne saurait se concevoir comme prédicat compris dans la notion d'aucun sujet, même si les textes leibniziens dans leur ensemble suggèrent que l'existence est une « exigence d'essence » et qu'à ce titre elle doit trouver sa justification, sa raison suffisante, dans la notion complète de chaque individu. Curley caractérise l'existence comme une « propriété conséquentielle », inscrite dans la ligne de déroulement des propriétés d'une substance, mais ne pouvant être définie a priori à partir de la notion de cette substance. Lorsque Leibniz tente de décrire la propriété d'exister, il la rattache conjointement à l'expérience qu'en fait le *cogito* lorsqu'il perçoit quelque phénomène, et à ce qui convient le mieux à Dieu, compte tenu de la pluralité infinie des mondes possibles. Contre Couturat, Curley relève que pour Leibniz les lois de la nature ne sont pas seulement des vérités contingentes en raison de l'impossibilité de les démontrer a priori en un nombre fini d'étapes, mais qu'elles sont, comme toutes les autres vérités contingentes, des propositions existentielles. Toute vérité existentielle implique la série entière des réalités du monde actuel dans sa condition de possibilité. Et ce serait à ce seul point de vue que le schéma analytique viendrait s'inscrire dans les vérités contingentes. Mais alors comment échapper à l'assimilation de celles-ci à des vérités nécessaires ? Curley est convaincu que toute notion complète d'un individu possible enveloppe nécessairement la série de ses prédicats. Le fait pour ce monde-ci d'être le meilleur des mondes possibles est susceptible d'une analyse en raisons déterminantes et s'avère donc nécessaire ; et, si l'on tient à réduire les propositions existentielles aux vérités analytiques, l'ultime fondement de la contingence ne peut résider que dans l'idée d'un libre décret de Dieu. Sans doute vaut-il mieux dans ces conditions maintenir l'insuffisance du modèle analytique à rendre compte des vérités de fait, et admettre que la conciliation de la contingence et de l'analyticité ne peut surgir que d'une hypothèse métaphysico-théologique sur le caractère régressif à l'infini du pouvoir divin [1].

R. M. Adams [2] considère que l'interprétation de Curley, sans être strictement sans fondement, est trop réductrice : il y a lieu de prendre en compte les formes et justifications de l'analyticité qui permettent à Leibniz de tenir les vérités contingentes pour analytiques. La solution leibnizienne doit se concevoir en deux temps. D'une part, une vérité de fait implique le caractère non contradictoire d'une pluralité d'autres choix possibles. *En soi*, la contingence renvoie à des alternatives convenables, donc à des jeux de possibles sans contradiction *interne*. À l'instar du «concept complet» d'un individu, on peut certes concevoir le concept complet d'un monde possible, contenant tout ce qui est analytiquement vrai de ce monde, y compris son rapport de comparaison aux autres mondes possibles, y compris même le fait d'être ou non l'objet de l'élection divine. Mais on ne peut aussi supposer un concept de base de ce monde possible qui n'inclurait pas les déterminants de la volonté divine; certes, le rapport à d'autres mondes possibles peut s'y trouver inséré, mais sans calcul comparatif visant l'actualisation du meilleur. En soi, les propositions exprimant les propriétés de ce monde conçu à partir de son seul concept de base n'ont qu'un statut contingent. Elles deviennent hypothétiquement nécessaires, nécessaires *ex alterius hypothesi*, lorsqu'on les lie à une condition qui est le calcul d'optimalisation dans l'entendement divin. Or la propension générale de Leibniz sera de concevoir ce calcul d'optimalisation lui-même comme impliquant une nécessité *ex hypothesi* supposant la nature actualisée du sujet divin. Il se retranche alors derrière la distinction entre une nécessité métaphysique qui exclut toute alternative et une nécessité morale qui oblige le sage transcendant à choisir le meilleur par une inclination déterminante, mais non intrinsèquement inéluctable. Pour l'entendement fini, nul doute que les vérités contingentes conçues comme vérités nécessaires *ex hypothesi* n'apparaissent alors totalement irréductibles à une forme quelconque de démonstration *a priori* par raisons déterminantes. Mais en est-il de même lorsqu'on prend en compte la rationalité intrinsèque des choix divins dont de telles vérités découlent par voie de conséquence? Le deuxième temps de l'analyse leibnizienne vise à

---

1. Voir *De libertate a necessitate in eligendo*, été 1680-été 1684 (?), A VI 4, 1454 (Grua, 302) : « Deus enim vult velle eligere perfectissimum, et vult voluntatem volendi, et ita in infinitum, quia infinitæ istæ reflexiones cadunt in Deum, non vero cadunt in creaturam ».

2. R. M. Adams, «Leibniz's Theories of Contingencies», *in* R. S. Woolhouse (ed.), *Gottfried Wilhelm Leibniz. Critical Assessments*, London, Routledge, 1994, I, p, 128-173.

dénouer ce paradoxe en insérant la contingence dans la causalité globale à l'arrière-plan du monde actualisé. Adams relève que Leibniz s'attaque particulièrement à ce problème dans sa phase de maturité philosophique. Deux possibilités théoriques s'offrent à lui : 1) tenter d'établir qu'il est contingent que ce monde-ci soit le meilleur ; 2) fournir des arguments en faveur de la thèse que le choix de ce monde-ci par Dieu est contingent. Même si certains textes peuvent suggérer cette seconde possibilité, c'est à illustrer la première que Leibniz s'emploie. Et il le fait en vertu de sa règle méthodologique de l'impossibilité d'atteindre à une démonstration des propositions concernées par une analyse suivant un nombre fini d'étapes. Curley, sur ce point, aurait été victime d'une confusion entre deux principes possibles relatifs à la nécessité logique, savoir 1) que tout ce qui est vrai en vertu des seules relations entre concepts est nécessaire, et 2) que tout ce qui est nécessaire doit être logiquement démontrable. Leibniz se serait rendu compte que seul le deuxième principe permet de fixer la distinction entre vérités nécessaires et vérités contingentes ; car certaines relations conceptuelles pourraient être vraies en vertu des propriétés intrinsèques des notions sans qu'aucune démonstration au sens strict n'en soit possible. Ici, Adams prend appui d'une part sur la distinction classique des méthodes analytique et synthétique au XVIIᵉ siècle, d'autre part sur le principe de substitution des équivalents dans la démonstration [1].

Adams pointe à juste titre en direction des façons différentes dont peuvent s'établir les connexions conceptuelles à l'intérieur des vérités de fait et de raison dans un schéma de démonstration analytique. À partir de là, son problème est évidemment de déterminer comment les raisons de telles connexions peuvent se déployer sans nécessité. Il pressent que Leibniz tire

---

1. *Ibid.*, p. 145-146 : « Analysis for Leibniz [...] was a method of proof beginning with the conclusion to be proved and working back to the axioms from which it follows – though in an infinite analysis the axioms are never reached. The method that begins with the axioms was called synthesis. In conformity with this distinction, Leibniz described finite and infinite analyses as proceeding from the proposition to be proved, by substituting definitions, or parts of definitions, for its terms. But the process of determining which is the best of all possible worlds by comparing the values of all the worlds seems likely to be a synthesis rather than an analysis, in this sense. Indeed Leibniz gives us no idea how one would even begin an analysis, finite or infinite, to determine which world is the best possible, although it is clear that he thought the infinite number of worlds to be compared is one ground of God's choice of this world. Let « W* » be a proper name of the world that happens to be actual. An analysis of « W* = the best of all possible worlds » will require the replacement of one or both sides of the equation by an *analysans*. But in order to reduce the equation to identities by such replacement we would need on the right-hand side an *analysans* including a statement of the complete (or at least the basic) concepts of all possible worlds : and that is not finitely statable ».

parti d'une analogie mathématique suggérée sans doute par la structure de l'algorithme infinitésimal, lorsqu'il affirme qu'«on peut dire qu'il y a la même proportion entre la nécessité et l'inclination qu'il y en a dans l'Analyse des Mathématiciens entre l'Équation exacte et les limites qui donnent une approximation»[1]. Par ailleurs, est souligné le fait que l'analyse des vérités contingentes n'est pas seulement infinie en vertu des limitations de l'entendement fini qui ne peut procéder à la décomposition analytique en vérités premières de raison; même pour Dieu, cette analyse ne saurait être menée à terme. La seule différence est que Dieu posséderait des vérités contingentes une connaissance *a priori* par voie de raisons suffisantes. L'idée sous-jacente est ici celle d'une loi régissant une série infinie et qui en assigne en quelque sorte l'arrangement interne, sans résulter d'aucun des éléments de la série, ni même d'une somme finie de ceux-ci. Cette comparaison échappe malheureusement à l'interprétation d'Adams. Celui-ci ne saisit pas que l'enchaînement interne des vérités de fait repose sur des raisons suffisantes non réductibles à l'ordre purement logique et relevant de principes architectoniques. Mais il a indiscutablement raison de rejeter la thèse initiale de Russell, corrigée par Curley, d'une exception des vérités contingentes à l'ordre nécessaire en vertu du caractère présumé non prédicatif de l'existence; il a alors le mérite de rattacher les prédicats d'existence à des conditions conceptuelles non susceptibles de résolution analytique finie. C'est là à coup sûr une orientation plus conforme au dessein de la démonstration leibnizienne.

Dans la même ligne, il convient de prendre en compte l'analyse proposée par Hidé Ishiguro[2]. Se référant à la section 13 du *Discours de métaphysique*, Ishiguro propose de distinguer deux types de connexion propositionnelle relevant de la formule *p.i.s.*, selon qu'il s'agit de vérités de fait ou de raison. La connexion peut être *a parte dicti*, ce qui correspond aux vérités proprement analytiques ou de raison, et *a parte rei*, lorsqu'il est requis de fonder la relation sur l'instantiation de la propriété prédiquée dans un sujet concret. D'un point de vue épistémologique, c'est par instantiation empirique que nos entendements finis procèdent à l'identification des concepts contextuellement liés au sujet et servant à le différencier. La méthode *a priori* de Dieu, par contraste, implique une saisie interne de la loi de développement des individus, mais il ne s'agirait pas strictement d'une implication analytique dans la mesure où l'actualisation

---

1. Voir *Conversation sur la liberté et le destin*, 1699-1703 (?), Grua, 479.

2. H. Ishiguro, «Contingent Truths and Possible Worlds», *in* R. S. Woolhouse (ed.), *Leibniz : Metaphysics and Philosophy of Science*, Oxford, OUP, 1981, p. 64-76.

du potentiel compris dans le sujet dépend de la totalité des autres existants du monde actuel. De même, on peut concevoir qu'une loi de la nature représente une sorte de règle générale dont la mise en application ne serait pas strictement nécessaire, puisque les conditions antécédentes des phénomènes régis par la loi peuvent être indéfiniment variées : d'où une actualisation contingente. La contingence des vérités de fait est illustrée par la logique des suppositions contrefactuelles que Leibniz modélise à l'aide du concept de monde possible. Mais le modèle ne sert pas à Leibniz à souligner l'articulation nécessaire de chaque monde possible ; il vise plutôt à faire ressortir par des fictions, individuellement non contradictoires, que le monde actualisé pouvait seul comporter des variations à l'infini dans la résolution des concepts complets exprimant les individus qui s'y trouvent[1].

À notre avis, cette analyse est en régression par rapport à celle d'Adams, dans la mesure où elle accorde un statut proprement synthétique aux vérités de fait. Pour Leibniz, celles-ci sont toujours présomptivement analytiques ; et seule l'impossibilité d'en opérer la démonstration par substitution stricte d'équivalents les caractérise comme non nécessaires. Par ailleurs, les essences et les lois de la nature ne constituent pas pour Leibniz des structures déterminant un ordre général nécessaire des phénomènes dans la nature, alors que les phénomènes, variables à l'infini dans leurs conditions d'actualisation, se définiraient comme contingents. Les essences et les lois de la nature se présentent conceptuellement comme des dérivés abstraits de vérités de fait singulières : elles expriment l'intégration des vérités de fait sous des raisons suffisantes architectoniques. Ces raisons ne se laissent pas strictement réduire à la structure formelle des mondes possibles, dans la mesure où celle-ci répond à des relations de type logico-géométrique. Sans doute Ishiguro a-t-elle bien saisi le rôle épistémologique propre de la notion de monde possible chez Leibniz, mais ne doit-on pas noter que les lois du monde actualisé ne sont pas contingentes *extrinsèquement*, en vertu des circonstances de leur application, mais qu'elles le sont *intrinsèquement*, en vertu du type de déduction analytique dont elles sont susceptibles ? C'est à ce seul prix que l'on peut sans doute comprendre les tentatives leibniziennes pour reconstruire les lois de la

---

1. *Ibid.*, p. 75 : « The actual world is not *merely* one of infinitely many possible worlds, and actual individuals are not merely a subset of possible entities. They are not merely objects of thought. They are individualized within a world, but since it was possible for individuals with the *same* initial constitution and nature to have been part of a different world and to have acted, perceived, and developed in different ways, many truths about them are contingent. Indeed, possible worlds were introduced to give metaphysical content to contingent truth ».

nature comme vérités hypothétiquement nécessaires, sous le couvert de raisons suffisantes architectoniques.

Le point de vue leibnizien est déterminé par les possibilités et les formes de démonstration que l'on doit respectivement associer aux deux types de vérité. Les caractéristiques de la distinction résultent de cette approche méthodologique. L'axiome de substitution des équivalents gouverne la démonstration des vérités de raison : celles-ci ne sauraient se réduire à de pures tautologies, mais mettent en évidence l'analyse réalisable par substitution d'équivalents définitionnels jusqu'aux concepts primitifs et aux relations originaires. En développant la philosophie leibnizienne du concept, on peut se représenter les vérités de ce type comme exprimant abstraitement et de façon morcelée la structure formelle des mondes possibles. L'esprit les « tire de son propre fonds », si l'on entend par là que l'entendement les reconstruit en concevant l'ordre de ses divers objets *sub ratione possibilitatis*, s'agissant de leur possibilité abstraite et « générique ». En droit, les vérités contingentes ou de fait sont susceptibles de la même analyse, mais celle-ci devrait se poursuivre à l'infini dans la substitution progressive de connexions propositionnelles, *salva veritate*, aux connexions empiriques que les énoncés de ce type expriment. Pour la notion d'une réalité individuelle (concrète), l'explication en termes de propositions ne peut se fonder que sur des définitions nominales traduisant des dénominations plus ou moins extrinsèques. Comme celles-ci renvoient nécessairement à des dénominations intrinsèques, la raison suffisante de cette explication ou démonstration requiert qu'il existe une preuve *a priori* des dénominations intrinsèques à l'infini de l'individu. La démonstration n'est directement possible que du point de vue de Dieu, car la notion de l'individu comme existant possible enveloppe *sub ratione possibilitatis* l'ordre des déterminations spécifiques du seul monde actualisé. C'est pourquoi la connexion des concepts auxquels réfèrent les vérités contingentes repose sur une raison suffisante traduisant la loi d'ordre s'appliquant à la totalité des individus.

Prenant appui sur le principe de raison suffisante, l'entendement fini peut, selon Leibniz, produire des équivalents indirects de la démonstration inachevée et inachevable des vérités de fait. Il s'agit de substituer des connexions analytiques-hypothétiques aux connexions synthétiques que l'expérience nous fait induire. La méthodologie leibnizienne pour les sciences de la nature développe précisément ces stratégies de substitution de connexions analytiques. S'ouvre alors dans la distinction des vérités nécessaires et contingentes la possibilité d'une tierce catégorie, celle des vérités hypothétiques. L'analyse épistémologique de ces vérités intermédiaires devrait ouvrir d'une part à la théorie leibnizienne de la science, d'autre part à la résolution du « problème critique », tel qu'on peut rétrospectivement l'attribuer à Leibniz, celui de savoir comment l'entendement se donne des principes architectoniques en vue d'assurer la systématisation des connaissances.

CONTINGENCE ET SCIENCE DES PHÉNOMÈNES

Les vérités de fait susceptibles d'analyse infinie impliquent néanmoins des raisons suffisantes assignables. Cette thèse se situe au cœur de la démarche leibnizienne pour fonder la doctrine des vérités hypothétiques comme catégorie intermédiaire entre les vérités contingentes et nécessaires. La question se ramène initialement à celle d'établir comment l'entendement fini peut systématiser les vérités contingentes.

Le statut de ces vérités a particulièrement préoccupé Leibniz pendant la période de 1679-1686, qui culmine avec le *Discours de métaphysique* et avec les *Generales inquisitiones de analysi notionum et veritatum*. Dans l'hypothèse d'une évolution, Leibniz passerait, semble-t-il, d'une position plus rationaliste (et déterministe) à une position plus relativiste (et empiriste) sur l'implication de preuves *a priori* dans les propositions de fait[1]. L'argument selon lequel il existerait des preuves *a priori* des vérités contingentes s'effacerait, car Leibniz aurait découvert dans l'analogie avec les quantités incommensurables et commensurables le moyen de symboliser le contraste de ces vérités par rapport aux vérités nécessaires. À notre avis, la position de Leibniz ne s'est pas significativement modifiée au cours de la séquence, si ce n'est que les analogies mathématiques lui permettent de raffermir sa conception des preuves *a priori*. Celles-ci d'ailleurs ne doivent pas, selon nous, être confondues avec un savoir *a priori*, déductivement construit. L'usage même de cette analogie est d'ailleurs constamment sous-tendue d'une solution de continuité : contrairement aux quantités incommensurables dont le rapport aux quantités finies pourrait être assigné par exténuation de la différence au-delà de toute proportion assignable, les vérités contingentes impliqueraient des lois de série des

---

1. F. E. Andrews s'est appliquée à retracer étape par étape le développement présumé de la doctrine des vérités contingentes, voir « Leibniz's Logic within his Philosophical System », *Dionysius*, 8 (1983), p. 74-127. Si le choix des fragments est très représentatif, l'identification des étapes et l'analyse qui en est faite restent particulièrement contestables.

prédicats auxquelles on ne pourrait jamais vraiment accéder par des formules symbolisantes tirées de raisons déterminées finies; le stade de la différence évanouissante des formules finies par rapport aux termes infinis ne pourrait jamais être atteint.

Plutôt que de séquence, il conviendrait de parler d'un ensemble de textes relatifs au même thème. Notre position se fonde sur le fait qu'en 1678 au plus tard Leibniz était en possession entière du calcul infinitésimal comme des principes de la dynamique en tant que mécanique réformée; et, sur la vérité logique et la métaphysique de la substance, ses idées se trouvaient schématiquement arrêtées. Leibniz s'efforçait donc de fournir une articulation systématique à ces divers jeux de principes. Que, dans le processus, Leibniz ait relativisé ses positions originales en ce qui concerne le principe *Omne prædicatum inest subjecto*, et qu'il ait perfectionné son argumentation relative à la spécificité des propositions contingentes, rien sans doute de plus exact. Mais rien n'indique de solutions de continuité évidentes dans la doctrine. Nous tenterons donc de déterminer comment la science des phénomènes se profile en fonction de la notion d'une nécessité *ex hypothesi* propre à l'ordre des vérités contingentes.

Considérons les raisons tirées de la pièce *De libertate, contingentia et serie causarum, providentia*[1]. Si l'on suppose que ce texte incarne une réaction aux *Principia philosophiæ* de Descartes, au moment où Leibniz élabore sa propre conception d'une physique de la force, ne pourrait-il être concomitant des premiers textes de la séquence? L'argument de Loemker pour le dater approximativement de 1679 reposait sur le fait que les thèmes de discussions avec les Cartésiens y sont très similaires à ceux que l'on trouve dans la correspondance datée de la même époque, par exemple dans les lettres à Christian Philipp (Philippi)[2]. Quoi qu'il en soit de la chronologie, rien ne nous semble justifier la thèse que Leibniz y nierait que les propositions contingentes vraies répondent à des preuves *a priori*. Leibniz se contente d'affirmer «que Dieu seul connaît les vérités contingentes *a priori* et voit leur infaillibilité autrement que par expérience»[3]. Pour l'entendement fini en effet, démontrer que tel ou tel prédicat s'intègre au sujet impliquerait un processus d'analyse à l'infini, puisque le *nexus terminorum* dans la notion complète du sujet forme une série dont nous ne

---

1. Eté 1689, A VI 4, 1653-1659 (F de C, 178-185).
2. Voir G. W. Leibniz, *Philosophical Papers and Letters*, ed. L. E. Loemker, Dordrecht, Reidel, 1969, n. 2 p. 266.
3. A VI 4, 1655 (F de C, 181): «[...] quod solus Deus veritates contingentes a priori cognoscit earumque infallibilitatem aliter quam experimento videt».

pouvons comprendre intégralement la loi. Toutefois, Leibniz laisse place à quelque preuve *a priori* des propositions contingentes lorsqu'il concède que nous apprenons ces vérités soit par expérience, soit par raison.

[Nous connaissons] par expérience lorsque nous percevons la chose assez distinctement par nos sens; par raison, en vertu de ce même principe général que rien ne se fait sans raison ou que le prédicat se trouve toujours inhérent au sujet par quelque raison [1].

Il y aurait preuve *a priori* par l'intermédiaire du principe de raison suffisante, anticipant la connexion légale des éléments dans la série infinie des prédicats pour une substance donnée. Si l'on retient que ce fragment paraît être plus tardif, *a fortiori* cela suspendrait l'hypothèse d'une évacuation complète de tout schéma de preuve *a priori* pour les propositions contingentes [2].

Le fragment *De principiis præcipue contradictionis et rationis* affirme l'intérêt de pratiquer la conséquence *ex hypothesi* en assumant des propositions à titre d'«assertions premières» (*assertiones primæ*) dont on pourrait se servir provisionnellement pour démontrer des propositions plus complexes. Ceci posé, dans le domaine des propositions nécessaires ou des vérités éternelles, on peut présumer que les vérités primitives s'expriment sous forme de propositions identiques, et procéder analytiquement à la démonstration des propositions complexes comme «virtuellement identiques» (*virtualiter identicæ*) [3] par résolution des termes. Est-il évident que cela soit possible en un nombre fini d'étapes? Dans toute proposition vraie, prévaut une connexion d'inclusion de la notion prédiquée dans la notion complète du sujet. Dans les propositions de fait, à défaut de traduire une nécessité absolue, cette connexion exprime une certitude provenant du décret rationnel présupposé de Dieu. D'où le fait que l'on puisse rendre raison de telles propositions en fonction d'une «raison inclinante, mais non nécessitante» (*ratio inclinans tamen, non vero necessitans*) [4]. La connaissance pleinement adéquate de cette raison s'obtiendrait idéalement par l'analyse déductive des notions. Elle équivaudrait à la saisie intuitive

---

1. A VI 4, 1656 (F de C, 182): «[...] experientiæ quidem, quando sensibus rem satis distincte percepimus; Rationis autem ex hoc ipso principio generali, quod nihil fit sine ratione; seu quod semper prædicatum aliqua ratione subjecto inest».
2. De fait, les éditeurs de l'Académie, qui le rapportent vraisemblablement à une date plus tardive (été 1689), y voient l'exposé d'une conception des vérités contingentes postérieure à 1686.
3. Début 1686-hiver 1687 (?), A VI 4, 805 (GP VII, 300).
4. A VI 4, 806 (GP VII, 301).

a priori par Dieu de la même raison. Nous devons nous contenter de postuler une telle raison et d'en fournir des formules suivant les suggestions de l'analyse *a posteriori*[1]. Mais l'axiome de raison suffisante procure néanmoins une justification *a priori* des vérités contingentes : « Il est évident que toutes les vérités, même les plus contingentes, ont une preuve *a priori* ou une raison pourquoi elles existent plutôt que non »[2]. Le recours au principe de raison suffisante suggère une prévalence d'ordre dans la détermination des propositions de fait, même si cette détermination n'implique pas l'impossibilité du contraire. Ce recours toutefois peut servir de preuve *a priori* à l'appui des hypothèses rationnelles que l'on constitue nécessairement *a posteriori* pour rendre compte des phénomènes : ces hypothèses assurent une progression déductive fondée sur des notions abstraites finies telles qu'elles puissent exprimer des notions intégrales qui, elles, se déploieraient analytiquement à l'infini. Indépendamment de l'usage qu'on peut en faire en métaphysique et dans la science morale, Leibniz assigne au principe de raison un rôle essentiel en physique lorsqu'il s'agit d'instituer une *argumentatio* sur les déterminations causales. Sans cet axiome, « on ne peut instituer d'argumentation ni des causes aux effets ni des effets aux causes »[3]. Si les propositions de fait ne sont pas susceptibles d'un traitement analytique *a priori* de type intégral, on peut néanmoins en fournir des expressions analytiques articulées suivant un ordre suffisant de façon à en garantir l'objectivité et la fécondité. Leibniz cite à ce propos le corollaire du principe de raison suffisante dont Archimède se sert pour justifier la loi d'équilibre en statique.

---

1. G. H. R. Parkinson, *Logic and Reality in Leibniz's Metaphysics*, Oxford, Clarendon Press, 1965, p. 68, indique que donner la raison d'une vérité, c'est montrer comment le prédicat est contenu dans le sujet. Dans cette perspective, le principe de raison entre sous le couvert de la définition leibnizienne de la vérité ; mais Parkinson soutient aussi qu'on peut le dériver de la définition de la vérité, dans la mesure où le principe stipule que toute proposition peut être prouvée. La preuve peut se distinguer toutefois de la possibilité d'une démonstration déductive, voir *ibid.*, p. 71-72 : « Briefly, every truth is necessary if it is either an identical proposition, or human beings can demonstrate that it is an identical proposition ; it is contingent if they cannot, but know its truth by other, non-deductive means ». Dans ces conditions, pour expliquer la possibilité de ces propositions, on peut se contenter de noter que ce sont des propositions certaines dont l'analyse est infinie.

2. A VI 4, 806 (GP VII, 301) : « Constat ergo omnes veritates etiam maxime contingentes probationem a priori seu rationem aliquam cur sint potius, quam non sint habere ».

3. A VI 4, 806 (GP VII, 301) : « [...] neque a causis ad effecta vel ab effectis ad causas argumentatio institui [...] potest ».

À titre d'exemple, Archimède ou quiconque est l'auteur du livre *De æqui-ponderantibus* assume que deux poids égaux placés de même manière sur la balance par rapport au centre ou à l'axe sont en équilibre. Ce qui n'est que le corollaire de notre axiome, puisqu'en effet tout étant supposé se comporter de même manière de part et d'autre, on ne peut imaginer aucune raison pourquoi la balance s'inclinerait d'un côté plutôt que de l'autre. Ceci étant assumé, tout le reste se trouve désormais démontré par Archimède suivant une nécessité mathématique[1].

À notre avis, dans cet exemple, Leibniz fait intervenir l'homologie continue entre les déterminants et les conséquents dans l'analyse des phénomènes. Ce qu'il attribue au principe de continuité dans la controverse avec les Cartésiens au sujet du principe de conservation de la force vive se trouve ici assigné à l'analogie d'ordre entre la loi et les effets qu'elle gouverne. De ce point de vue, le principe de raison joue un rôle fonctionnel dans la détermination d'une relation générique d'ordre pour un ensemble d'états ou de propriétés se déployant à l'infini, suivant la définition du contingent. Le principe de raison constitue une preuve *a priori* de l'ordre impliqué dans une progression analytique que l'expression n'a jamais fini de révéler *a posteriori*.

Cette interprétation se trouve confirmée par le développement du même exemple dans la pièce *Principium scientiæ humanæ*[2]. L'axiome « Rien ne se produit dont on ne puisse rendre raison pourquoi il s'est ainsi produit plutôt qu'autrement » est invoqué comme preuve *a priori* dans une séquence où l'on se donne comme antécédent l'équivalence de deux disposifs mécaniques en équilibre et où l'on infère comme conséquent l'état similaire d'équilibre dans les effets résultants. Une proposition vraie est constituée de telle sorte que le prédicat soit contenu dans le sujet ou plus généralement que le conséquent soit contenu dans l'antécédent : « Et ainsi il faut qu'il y ait une certaine connexion entre les notions des termes c'est-à-dire un fondement *a parte rei* à partir duquel on puisse rendre raison de la proposition, ou en découvrir une preuve *a priori* »[3]. Leibniz nous semble

---

1. *Ibid.* : « Exempli causa Archimedes vel quisquis est autor libri *De æquiponderantibus* assumit duo pondera æqualia, eodem modo in libra respectu centri vel axis sita, esse in æqui-librio. Quod corollarium est tantum hujus nostri Axiomatis, cum enim omnia utrinque eodem modo se habere ponantur, nulla ratio findi potest, cur in alterutram potius partem libra inclinetur. Hoc autem assumto catera jam mathematica necessitate ab Archimede demonstrantur ».

2. Hiver 1685-1686 (?), A VI 4, 670-672 (C, 401-403).

3. A VI 4, 671 (C, 402) : « Ac proinde necesse est quandam inter notiones terminorum esse connexionem, sive fundamentum dari a parte rei ex quo ratio propositionis reddi, seu probatio a priori inveniri possit ».

distinguer ici entre la connexion des termes découlant de la nature des sujets, que l'analyse adéquate des notions complètes peut seule révéler dans le cas des propositions contingentes, et la structure formelle, la relation d'ordre suivant laquelle notre entendement saisit l'implication du prédicat dans le sujet, du conséquent dans l'antécédent. Dans le cas des vérités de fait, les axiomes dérivés du principe de raison suffisante illustrent cette imposition *a priori* d'intelligibilité régissant le développement *a posteriori* des connexions phénoménales.

Dans un tel cas, l'apriorité de la preuve ne peut évidemment signifier une antériorité temporelle par rapport au développement de l'analyse empirique; elle ne signifie pas non plus que l'on soit en présence d'une démonstration *a priori*. Cette possibilité ne vaut que pour les propositions réductibles aux identiques où l'on peut expliquer la connexion des concepts de façon à ce que la raison en apparaisse intégralement. Néanmoins, pour toute autre proposition vraie, l'on peut parvenir à une explication dans la mesure où l'on s'en représente la raison suffisante. Le principe de raison suffisante gouvernant cette opération ne saurait dépendre des inférences empiriques dont il indique virtuellement le support architectonique[1]. Le texte *Introductio ad encyclopœdiam arcanam* souligne ainsi le rôle que le principe de raison joue dans les sciences soit dans des formulations plus ou moins réductibles au modèle des axiomes géométriques, par exemple dans la statique d'Archimède, soit dans des expressions plus hypothétiques qui visent à assurer la corrélation des phénomènes, et dont la validité fonctionnelle est attestée *a posteriori*: « Dans les choses de fait, celles-là sont suffisamment vraies qui égalent en certitude les pensées et perceptions que j'ai de moi-même »[2]. Illustrant cette capacité de dériver des principes *a posteriori* sous l'égide de la raison suffisante, Leibniz construit d'ailleurs une classification des principes dont

1. K. Okruhlik, « The status of scientific Laws », *in* K. Okruhlik et J. R. Brown (eds), *The Natural Philosophy of Leibniz*, Dordrecht, Reidel, 1985, p. 183-206, suggère une interprétation de ce type. Voir *ibid.*, p. 202 : « When Leibniz says that in principle all propositions admit of an *a priori* proof, he means that all propositions can be explained either with reference to the truths of logic or with reference to God's plan for the world. And when he says that sometimes we can discover an *a priori* proof for a law of nature, he means that we may sometimes be led to discover a law of nature by considering God's plan for the world ». À notre avis, la conception de ce plan divin, qui appartient proprement aux raisons métaphysiques, ne peut jouer un rôle instrumental que sous des conditions épistémologiques précises qu'il convient d'analyser.

2. *Introductio ad encyclopœdiam arcanam*, été 1683-début 1685 (?), A VI 4, 530 (C 514) : « In rebus facti illa satis vera sunt quæ certa sunt, ac meæmet ipsius cogitationes et perceptiones ».

la signification méthodologique est probante pour l'analyse de la base réelle des phénomènes.

Principes premiers a priori. *Principes de la certitude métaphysique*

Rien ne peut être et ne pas être en même temps, mais quoi que ce soit est ou n'est pas.

Rien n'est sans raison.

Principes premiers de la connaissance a posteriori *ou de la certitude logique*

Toute perception de ma connaissance présente est vraie.

Principe de la connaissance topique

Tout est présumé persévérer dans l'état où il se trouve. Est plus probable ce qui possède moins de réquisits, c'est-à-dire ce qui est plus facile.

Principe de la certitude morale

Tout ce que confirment de nombreux indices qui peuvent difficilement concourir à moins que ce ne soit vrai, est moralement certain ou incomparablement plus probable que le contraire.

Principe de la certitude physique

Tout ce que les hommes de multiples façons ont connu par expérience se produira encore maintenant, comme le fait que le fer coule dans l'eau [1].

Couturat commente, pour sa part, le tableau comme suit :

Ainsi c'est le principe de raison qui est le fondement de ces principes empiriques que Leibniz prend (provisoirement) pour vérités premières. Les *expériences internes immédiates* ne sont des *vérités premières* que *pour nous* hommes ; mais les *vérités absolument premières* sont, d'une part, les propositions identiques (qui se réduisent au principe de contradiction) et, d'autre part, le principe de raison, « par lequel on peut démontrer *a priori* toutes les expériences », et que Leibniz formule ainsi : « Tout possible exige l'existence » [2].

Cette dernière assertion, très forte, repose sur la référence à une pièce dans laquelle Leibniz montre que l'on peut établir *a priori* que les réalités existantes composent un tout où s'affirme la plus grande quantité

---

1. A VI 4, 530 (C 515) : ce tableau constitue une annotation marginale au texte.
2. L. Couturat, *La logique de Leibniz, op. cit.*, p. 259-260.

d'essence compatible[1]. Si l'on postule en effet que tout possible prétend à l'existence, il faut admettre une raison déterminante de la sélection des possibles réalisés. En prenant comme vérités premières de fait les constats de perception phénoménale, je puis en tirer analytiquement l'idée d'un ordre architectonique de possibles qui s'exprimerait dans l'ordre empirique sous une loi de détermination optimale. Certes, une telle démonstration *a priori* repose sur une inférence hypothético-déductive subordonnée à la découverte *a posteriori* de la corrélation indéfinie des phénomènes. C'est pourquoi la notion de preuve *a priori* semble privilégiée par rapport à celle de démonstration *a priori* dans le corpus leibnizien relatif à l'intelligibilité analytique des vérités de fait. Le texte *Principia logico-metaphysica* développe la thèse que les notions complètes de substance enveloppent les raisons déterminantes de toute prédication ressortissant aux vérités contingentes[2]. Notons à ce propos que la preuve *a priori* (*probatio a priori*) opère par « résolution des notions indépendamment de l'expérience »[3]. C'est seulement dans les identiques que la connexion des termes apparaît expressément. Dans tous les autres cas, donc tant pour les vérités nécessaires que pour les vérités contingentes, la connexion d'inclusion du prédicat dans le sujet « est implicite et doit se montrer par l'analyse des notions, en laquelle se situe la démonstration *a priori* »[4]. La démonstration *a priori* au sens strict ne vaut sans doute que pour les vérités nécessaires, car sitôt après, Leibniz localise dans le mode de connexion l'*arcanum mirabile* qui fournirait la distinction essentielle entre vérités contingentes et nécessaires. Cette distinction résiderait dans le fait que les vérités contingentes dépendent de dénominations extrinsèques et ne sauraient se réduire, pour l'entendement fini tout au moins, à un système intégral de dénominations intrinsèques. La norme d'intelligibilité de toutes les propositions reste néanmoins la possibilité de les réduire aux identiques, par substitution d'équivalents définitionnels. Or cet idéal s'avère inatteignable pour les vérités contingentes, mise à part la présomption d'une intelligibilité analytique exprimée par le principe de raison :

1. *De veritate primis*, milieu-fin 1680 (?), A VI 4, 1442-1443 (GP VII, 194-195).
2. Début-automne 1689 (?), A VI 4, 1643-1649 (C 518-523).
3. A VI 4, 1644 (C 518) : « [...] per resolutionem notionum, in qua consistit probatio a priori, independens ab experimento ».
4. *Ibid*. (C 519) : « [...] implicita, ac per analysin notionum ostendenda, in quo demonstratio a priori sita est ».

[De la nature de la vérité ou de la connexion des termes de toute énonciation vraie] naît aussitôt [...] l'axiome reçu : rien n'est sans raison, ou encore aucun effet n'est sans cause. Autrement il y aurait quelque vérité que l'on ne pourrait prouver *a priori*, ou encore qui ne se résoudrait pas en identiques, ce qui est contraire à la nature de la vérité qui est toujours soit expressément, soit implicitement identique [1].

Or, suivant le schéma déjà relevé, Leibniz rattache au principe de raison comme argument *a priori* certains principes dérivés. Ceux-ci serviront à construire les modèles de substitution pour analyser les vérités de fait en notions distinctes. Il s'agit en premier lieu d'un axiome évoquant le principe de continuité : « Il s'ensuit que comme tout se comporte d'un côté de la même façon que de l'autre dans les données, aussi dans ce qui est recherché, ou encore dans les conséquents, tout se comportera de la même façon de part et d'autre » [2]. Cet axiome est illustré, une fois de plus, par son corollaire, le principe archimédien d'équilibre. Puis viennent des principes, tels celui des indiscernables et celui du fondement *in re* des dénominations extrinsèques. Ces principes remplissent une double fonction : ils introduisent, d'une part, les prémisses du système métaphysique auquel rattacher l'intelligibilité des phénomènes ; ils servent, d'autre part, à garantir nos constructions analytiques appliquées aux vérités de fait du point de vue de l'explication des phénomènes *more geometrico*.

Leibniz tient les principes architectoniques pour des expressions analogiques du principe de raison appliqué aux vérités de fait. Il en infère la justification des thèses métaphysiques relatives à la détermination des substances finies par des notions complètes enveloppant une combinatoire infinie de réquisits. Ces derniers sont tous compris sous l'idée d'un arrangement d'ensemble, permettant l'entre-expression intégrale, et figuré par les modèles qu'on s'en donne. Par ailleurs, Leibniz tire des principes ainsi justifiés la possibilité d'utiliser des formules analogiques du principe de raison pour analyser *a posteriori* le divers de déterminations à l'infini. L'idée régulatrice d'un ordre symbolisable de ce divers gouverne la projection par l'entendement de tout modèle de représentation en vue de formuler la science des phénomènes. Ainsi peut-on conjointement relativiser les modèles géométrico-mécaniques des modernes et restaurer sous

---

1. A VI 4, 1645 (C 519) : « [...] statim enim hinc nascitur axioma receptum : nihil esse sine ratione, seu nullum effectum esse absque causa. Alioqui veritas daretur, quæ non posset probari a priori, seu quæ non resolveretur in identicas, quod est contra naturam veritatis, quæ semper vel expresse vel implicite identica est ».
2. A VI 4, 1647-1648 (C 522).

le concept de « forme » une figuration nécessaire du principe de détermination des réquisits géométrico-mécaniques. Comme ceux-ci se développent et varient à l'infini, ils requièrent par le fait même qu'on leur
assigne une « loi » de déploiement phénoménal, une « raison suffisante »
analogique du système réel qu'ils expriment.

Cette interprétation se justifie si l'on examine la série des thèses
« physiques » dans la pièce *Principia logico-metaphysica*. En vertu du
principe des indiscernables, il ne saurait y avoir de vide ; il ne saurait y avoir
de substance corporelle qui ne comprît rien d'autre que l'étendue, la
grandeur, la figure et leurs variations : d'où la nécessité de postuler une
raison suffisante des déterminations modales qui relève de la « forme ».
Pour des raisons architectoniques analogues, le modèle des atomes est
exclu, même s'il s'agit du modèle révisé de Cordemoy, postulant des
atomes matériels exempts de divisibilité[1]. La motivation de Cordemoy
pour sa réforme insuffisante tenait à la nécessité de passer au-delà de
l'extensif pour se procurer, suivant l'expression de Leibniz, « un principe
de la réalité des phénomènes ou d'unité vraie »[2]. Le propre de la critique
que Leibniz opère de l'atomisme consiste précisément à faire valoir la
nécessité de poser des lois de déploiement d'effets physiques enveloppant
une infinité de déterminations en un ensemble intégré. Ces lois doivent
refléter la formule des notions complètes de substances : ces notions
comprennent en effet l'infinité des prédicats qui s'y rattachent suivant le
déroulement contingent des effets phénoménaux dans un univers intégré
de substances entre-expressives.

> *Il n'y a pas d'atome* ; au contraire nul corps n'est si exigu qu'il ne soit
> subdivisé en acte. Par cela même, tandis qu'il est affecté par tous les autres
> corps de l'univers et qu'il en reçoit quelque effet, qui doit produire une
> variation dans le corps, il conservera aussi toutes les impressions passées et

---

1. Sur l'atomisme de Cordemoy, voir J.-F. Battail, *L'avocat philosophe Géraud de Cordemoy (1626-1684)*, La Haye, M. Nijhoff, 1973, p. 86-125. Sur la critique de Cordemoy par Leibniz, voir D. Garber, *Body, Substance, Monad*, Oxford, OUP, 2009, p. 68-70, p. 81-82. Voir lettre à Arnauld, 28 novembre/8 décembre 1686, A II 2, 123 (GP II, 78) : « Je me souviens que M. Cordemoy dans son traité *Du discernement de l'âme et du corps*, pour sauver l'unité substantielle dans les corps, s'est cru obligé d'admettre des atomes ou des corps étendus indivisibles afin de trouver quelque chose de fixe pour faire un être simple ; mais vous avez bien jugé, Monsieur, que je ne serais pas de ce sentiment. Il paraît que M. Cordemoy avait reconnu quelque chose de la vérité, mais il n'avait pas encore vu en quoi consiste la véritable notion d'une substance, aussi c'est là la clef des plus importantes connaissances ». Voir aussi lettres à Arnauld du 30 avril 1687, A II 2, 169 (GP II, 96) et du 9 octobre 1687, A II 2, 248-249 (GP II, 118).

2. A VI 4, 1648 (C 523).

contient déjà celles à venir. Et si quelqu'un dit que cet effet est contenu dans les mouvements imprimés à l'atome, qui propagent l'effet dans le tout sans le diviser, on peut répondre que non seulement des effets doivent résulter dans l'atome de toutes les impressions de l'univers, mais aussi réciproquement que de l'atome s'infère l'état de l'univers tout entier: et l'on peut inférer de l'effet la cause, mais de la seule figure de l'atome et de son mouvement on ne peut inférer par régression par quelles impressions il est parvenu à cet état, parce que le même mouvement peut s'obtenir de diverses impressions; et j'omets le fait qu'aucune raison ne puisse être fournie pourquoi des corps d'une petitesse déterminée ne puissent être davantage divisibles[1].

Leibniz conclut cette critique en posant l'infinité des déterminations comprises dans la notion distincte de tout élément présumé constitutif de l'univers phénoménal. L'analogie qu'il développe à ce propos est celle d'un monde infini de créatures compris en chaque particule de l'univers. Cette analogie reflète précisément l'idée d'une détermination architectonique gouvernant le déploiement des déterminations géométrico-mécaniques et leur constitution en séries infinies. Nul doute que ces déterminations ne correspondent aux possibilités de représentation abstraite de l'entendement par rapport au divers indéfini de l'interaction phénoménale. Mais, précisément en raison de son caractère abstrait, cette mise en forme intelligible ne saurait suffire à rendre compte des effets actuellement produits dans l'univers. Ceux-ci supposent en effet un processus d'engendrement qui excède les limites de la représentation géométrique, du moins suivant la projection *a priori*. Le déchiffrement analytique des phénomènes peut certes s'opérer à l'aide d'une caractéristique géométrique, mais suivant des modèles qui n'ont qu'une adéquation relative et qui ne reposent que sur la synthèse précédemment réalisée lorsqu'on a classé les données empiriques de façon à spécifier les phénomènes à expliquer. S'il est impossible d'analyser *more geometrico* les déterminations ultimes des réalités contingentes, cela ne signifie pas qu'il faille

---

1. A VI 4, 1647-1648 (C 522) : « Non datur atomus, imo nullum est corpus tam exiguum, quin sit actu subdivisum. Eo ipso dum patitur ab aliis omnibus totius universi, et effectum aliquem ab omnibus recipit, qui in corpore variationem efficere debet, imo etiam omnes impressiones præteritas servavit, et futuras præcontinet. Et si quis dicat effectum illum contineri in motibus atomo impressis, qui in toto sine ejus divisione effectum sortiantur, huic responderi potest, non tantum debere effectus resultare in atomo ex omnibus universi impressionibus, sed etiam vicissim ex atomo colligi totius universi statum et ex effectu causam, jam vero ex sola figura atomi et motu colligi per regressum non potest quibus impressionibus ad eum pervenerit, quia idem motus obtineri potest diversis impressionibus, ut taceam rationem nullam reddi posse, cur corpora certæ parvitatis non amplius sint divisibilia ».

renoncer à exprimer la rationalité implicite des phénomènes. Sous l'égide des principes architectoniques, Leibniz soutiendra sans hésiter que l'on peut formuler des séquences de démonstrations *more geometrico* s'accordant aux phénomènes bien fondés, et explicitant *a posteriori* la «forme» d'un enchaînement infini de déterminations. Le principe de raison comme preuve *a priori* de cette rationalité fournit la pierre de touche de toute utilisation des principes architectoniques dans l'explication nécessairement dérivée et *a posteriori* des vérités contingentes.

D'autres textes du corpus circonscrivent les normes de l'opération analytique appliquée aux vérités de fait par contraste avec les vérités de raison. La norme première est sans doute l'usage du principe de raison pour établir que toute vérité contingente repose sur une preuve *a priori*, même si celle-ci, en tant qu'*a priori*, n'a sans doute qu'un caractère formel. Mais, en même temps, cette «preuve formelle» est requise pour garantir la «réalité» des modèles analytiques que l'on tente de déployer *a posteriori* au moyen de la caractéristique et de la combinatoire. Dans cette perspective toutefois, Leibniz développe davantage les analogies permettant de circonscrire le rapport des vérités contingentes aux vérités nécessaires : à notre avis, ces analogies suggèrent de façon significative comment concevoir les modèles analytiques *a posteriori* que requiert l'explication des vérités contingentes.

L'analogie dominante renvoie au rapport entre nombres dits rationnels et nombres sourds, au rapport entre quantités commensurables et infinies, au rapport entre algorithmes du fini et de l'infinitésimal. Le *Specimen inventorum de admirandis naturæ generalis arcanis* combine l'assertion que toute proposition vraie qui n'est pas *per se nota*, comporte une preuve *a priori* en vertu du principe de raison [1], avec l'argument que voici :

> La différence est essentielle entre vérités nécessaires ou éternelles et vérités de fait ou contingentes : elles diffèrent pour ainsi dire comme les nombres rationnels et les nombres sourds. Car les vérités nécessaires peuvent être résolues en identiques, comme les quantités commensurables en une mesure commune, mais dans les vérités contingentes, comme dans les nombres sourds, la résolution se développe à l'infini et ne se termine jamais; c'est pourquoi la certitude et la raison parfaite des vérités

---

1. Voir *Specimen inventorum de admirandis naturæ generalis acanis*, 1688 (?), A VI 4, 1616 (GP VII, 309) : «[...] et principium reddendæ rationis quod scilicet omnis propositio vera, quæ per se nota non est, probationem recipit a priori, sive quod omnis veritatis reddi ratio potest, vel ut vulgo ajunt, quod nihil fit sine causa. Hoc principio non indiget Arithmetica et Geometria, sed indiget Physica et Mechanica, eoque usus est Archimedes».

contingentes ne sont connues que de Dieu, qui embrasse l'infini en une intuition. Cet arcane une fois connu, la difficulté relative à la nécessité absolue de toute chose se trouve levée et la distance apparaît, qui existe entre l'infaillible et le nécessaire [1].

Dans un fragment sans doute préparatoire aux *Generales inquisitiones* que Couturat avait édité sous le titre *Vérités nécessaires et contingentes* [2], Leibniz insiste sur le fait que pour toute proposition vraie, la notion du prédicat est comprise *aliquo modo* dans la notion du sujet. Pour Dieu, cela représente une science des propositions reposant soit sur l'intelligence simple des termes concernant ces essences, soit sur la vision relative aux existences, soit sur la saisie des implications conditionnelles dont dépendent les existences (*scientia media*). Mais, dans tous les cas, une telle science *a priori* des termes complexes résulterait de l'intelligence des termes incomplexes. Cette intelligence *a priori* dans le cas des vérités contingentes fait défaut à l'entendement fini, qui peut néanmoins y suppléer par l'expérience *a posteriori*. Mais cela s'appliquerait à la raison parfaite des connexions conceptuelles; or Leibniz n'exclut sans doute pas l'appréhension formelle par l'entendement fini d'une dépendance des vérités contingentes par rapport à un système *a priori* de preuves, système en soi inaccessible, mais symbolisé par l'application du principe de raison comme principe *a priori*. C'est dans ce contexte que surgit l'analogie par rapport aux nombres rationnels et irrationnels :

> Les vérités contingentes se rapportent d'une certaine manière aux néces-saires comme les raisons sourdes des nombres incommensurables aux raisons exprimables des nombres commensurables. Comme on peut montrer en effet qu'un nombre plus petit est contenu dans un nombre plus grand, en résolvant l'un et l'autre jusqu'à la plus grande mesure commune, de même aussi on démontre des propositions essentielles ou vérités en instituant une résolution jusqu'à ce qu'on parvienne à des termes dont il est évident par définitions qu'ils sont communs à l'un et l'autre terme. Mais, de même qu'un nombre plus grand en contient un autre incommensurable bien

---

1. A VI 4, 1616 (GP VII, 309) : « Essentiale est discrimen inter Veritates necessarias sive æternas et veritates facti sive contingentes differuntque inter se propemodum ut numeri rationales et surdi. Nam veritates necessariæ resolvi possunt in identicas, ut quantitates commensurabiles in communem mensuram, sed in veritatibus contingentibus, ut in numeris surdis, resolutio procedit in infinitum, nec unquam terminatur, itaque certitudo et perfecta ratio veritatum contingentium soli Deo nota est, qui infinitum uno intuitu complectitur. Atque hoc arcano cognito tollitur difficultas de absoluta omnium rerum necessitate ; et apparet quid inter infallibile et necessarium intersit ».

2. *De natura veritatis, contingentiæ et indifferentiæ atque de libertate et prædetermi-natione*, fin 1685-milieu 1686 (?), A VI 4, 1514-1524 (C 16-24).

qu'en poursuivant la résolution pour ainsi dire à l'infini, on ne parvienne jamais à une commune mesure, de même dans une vérité contingente, on ne parvient jamais à une démonstration en résolvant les notions autant que possible. La seule différence est que dans les raisons sourdes, nous pouvons néanmoins instituer des démonstrations, en montrant que l'erreur est moindre que quoi que ce soit d'assignable, mais dans les vérités contingentes, pas même cela n'a été concédé à l'esprit créé. Mais je pense qu'ainsi j'ai dévoilé un arcane qui m'a longtemps tenu perplexe, ne comprenant pas comment le prédicat pouvait être inhérent au sujet alors que la proposition ne s'en trouvait pas rendue nécessaire pour autant. Mais la connaissance des réalités géométriques et l'analyse des infinis m'apportèrent une lumière telle que je pouvais comprendre que les notions étaient ainsi résolubles à l'infini [1].

Il n'y a là aucune renonciation à l'idée que les vérités contingentes répondent à une preuve *a priori*. Certes, l'entendement fini ne possède pas les moyens d'instituer le même type de démonstration par analyse adéquate de connexions conceptuelles au sujet des vérités contingentes qu'il est en mesure d'instituer par le calcul portant sur les limites des quantités incommensurables. Néanmoins, l'analogie des vérités contingentes avec des rapports mathématiques impliquant une progression indéfinie est assez forte pour permettre de concevoir que même de telles notions demeurent résolubles à l'infini, ce qui implique qu'elles possèdent quelque forme de preuve *a priori*. La différence d'avec les propositions impliquant les nombres irrationnels tient à ce qu'alors nous pouvons démontrer que l'erreur occasionnée par le passage à la limite est moindre que toute quantité assignable, et nous rallier à une terminaison anticipée,

---

1. A VI 4, 1516 (C 17-18) : « Itaque Veritates contingentes ad necessarias quodammodo se habent ut rationes surdæ, numerorum scilicet incommensurabilium, ad rationes effabiles numerorum commensurabilium. Ut enim ostendi potest numerum minorem alteri majori inesse, resolvendo utrumque usque ad maximam communem mensuram, ita et propositiones essentiales seu veritates demonstrantur, resolutione instituta donec perveniatur ad terminos quos utrique termino communes esse, ex definitionibus constat. At quemadmodum Numerus major alterum incommensurabilem continet quidem, licet resolutione utcunque in infinitum continuata, nunquam ad communem mensuram perveniatur, ita in contingente veritate, nunquam pervenitur ad demonstrationem quantumcunque notiones resolvas. Hoc solum interest, quod in rationibus surdis nihilominus demonstrationes instituere possumus, ostendendo errorem esse minorem quovis assignabili, at in Veritatibus contingentibus ne hoc quidem concessum est menti creatæ. Atque ita arcanum aliquod a me evolutum puto, quod me ipsum diu perplexum habuit ; non intelligentem, quomodo prædicatum subjecto inesse posset, nec tamen propositio fieri necessaria. Sed cognitio rerum Geometricarum atque analysis infinitorum hanc mihi lucem accendere, ut intelligerem, etiam notiones in infinitum resolubiles esse ».

provisionnelle, du processus démonstratif, ce que l'on ne peut jamais faire dans le cas des propositions contingentes. De façon générale, lorsqu'on a affaire à des notions qui doivent se résoudre à l'infini, il ne peut y avoir de démonstration au sens strict, à moins que la notion ne soit analogiquement traitée comme analysable *quodammodo* en un nombre fini d'étapes. Tel n'est jamais le cas si l'on veut atteindre le fondement essentiel des vérités de fait. Si la *resolutio* doit se poursuivre à l'infini, il n'y a pas de base accessible pour construire une démonstration fondée sur des implications conceptuelles strictes : « D'où il apparaît pourquoi l'on ne peut découvrir aucune démonstration d'une proposition contingente, aussi loin que l'on poursuive la résolution des notions »[1].

Tournons-nous enfin vers les *Generales inquisitiones de analysi notionum et veritatum* (1686)[2]. Bien que le texte résulte de plusieurs phases de rédaction et de remodelage, la doctrine des vérités de fait s'y développe avec une cohérence suffisante du point de vue intrinsèque de l'exposé, comme du point de vue extrinsèque de la compatibilité avec les autres textes du corpus. Leibniz se donne comme termes primitifs simples, comme éléments primordiaux de la combinatoire pour fin d'analyse, des notions pour lesquelles la régression est impossible ou pragmatiquement injustifiée. Ainsi les notions de *terminus*, d'*ens*, d'*existens*, d'*individuum*, d'*ego* figurent-elles à divers titres dans cette liste, mais avec la conviction qu'il s'agit de catégories premières dans la distinction analytique des objets de l'entendement fini. À part les deux premiers concepts, tous les autres impliquent des réquisits internes dont l'intelligibilité profonde nous échappe. Ils peuvent tous néanmoins être assumés pour eux-mêmes comme ingrédients conceptuels de notre appréhension de la réalité.

Une autre extension remarquable de la notion de terme primitif simple s'exprime dans l'assimilation des phénomènes correspondant à une appréhension sensible élémentaire. S'il y a dans de tels cas perception claire, la connaissance distincte nous échappe dans la mesure où nulle définition ne peut être fournie qui développe les réquisits enveloppés dans l'apparence sensible comme telle. Certes, Leibniz mentionne la possibilité qui nous est offerte de coupler ces notions avec des notions figurant des caractéristiques géométrico-mécaniques et exprimant des conditions empiriques

---

1. A VI 4, 1518 (C 19) : « Unde patet cur nullius propositionis contingentis demonstratio inveniri possit, utcunque resolutio notionum continuetur ».

2. A VI 4, 739-788 (C 356-399). Voir aussi G. W. Leibniz, *Recherches générales sur l'analyse des notions et des vérités. 24 thèses métaphysiques et autres textes logiques et métaphysiques*, éd. J.-B. Rauzy, Paris, P.U.F., 1998.

concomitantes. S'articulant à ces notions auxiliaires, la démarche analytique peut assigner des raisons déterminantes des phénomènes considérés. Les qualités sensibles telles qu'actuellement perçues constituent
d'irréductibles termes de référence dans l'analyse des phénomènes. Mais
la conjonction des deux méthodes, directe et transpositive, permet l'intellection combinée des phénomènes plus complexes. Il est en effet possible
d'assumer comme simple ce qui implique une complexité interne et de s'en
servir dans un processus analytique visant à reconstituer la combinaison
rationnelle des vérités complexes de fait. L'articulation du divers sensible,
selon des réquisits analogiques distincts qui en déterminent la variété
interne et l'enchaînement, permet ce genre d'opération et illustre la capacité de parvenir à des vérités analytiques relatives dans l'ordre empirique.

   Le fait d'admettre des termes primitifs provisionnels semble correspondre au processus méthodologique consistant à élaborer des concepts
théoriques pour mettre l'expérience en forme : savoir, des concepts comme
ceux d'*extensum*, de *durans*, d'*intensum* sous-tendraient la transposition
géométrique du divers sensible. Certes, ces concepts renvoient à la
propriété phénoménale permettant d'assigner une grandeur à quelque
matière, considérée comme homogène. Les conditions sous-jacentes d'une
telle propriété se trouvent dans la notion de *res homogenea*, mais il s'en
faut de beaucoup que cette notion représente l'essence des choses matérielles, ce que présuppose à tort une tendance uniquement analytique
comme celle des Cartésiens. Admettons donc qu'une notion comme celle
d'extension puisse représenter une abstraction par rapport à l'individualité
réelle des choses : elle n'en représente pas moins un contenu suffisamment
déterminé pour servir de terme à une régression analytique visant à établir
l'explication de caractéristiques phénoménales variées. L'idée d'un
continu formé de parties coexistantes figure parmi les instruments analytiques fondamentaux dont nous disposons pour former une notion conditionnellement adéquate de l'objet qu'il s'agit de représenter et d'analyser.
Cette représentation analytique par analogie suffisamment adéquate
fournit donc une notion que Leibniz juge assez pleine pour qu'on en infère
le concept de coexistence continue des choses, c'est-à-dire une forme
d'unité fondée sur la progression indéfinie suivant la réitération des mêmes
rapports [1].

---

1. Sur la notion leibnizienne de continu extensif, voir V. De Risi, « Leibniz on the
Continuity of Space », in *id.* (ed.), *Leibniz and the Structure of Sciences. Modern Perspectives
on the History of Logic, Mathematics, Epistemology*, Cham, Springer, 2019, p. 111-169.
La recherche menée par Leibniz sur la continuité de l'espace s'inscrit dans ses projets d'*ana-*

Néanmoins la notion d'*extension* semble suffisamment pleine pour que nous concevions la coexistence continue, de telle sorte que tous les coexistants ne fassent qu'un et que n'importe quel existant dans l'étendue soit continuable et répétable de façon continue [1].

Dans le champ du phénoménal, Leibniz a en vue un processus analytique qui repose sur les notions provisionnellement simples. Aux objets que ces notions permettent de déterminer s'appliquent les axiomes de la géométrie et les principes architectoniques servant à traduire l'axiome de raison suffisante en vue de soumettre le divers de l'expérience à une forme théorique :

> Entre-temps s'il apparaissait opportun de tenir l'*étendue* et aussi le *situs* (ou l'existant dans l'espace) pour des simples primitifs comme aussi le *pensant* (ou l'un exprimant une pluralité avec action immanente, c'est-à-dire conscient), cela ne nuirait en rien, si surtout nous ajoutions des axiomes desquels on puisse déduire toutes les autres propositions par l'ajout de définitions [2].

Cette thèse sur les ingrédients provisionnellement primitifs de toute analyse conceptuelle appliquée à la réalité empirique figure parmi les préalables de la théorie leibnizienne relative à l'analyse des notions et vérités.

---

lysis situs et de caractéristique géométrique. De Risi montre comment ces projets aboutissent, dans des textes tels que le *Specimen geometriæ luciferæ* (vers 1695) et l'*In Euclidis* πρῶτα (1712), à une définition finale d'une telle continuité comme complétude : « A geometrical whole is continuous if, and only if, any two arbitrarily-chosen parts of it are such that if the two parts together cover the whole and have no common part, they still must have something else in common, namely, their boundary » (p. 142-143). Il signale les implications de cette recherche de définition pour la théorie physique de l'espace autant que pour les fondements de la géométrie.

1. A VI 4, 745 (C 361) : « Nihilominus satis videtur plena notio *extensionis*, ut concipiamus coexistentiam continuatam, sic ut omnia coexistentia faciant unum, et quodlibet in extenso existens sit continuabile seu repetibile continue ». La notion de *cogitans* présente une situation homologue, dans la mesure où elle implique une diversité interne en raison de la variété infinie des objets de pensée. D'où la possibilité de ne pas y voir une notion simple. Un élément de signification autosuffisante s'y trouve toutefois impliqué, élément de nature plus fondamentale d'ailleurs que tout élément de signification considéré au seul plan des caractéristiques quantitatives de l'objet. À ce titre, on peut tenir une telle notion pour simple aux fins de progression analytique dans l'explication des réalités complexes. Il est évident que les propriétés monadiques des substances finies se dévoilent dans une telle progression analytique à partir de la catégorie *cogitans* traitée à l'aide d'analogies adéquatement fondées.

2. A VI 4, 745 (C 361) : « Interea si e re videretur *Extensum*, vel etiam *situm* (seu in spatio existens) assumere ut primitiva simplicia, ut et *cogitans* (seu Unum plura exprimens cum actione immanente, seu conscium) nihil ea res noceret, si præsertim deinde adjuciamus axiomata quædam unde cæteræ omnes propositiones adjunctis definitionibus deducantur ».

Elle sert, semble-t-il, à circonscrire certains objets auxquels les calculs formalisés pourraient s'appliquer somme toute modalement, c'est-à-dire, sous réserve d'une transposition analogique dont ils présupposent l'intervention. Les *Generales inquisitiones* intègrent de telles thèses sur les concepts primitifs sous les normes spécifiques d'une doctrine de la vérité. Lorsqu'il introduit cette doctrine, Leibniz autorise d'entrée de jeu un rapport d'intelligibilité interne aux vérités contingentes qui les raccorde à la double thèse de l'*inesse* et de la substitution d'équivalents définitionnels *salva veritate*. L'article 55, qui précède de peu la première série d'articles consacrés à la distinction des vérités nécessaires et contingentes, fournit une définition du vrai – et par contrepartie, du faux – susceptible de l'ouverture appropriée [1]. Selon cette définition, est vraie toute proposition où la substitution des équivalents jusqu'aux ingrédients premiers permet de révéler que ne s'y produit aucune assertion du même et de son contraire, c'est-à-dire aucune contradiction *in terminis*. La réduction qui révèle cet état de choses doit se poursuivre jusqu'aux éléments primitifs ou jusqu'à ceux qui ont été réputés tels. La réduction sera également acquise si l'on parvient à établir qu'une progression à l'infini lie les antécédents et les conséquents dans le processus analytique impliqué. Une telle progression implique qu'il est impossible d'atteindre un terme en fait d'ingrédients strictement primitifs ; et elle implique que la série des éléments de résolution est intelligible jusqu'à une différence inférieure à toute grandeur assignable : telle est l'analogie que dicte l'algorithme du calcul infinitésimal à plusieurs reprises dans le texte. Cette intelligibilité sérielle est celle d'une relation générale qui gouvernerait le détail des contenus conceptuels jusqu'à l'infini. La relation générale expressive de la série formerait alors le moyen de résoudre analytiquement les termes de la proposition, qu'en eux-mêmes on ne peut finir d'analyser.

D'où il suit qu'afin que nous soyons certains de la vérité, il nous faut poursuivre la résolution jusqu'aux termes vrais en première instance ou traités à tout le moins selon un tel processus, ou dont il est évident qu'ils sont vrais, ou bien il nous faut démontrer que selon la progression même de la résolution, ou selon une certaine relation générale entre les résolutions précédentes et la suivante, rien de tel n'arrivera, que l'on poursuive la résolution aussi loin que l'on veuille. Ce point est tout à fait digne d'être noté, car ainsi nous pouvons souvent nous libérer d'une longue continuation. Et il peut se faire que cette résolution des signes contienne quelque

---

1. A VI 4, 757 (C 370).

chose au sujet des résolutions des propositions qui suivent, comme, ici, la résolution du vrai. On peut aussi douter qu'il soit nécessaire de finir toute résolution en atteignant ce qui est primordialement vrai ou irrésoluble, en particulier dans les propositions contingentes, quand à coup sûr il n'est pas loisible de les réduire à des identiques [1].

Cette thèse rejoint les définitions canoniques de la vérité contingente, mais l'analyse proposée ferait fond sur une raison suffisante générale pour une série de réquisits se déployant à l'infini. Alors que les vérités nécessaires peuvent se réduire à des identités et que les vérités impossibles impliquent contradiction [2], les vérités simplement possibles sont celles pour lesquelles on peut démontrer que la résolution n'engendrera jamais de contradiction [3]. Or, sous le chapeau des vérités possibles, s'insère la notion de vérité contingente : parmi les vérités dont on pourrait démontrer que la résolution n'en tirerait jamais de contradiction, les vérités contingentes sont celles dont la résolution devrait se prolonger à l'infini. De même, les faussetés contingentes seraient celles dont on ne pourrait démontrer qu'elles fussent vraies. Mais les vérités contingentes ont parfois cette caractéristique structurale d'offrir à notre appréhension une loi de série qui nous révèle à la fois l'impossibilité d'une réduction ultime, aussi loin que nous poursuivions l'analyse, et la raison déterminante gouvernant des réquisits conceptuels indéfinis de la notion-sujet. Lorsqu'elle se dévoile, cette caractéristique répond, semble-t-il, à l'assignation présomptive d'une raison suffisante de toute vérité, y compris dans le cas des vérités contingentes : elle exprime, somme toute, l'intégrale intelligibilité que le principe de raison suffisante nous incitait à présupposer sous forme de preuve *a priori* des propositions de fait.

---

1. § 56, A VI 4, 757 (C 371) : « Hinc sequitur ut certi simus veritatis, vel continuandam esse resolutionem usque ad primo vera aut saltem jam tali processu tractata, aut quæ constat esse vera, vel demonstrandum esse ex ipsa progressione resolutionis, seu ex relatione quadam generali inter resolutiones præcedentes et sequentem, nunquam tale quid occursurum, utcunque resolutio continuetur. Hoc valde memorabile est, ita enim sæpe a longa continuatione liberari possumus. Et fieri potest, ut resolutio ipsa literarum aliquid circa resolutiones sequentium contineat, ut hic resolutio Veri. Dubitari etiam potest an omnem resolutionem finiri necesse sit in primo vera seu irresolubilia in primis in propositionibus contingentibus, ut scilicet ad identicas reduci (rursus possint) ».

2. § 60, A VI 4, 758 (C 371).

3. § 61, A VI 4, 758-760 (C 371).

En réalité, Leibniz insiste sur le fait que le recours à l'expérience est à cet égard inévitable et que le dévoilement de la raison suffisante effective des vérités contingentes suppose la prise en compte d'éléments d'analyse conceptuelle fondés *a posteriori*.

> Car prouver qu'un terme complexe est vrai, c'est le réduire à d'autres termes complexes vrais, et ceux-ci enfin à des termes complexes primordialement vrais, c'est-à-dire à des axiomes (ou propositions connues par soi), à des définitions des termes incomplexes qu'on a prouvés vrais; et à des expériences[1].

Ce qui vaut ainsi pour les termes complexes, vaut de même pour les termes incomplexes. D'où la conclusion que « de la sorte, toute résolution de complexes autant que d'incomplexes se termine à des axiomes, des termes conçus par soi et des expériences »[2]. Mais l'analyse ainsi délimitée peut intégrer des clauses circonstancielles. La résolution consiste en effet à substituer à un terme quelconque son équivalent définitionnel. Lorsqu'on a affaire au rapport de contenant à contenu dans l'analyse d'une notion, en partant par exemple d'un prédicat attribué au sujet par suite d'une dénomination extrinsèque empiriquement justifiée, la médiation entre le contenu et la structure intégrale du contenant, suivant l'intentionnalité des termes, peut supposer, et suppose de fait un nombre indéfini de substitutions implicites. L'expérience sert alors de référence à une signification qui s'établirait par médiation indéfinie. Toutefois, ce n'est pas le dernier mot dans la description de la formule résolutive. Lorsque l'expérience nous apprend qu'un terme est lié à l'existence actuelle ou passée, la conséquence est que ce terme détient une intelligibilité adventice, sinon analytiquement explicitée. Or Leibniz ajoute qu'un terme similaire à celui que l'on a ainsi considéré détient le privilège d'une intelligibilité de type expérimental ou empirique. L'analyse leibnizienne prend ici un tour particulièrement instructif. Car le rapport de similitude n'est valide qu'au plan de notions abstraites, et de ce fait incomplètes, comme en atteste le principe des indiscernables. Si l'on se fonde sur la similitude pour reconnaître la possibilité d'un terme, c'est en vertu d'une dénomination commune reconnue comme possible. Mais une telle dénomination commune vaut-elle pour justifier *a priori*

---

1. § 61, A VI 4, 759 (C 372) : « Nam probare verum esse terminum complexum est eum reducere in alios terminos complexos veros et hos tandem in terminos complexos primo veros, hoc est, in axiomata (seu propositiones per se notas), definitiones terminorum incomplexorum quos probatum est esse veros; et experimenta ».

2. *Ibid.* : « […] ita ut omnis resolutio tam complexorum quam incomplexorum, desinat in axiomata, terminos per se conceptos, et experimenta ».

l'intelligibilité de quelque autre assertion de fait par extension analogique à partir d'une précédente assertion fondée *a posteriori*?

[La vérité des définitions portant sur des réalités contingentes] ne peut être connue si ce n'est par l'expérience; savoir: s'il est établi que A existe ou a existé, il est ainsi établi que A est possible, ou à tout le moins, qu'il a existé quelque chose de semblable à A même, bien qu'en vérité ce cas sans doute ne puisse se produire, car deux complets ne sont jamais semblables, et en ce qui concerne des incomplets, il suffit que l'un de deux semblables existe, pour que l'incomplet, c'est-à-dire la dénomination commune, soit dit possible. (Cela semble cependant utile, savoir: si une sphère existe, on pourra dire à juste titre qu'une sphère quelconque est possible.) Ce dont le semblable est possible est lui-même possible [1].

Leibniz nous semble avoir clairement en vue l'extension d'intelligibilité sur la base d'un rapport analogique déterminé entre un terme possédant une référence empirique et quelque autre terme dont on présume qu'on pourrait établir la référence empirique si celle-ci nous était accessible. Cette transition analogique est en défaut lorsqu'il s'agit de résolution intégrale, pour une raison qui tient au principe même des indiscernables. Ce principe architectonique illustre l'implication de la raison suffisante dans toute notion complète d'une réalité, qu'elle soit représentative de phénomène ou de substance. Pour traiter de la seconde notion complète à partir de la première, il faudrait en effet pouvoir assigner de façon déterminée une différence qui se développerait en un détail à l'infini. Or la transition analogique est assurée sur la base d'une formule générale. Leibniz accrédite toutefois le processus du point de vue méthodologique en vertu de la progression continue qu'illustre la transition analogique. Cette progression continue apparaît comme une raison suffisante abstraite et conditionnelle gouvernant la connexion des individualités par-delà les limites de l'expérience actuelle. Il y a tout lieu de croire que la détermination analytique des vérités contingentes s'apparente à ces hypothèses de rapports rationnels qui se déploieraient suivant une série infinie de réquisits, tous globalement réglés par une loi commune.

---

1. *Ibid.* : «Quod cognosci non potest nisi experimento, si constet A existere, vel extitisse, adeoque esse possibile aut saltem extitisse aliquid ipsi A simile. (Quanquam revera hic casus fortasse non possit dari, nam duo completa nunquam sunt similia, et de incompletis sufficit unum ex duobus similibus existere, ut incompletum, id est denominatio communis, possibilis dicatur (imo tamen videtur esse utile, seu si sphæra una extitit, dici poterit recte quamlibet sphæram esse possibilem). Cujus simile possibile est, id ipsum est possibile)». La dernière phrase est un ajout marginal.

Dans la suite des *Generales inquisitiones*, deux groupes d'articles traitent de la distinction des vérités nécessaires et contingentes. Le premier groupe culmine avec l'article 74 et le second avec les articles 134 à 136. La première de ces deux expositions semble postuler un développement approché de la série infinie des prédicats d'un sujet individuel : ce développement serait analogue à l'analyse d'un rapport mathématique impliquant des incommensurables, tel que la différence par rapport à la relation impliquant des commensurables soit moindre que toute différence assignable. L'exposition plus tardive paraît récuser cette possibilité de démonstration approchée en raison de l'absence de congruence entre le discours mathématique sur de tels objets et l'analyse discursive des vérités contingentes impliquant des notions complètes. À notre avis, l'analyse montre l'absence de toute différence majeure, de toute tension entre les deux séries d'articles.

Dans le premier groupe d'articles, la thèse leibnizienne porte sur la résolution qui se poursuivrait à l'infini dans certaines propositions, que l'on pourrait néanmoins tenir pour conditionnellement vraies. Il s'agit en effet d'examiner si l'on peut soumettre la progression dans l'analyse résolutive à quelque règle. L'assignation d'une telle règle de progression s'avère instrumentale pour établir la preuve de propositions présentant cette structure. La règle de progression dépend alors d'une caractéristique des concepts ou termes incomplexes analysables à l'infini qui fournissent les ingrédients de la proposition. Cela nous mène à l'énoncé de l'article 65 :

> Que si nous disions possible la continuation de la résolution à l'infini, alors du moins pourrait-on observer si la progression dans la résolution peut être ramenée à quelque règle : d'où, dans la preuve des termes complexes que des termes incomplexes résolubles intègrent à l'infini, l'apparition d'une telle règle de progression [1].

Considérons derechef la structure générique des propositions existentielles. Celles-ci se définissent comme non nécessaires puisqu'elles ne sont pas susceptibles de résolution adéquate par substitution d'équivalents définitionnels finis. Leur résolution se déploierait à l'infini puisque leurs réquisits supposent une notion complète des individus, substances ou phénomènes, et que cette notion intégrerait elle-même le système complet des compossibles actualisés et actualisables. Or ce système implique une

---

1. § 65, A VI 4 760 (C 373-374) : « Quodsi dicamus possibilem esse continuationem resolutionis in infinitum, tunc saltem observari potest, progressus in resolvendo an ad aliquam regulam reduci possit, unde et in terminorum incomplexorum, quos incomplexi in infinitum resolubiles ingrediuntur, probatione talis prodibit regula progressionis ».

raison suffisante intégrale. D'où l'hypothèse méthodologique d'un accès progressif à la démonstration suffisante par exhaustion des réquisits individuels grâce à une sorte de passage à la limite. L'image d'un tel passage à la limite en direction d'une loi de détermination sérielle constitue la contribution spécifique de l'article 74. Dans les propositions contingentes, il est impossible de parvenir à une démonstration intégrale en raison du déploiement des réquisits à l'infini. « Mais cependant on avance de plus en plus, de telle sorte que la différence soit moindre que toute différence donnée » [1]. Évidemment, Leibniz recourt ici à la métaphore d'une subsomption sérielle des infinitésimales par détermination des différentielles. Mais s'agit-il de quelque chose de plus que d'une métaphore ?

La même analogie régit l'analyse des vérités contingentes dans l'article 66, mais avec l'indication significative qu'on se rapproche d'une démonstration chaque fois que l'on peut établir une loi de progression telle qu'elle semble exclure du solde non résolu tout ingrédient conceptuel antinomique par rapport à la tendance exprimée et figurée dans la loi. Comment est-ce possible, sinon parce que la loi implique un schéma continu correspondant à une détermination architectonique infinitésimale du réel ? Sans doute Leibniz a-t-il alors à l'esprit quelque chose qui ressemble au principe de continuité, C'est ce même principe qu'il faisait jouer à l'encontre des lois cartésiennes du choc au profit de lois conformes au principe de conservation dynamique, et qu'il illustrait en se servant des lois de la dioptrique et de la catoptrique [2]. La loi doit être alors perçue comme capable d'engendrer la détermination des réquisits du sujet à l'infini. C'est ce que traduit, nous semble-t-il, le texte de l'article considéré :

> Si désormais, par la résolution continuée du prédicat et par celle du sujet, il apparaît qu'on ne pourra jamais démontrer de coïncidence, mais si, par la résolution continuée et par la progression qui s'ensuit et sa règle, il apparaît du moins que la contradiction ne surgira jamais, la proposition est possible. S'il apparaît par la règle de progression dans la résolution que la chose est à ce point réduite que la différence entre les termes qui doivent coïncider est moindre que toute différence donnée, on aura démontré que la proposition est vraie ; si par contre il apparaît par la progression que rien de tel ne se

---

1. § 74, A VI 4, 763 (C 376-377) : « Attamen semper magis magisque acceditur, ut differentia sit minor quavis data ».
2. Voir sur ce dernier point *Tentamen anagogicum. Essay anagogique dans la recherche des causes*, GP VII, 270-279.

produira jamais, on a démontré que la proposition est fausse, à coup sûr dans les propositions contingentes [1].

Dans les articles 134-136, une série de distinctions articulées les unes aux autres permet de souligner les limites de validité tant de la preuve *a priori* des vérités contingentes que de l'analogie de leurs lois de détermination approchée par rapport aux algorithmes de détermination des quantités inassignables. La preuve *a priori* par présomption de raison suffisante apparaît ici sous la figure d'une capacité de poursuivre la résolution suivant un schème de détermination continue en développement indéfini.

Il est présumé que les vérités contingentes répondent à une telle structure de détermination, même si leurs ingrédients conceptuels sont en définitive irréductibles à la stricte substitution d'équivalents définitionnels. La structure de détermination indéfinie des vérités contingentes se présente comme subordonnée à l'appréhension d'une loi de série. En Dieu seul, cette loi de série peut donner lieu à une saisie parfaitement intégrée. Tel est l'enseignement de l'article 134 :

> Une proposition vraie contingente ne peut être réduite aux identiques ; cependant elle se prouve, en montrant que par une résolution de plus en plus poussée, on approche constamment des identiques sans jamais cependant y parvenir. Il n'appartient donc qu'à Dieu, qui embrasse par l'esprit tout l'infini, de savoir la certitude de toutes les vérités contingentes [2].

Par voie de conséquence, Leibniz va devoir insister à la fois sur les deux aspects de l'analogie que le *Specimen inventorum* et le *De natura veritatis, contingentiæ et indifferentiæ atque de libertate et prædeterminatione*, précédemment analysé, avaient respectivement soulignés : d'abord, l'idée que l'on peut atteindre à des démonstrations incomplètes, ou abstraites, ou provisionnelles, ou « analogues » pour les vérités de fait comme pour les quantités incommensurables ; puis, l'idée que, vu l'impossibilité d'une résolution intégrale des termes par suite de la régression à l'infini des

---

1. § 66, A VI 4, 760-761 (C 374) : « Quodsi jam continuata resolutione prædicati et continuata resolutione subjecti, nunquam quidem demonstrari possit coincidentia, sed ex continuata resolutione et inde nata progressione ejusque regula saltem appareat nunquam orituram contradictionem, propositio est possibilis. Quodsi appareat ex regula progressionis in resolvendo eo rem reduci, ut differentia inter ea quæ coincidere debent, sit minor qualibet data, demonstratum erit propositionem esse veram, sin apparet ex progression tale quid nunquam oriturum, demonstratum est esse falsam scilicet in contingentibus ».

2. § 134, A VI 4, 776 (C 338) : « Propositio vera contingens non potest reduci ad identicas, probatur tamen ostendendo continuata resolutione magis magisque accedi quidem perpetuo ad identicas, nunquam tamen ad eas pervenire. Unde solius Dei est, qui totum infinitum Mente complectitur nosse certitudinem omnium contingentium veritatum ».

ingrédients conceptuels impliqués, ni dans un cas ni dans l'autre, on ne peut obtenir de réduction à des identiques *stricto sensu*, pour autant du moins que l'on considère les objets à analyser dans leur intégrité concrète. L'article 136 développe cette double implication de l'analogie. Leibniz montre que l'on peut prendre appui sur la preuve *a priori* des vérités contingentes, par subsomption sous le principe de raison, et élaborer *a posteriori* des principes qui servent à rendre compte des lois régissant le domaine des vérités de fait. Le modèle de ces lois est sans conteste celui des intégrations et des différenciations sérielles par passage à la limite dans les mathématiques de l'infini : la progression continue s'y établit en résorbant les discontinuités selon un schéma de détermination optimale qui en traduit la tendance continue et harmonique. Dans cette dernière analyse, le recours aux principes architectoniques, tel le principe de continuité, repose sur le postulat que la preuve existe de toute proposition vraie, même contingente. Mais ces principes obtiennent leur ancrage *a posteriori* de lois de série à l'infini. Celles-ci se découvrent tant dans les vérités contingentes que dans certaines vérités mathématiques, dont le statut est, pour l'entendement fini, provisionnellement nécessaire. Dans les deux cas, la projection de telles lois ne fournit pas de résolution ultime des ingrédients conceptuels qui se déploient à l'infini. Mais du moins cette projection permet-elle de traduire la rationalité intégrative de ces éléments sous forme d'hypothèses conformes à la raison déterminante de l'ordre dans le système des propositions vraies :

> Mais une difficulté fait obstacle : nous pouvons démontrer qu'une ligne s'approche continuellement d'une autre, bien qu'asymptote, et que deux quantités sont égales entre elles, même dans les asymptotes, en montrant, par la progression continuée aussi loin qu'on veut, ce qui se produira. C'est pourquoi les hommes pourront aussi atteindre la certitude des vérités contingentes ; mais il faut répondre qu'il y a là similitude, mais non convenance en tous points. Et qu'il peut y avoir des rapports qui, si loin qu'on poursuive la résolution, ne se découvriront jamais autant qu'il suffit à la certitude, et qui ne se dévoileront parfaitement qu'à celui dont l'intellect est infini. Sans doute, comme au sujet des asymptotes et des incommensurables, ainsi également au sujet des contingentes pouvons-nous percevoir beaucoup de choses avec certitude, d'après ce principe même qu'il faut que toute vérité puisse être prouvée, d'où, si tout se comporte de la même manière de part et d'autre dans les hypothèses, il ne peut y avoir aucune différence dans les conclusions, et ainsi en est-il d'autres propriétés du même ordre qui sont vraies tant dans les nécessaires que dans les contingentes ; elles sont en effet réflexives. Mais, quant à la raison pleine des contingentes, nous ne pouvons pas plus la fournir que poursuivre

continuellement les asymptotes et parcourir les progressions infinies des nombres[1].

Dans *Analysis und Synthesis bei Leibniz*, Martin Schneider tendait à relativiser le modèle leibnizien des lois de séries utilisé pour rendre compte du fondement des vérités contingentes. Selon lui, la théorie leibnizienne de la connaissance requérait de dépasser la conception analytique des jugements. Il conviendrait de supposer un fondement synthétique des vérités contingentes, reposant sur l'unité actualisée de l'objet dans l'expérience sensible, qui elle-même reflète l'expérience réflexive du sujet connaissant. La détermination analytique des concepts de réalités contingentes se conformerait à une règle de progression analogue à quelque loi de série en mathématique. Or n'est-ce pas là une solution insuffisante ? L'analogie ne pourrait en effet justifier de détermination analytique dans le cas de l'ordre que l'on suppose dans l'enchaînement des états d'une réalité contingente. Dans le cas de séries mathématiques, il suffit de connaître une partie de la séquence de détermination, c'est-à-dire un ensemble fini d'éléments successifs pour en inférer la loi de progression nécessaire s'appliquant aux éléments au-delà des bornes de la portion identifiée et réduite à des rapports distincts. Avec la série des états d'une réalité contingente, la loi serait uniquement déterminée par la totalité des éléments ; et la connaissance devrait en être reportée à l'infini pour nos entendements[2]. Schneider insiste sur la suppléance que l'expérience serait appelée à

---

1. § 136, A VI 4, 776-777 (C 388-389) : « At difficultas obstat : possumus nos demonstrare lineam aliquam alteri perpetuo accedere licet Asymptotam, et duas quantitates inter se æquales esse, etiam in asymptotis, ostendendo progressione utcunque continuata, quid sit futurum. Itaque et homines poterunt assequi certitudinem contingentium veritatum. Sed respondendum est, similitudinem quidem esse, omnimodam convenientiam non esse. Et posse esse respectus, qui utcunque continuata resolutione, nunquam se, quantum ad certitudinem satis est, detegant, et non nisi ab eo perfecte perspiciantur, cujus intellectus est infinitus. Sane ut de asymptotis et incommensurabilibus ita et de contingentibus multa certo perspicere possumus, ex hoc ipso principio, quod veritatem omnem oportet probari posse, unde si omnia utrobique se habeant in Hypothesibus, nulla potest esse differentia in conclusionibus, et alia hujusmodi, quæ tam in necessariis quam contingentibus vera sunt, sunt enim reflexiva. At ipsam contingentium rationem plenam reddere non magis possumus, quam asymptotas perpetuo persequi et numerorum progressiones infinitas percurrere ».

2. M. Schneider, *Analysis und Synthesis bei Leibniz*, thèse de doctorat, Bonn, 1974, p. 156 : « Solche Ordnungsgesetze aber lassen sich [...] gerade nur aufgrund der vollständigen Kenntnis der gesamten Folge von inhaltlichen Konstituentien angeben, nicht aber bereits (wie mathematische Bildungsgesetze) aufgrund der Kenntnis nur eines Teils der Glieder der unendliche Folge. Daher sind solche Ordnungsgesetze nur von Gott angebbar und können somit nie effektiv (d.h. vom Menschen) angegeben bzw. aufgestellt werden ».

fournir par rapport à l'impossible déploiement d'une loi enveloppant l'ensemble des états d'une réalité contingente. Non seulement l'expérience attesterait de cette réalité par les idées de qualités sensibles, qui forment des concepts premiers pour nous, mais la perception sensible est invoquée pour vérifier la non-contradiction des concepts contingents, tant à la pièce, comme dans l'analyse descriptive d'un phénomène spécifique, que dans la considération de leur rassemblement sous forme de séquences de phénomènes, elles-mêmes sous-tendues de relations causales présumées. Certes, comme Schneider le souligne, dans l'explication causale des phénomènes, Leibniz substitue à l'analyse directe, qui s'avère impossible pour nous, une analyse indirecte (*per circuitum*) grâce à des qualités distinctes accompagnantes, à la fois sensibles et intelligibles auxquelles on tente de ramener les autres qualités sensibles qui, comme telles, malgré leur complexité effective, constituent des éléments irréductibles à tout effort d'analyse[1]. Or cette stratégie ne signifierait pas un véritable remplacement de la connaissance d'expérience. Pour atteindre par le biais des propriétés analytiquement décomposables une légitimation des définitions nominales, il faudrait accéder à des propriétés desquelles toutes les autres puissent s'inférer. De telles définitions ne peuvent être en fait que provisionnelles et révisables en fonction de nouvelles expériences. Ce serait le cas de nos définitions de l'or : celles-ci se fondent sur des ensembles de caractéristiques relatives aux expériences discriminantes que nous sommes en mesure d'instituer. Si l'on parvenait à contrefaire de l'or et que cet or contrefait possédât toutes les propriétés correspondant à nos expériences discriminantes, il nous faudrait entreprendre de découvrir des caractères distinctifs additionnels[2].

Schneider n'éprouve aucune difficulté à reconnaître que, dans le domaine des analyses mathématiques, l'établissement de lois de progression impliquant la coïncidence des déterminations sérielles sous le même rapport rationnel constitue une preuve de validité des propositions relatives à la possibilité de l'objet correspondant. Cette preuve se hausserait à la compatibilité réelle, raison suffisante de l'existence des réalités contingentes, si l'on parvenait à subsumer sous une même relation des états empiriques actuellement déployés et d'autres qualitativement différents des premiers et représentant les séquences causales et conséquentes à l'infini. Lorsqu'on a affaire à des réalités contingentes, le modèle

---

1. À ce propos, M. Schneider, *ibid.*, p. 157-158, renvoie à A VI 4, 1951-952 (C 190), A VI 4, 745 (C 360) et A VI 4, 540 (GP VII, 293).

2. Voir *NE*, 3.4. 16, A VI 6, 299-300 ; 3.6. 17, A VI 6, 311-312 ; 4.6. 4, A VI 6, 403-404.

des séries mathématiques convergentes, figuration par excellence de la compossibilité existentielle, ne pourrait s'appliquer, car il faudrait au préalable avoir déployé la structure interne indéfiniment actualisable de ces réalités.

À la lumière de notre analyse des principaux textes leibniziens, les considérations « sceptiques » de Schneider nous semblent surfaites. Car elles négligent de considérer deux aspects majeurs de la théorie chez Leibniz.

Le premier est la doctrine de l'expression qui permet de transcrire en langage « géométrique » la connexion des phénomènes. Il est vrai que les qualités sensibles en tant que telles s'avèrent irréductibles à une analyse en termes de raisons déterminantes intelligibles, mais Leibniz considère que nous possédons les moyens de construire des modèles intelligibles des phénomènes en prenant appui sur les caractéristiques « géométriques » concomitantes des propriétés phénoménales. La caractérisation à laquelle on procède alors repose à la fois sur les ressources expressives des algorithmes mathématiques applicables et sur la connexion réelle des phénomènes ainsi symbolisés, lorsque cette expression symbolique permet d'anticiper sur des séquences de phénomènes à découvrir.

Le second élément de théorie leibnizienne à prendre en compte consiste dans la méthode des hypothèses que Leibniz met en œuvre lorsqu'il s'agit de construire l'explication des phénomènes. La notion d'hypothèse ne se réduit pas à la notion de conjecture *a priori*, représentant un modèle abstrait et en quelque sorte arbitraire des phénomènes à expliquer. Si tel était le cas, nous pourrions nous trouver confrontés à des hypothèses équivalentes, qui ne constitueraient que des transcriptions nominales de la réalité représentée. À l'inverse, l'hypothèse pourrait ne signifier qu'un construit empirique destiné à schématiser certaines connexions de phénomènes pour des fins d'enregistrement cohérent et utile des données. Pour Leibniz, la formulation d'une hypothèse doit se justifier comme anticipation d'un système de raisons déterminantes pour le phénomène ou l'ensemble de phénomènes à expliquer. Comment juge-t-on de la validité de cette anticipation ? Les critères qui interviennent alors combinent un jeu d'exigences méthodologiques : 1) la rigueur analytique du modèle choisi, d'où la nécessité de recourir à un système d'expression répondant aux normes logiques de la *mathesis* ; 2) la corroboration empirique des connexions de phénomènes symbolisées, tant au point de départ du processus que par voie de conséquence lorsqu'il s'agit de contrôler les inférences hypothético-déductives en les confrontant à des expériences instituées ; 3) la compatibilité du système de raisons suffisantes avec les principes architectoniques qui guident la construction théorique, en même temps qu'ils expriment le type d'ordre que les réalités contingentes sont censées illustrer. Ces principes symbolisent en fait la loi inaccessible gouvernant le déploiement d'états diversifiés à l'infini. Ils forment également l'armature analogique des modèles « géométriques » par lesquels on tente de fournir une représentation scientifique de la rationalité interne et irréductiblement implicite des vérités contingentes. L'analogie des lois de séries convergentes que Leibniz emprunte aux mathématiques de l'infini pour représenter la structure des vérités contingentes ne constitue donc pas nécessairement le paralogisme trompeur qu'on a parfois eu tendance à dénoncer.

Le statut des vérités nécessaires ou vérités de raison tient à la possibilité de les réduire à des définitions et à l'axiome d'identité. En fait, il faut souligner que les schèmes leibniziens pour rendre compte de l'analyticité dans ce type de propositions impliquent des processus dépassant l'établissement de simples tautologies. Le principe de substitution des équivalents définitionnels *salva veritate* gouverne le processus de démonstration de telles vérités. Il s'agit donc de déployer par l'analyse les connexions impliquées dans les termes, y compris à la limite les relations irréductibles qui s'y logeraient. À défaut d'atteindre par intuition la décomposition ultime des facteurs intégrants, il est possible de faire appel à des concepts qui enveloppent une connaissance adéquate symbolique des connexions de termes. La valorisation du modèle causal ou génétique pour les définitions réelles, qui dévoilent la possibilité de leurs objets, nous oriente vers l'idée que le développement d'hypothèses « constructives » sur l'objet à expliquer pourrait refléter, au moyen de définitions nominales, la stratégie analytique servant à justifier les définitions réelles dans leur ordre. Pour nos entendements finis, les définitions réelles portent sur des relations abstraites et des notions appréhendées de façon incomplète et comme par fragments. D'où l'idée que les modèles mathématiques, représentant *sub ratione possibilitatis* l'ordre des choses finies, doivent être soumis à des normes complémentaires de raison suffisante pour qu'on leur reconnaisse une fonction de symbolisation objective.

La caractérisation des vérités contingentes ou de fait présente des aspects paradoxaux. Ces vérités impliqueraient des connexions conceptuelles ; et celles-ci devraient pouvoir se déployer *a priori* indépendamment des rapports empiriques inférables des occurrences effectives. Mais, dans les faits, l'analyse ne peut recourir qu'à des projections de raisons suffisantes reliées plus ou moins directement aux expériences :

d'où la présomption que ce type de connaissance est nécessairement de type synthétique. Du point de vue logico-métaphysique, la série intégrale des déterminations d'un existant doit figurer comme implications de la notion complète correspondante dans l'entendement infini. Ce point de vue fournit une sorte d'idée régulatrice du dessein architectonique en vertu duquel les connexions phénoménales doivent se concevoir. Mais, pour l'entendement fini, la connexion réciproque des termes de la proposition vraie ne peut se développer de façon analytique qu'une fois formulée l'hypothèse d'une construction appropriée de l'objet. Cette hypothèse génétique repose nécessairement sur des connexions synthétiques issues de définitions nominales, mais le principe de raison suffisante nous incite à supposer une connexion analytique sous-tendant ces connexions synthétiques relatives aux limites de l'expérience pour nous. La substitution d'équivalents définitionnels règle le système de telles transpositions analogiques au plan des raisons impliquées. Cette stratégie leibnizienne nous oblige à rectifier certaines interprétations classiques des notions de vérité de raison et de vérité de fait qu'aurait trop directement influencées la distinction kantienne des jugements analytiques et synthétiques.

Le rapport entre la raison suffisante des vérités de fait et la connexion infinie des phénomènes qui s'y refléterait tient à la notion de preuve *a priori*. Leibniz soutient en effet que de telles vérités sont susceptibles de preuves *a priori*, à défaut de démonstrations *a priori*. En un premier sens, cette idée s'incarne dans le fait que l'on peut toujours construire des hypothèses qui, par développement analytique, permettent d'expliquer les séries d'effets phénoménaux : il y aurait analogie d'ordre entre la loi et les connexions factuelles qu'elle gouverne. À tout prendre, les sciences de fait ne recourent-elles pas à diverses incarnations du principe de raison dans un contexte de synthèse des connexions empiriques ? Dans le texte *Principia logico-metaphysica* (1689), Leibniz propose de tels principes comme moyens pour analyser les vérités de fait en notions distinctes : principes de continuité, des indiscernables, du fondement *in re* des dénominations extrinsèques, etc. Ainsi la notion d'atome est-elle rejetée, parce qu'il faut n'admettre que des lois physiques enveloppant de façon intégrée des déterminations à l'infini : la notion d'atome impliquerait d'inadmissibles solutions de continuité.

Dans plusieurs pièces stratégiques, Leibniz va par ailleurs développer une analogie significative entre nombres incommensurables et commensurables, quantités infinies et finies, d'une part, vérités contingentes et nécessaires, d'autre part. L'analogie vaut dans la mesure où le rapport exact des deux types de nombres ou de quantités implique un développement infini. Ainsi en est-il de la démarche pour rabattre les vérités contingentes sur des relations nécessaires entre éléments conceptuels. Mais une différence se fait alors jour : les mathématiques développent des algorithmes qui assignent une limite à la décomposition analytique en établissant que l'erreur est moindre que toute grandeur assignable : d'où la terminaison anticipée, provisionnelle, mais certaine du processus démonstratif. Peut-on projeter cette solution analogique sur les vérités contingentes ? Dans ce cas, il n'y aurait place que pour des preuves *a priori* n'impliquant pas la résolution complète des notions représentatives de connexions empiriques. Les *Generales inquisitiones de analysi notionum et veritatum* (1686) suggèrent une théorie des termes primitifs pouvant servir à l'analyse combinatoire des réalités sensibles : cette théorie répertorie les notions conditionnellement adéquates des objets en vue de déployer un système suffisant de réquisits analytiques, une sorte de schématisation des caractéristiques formelles des objets d'expérience. Suivant la leçon de l'algorithme infinitésimal, c'est là le moyen de nous libérer d'une continuation infinie de l'analyse. En ce qui concerne les vérités contingentes empiriquement fondées, un principe d'équivalence définitionnelle peut jouer lorsque les termes intégrés, à défaut d'être décomposables en primitifs absolus, sont reconnus existants, donc possibles. Sur cette base, il est possible et légitime d'opérer une extension analogique de l'analyse suivant des rapports de similitude formelle. L'analogie avec la résolution algorithmique des rapports infinis en mathématiques vaut de façon positive pour autant que l'on applique au solde non résolu d'une progression analytique déjà largement esquissée la présomption qu'on ne rencontrerait pas au-delà d'ingrédient antinomique par rapport à la loi de série qui se dessine. En définitive, Leibniz montre que l'on peut prendre appui sur la preuve *a priori* des vérités contingentes en vertu du principe de raison suffisante pour élaborer des projections de lois, spécifiant des déterminations sérielles ; même si ces lois ont en dernier ressort un fondement *a posteriori*, elles peuvent déployer *ex hypothesi* un schéma analytique visant l'explication de connexions analogues enveloppées à l'infini. Contrairement à Martin Schneider, nous ne voyons pas que Leibniz se soit fourvoyé dans une analogie sans fondement entre les résolutions du calcul infinitésimal et la structure de preuve des vérités contingentes. Leibniz tente en fait d'établir comment ce type de vérités peut donner lieu par analyse à un système de raisons déterminantes.

CHAPITRE III

LA STRATÉGIE DES HYPOTHÈSES

La construction et la validation d'hypothèses sont au cœur des procédures méthodologiques que Leibniz met en place pour fonder l'analyse des phénomènes et garantir le développement de cette analyse *more geometrico*. La première mécanique de Leibniz, celle de 1671, se présentait sous la forme d'une « théorie abstraite du mouvement » et servait d'armature conceptuelle à l'élaboration d'un système d'explications physiques ; celui-ci s'offrait comme une vaste « hypothèse ». L'explication des phénomènes n'apparaissait possible que par le moyen de conjectures induites *a posteriori* et portant sur l'agencement particulier, contingent, de la structure des corps sur lesquels s'exerceraient les lois de la phoronomie – quant à elles, nécessaires et déductibles *a priori*.

Certes, Leibniz pouvait avoir alors en tête la structure explicative des *Principia philosophiæ*, à défaut de partager les vues précises de Descartes sur les concepts fondamentaux de la physique, et sur la façon d'articuler la construction théorique en vue d'expliquer les divers ordres de phénomènes. Mais le premier projet scientifique leibnizien ne répond pas vraiment au modèle cartésien. Celui-ci se caractérisait par la volonté de déduire de la métaphysique les concepts premiers du système, les principes et les lois fondamentales de la nature, et d'en montrer la correspondance par rapport aux normes de l'intelligibilité géométrique. Puis Descartes visait à rejoindre l'explication des phénomènes par un certain nombre de fictions méthodologiques : il s'agissait d'abord d'utiliser des hypothèses génétiques pour engendrer des modèles structuraux congruents par rapport aux caractéristiques phénoménales qu'une observation structurée aurait permis de répertorier ; il s'agissait en second lieu de tirer de ces hypothèses des modèles analogiques permettant de figurer une parenté causale entre différents ordres de phénomènes. Ultimement, la conformité des divers modèles déduits des hypothèses, l'uniformité du mode d'explication qu'ils incarneraient, engendreraient une certitude morale suffisante en faveur de notre « grille de déchiffrement » pour que nous la tenions, sous garantie de la véracité divine, pour équivalente à la certitude logique ou métaphysique en matière de physique. D'entrée de jeu, la première philosophie naturelle de Leibniz, surtout inspirée du *De corpore* de Hobbes, projette une vue différente des fondements premiers du système. Si le tableau hypothético-déductif ressemble dans ses grandes lignes au tableau cartésien, les fondements en diffèrent quant au statut épistémologique. Leibniz s'emploie à définir des concepts abstraits de type mathématique, tel celui de *conatus*, qui ne se justifient que par leur pouvoir d'orchestrer l'analyse combinatoire des mouvements. La valeur de ces concepts abstraits est en quelque sorte spéculative. Et la complexification combinatoire qui nous permettrait de rejoindre, depuis les lois abstraites, l'explication des phénomènes ne saurait suffire en tant que telle : il importe de faire intervenir au delà le support d'une organisation *ad hoc* des réalités matérielles, dont la description constituerait la base effective de la théorie. Pour justifier cette organisation, Leibniz n'avait d'autre recours que de postuler des présupposés sur l'ordre de la nature et l'intervention divine qui pussent compenser les lacunes de la théorie abstraite. Toutefois, des caractéristiques particulières et intéressantes de ce projet se font jour dans la façon dont Leibniz conçoit la production analogique de modèles pour transcrire les phénomènes en un système homogène de raisons suffisantes sur le plan même de la mise en forme de l'expérience.

Ce premier type de construction subit des révisions radicales lorsque Leibniz élabore sa mécanique réformée à compter de 1678, et qu'il développe l'idée d'une *methodus rationis* s'appliquant à l'analyse des phénomènes et projetant sur les données d'expérience des structures explicatives spécifiques. Si cette incarnation de la méthode permet de dévoiler à l'entendement fini les lois de la nature en leur nécessité conditionnelle, c'est en vertu d'une stratégie des hypothèses de science. Leibniz étaie cette stratégie sur une analyse épistémologique des conditions d'élaboration de l'explication théorique. Il s'attache par la suite à établir la légitimité rationnelle et la pertinence heuristique de sa conception. À mon avis, cette conception se présente comme normative en un double sens, négatif et positif : 1) elle tend à servir de pierre de touche pour la critique des hypothèses mal formées ou incomplètes ; 2) elle sert de fil directeur pour l'élaboration de systèmes explicatifs plus adéquats. Cette double fonction peut se vérifier à l'aide de cas paradigmatiques. J'ai donc choisi d'examiner de tels cas : il s'agit, d'une part, du contrôle de l'hypothèse corpusculaire à l'arrière-plan des analyses de l'*experimental philosophy*; nous nous intéresserons, d'autre part, à la formulation d'un modèle anti-newtonien de la mécanique céleste, celui de la circulation harmonique.

LA MÉTHODE DES HYPOTHÈSES :
FORMULATION

La doctrine des hypothèses atteint sa formulation canonique durant la période cruciale où Leibniz révise la mécanique héritée de Descartes, ainsi que celles de Wallis, Huygens et Mariotte, et soumet à l'examen critique les éléments de physique qu'elles impliquaient – période qui s'étend en gros de la fin du séjour parisien (1676) à l'invention, dans le *De corporum concursu* (1678), des principes de ce qui deviendra la dynamique[1]. Dès antérieurement toutefois, la correspondance de Leibniz avec Hermann Conring établit des jalons significatifs qui permettent de cerner la conception leibnizienne des hypothèses. Quels sont ces repères essentiels ? Et peut-on en inférer quelles sont les normes épistémologiques impliquées et comment elles se transforment ?

Conring juge que rien de neuf en matière de doctrine n'a pu être établi par l'*experimental philosophy*[2]. Par négligence d'un mode déductif de développement, le savoir que les expérimentateurs et observateurs de la Royal Society tentent d'élaborer, ne peut s'élever au rang de science. Cette critique est certes d'un aristotélicien qui ne saurait admettre le caractère révisable des explications inférées des données de fait relatives aux phénomènes ; mais Conring insiste de façon toute particulière sur l'apriorité des prémisses ultimes sur lesquelles doit se construire la philosophie de la nature. Nous n'avons pas d'aperçu clair sur la façon dont Conring envisage l'instauration de cette philosophie de la nature. Sans doute lui accorderait-il un statut démonstratif, pourvu que les raisons invoquées pour rendre compte des phénomènes s'avérassent conformes aux principes métaphysiques de l'aristotélisme. Leibniz réplique en formulant une thèse intéressante sur la nature de la démonstration de science et sur le statut

---

1. Voir G. W. Leibniz, *La Réforme de la dynamique. De corporum concursu (1678) et autres textes inédits*, éd. M. Fichant, Paris Vrin, 1994 ; F. Duchesneau, *La dynamique de Leibniz, op. cit.*, p. 95-132.

2. Voir lettre de Conring à Leibniz du 16/26 février 1671, A II 1[2], 140-141.

d'hypothèses dévolu aux explications empiriques. La disparité de statut de
la démonstration modèle par rapport à l'hypothèse constitue le problème
épistémologique fondamental pour la critique leibnizienne.

Leibniz propose comme formule de la démonstration la structure d'une
chaîne de définitions (*catena definitionum*), ce qui rabat la logique de la
démonstration sur l'opération de substitution des équivalents *salva veritate*[1]. Cette figure de la démonstration a été classiquement identifiée
comme centrale dans la logique leibnizienne[2]; et elle s'avère conforme à
l'analyse et à la typologie des concepts que développent entre autres les
Meditationes de cognitione, veritate et ideis (1684)[3]. De cette typologie
des idées, on peut d'ailleurs inférer les conditions liminales déterminant
l'établissement de concepts scientifiques, suffisamment distincts et
adéquats pour pouvoir se prêter au processus de la substitution des équivalents, alors même que l'équivalence peut signifier des relations différentes suivant les domaines d'objets concernés.

Dans la réplique initiale de Leibniz à Conring, l'hypothèse est identifiée à une anticipation de détermination causale, lorsque l'analyse des
phénomènes n'est restée que partielle. L'hypothèse doit rendre compte de
tous les phénomènes pertinents en achevant pour ainsi dire l'investigation
des causes probables; comme un mécanisme d'horlogerie dont le mode
interne d'opération ne nous est pas connu, mais dont nous fournirions la
raison suffisante en projetant mentalement un système de rouages et de
structures aptes à accomplir un effet similaire. Mais les mêmes phénomènes artificiels pourraient sans doute être obtenus suivant divers autres
procédés; seule la décomposition analytique du mécanisme peut nous
révéler sans équivoque possible le procédé utilisé. Cela correspondrait à
fournir une définition du processus générateur des effets phénoménaux :
«Je ne puis définir la façon dont l'artisan s'y est pris, à moins d'avoir

1. Voir par exemple lettre à Placcius du 26 novembre 1686, A II 2, 103 : «[...] quanquam
enim mihi non alia ibi videatur opus esse demonstratione, quam quæ pendet ex mutua æquipollentium substitutione»; lettre à Vagetius du 10 janvier 1687, A II 2, 147 : «Possumus etiam
omnes prædicationes reducere ad æquipollentias, supplendo aliquid ad complendam recipro-
cationem; unde rursus apparet propositum».

2. Voir par exemple L. Couturat, *La logique de Leibniz, op. cit.*, p. 206 : «Toute démonstration consiste à substituer la définition au défini, c'est-à-dire à remplacer un terme
(complexe) par un groupe de termes (plus simples) qui lui est équivalent. Ainsi le fondement
essentiel de la déduction est le *principe de la substitution des équivalents*. C'est lui qui est le
principe suprême et unique de la Logique, et non pas le principe du syllogisme (le *dictum de
omni et nullo* d'Aristote), car celui-ci n'est pas, comme on le croit souvent, un axiome identique, mais un théorème qui se démontre au moyen du principe précédent».

3. A VI 4, 585-592.

décomposé son œuvre»[1]. Évidemment, lorsqu'il s'agit non plus des machines de l'art, mais des machines naturelles, dont la complexité se déploie à l'infini dans la décomposition analytique, l'hypothèse ne peut que figurer l'ordre causal. Or il est significatif que Leibniz ne limite pas cette figuration à fournir la raison suffisante des expériences actuellement disponibles : il réclame de l'hypothèse qu'elle fournisse le projet architectonique d'autres effets possibles que l'expérience aura à charge de révéler dans une investigation plus systématique et plus complète des phénomènes[2].

En fonction de cette doctrine de l'hypothèse, Leibniz accrédite les investigations empiriques (compilation et corrélation de données suivant la méthode des «histoires»), mais les remarques qu'il formule sur la *methodus medendi* suggèrent que l'on doit aboutir à des ensembles de concepts empiriques articulés suivant une nécessité systématique, celle de l'hypothèse inductivement contrôlable. Ainsi, dans la médecine empiriste (de type sydenhamien), doit-on progresser en direction d'une théorie physiologique qui puisse diriger la pratique (*constituta alia plane corporis œconomia*)[3]. Le recours obligé aux hypothèses incite à souligner par contraste la structure spéculative de la physique chez Hobbes et chez Descartes. Il est clair que Leibniz a en vue une forme plus ouverte de l'hypothèse puisque les principes *a priori* que l'on suppose ne peuvent prétendre à une entière apodicticité. Le mode de déploiement de la théorie dans l'*Hypothesis physica nova* (1671) avait fourni un arrière-plan contre lequel ces considérations épistémologiques pouvaient se profiler.

1. Voir lettre à Conring du début mai 1671, A II 1[2], 153 : «ipsum praecise modum quo Artifex usus est, nisi dissoluto opere definire non possum».
2. A II 1[2], 153 : «Si qua tamen hypothesis non tantum experimentis praesentibus satisfaciat, sed et prophetiam quandam non fallentem praebeat de futuris, ei valde fidendum est». Voir surtout la lettre à Conring du 19/29 mars 1678, A II 1[2], 600. I. Lakatos, *The Methodology of Scientific Research Programmes. Philosophical Papers*, vol. I, Cambridge, CUP, 1978, p. 38-39, a justement souligné cette caractéristique heuristique de l'hypothèse telle que Leibniz la conçoit.
3. A II 1[2], 153. Leibniz soutient une thèse analogue dans divers écrits de la même époque, voir par exemple *Bedenken von Aufrichtung einer Akademie oder Societät*, 1671 (?), A IV 1, 551 : «Es mangeln us noch die *principia* in der Medicin zu sehen, die innerliche Constitution dieses so verwirreten Uhrwerks, und also dessen Verstellungen und *morbi*, sind uns grossen teils mehr *effectu*, als *definitione causali* bekannt». Voir aussi *De medicina perficienda* et *Directiones ad rem medicam pertinentes*, milieu 1671-début 1672, A VIII 2, 646-664; F. Duchesneau, *Leibniz. Le vivant et l'organisme, op. cit.*, p. 48-52.

Les lettres à Conring des années 1677-1678 développent avec plus de précision encore : 1) la démarcation par rapport à la méthodologie cartésienne des *Principia philosophiæ*; 2) la conciliation possible de la théorie définitionnelle de la science avec la conception « pragmatique » des hypothèses.

La physique cartésienne apparaît comme une construction qui aurait reposé sur une base d'expérience insuffisante. Dans la plupart des cas, des observations relevant de l'expérience commune servent de seuls garants de la pertinence explicative des principes. Pris dans de stériles controverses, asservi à son rôle de chef de secte, Descartes semble avoir dû se contenter de corrélations sommaires entre des *experimenta in vulgus nota*. Or l'analyse hypothético-déductive de type cartésien détient une puissance considérable. Certains spécimens de l'œuvre scientifique témoignent d'instances positives, par exemple les *Météores* et les écrits physiologiques, en particulier *L'homme* et *Les passions de l'âme*. Le problème du schéma cartésien est qu'à un système ingénieux d'hypothèses bâti sur des expériences aussi peu analytiques on peut constamment opposer une pluralité d'autres systèmes « adéquats ». La discrimination entre les hypothèses possibles va donc dépendre d'une expérimentation qui puisse dissocier plus intimement les « compossibles » des simples possibles dans les concepts réfléchissant le divers de l'expérience. On accéderait alors à une sorte d'apodicticité adventice qui combinerait la représentation d'un ordre causal des phénomènes et la déduction hypothétique des connexions entre phénomènes. *De facto*, les expériences manifestent chaque jour davantage la fragilité de la construction cartésienne en physique. Mais le projet même de cette construction semble répondre à une nécessité méthodologique certaine; l'arrangement ingénieux des éléments dans la fiction explicative peut servir de modèle à quiconque désire fonder une philosophie naturelle offrant des garanties plus complètes de pertinence objective : les instances significatives du modèle se trouveraient dans l'explication des marées, de l'arc-en-ciel, de la génération des sels, des météores et des opérations magnétiques – phénomènes qui serviront de pierres de touche des théories jusque dans l'*experimental philosophy* newtonienne[1]. Lorsque Leibniz caractérise les champs explorés par Descartes et par les physiciens cartésiens, il présente les explications fournies comme révisables : inadéquation des lois du choc, en particulier dans le concours de deux corps durs de grandeur inégale; absence d'analyse des effets corrélatifs en chimie; utilisation insuffisante des méthodes d'expression mathématique. Prises

---

1. Voir lettre à Conring du 3/13 janvier 1678, A II 1², 580-581.

au pied de la lettre, les hypothèses cartésiennes sont infécondes. Mais il convient en réalité de distinguer les préceptes préconisant l'expression mécanique et l'analyse géométrique des phénomènes, d'une part, les solutions hypothétiques apportées aux problèmes empiriques, d'autre part. À l'origine, il ne semble pas que Leibniz ait eu l'intention de renverser la méthodologie mécaniste à laquelle Descartes, Hobbes et Boyle se réfèrent. La critique s'adresse en premier lieu aux éléments de l'hypothèse physique, et Leibniz aurait défendu sans réserve la formule *Omnia fieri mechanice in natura*. Mais, vers 1678, l'application de la formule semble néanmoins impliquer que la méthode de Leibniz se différencie davantage d'une méthode de type hobbesien. La notion leibnizienne d'hypothèse, qui avait partie liée avec les modèles explicatifs d'une physique de ce type, tend à s'en écarter ou, pour être plus exact, à impliquer une transcription originale de la procédure hypothético-déductive. Il semble que cette refonte soit survenue en conjonction avec l'établissement de la mécanique réformée. De nouveaux éléments sont alors disponibles pour construire les hypothèses physiques et, tout aussi bien, pour déterminer les principes régulateurs de la procédure explicative. Dans cette perspective, une lettre postérieure à Conring sanctionne le changement de style épistémologique correspondant à l'avènement de cette mécanique en passe de devenir la dynamique.

En physique je possède également un certain nombre de démonstrations de grand usage au sujet du mouvement. Archimède établit la science des équipondérants [statique]. Ayant davantage progressé, Galilée soumit les accélérations à une règle et dévoila les propriétés remarquables des pendules. Mais sur la force qu'on appelle élastique des corps qui se reforment après flexion et sur les lois gouvernant les concours et les réflexions réciproques des corps, maintenant pour la première fois je pense détenir des éléments démontrés suivant une rigueur tout archimédienne. D'où il apparaîtra que non seulement Descartes, mais d'autres hommes supérieurs ne sont pas encore parvenus au cœur de cet argument et que par suite on ne possède pas ainsi les éléments absolus de la science mécanique[1].

---

1. Lettre à Conring, juin 1678, A II 1[2], 632 : « In Physicis quoque demonstrationes aliquot habeo magni usus circa motum. Archimedes æquiponderantium scientiam constituit. Galilæus longius progressus accelerationes sub regulam vocavit, et pendulorum proprietates mirabiles detexit. Sed de vi elastica quam vocant, corporum post flexionem se restituentium, ac de corporum inter se concurrentium ac repercussorum legibus, nunc primum certa Elementa me demonstrata habere arbitror Archimedeo plane rigore. Unde constabit non Cartesium tantum, sed et alios summos viros nondum ad intimam hujus argumenti notitiam pervenisse nec proinde hactenus Scientiæ mechanicæ Elementa absoluta haberi ».

À la même époque, une lettre destinée à Malebranche témoigne d'un tournant décisif dans la critique de la physique cartésienne. Leibniz met cette fois en doute les axiomes du système cartésien : que la matière et l'étendue soient la même chose ; que toute vérité dépende de l'arbitraire de la volonté divine ; qu'il se conserve toujours la même quantité de mouvement dans les corps. Dans la même veine, il met en cause les raisons démonstratives de la loi cartésienne des sinus en dioptrique. Ces arguments reposaient sur l'analogie de la réfraction et des déterminations mécaniques du choc suivant le modèle cartésien. Leibniz juge l'hypothèse fallacieuse, et il étend alors sa critique à toute la physique cartésienne qu'il déclare non explicative : « Je ne veux pas toucher à son hypothèse physique, car on ne la saurait prouver qu'en expliquant les phénomènes de la nature »[1]. Par exemple, les expériences de Newton font douter que Descartes ait réellement expliqué l'arc-en-ciel. Et l'explication de l'aimant est déficiente pour autant qu'elle ne rend pas compte de la déclinaison magnétique. Les conceptions de Descartes sont « ingénieuses au possible, mais souvent incertaines et stériles »[2]. Toutefois, le rejet complet du « modèle » cartésien est différé pour des raisons méthodologiques ou, à tout prendre, épistémologiques :

> Néanmoins je conseillerais toujours à un amateur de la vérité [d']approfondir [le système cartésien], car on y voit une adresse d'esprit admirable et sa physique tout incertaine qu'elle est, peut servir de modèle à la véritable, qui doit pour le moins être aussi claire et aussi concertée que la sienne ; car un roman peut être assez beau pour être imité par un historiographe. Pour l'abréger : Galilée excelle de réduire les mécaniques en science, Descartes est admirable pour expliquer par de belles conjectures les raisons des effets de la nature[3].

En brisant l'écorce métaphorique de ces comparaisons, ne peut-on inférer que le modèle cartésien, s'il était repensé en fonction des problèmes que soulève la compréhension empirique de la nature, représenterait une forme de démonstration apte à intégrer les données d'expérience en un système rationnel ? Une autre façon d'interpréter ce passage consisterait à supposer que les explications cartésiennes sont de pures conjectures, mais qu'on peut les soumettre à une critique qui révèle les présupposés impliqués et suggère des critères plus adéquats pour la transposition analogique de données d'expérience. Pour être adéquate, cette transposition

---

1. Lettre à Malebranche du 22 juin/2 juillet 1679, A II 1^2, 718 (GP I, 334).
2. A II 1^2, 720 (GP I, 336).
3. *Ibid.*

pourrait dépendre d'une analyse conceptuelle des éléments impliqués dans notre compréhension des phénomènes. Pour Leibniz, toute conjecture est susceptible d'analyse et de vérification : un contrôle peut donc en entraîner la révision. Il souhaite la venue d'un esprit apte aux conjectures rationnelles pour hausser la médecine empiriste au rang de discipline rationnelle. Dans de semblables domaines, les hypothèses de type cartésien amorcent le développement d'arguments démonstratifs, ce qui ne peut se faire au départ que par anticipation hypothétique.

Dans cette perspective, Leibniz envisage de systématiquement remodeler le matériau de la physique cartésienne. Le corpus disponible est considérable, en particulier si l'on tient compte des rectifications qu'implique l'instauration de la conservation des forces vives comme nouveau fondement théorique. L'analyse pourrait se concentrer sur la lecture critique que Leibniz opère des *Principia philosophiæ* de Descartes et qui aboutiront aux *Animadversiones in partem generalem Principiorum Cartesianorum* (1692)[1]. Mais cette préoccupation majeure pour Leibniz se faisait déjà jour dès la fin de la période parisienne, comme en témoigne l'analyse faite par Yvon Belaval d'une première version des *Animadversiones* remontant à 1675-1676[2]. Comme l'avènement de la mécanique réformée, amorce de la dynamique, peut être fixé au début de 1678, un tel ensemble de réflexions critiques se développe en conjonction avec les éléments originaux du système leibnizien de la nature et se trouve intégré à la conception des hypothèses de physique.

Or l'amorce des doctrines épistémologiques de Leibniz ne saurait être tirée de Descartes. Certes, ces doctrines subissent une inflexion déterminante avec l'examen de la structure démonstrative et la remise en cause des modèles et des présupposés cartésiens. Mais Leibniz déclare lui-même que sa divergence par rapport au programme cartésien de physique avait précédé l'étude approfondie des œuvres du philosophe français. Ainsi s'explique-t-il auprès de Malebranche :

> Comme j'ai commencé à méditer lorsque je n'étais pas encore imbu des opinions cartésiennes, cela m'a fait entrer dans l'intérieur des choses par une autre porte et découvrir de nouveaux pays, comme les étrangers qui font le tour de France suivant la trace de ceux qui les ont précédés, n'apprennent presque rien d'extraordinaire, à moins qu'ils soient fort exacts ou fort heureux ; mais celui qui prend un chemin de traverse, même

1. GP IV, 350-392.
2. *Zu Descartes'Principia philosophiæ*, fin 1675-début 1676 (?), A VI 3, 213-217 ; Y. Belaval, *Études leibniziennes*, Paris, Gallimard, 1976, p. 57-85.

au hasard de s'égarer, pourra plus aisément rencontrer des choses inconnues aux autres voyageurs[1].

Du point de vue épistémologique, ce chemin de traverse correspond sans doute à la conciliation entrevue de la théorie définitionnelle de la science et de la justification pragmatique des hypothèses. À la période cruciale où il s'engage dans la critique des principes de la mécanique, un thème convergent fait son apparition alors que Leibniz critique la transposition que Simon Foucher a opérée des arguments des sceptiques, et qu'il discute des vérités hypothétiques : l'expérience nous révèle la liaison des phénomènes, qui doit avoir une cause constante ; et nous pouvons, sur la base de cette liaison des phénomènes, construire des prédictions fondées[2]. La vérité des propositions hypothétiques est de ce fait quelque chose hors de nous, qui ne dépend pas de nous. Notre pouvoir de conceptualiser l'ordre vraisemblable de la nature phénoménale suivant les analogies de l'expérience se règle sur ce qui peut être considéré comme analytique dans le système des phénomènes, et cette considération dépend elle-même de la continuité reconstituée des raisons suffisantes particulières. Dans cette ligne, Leibniz rejette toute forme métaphysique de doute et laisse place à une critique progressive des schématismes trompeurs de l'expérience – représentés par des notions confuses. D'une part, les hypothèses sont des anticipations de raisons suffisantes qui échappent à toute tentative de déploiement analytique direct. D'autre part, en établissant une explication analytique des hypothèses sous couvert de présupposés admissibles, comme le principe de continuité, on peut montrer qu'une hypothèse donnée détient le pouvoir d'exprimer et de systématiser le divers des relations empiriques. Cette « géométrisation » de la connaissance empirique confère leur statut rationnel aux vérités hypothétiques[3].

---

1. Lettre à Malebranche du 22 juin 1679, A II 1[2], 726.

2. Lettre à Foucher de 1675, A II 1[2], 390 : « Car dans le fond toutes nos expériences ne nous assurent que de deux, savoir qu'il y a une liaison dans nos apparences qui nous donne moyen de prédire avec succès des apparences futures ; l'autre que cette liaison doit avoir une cause constante ».

3. Voir lettre à Foucher, août 1686, A II 2, 88 (GP I, 381) : « En matière de connaissances humaines, il faut tâcher d'avancer, et quand même ce ne serait qu'en établissant beaucoup de choses sur quelque peu de suppositions, cela ne laisserait pas d'être utile, car au moins nous saurons qu'il ne nous reste qu'à prouver ce peu de suppositions pour parvenir à une pleine démonstration, et en attendant, nous aurons au moins des vérités hypothétiques, et nous sortirons de la confusion des disputes. C'est la méthode des Géomètres ».

Dans la lettre à Foucher de 1675, Leibniz énonce des considérations éclairantes sur la notion de vérité hypothétique dans le contexte de l'analyse explicative des phénomènes. Rappelons que le chanoine Simon Foucher de Dijon avait pris à partie l'école cartésienne, en particulier Malebranche à l'occasion de la parution de la *Recherche de la vérité* (1674)[1]. Restaurateur du scepticisme antique, Foucher se gardait de mettre en cause les vérités fondées sur l'activité *a priori* de la raison. Les démonstrations nécessaires de la logique et des mathématiques ne sauraient être contestées sous le prétexte fallacieux qu'elles répondraient à des critères inéluctablement inadéquats. Cette forme extrême de pyrrhonisme est donc écartée. Il n'en va pas de même des prétendues vérités relatives aux existants, qui ne nous sont connus que par l'expérience sensible. Foucher récuse les préconceptions que l'on tend à projeter sous forme de raisons déterminantes pour rendre compte de la structure causale sous-jacente aux phénomènes : ces préconceptions contaminent et invalident nos jugements. Suspendue à des hypothèses présumément dérivées des premiers principes métaphysiques, la physique déductive des Cartésiens manquerait particulièrement de justification épistémologique.

Écrivant à Foucher, Leibniz vise donc à établir le type de validation limitée que nous pouvons espérer pour nos constructions théoriques dans l'analyse explicative des phénomènes. À son avis, cette validation est nécessairement conditionnelle et relative, mais elle se révèle suffisante à garantir la poursuite d'une analyse systématique. D'entrée de jeu, Leibniz introduit dans le débat la notion de « vérité hypothétique ». Foucher conteste en effet que l'on puisse déductivement inférer de l'expérience des phénomènes des explications vraies sur les réalités qui sous-tendraient causalement les apparences sensibles. Leibniz excepte du doute les propositions conditionnelles hypothétiques. Celles-ci se présentent comme des inférences suspendues à des prémisses postulées sans garantie *a priori* que la correspondance avec le réel sous-jacent aux connexions empiriques soit assurée. En fait, Leibniz assimile toute démonstration de science de type conditionnellement *a priori* à la structure fondamentale des vérités hypothétiques : ces démonstrations ne consisteraient que dans l'implication nécessaire, mais conditionnelle, des propositions, sous réserve de

---

1. Sur la doctrine épistémologique de Foucher et sa polémique avec Malebranche, voir R. A. Watson, *The Downfall of Cartesianism 1673-1712*, La Haye, M. Nijhoff, 1966, p. 13-28 et p. 40-63. Sur la façon dont Leibniz a suivi cette polémique, voir A. Robinet, *Malebranche et Leibniz. Relations personnelles*, Paris, Vrin, 1955, p. 32-34 et p. 71-75; D. Garber, *Leibniz : Body, Substance, Monad*, New York, OUP, 2009, p. 268-279.

validation ultérieure des prémisses par réduction analytique à des définitions et à des relations d'équivalence.

Or, sous couvert de cette condition idéale et normative de la réduction à
l'équivalence, Leibniz pose la validité intrinsèque de la relation conditionnelle gouvernant l'inférence : il affirme la réalité intelligible de la
connexion postulée des conséquents aux antécédents. Comme Hide
Ishiguro l'a souligné[1], le conséquent ne serait plus strictement tributaire de
la validité spécifique de l'antécédent auquel il se trouverait rattaché par
pure connexion logique. C'est la relation d'implication elle-même qui
poserait son droit à l'intelligibilité, et par suite à la réalité présomptive. Par
ailleurs, la légitimité de l'inférence s'établit sur la connexion contextuelle
des relations postulées avec le réseau des croyances rationnellement
fondées[2]. Il se forme somme toute un système de raisons conditionnelles
dans le domaine ouvert pour notre entendement des vérités de raison et
dans celui des vérités de fait qui peuvent être assimilées aux premières en
raison d'une structure formelle analogue.

> Pour ce qui est des vérités qui parlent de ce qui est effectivement hors de
> nous, c'est là principalement le sujet de vos recherches. Or premièrement
> on ne saurait nier que la vérité même des propositions hypothétiques ne soit
> quelque chose qui soit hors de nous, et qui ne dépende pas de nous. Car
> toutes les propositions hypothétiques assurent ce qui serait ou ne serait pas,
> quelque chose ou son contraire étant posé, et par conséquent [...] la suppo-
> sition en même temps de deux choses qui s'accordent, ou qu'une chose est
> possible ou impossible; nécessaire ou indifférente; et cette possibilité,
> impossibilité ou nécessité [...] n'est pas une chimère que nous fassions,
> puisque nous ne faisons que la reconnaître et malgré nous, et d'une manière
> constante. Ainsi de toutes les choses qui sont actuellement, la possibilité
> même ou impossibilité d'être est la première. Or cette possibilité et cette
> nécessité forme ou compose ce qu'on appelle les essences, ou natures, et les
> vérités qu'on a coutume de nommer éternelles [...] Ainsi la nature du cercle
> avec ses propriétés est quelque chose d'existant et d'éternel : c'est-à-dire il
> y a quelque cause constante hors de nous qui fait que tous ceux qui y
> penseront avec soin trouveront la même chose : et que non seulement leurs

---

1. H. Ishiguro, *Leibniz's Philosophy of Logic and Language*, *op. cit.*, p. 154-170.
2. *Ibid.*, p. 169-170 : « It is of course *we* with our interests who assert conditional propositions. And it is only against the background of our knowledge of regularities in nature and of
logical truths that we can work out the truth-value of these conditionals that we assert. The
assumptions and background knowledge presupposed depend on the context in which the
hypothetical propositions are asserted. But hypothetical truths depend on the nature of things
and not on our ideas or habits. Thus the truths may depend on facts about which we are still
ignorant, or about which we are mistaken ».

pensées s'accorderont entre elles, ce qu'on pourrait attribuer à la nature seule de l'esprit humain, mais qu'encore les phénomènes ou expériences les confirmeront lorsque quelque apparence d'un cercle frappera nos sens. Et ces phénomènes ont nécessairement quelque cause hors de nous [1].

Le propre de la démarche leibnizienne est d'annexer au système des idéalités le système des vérités de fait, portant sur les connexions des phénomènes et sur leurs causes hypostasiées sous forme d'entités théoriques. La transition d'un système à l'autre – le principe unificateur en quelque sorte de l'opération – se trouve fournie par les vérités primitives de fait : « L'une, que nous pensons ; l'autre, qu'il y a une grande variété dans nos pensées » [2]. L'évidence est irrécusable qu'il existe de la diversité dans les objets de l'activité de pensée et que cette diversité requiert un système adéquat de causes. Or la structure conditionnelle des vérités hypothétiques de raison peut s'étendre analogiquement à la mise en forme des corrélations multiples de phénomènes lorsqu'on en recherche la justification causale. L'analogie toutefois ne vaut que sous des conditions particulières restrictives. Nous concevons un réseau de relations causales, mais sans que les modèles construits et les projections d'entités théoriques ne soient assurés d'une stricte correspondance réelle :

> Donc il y a quelque cause hors de nous de la variété de nos pensées. Et comme nous concevons qu'il y a quelques causes sous-ordonnées de cette variété, qui néanmoins ont encore besoin de cause elles-mêmes, nous avons établi des êtres ou substances particulières, dont nous reconnaissons quelque action, c'est-à-dire dont nous concevons que de leur changement s'ensuit quelque changement en nous. Et nous allons à grand pas à forger ce que nous appelons matière et corps. Mais c'est ici que vous avez raison de nous arrêter un peu et de renouveler les plaintes de l'ancienne Académie. Car dans le fond, toutes nos expériences ne nous assurent que de deux, savoir qu'il y a une liaison dans nos apparences qui nous donne moyen de prédire avec succès des apparences futures ; l'autre que cette liaison doit avoir une cause constante. Mais de tout cela il ne s'ensuit pas à la rigueur qu'il y a de la matière ou des corps ; mais seulement qu'il y a quelque chose qui nous présente des apparences bien suivies [3].

Bref, Leibniz semble admettre un phénoménisme intégral que l'on pourrait figurer à l'aide d'une hypothèse épistémologique de rêve continué à la façon de Descartes dans la *Méditation première*. Dans ce rêve, la connexion des objets phénoménaux pourrait s'analyser en relations

1. Lettre à Foucher de 1675, A II 1², 387-388.
2. A II 1², 388.
3. A II 1², 390.

constantes, somme toute en lois de détermination présumée, s'inscrivant dans un réseau de vérités hypothétiques, donc d'intelligibilité conditionnelle. Et, dans ce système, les modèles ne peuvent exercer qu'une fonction instrumentale en assurant la « concaténation logique » des phénomènes. Corrélativement, toutefois, ils sont tenus de se conformer de près aux liaisons de propriétés empiriques que l'expérience révèle.

> Il est vrai que d'autant plus que nous voyons de la liaison dans ce qui nous arrive, d'autant plus sommes-nous confirmés dans l'opinion que nous avons de la réalité de nos apparences; et il est vrai aussi que d'autant que nous examinons nos apparences de plus près, d'autant les trouvons-nous mieux suivies, comme les microscopes et autres moyens de faire des expériences font voir. Cet accord perpétuel donne une grande assurance, mais après tout elle ne sera que morale [1].

En définitive, les modèles qui articulent ces constructions conditionnelles doivent être de type mathématique – Leibniz les dirait géométriques – et ils ne peuvent prétendre au statut de correspondance stricte avec les essences ou natures des réalités corporelles dont se prévalaient les modèles hypothétiques dans la science cartésienne.

Un point dans l'analyse qu'Ishiguro développe au sujet des vérités hypothétiques, mérite d'être ajusté. Ishiguro relève que Leibniz a constitué sa doctrine des vérités conditionnelles à partir d'analyses appartenant au domaine du droit et de la jurisprudence. Or, dans ce contexte, les maximes et les règles impliqueraient des connexions contingentes, plutôt que de relever de relations logiquement nécessaires entre antécédents et conséquents. Ishiguro en infère que le lien conditionnel peut être strictement postulé sans présomption de réduction analytique aux définitions et aux relations d'identité. Les vérités hypothétiques pourraient alors valoir par la simple présupposition de conventions d'institution humaine : ce serait le cas du droit. Par extension analogique, des constats empiriques établissent les faits pour servir de fondement à des inférences conditionnelles contingentes dans les sciences de la nature [2]. À notre avis,

---

1. A II 1[2], 391.
2. H. Ishiguro, *Leibniz's Philosophy of Logic and Language, op. cit.*, p. 164 : « There are hypothetical propositions about logical and mathematical truths, about physical phenomena, or even about institutional or social arrangements. Correspondingly, the necessity or possibility on which the truth-value of these propositions depends may be logical or mathematical necessity, physical necessity, or even the connection that is consequential upon acceptance of certain institutions or arrangements that are based on natural possibilities. [...] The nature of physical things is what *we express* in our attempts to formulate laws of nature. We formulate

le contexte propositionnel établi sur la base de conventions et de lois en jurisprudence reconstitue un contexte de substitution pour des implications nécessaires *ex hypothesi*. Nous ne sommes plus de ce fait confrontés à des liens purement contingents au niveau de l'implication conditionnelle, mais présomptivement nécessaires, compte tenu des conventions acceptées. En ce qui concerne les lois de la nature en science, la situation se dessinerait de façon partiellement analogue. Comme la lettre à Foucher le signale, il faudrait que nous accédions à une connaissance *a priori* de la composition de l'ordre naturel pour y découvrir le « fonds d'essence » duquel découle l'intelligibilité des phénomènes. Ce plan de la réalité nous étant inaccessible, force est de nous limiter à l'assertion de lois qui intègrent un lien de connexion contingente. La seule façon de tourner la difficulté consiste à postuler qu'une cause idéale intègre les relations intelligibles que les phénomènes exprimeraient avec constance sous forme de connexions contingentes régulières. Pour ce type de vérités hypothétiques, c'est l'analyse expressive qui règle en définitive le statut logique de l'implication conditionnelle.

Du statut des vérités hypothétiques, on peut aisément inférer et établir certaines caractéristiques des hypothèses de physique. Ainsi Leibniz concède-t-il à Conring que la science de la nature repose sur l'association de l'*experientia* et de la *ratio apodictica*, ou, à défaut de telles raisons, sur des raisons probables (δοξαστική) ; mais sa conception de la *ratio apodictica* va lui permettre de fixer le modèle épistémologique pour une théorie des hypothèses bien formées :

> J'ai toujours pensé que la démonstration n'était rien d'autre qu'une chaîne de définitions ou, en guise de définitions, de propositions soit déjà démontrées auparavant à partir de définitions, soit présupposées avec certitude. Or l'analyse n'est rien d'autre que la résolution du défini en définition, ou de la proposition en sa démonstration, ou du problème en son effectuation. Mais quand plusieurs effectuations de la même chose peuvent s'imaginer, alors il faut chercher de nouvelles données ou expériences, par lesquelles exclure ces effectuations ou ces causes qui ne sont pas appropriées. Si par contre de telles données nouvelles (comme celles que Bacon appelle instances cruciales (*instantias crucis*) ne sont pas disponibles, alors nous ne pouvons désigner avec précision la cause vraie de l'effet, mais nous sommes contraints de nous contenter d'une hypothèse ou cause possible, qui sera d'autant plus probable qu'elle sera plus simple et

them as general hypothetical propositions, and commit ourselves to the truth of each of their instantiations ».

plus harmonieuse (*concinnior*), comme sont l'hypothèse copernicienne en astronomie et la cartésienne en certaines parties de la physique [1].

Le modèle de la «chaîne de définitions» se prête à des schèmes de suppléance en faveur de chaînes de propositions où interviennent des sortes d'éléments premiers présumés avec certitude. La garantie de la démonstration conçue suivant ce modèle réside dans la possibilité d'effectuer l'analyse des chaînons dérivés. Cela s'étend à la résolution des problèmes par une analyse qui remonte à des conditions suffisantes. S'il se présente une alternative de solutions possibles, la difficulté peut être surmontée en étendant l'analyse de façon à y inclure des instances cruciales susceptibles de diriger le développement analytique vers l'une des branches. Ces instances spécifieraient plus complètement les conditions empiriques du problème : aux termes initiaux du problème s'ajouteraient les termes complémentaires déterminant l'expérience cruciale. Leibniz, semble-t-il, distingue deux types de résolutions de problèmes complexes : 1) les solutions que l'on peut compléter analytiquement par des expériences discriminant entre les raisons suffisantes de façon de plus en plus adéquate : on se rapproche alors des chaînes démonstratives par substitution d'équivalents ; 2) les solutions qui se limitent à conjecturer les conditions déterminantes des faits disponibles (cas de l'hypothèse copernicienne ou des hypothèses physiques de Descartes); les éléments du problème sont alors retranscrits suivant un ordre présumé. Cette deuxième forme de résolution ne peut certes prétendre à la certitude apodictique, mais on peut lui accorder un degré de probabilité correspondant à sa relative simplicité ou à son élégance formelle (cohérence de l'ordre figuré par l'*explanatum*). À l'occasion, ces hypothèses du second ordre pouvant donner lieu à des alternatives dans l'explication, une détermination de probabilités par le calcul serait susceptible de rattacher l'investigation au

---

1. Lettre à Conring du 3/13 janvier 1678, A II 1[2], 580 : «Ego semper putavi Demonstrationem nihil aliud esse quam catenam definitionum, vel pro definitionibus, propositionum jam ante ex definitionibus demonstratarum aut certe assumtarum. Analysis autem nihil aliud est quam resolutio definiti in definitionem, aut propositionis in suam demonstrationem, aut problematis in suam effectionem. Sed quando plures ejusdem rei effectiones fingi possunt, tunc nova quærenda sunt data sive experimenta, quibus excludantur eæ effectiones sive causæ quae non sunt hujus loci. Si vero ejusmodi data nova (qualia Verulamius *Instantias crucis* vocat) non sint in promptu, tunc non possumus precise designare causam effectus veram, sed contenti esse cogimur hypothesi, sive causa possibili, quæ quo simplicior et concinnior hoc probabilior : ut in Astronomicis Copernicana, in quibusdam Physicis Cartesiana».

modèle définitionnel de la démonstration[1]. Mais Leibniz reconnaît que cette pratique n'en est qu'à ses débuts[2].

Le principal problème relatif à la résolution analytique par voie d'hypothèse consiste dans le fait qu'un *explanans* satisfaisant aux conditions de l'*explanandum* peut s'inférer de principes faux. Conring souligne l'obstacle avec force :

> Personne ne niera que l'on puisse forger de nouvelles données et démontrer quelque chose de celles-ci, toutes fausses qu'elles sont. Toutefois, les démonstrations de la sorte ne sont pas cependant scientifiques (ἐπιστημονικαί) et elles ne permettent pas de conclure à la vérité des données à partir de la vérité des conséquences[3].

Conring englobe dans sa critique tant les hypothèses cartésiennes que les procédures inférentielles que l'on peut rattacher à la méthodologie de l'*experimental philosophy*. Toutefois, Leibniz avait spécifié les conditions formelles de validité pour la procédure analytique : la chaîne des propositions doit impliquer des arguments réciproques, c'est-à-dire des propositions dont la converse soit également vraie, à l'instar des définitions – sans nul doute s'agit-il des définitions réelles, qui établissent la possibilité de leur objet – et à l'instar des équations. La vérité de ce qui est démontrable tient non à des fondements d'induction, mais à la substitution d'équivalents conceptuels dans la corrélation des termes. Cela signifie l'usage de notions dont l'adéquation paraisse de façon distincte. Les propositions indémontrables au terme de la réduction analytique seront soit des propositions identiques, soit des propositions empiriques. Dans les deux cas, l'on

---

1. Voir *NE*, 4.17.3, A VI 6, 476 : « [Les] liaisons [des vérités] sont même nécessaires quand elles ne produisent qu'une opinion, lorsque après une exacte recherche la prévalence de la probabilité autant qu'on en peut juger, peut être démontrée, de sorte qu'il y a *démonstration* alors, non pas de la vérité de la chose, mais du parti que la prudence veut qu'on prenne ».

2. Voir *NE*, 4.16.9, A VI 6, 466 : « J'ai dit plus d'une fois qu'il faudrait une nouvelle espèce de logique, qui traiterait des degrés de probabilité, puisque Aristote dans ses *Topiques* n'a rien moins fait que cela, et s'est contenté de mettre en quelque ordre certaines règles populaires, distribuées selon les lieux communs, qui peuvent servir dans quelque occasion, où il s'agit d'amplifier le discours et de lui donner apparence, sans se mettre en peine de nous donner une balance nécessaire pour peser les apparences et pour former là-dessus un jugement solide. Il serait bon que celui qui voudrait traiter cette matière, poursuivît l'examen des jeux de hasard ».

3. Lettre de Conring à Leibniz du 26 février 1678, A II 1[2], 595 : « *Nova data* quin possint effingi atque ex iis utut falsis aliquid demonstrari, nemo negaverit. Sed ejusmodi demonstrationes non tamen sunt vere ἐπιστημονικαί nec per analysin colligere licet datorum veritatem ex veritate consequentium ».

a affaire à des connexions de notions (équivalence formelle ou corrélation conforme au constat empirique) dont la possibilité s'établit d'emblée.

Défendant sa conception de l'analyse et de la démonstration en réplique à Conring, Leibniz soutient qu'elle traduit de façon congruente la pratique des savants et qu'elle indique la méthode *ad inveniendum atque judicandum*[1]. Le principe de validité de toute la procédure est ainsi formulé :

> Il est manifeste que toutes vérités se résolvent en définitions, propositions identiques et expériences (*experimenta*) (bien que les vérités purement intelligibles n'aient pas besoin d'expériences) et qu'une résolution parfaite achevée les fait apparaître, parce que la chaîne de la démonstration commence avec des propositions identiques ou des expériences et s'achève en conclusion, mais que les principes sont rattachés à la conclusion par l'intervention de définitions ; et c'est en ce sens que j'avais dit que la démonstration était une chaîne de définitions[2].

Leibniz conçoit donc un mode de démonstration hypothétique où les éléments de résolution de l'*explanandum* physique sont fournis par des propositions empiriques. Même si les termes de ces propositions restent irréductiblement problématiques, cela ne saurait engendrer d'aporie en ce qui concerne la procédure démonstrative elle-même. Celle-ci ne consiste-t-elle pas dans la complète analyticité des connexions propositionnelles, laquelle à son tour devrait se réduire à la complète analyticité des connexions conceptuelles ? Leibniz établit un double parallélisme entre résolution des idées, démonstration, c'est-à-dire réduction analytique des propositions à des vérités déjà connues, et résolution des problèmes en problèmes plus faciles, tels qu'il soit en notre pouvoir de les résoudre. Avec la typologie des idées que l'on trouve par exemple dans les *Meditationes de cognitione, veritate et ideis*, on peut se représenter la gradation dans les formes de l'idée distincte comme une série de stades dans la progression analytique. Or une idée claire distincte inadéquate peut donner lieu à des opérations combinatoires (et donc à des procédures démonstratives), pourvu que les notions y figurant soient soumises à une expression symbolique qui permette des substitutions d'équivalents. Si l'analyse est provisionnelle, une telle idée et ses équivalents pourront être tenus pour

---

1. Lettre à Conring du 19 mars 1678, A II 1[2], 602.

2. *Ibid.* : « Patet denique omnes veritates resolvi in definitiones, propositiones identicas, et experimenta (quanquam veritates pure intelligibiles experimentis non indigeant) et perfecta resolutione facta apparere, quod catena demonstrandi ab identicis propositionibus vel experimentis incipiat ; in conclusionem desinat ; definitionum autem interventu principia conclusioni connectantur, atque hoc sensu dixeram Demonstrationem esse catenam definitionum ».

adéquats pour fin de démonstration. Il est alors convenu qu'on se réserve de contrôler les éléments conceptuels impliqués sur les données d'expérience. La symbolisation et les opérations que permet le recours aux symboles, instituent les conditions d'une adéquation provisionnelle et rendent possibles certaines résolutions problématiques. La typologie leibnizienne des idées vise à révéler les apories de l'intuition portant sur les notions complexes. En fait, Leibniz met en cause l'évidence cartésienne pour le motif qu'elle entraîne l'illusion psychologique d'une fausse clarté dans les connexions conceptuelles. De même, l'analyse épistémologique des hypothèses révèle qu'une hypothèse sans démonstration n'a pas de valeur bien qu'on puisse en dériver des phénomènes vérifiables (contrôlables par l'observation). Entre l'*explanans* et l'*explanandum*, la connexion doit s'opérer par propositions convertibles ou par développement d'équations, car le principe logique gouvernant la démonstration stipule que des équivalents conceptuels soient substitués les uns aux autres. Certes, reste le cas d'un principe ou d'une hypothèse (de type cartésien) qui ne pourrait satisfaire adéquatement à la condition d'analyticité. La simple dérivation à partir des phénomènes observés ne saurait suffire à en garantir la vérité. Aussi Leibniz renforce-t-il les critères cartésiens qui sous-tendent la transformation de la certitude morale des hypothèses en certitude physique ; et il modifie la signification et la portée de l'opération.

Il faut avouer que l'hypothèse est d'autant plus probable qu'elle est plus simple à comprendre, c'est-à-dire qu'elle peut résoudre plus de phénomènes et avec moins de présupposés. Il peut même arriver qu'une hypothèse puisse être tenue pour physiquement certaine, quand elle satisfait assurément tout à fait à tous les phénomènes présents, tout comme la clé dans les messages codés. La plus grande louange revient (après la vérité) à l'hypothèse si par son moyen nous pouvons instituer des prédictions même pour des phénomènes ou des expériences que nous n'aurions pas encore mis à l'épreuve, car alors en pratique l'hypothèse de cette sorte peut être tenue pour la vérité [1].

---

1. A II 1[2], 603-604 : « Illud tamen fatendum est hypothesin tanto fieri probabiliorem quanto intellectu simplicior, virtute autem ac potestate amplior est ; id est quo plura phænomena et quo paucioribus assumtis solvi possunt. Et contingere potest ut hypothesis aliqua haberi possit pro physice certa ; quando scilicet omnibus omnino phænomenis occurrentibus satisfacit, quemadmodum Clavis in Cryptographicis. Maxima autem (post veritatem) laus est hypotheseos, si ejus ope institui possint prædictiones, etiam de phænomenis seu experimentis nondum tentatis ; tunc enim in praxi hypothesis ejusmodi pro veritate adhiberi potest ».

Ce texte fait évidemment référence aux *Principia philosophiæ*[1], où Descartes justifie son système d'hypothèses en montrant qu'il se conforme aux premières notions intelligibles représentant la nature corporelle pour une connaissance *a priori*[2]. La fiction de parties matérielles imperceptibles auxquelles on attribue grandeurs, figures et mouvements appropriés, suffirait à fournir une explication des phénomènes perceptibles. D'autres modes de production des phénomènes sont sans doute possibles. Cette hypothèse n'a donc qu'une valeur pratique (*sufficit ad usum vitæ*); et cela suffit, pourvu qu'elle corresponde exactement à tous les phénomènes pertinents. La certitude morale qui s'y rattache est du même ordre que celle qui découle d'avoir inventé une grille pour traduire le sens supposé d'un cryptogramme. La vérité de l'interprétation est proportionnelle à la persuasion fondée qui découle du fait que les phénomènes ont été réunis en une représentation cohérente. Cette certitude morale des hypothèses corroborées pourrait être en outre garantie par référence à la véracité divine, puisque ce principe métaphysique garantit l'application du critère de l'évidence dans les démonstrations, y compris dans les inférences hypothético-déductives. La connaissance de l'existence des réalités matérielles, comme d'ailleurs l'ensemble des arguments qui établissent le système de la nature, relève de l'évidence par le lien de la cohérence déductive et/ou par l'instruction provenant de la « lumière naturelle » (suivant les dispositifs inscrits dans notre nature)[3].

Or Leibniz se dissocie en fait de certains aspects de la doctrine cartésienne, en donnant, semble-t-il, une autre orientation à l'analyse. En premier lieu, il n'y a pas de raison de devoir recourir à la métaphysique pour établir l'objectivité des hypothèses particulières. Les preuves interviennent de l'intérieur même de l'argumentation hypothétique, s'il est fait adéquatement usage des hypothèses : la probabilité de l'hypothèse (suivant une gradation continue dans l'approximation de la vérité, ce qui n'aurait aucun sens pour Descartes) repose sur la simplicité de l'*explanans* jointe à l'ampleur de sa conformité aux faits. Le déploiement de rationalité dans l'*explanans* rend objectif un ordre virtuel des données; si l'analyse devenait complète et adéquate, elle nous rapprocherait asymptotiquement de l'ordre réel. La certitude morale débouche de plein droit sur la certitude

1. *Principia philosophæ*, IV, § 203-206, AT VIII-1, 325-329; AT IX-2, 321-325.

2. Voir F. Duchesneau, « Descartes et le modèle de la science », *in* B. Bourgeois, J. Havet (dir.), *L'esprit cartésien. Quatrième centenaire de la naissance de Descartes*, Paris, Vrin, 2000, t. I, p. 99-122.

3. Descartes, *Principia philosophiæ*, IV, § 206, AT, VIII-I, 328-329; AT IX-2, 324-325.

physique et exprime donc les « raisons » de la nature, pourvu que l'hypothèse satisfasse à toutes les déterminations d'expérience. En revanche, il n'est pas question de hausser la certitude morale de l'hypothèse au plan de la certitude métaphysique, comme Descartes envisage de le faire dans les dernières sections des *Principia philosophiæ* au nom de la véracité divine et du système déductif unitaire que les explications physiques permettraient de figurer. Toutefois, le trait le plus significatif dans la position leibnizienne tient au rôle heuristique dévolu à l'hypothèse. Cette fonction, lorsqu'elle est adéquatement remplie, transforme la certitude physique en une sorte de vérité. Il en est ainsi parce que le déploiement analytique des termes constituant l'hypothèse donne forme au divers des phénomènes suivant la nécessité présumée de principes architectoniques, tel le principe de continuité. Au sens strict, la véracité divine qui sert de caution de vérité dans le système de Descartes, est un *deus ex machina* stérile en comparaison du pouvoir d'analyse que recèle une hypothèse leibnizienne et qu'elle peut déployer en inventant des *explanata* bien structurés. Le critère d'adéquation pour les notions complexes, doit-on ajouter, ne consiste plus dans la clarté trompeuse d'une représentation nécessairement partielle, limitée, tronquée, mais désormais dans le pouvoir d'articuler les implications logiques de concepts que l'on a forgés pour rendre compte de connexions non encore explorées dans le monde des phénomènes ; il consiste, corrélativement, dans la capacité de lier les éléments de la représentation en un système de la nature progressivement révisable.

Par sa conception de l'hypothèse de physique, Leibniz entrevoit donc une stratégie d'analyse qui porterait sur des « construits » représentant l'analogie de plus en plus exacte des phénomènes significatifs. Cette notion d'hypothèse éclaire certaines instances paradigmatiques de la pratique leibnizienne en science : par exemple, la nécessité, en dynamique, de retranscrire la démonstration *a posteriori* des théorèmes de conservation en démonstration *a priori*. À notre avis, cette démarche dont témoignera entre autres la *Dynamica de potentia* (1689-1690) s'imposait pour que la procédure hypothétique se justifiât comme analyse et acquît un fondement démonstratif relevant des principes architectoniques et rejoignant l'ordre des raisons suffisantes métaphysiques[1]. La complémentarité des deux voies de démonstration en mécanique illustre le rôle positif de la fabrication d'hypothèses dans la science leibnizienne, lorsque celles-

---

1. Voir F. Duchesneau, « Le recours aux principes architectoniques dans la *Dynamica* de Leibniz », *Revue d'histoire des sciences*, 72 (2019), p. 37-60.

ci servent à établir un système de raisons suffisantes susceptible
d'exprimer l'engendrement causal des phénomènes considérés suivant les
ensembles qu'ils forment. Il en serait de même par exemple en dioptrique,
alors que Leibniz combine ingénieusement telle conjecture relative aux
effets mécaniques des milieux sur le rayon réfracté (vitesse proportionnelle
et diffusion inversement proportionnelle à la densité du milieu) et telle
expression géométrique du phénomène permettant d'assigner par analyse
(calcul *de maximis et minimis*) les coordonnées d'un déplacement angulaire optimal dans les limites de la conjecture[1].

L'hypothèse fournit des succédanés d'argumentation apodictique dont
la qualité immédiate est d'ordonner les phénomènes en séquences intelligibles, ce qui facilite l'invention rationnelle (validité heuristique). Mais
l'hypothèse doit tendre à la justification analytique, ce qui la subordonne à
la possibilité d'une transcription en raisons suffisantes formelles, si l'on
veut comprendre sous ces termes toute technique apte à fixer l'*explanans*
en une expression suffisamment analytique. Une hypothèse bien formée
est alors invention d'analyticité par substitution d'équivalents (validité
démonstrative).

LA MÉTHODE DES HYPOTHÈSES :

ÉVALUATION

La doctrine des hypothèses refait surface dans les *Nouveaux Essais sur
l'entendement humain* (1704). Elle atteint alors sa pleine signification,
puisque la formulation à laquelle Leibniz parvient se situe en quelque sorte
au terme de l'œuvre scientifique. Dans les *Nouveaux Essais*, Leibniz
reprend les thèses spécifiques de la correspondance avec Conring. Le
contexte approprié s'offre à lui dans le chapitre sur les «Moyens
d'augmenter notre connaissance». Dans l'*Essay concerning Human
Understanding* (1689), Locke avait soutenu la thèse que la connaissance ne
peut s'avérer satisfaisante que si elle s'offre sous le jour d'une
représentation actuelle de la connexion des idées. De ce point de vue, seule
une comparaison actualisée des idées dans l'intuition, ou dans la démonstration comme enchaînement d'intuitions, permet d'insérer de nouveaux
éléments dans la sphère du savoir rationnel, mis à part le cas limite que
représente le *sensitive knowledge*; mais celui-ci n'atteste que l'existence

---

1. Voir F. Duchesneau, «Hypothèses et finalité dans la science leibnizienne», *Studia
Leibnitiana*, 12 (1980), p. 161-178.

actuelle de réalités sensibles, causes de nos perceptions «objectives» présentes. Dans la perspective lockienne, les vérités hypothétiques ne se fondent pas sur des rapports de conformité archétypale avec les objets qu'elles prétendent signifier. De ce fait, elles n'offrent aucune garantie de légitimité. Qu'en est-il alors des hypothèses de science? Locke ne peut totalement les écarter, car il a conscience des limites d'une méthode qui se contenterait d'une pure et simple description des phénomènes (*historical method*). La description doit épouser les contours des espèces de réalités matérielles les plus régulièrement constituées, en tentant de faire ressortir le lien causal sous-jacent aux diverses propriétés qui les caractérisent. Dans cette quête d'explication, Locke accrédite de vastes hypothèses générales, telle l'hypothèse corpusculaire dont il emprunte la formulation à Boyle, ou l'hypothèse de la chaîne graduée des êtres, qui correspond à une figure possible du principe de continuité, appliqué à la sériation des espèces de réalités matérielles, en particulier d'êtres vivants. Il s'agit somme toute pour lui de fournir un cadre théorique à des modèles mécanistes de portée beaucoup plus limitée, dont la justification doit être de type inductif et s'inférer de la corrélation des phénomènes [1]. On ne peut d'ailleurs prétendre que Locke envisage vraiment la constitution d'une science proprement démonstrative des phénomènes. De ce point de vue, il s'en faut de beaucoup qu'il fournisse une représentation épistémologique adéquate aux pratiques de Newton. Au sens de la méthodologie newtonienne, déduire l'explication causale des phénomènes de l'expérience suppose pour le moins que les propriétés phénoménales soient retranscrites en données mathématisables et qu'on puisse appliquer à l'analyse de celles-ci les algorithmes appropriés. Dans l'épistémologie lockienne, la construction d'hypothèses ne fournit aucun moyen d'anticiper la raison déterminante des phénomènes. Une telle anticipation requerrait que l'on projetât sur les connexions empiriques des relations intelligibles condition-nellement fondées, qui serviraient à inférer l'ordre vraisemblable des phénomènes. Locke soutient que le rôle des hypothèses se réduit à offrir une codification utile, facilitant l'enregistrement et la classification des résultats d'observation. À ce titre, on ne peut refuser aux hypothèses *a posteriori* une certaine capacité d'éclairer d'autres connexions empi-riques : d'où le rôle heuristique qu'on tend parfois à leur reconnaître. Ce qui se trouve rejeté, ce sont les hypothèses dites *a priori* : celles-ci font figure de conjectures arbitraires sur de présumées structures profondes et cachées

---

1. Sur la portée du recours aux hypothèses en philosophie naturelle selon Locke, voir P. R. Anstey, *John Locke and Natural Philosophy*, *op. cit.*

de la réalité empirique, dont on prétendrait déduire les phénomènes de surface. Le défaut de telles constructions résiderait dans leur trop grande généralité : d'où leur incapacité à expliquer de façon spécifique une pluralité de données d'observation. En revanche, l'hypothèse recevable en vertu d'une méthodologie empiriste ne peut surgir que dans le cadre d'une démarche *a posteriori*, soumise aux conditions de l'expérience réalisée ou de son prolongement vraisemblable. En tout état de cause, il s'agit non de savoir rationnel, mais d'opinion admissible dans les limites d'une probabilité à déterminer.

À l'encontre de cette conception empiriste, Leibniz développe l'analyse dont il a déjà posé les jalons. La structure des hypothèses renvoie à celle des « énonciations conditionnelles », c'est-à-dire à la constitution d'énoncés de vérités hypothétiques. La question avait été abordée dans la lettre à Foucher de 1675. Lorsque Leibniz y revient dans les *Nouveaux Essais sur l'entendement humain*, c'est dans le contexte d'une discussion du *sensitive knowledge*. Locke avait assimilé au savoir rationnel la connaissance d'expérience sensible, attestant l'existence actuelle de réalités hors de l'esprit. La connexion des propriétés sensibles de ces réalités et leur structure essentielle sous-tendant les apparences sensibles échapperaient toutefois à la sphère du savoir rationnel : l'identification de ces objets et leur analyse se trouvent reléguées à la sphère de la probabilité (l'ἔνδοξον aristotélicien). Leibniz entend ramener au plan de la science démonstrative les vérités hypothétiques qui expriment la vraisemblance des implications et des connexions postulées. Il rappelle, dans ce contexte, la thèse qu'il avait exposée à Foucher, savoir que « la vérité des choses sensibles ne consistait que dans la liaison des phénomènes, qui devait avoir sa raison et que c'est ce qui les distingue des songes »[1]. Le perfectionnement de la thèse vient de ce que la connexion des phénomènes s'établit non seulement sur la base de l'expérience constante suivant une règle d'induction, mais de ce qu'elle est censée pouvoir se vérifier rationnellement. Leibniz entend par là que l'on peut construire des modèles de type mathématique pour exprimer adéquatement la mesure des phénomènes. Et ces modèles permettent d'opérer des analyses et des synthèses fondées : il suffit pour ce faire de traiter les analogues de connexions empiriques à l'aide d'algorithmes appropriés. L'exemple de cette pratique n'est-il pas fourni par le recours aux procédures de symbolisation géométrique en optique ?

---

1. *NE*, 4.2. 14, A VI 6, 374.

Et la liaison des phénomènes, qui garantit les vérités de fait à l'égard des choses sensibles hors de nous, se vérifie par le moyen des vérités de raison; comme les apparences de l'optique s'éclaircissent par la géométrie. Cependant il faut avouer que toute cette certitude n'est pas du suprême degré, comme vous l'avez bien reconnu [...]. Au reste il est vrai aussi que pourvu que les phénomènes soient liés, il n'importe qu'on les appelle songes ou non, puisque l'expérience montre qu'on ne se trompe point dans les mesures qu'on prend sur les phénomènes, lorsqu'elles sont prises selon les vérités de raison[1].

Malgré cette programmation symbolique et cette mise en forme rationnelle, Leibniz récuse donc le fait que l'on puisse sortir des limites de la certitude morale pour atteindre le plein niveau d'une certitude logique ou métaphysique. La construction rationnelle reste en effet subordonnée à la prémisse des connexions empiriques inductivement fondées. L'édifice des vérités hypothétiques peut seulement se consolider par des corrélations multiples et des déductions partielles jusqu'à former une représentation systématique des vraisemblances. C'est là le statut de ce que Leibniz qualifie de « propositions mixtes », résultant d'une combinaison d'énoncés de vérités de fait et d'énoncés de vérités de raison :

Comme selon [la règle] des logiciens la conclusion suit la plus faible des prémisses, et ne saurait avoir plus de certitude qu'elle, ces propositions mixtes n'ont que la certitude et la généralité qui appartient à des observations[2].

Dans ce dernier cas, Leibniz prend précisément pour exemples des constructions de modèles géométriques ou arithmétiques destinés à rendre compte de corrélations empiriquement attestées relatives aux phénomènes astronomiques ou géodésiques.

Tirant la leçon des vérités conditionnelles en ce qui concerne les inférences hypothétiques, Leibniz admet sans difficulté que la validité de celles-ci n'est que présomptive et que la vérification du conséquent ne saurait suffire à justifier la validité de l'antécédent si la vérité de celui-ci n'est pas établie par ailleurs. Ce problème est celui du retour logique dans l'analyse à la façon de Pappus, à moins que l'on ait affaire à des relations réciproques à toutes les étapes de l'analyse. La présomption de retour entraîne un risque de paralogisme. Qu'en est-il alors du recours aux hypothèses explicatives ? La justification de celles-ci repose apparemment sur la conformité des conséquents inférés par rapport aux données empiriques.

1. *NE*, 4.2. 14, A VI 6, 374-375.
2. *NE*, 4.11.14, A VI 6, 446.

Cette méthode sert encore elle-même bien souvent à vérifier les suppositions ou hypothèses, quand il en naît beaucoup de conclusions, dont la vérité est connue d'ailleurs, et quelquefois cela donne un parfait retour, suffisant à démontrer la vérité de l'hypothèse [1].

La réponse à Conring fait état de la conversion possible de l'analyse en synthèse par le biais de relations réciproques, constituant des chaînes de définitions. Lorsqu'on en vient aux hypothèses de physique, ce type de retour démonstratif ne peut s'établir sur la base d'implications logiques strictes.

Et même lorsque ce retour n'est point démonstratif, comme dans la Physique, il ne laisse pas quelquefois d'être d'une grande vraisemblance, lorsque l'hypothèse explique facilement beaucoup de phénomènes difficiles sans cela et fort indépendants les uns des autres [2].

Ajoutons, dans l'esprit de cet argument, que les hypothèses valent d'autant plus qu'elles servent davantage à découvrir l'explication de faits nouveaux : « C'est assez aussi que les physiciens par le moyen de quelques principes d'expérience rendent raison de quantité de phénomènes, et peuvent même les prévoir dans la pratique » [3].

Comment peut-on alors justifier le retour logique des *explicanda/explicata* à l'*explicans* hypothétique ? L'argument classique de Descartes était de dédoubler la relation en explication et en preuve : l'antécédent explique le conséquent ; le conséquent, dont la vérité est établie par ailleurs, prouve l'antécédent qu'il corrobore. Dans la VIe partie du *Discours de la méthode*, Descartes avait en effet professé un véritable cercle pappusien en matière d'explication hypothétique des phénomènes. Traitant des suppositions dont il s'était servi pour construire les analyses de la *Dioptrique* et des *Météores*, il avait voulu souligner que ces analyses ont force démonstrative en dépit du caractère « fictif » des prémisses de départ [4].

---

1. *NE*, 4.12.6, A VI 6, 450.
2. *Ibid.*
3. *Ibid.*
4. Descartes, *Discours de la méthode*, AT VI, 76 : « Car il me semble que les raisons s'y entresuivent en telle sorte que, comme les dernières sont démontrées par les premières, qui sont leurs causes, ces premières le sont réciproquement par les dernières, qui sont leurs effets. Et on ne doit pas imaginer que je commette ici la faute que les logiciens nomment un cercle ; car l'expérience rendant la plupart de ces effets très certains, les causes dont je les déduis ne servent pas tant à les prouver qu'à les expliquer ; mais, tout au contraire, ce sont elles qui sont prouvées par eux ».

Au total, la solution cartésienne consistait à établir la preuve de l'hypo-thèse par un cheminement démonstratif qui, partant du conséquent, c'est-à-dire de vérités attestées par l'expérience, posant donc des connexions confirmées de phénomènes, remonterait à l'hypothèse. Cette démarche repose à coup sûr sur une synthèse déductive : elle suppose que le modèle construit pour rendre compte des données empiriques enveloppe la néces-sité physique de l'antécédent, c'est-à-dire la certitude que celui-ci est vrai par raison déterminante. Si tel est le cas, il s'agirait d'une surprenante modulation apportée à la thèse cartésienne du rôle essentiel de l'analyse dans le dévoilement des vérités. L'analyse en effet mènerait de l'*explanans* aux *explananda* par un cheminement sans garantie de vérité et requerrait absolument que la synthèse correspondante fût accomplie. La modulation est encore plus surprenante si l'on tient compte du fait que les vérités empi-riques doivent alors de toute nécessité être retranscrites suivant la syntaxe et la sémantique des concepts géométriques, seuls aptes à figurer l'ordre intelligible des causes physiques qu'exprime l'hypothèse. En outre, Descartes n'hésite pas à postuler que le double cheminement de l'expli-cation et de la preuve forme les deux volets également légitimes de la démonstration. Ce sens de «démonstration» dénote donc quelque chose de l'ordre d'une épreuve réalisée, d'un processus impliquant une combi-naison d'analyse et de synthèse. Le critère de validité semble celui d'une «manipulation» réussie des données de fait et des raisons. De ce point de vue, l'interprétation de Lakatos peut ne pas apparaître sans fondement[1].

Lakatos soutient en effet que le cheminement de l'analyse est celui d'un enchaînement d'actes intuitifs établissant sur le plan de la représentation l'équivalent d'une chaîne de raisons. Certes, il faut noter que Descartes n'est pas insensible à la faille logique que constitue la preuve de l'analyse par retour[2]. Aussi considère-t-il qu'il faut chercher ailleurs la véritable preuve des prémisses hypothétiques. On pourrait considérer leur déduction possible à partir de prémisses plus élevées qui seraient de l'ordre de vérités nécessaires *a priori*. On peut à coup sûr retenir leur capacité d'engendrer la preuve d'autres lois empiriques que de celles qui servent à les prouver. Ainsi voit-on qu'en réponse à Morin, Descartes souligne l'intérêt qu'il peut y avoir à établir la vérité de l'hypothèse de façon indépendante en s'en servant pour prouver d'autres faits empiriques que ceux qu'elle sert à

1. I. Lakatos, « The Method of Analysis-Synthesis », in *Mathematics, Science and Episte-mology. Philosophical Papers*, vol. 2, Cambridge, CUP, 1978, p. 70-103.
    2. Voir l'objection formulée par Morin dans sa lettre à Descartes du 22 février 1638, AT I, 538.

expliquer[1]. Le réseau déductif issu des hypothèses servirait, dans ce second cas, à en garantir la vérité par-delà l'inférence conditionnelle de départ. À l'arrière-plan de cette stratégie, se profilent les critères auxquels Descartes fait appel dans les dernières sections des *Principia philosophiæ* pour justifier la conformité de son système d'explication à la réalité du système de la nature[2]. Il s'agit de constater que les modèles construits pour expliquer les divers types de phénomènes relèvent des idées claires et distinctes désignant les propriétés géométriques, seules susceptibles d'exprimer l'essence des réalités matérielles. De ce fait, les modèles représentent l'essence possible des causes sous-tendant les phénomènes. Par ailleurs, ces modèles s'unissent pour former un ensemble cohérent de raisons explicatives correspondant aux phénomènes les plus divers. Ce critère est exposé grâce à la métaphore du message codé. Si une clé relativement simple suffit à donner un sens à un tel message relativement complexe, il faudra retenir l'interprétation ainsi obtenue pour une expression très vraisemblable du sens réel. Ainsi en est-il du système hypothético-déductif mis en place dans une physique de type cartésien. Et il faut noter enfin que, s'appuyant sur l'intelligibilité des raisons hypothétiques, leur cohérence systématique et leur corroboration par les données empiriques qu'il s'agit d'expliquer, Descartes attribue à cette vaste construction vraisemblable une certitude plus que morale, dans la mesure où la véracité divine vient garantir le travail démonstratif opéré par nos intellects finis.

En 1678, Leibniz affirmait sa proximité par rapport au modèle épistémologique mis en place par Descartes, quitte à rejeter les modèles particuliers avancés par celui-ci, à tenir les constructions cartésiennes pour relativement arbitraires et abstraites et à professer que la rigueur analytique ne peut se satisfaire de démonstrations fondées sur d'illusoires intuitions. D'ailleurs, dès cette époque, le correspondant de Conring établissait la gradation des formes d'argumentations susceptibles d'exprimer l'analogie d'une véritable réciprocité de l'analyse et de la synthèse comme processus de démonstration. Il convenait aussi d'établir de façon plus stricte la

---

1. Lettre de Descartes à Morin du 13 juillet 1638, AT II, 198 : « […] mais je n'avoue pas pour cela que c'en soit un [cercle logique] d'expliquer des effets par une cause, puis de la prouver par eux : car il y a grande différence entre *prouver* et *expliquer*. À quoi j'ajoute qu'on peut user du mot *démontrer* pour signifier l'un et l'autre, au moins si on le prend selon l'usage commun, et non en la signification particulière que les Philosophes lui donnent. J'ajoute aussi que ce n'est pas un cercle de prouver une cause par plusieurs effets qui sont connus d'ailleurs, puis réciproquement de prouver quelques autres effets par cette cause ».

2. Descartes, *Principia philosophiæ*, IV, § 203-206, AT VIII-2, 325-329.

fonction heuristique des hypothèses par rapport à l'analyse et à l'explication des phénomènes. Comment les *Nouveaux Essais* précisent-ils ce programme épistémologique à la lumière d'une plus grande maturité de l'œuvre scientifique?

Déjà la préface des *Nouveaux Essais* détermine une corrélation significative entre les constructions rationnelles de la science et les inductions qui établissent la connexion des phénomènes. La science doit former un tissu de démonstrations, et, pour ce faire, elle doit s'articuler à l'aide de consécutions nécessaires, même si celles-ci reposent sur des hypothèses qui intègrent des raisons suffisantes de type téléologique ou architectonique justifiant un ordre contingent de la nature. De la sorte, l'entendement possédera une grille d'interprétation logique des phénomènes. Traitant des relations établies par induction à partir des données d'expérience, Leibniz réfère de telles opérations aux consécutions empiriques dont les bêtes sont capables et qui caractérisent la plus grande partie de nos actions cognitives. Il convient de réaliser des inférences rationnelles de telle nature qu'il soit possible d'en considérer les connexions inductives comme des instantiations conditionnelles. Si l'on y parvient, «le succès des expériences [peut servir] de confirmation à la raison»[1]. En tout état de cause, le rôle de la raison par rapport aux consécutions empiriques doit consister à établir des règles pour les prévoir et pour en rendre compte dans un contexte où l'on peut en fournir les causes ou raisons déterminantes. Dans ces conditions, l'exception qui suspendrait la séquence serait explicable – ce qui dépasse les capacités de tout entendement réduit aux seules consécutions empiriques. Bref, l'explication rationnelle des phénomènes par construction de schèmes hypothético-déductifs est d'autant plus recevable qu'elle se révèle plus discriminante dans ses implications par rapport à toute autre construction du même type. Ce point va orienter une pluralité de développements épistémologiques.

De façon corrélative, Leibniz souligne la structure logique nécessaire de toute démonstration de science. Ne s'agit-il pas, pour rendre compte des phénomènes dans leur ordre, d'«établir des règles et [de] trouver des liaisons certaines dans la force des conséquences nécessaires»[2]? Il ne faut pas perdre ici de vue que la démonstration en règle selon Leibniz se présente comme une chaîne de définitions liées par des relations d'équivalence ou par des axiomes de moins grande généralité, dont on pourrait en droit opérer la réduction. En outre, nous pouvons et devons inclure les

1. *NE*, Préface, A VI 6, 50.
2. A VI 6, 51.

principes de type architectonique dans le processus de mise en forme des inférences : définitions, axiomes et principes sont de fait les chevilles ouvrières du discours scientifique. Si la syntaxe de ce discours peut se manifester sous l'aspect de connexions strictement nécessaires, une grande latitude se manifeste au plan des définitions et des principes qui assurent le plus clair du pouvoir heuristique et explicatif de nos théories. Une explication doit donc combiner l'invention sémantique requise pour comprendre l'ordre contingent du réel empirique et la capacité que recèlent les algorithmes de type mathématique d'orchestrer des consécutions nécessaires. L'harmonisation de cet ensemble requiert des rapports d'expression réglée. C'est en fonction de ce paradigme que Leibniz précise les aspects fonctionnels principaux de la méthode des hypothèses.

À la lumière des *Nouveaux Essais*, une représentation de la méthode des hypothèses tend à se dégager, qui dépasse nettement les perspectives ouvertes par Descartes, comme par Locke. Par opposition à la méthode observationnelle, descriptive et classificatoire des empiristes, Leibniz soutient la thèse d'un élargissement considérable des sciences démonstratives de façon à y intégrer autant que possible la connaissance des phénomènes. Or sa conception de la science démonstrative s'écarte de la conception cartésienne dans la mesure où, à son avis, elle ne saurait se constituer strictement par saisie intuitive des essences et par déduction de leurs connexions actualisées sous le regard de l'entendement, comme Descartes le voulait. Il est vrai que Descartes devait par compensation réhabiliter une projection hypothético-déductive de modèles géométriques ou mécaniques destinés à expliquer les connexions de phénomènes. La confirmation des hypothèses par les faits qu'elles expliquent de façon concordante, jointe à leur conformité générale par rapport aux concepts de l'ontologie mécaniste, leur garantit une vraisemblance telle dans le cadre du système métaphysique qu'elle transforme leur statut de la certitude morale à la certitude des vérités nécessaires pour nos entendements finis.

Quant à Locke, il admet certes que des hypothèses générales du type de l'hypothèse corpusculaire servent à formuler des conjectures sur l'essence ou la constitution interne des espèces de réalités que nous observons, et sur l'agencement causal sous-jacent aux phénomènes. Mais, dans les faits, il ne peut s'agir là de savoir démonstratif, donc de science. En outre, selon Locke, ces conjectures ne peuvent guère fournir d'explication pour telles ou telles connexions spécifiques de phénomènes, dans la mesure où il nous serait impossible d'analyser, en termes de connexion manifeste d'idées (*intuitive* et *demonstrative knowledge*), les idées de qualités sensibles et de pouvoirs dans leur rapport de dépendance par rapport à la structure causale sous-jacente, dont aucune expérience directe n'est possible. Les hypothèses spécifiques ne représenteraient au mieux que des résumés symboliques des connexions de surface, l'analogie pouvant dans une certaine mesure guider notre déchiffrement méthodique des phénomènes selon la perspective de l'*experimental philosophy*.

La ligne leibnizienne sur les hypothèses n'est certes pas sans affinité avec le modèle cartésien dans la mesure où elle vise à accréditer la méthode des hypothèses dans le projet de constitution d'une science démonstrative des phénomènes. Mais Leibniz ne se fera pas faute de développer une épistémologie phénoméniste qui rejoindra et dépassera même certaines thèses principielles de l'empirisme lockien en ce qui concerne la relativité des structures du monde phénoménal. Par ailleurs, il soutiendra toujours que notre explication des lois empiriques ressortit à la seule certitude morale, et qu'elle échappe de ce fait inéluctablement à la sphère des vérités de raison et de la nécessité métaphysique. La spécificité de la thèse leibnizienne tient aux moyens envisagés pour corréler l'ordre des phénomènes et celui des idéalités de type mathématique. Leibniz pose les termes extrêmes du rapport à construire en affirmant : « L'existence réelle des êtres qui ne sont point nécessaires est un point de fait ou d'histoire, mais la connaissance des possibilités et des nécessités (car nécessaire est [ce] dont l'opposé n'est point possible) fait les sciences démonstratives » [1].

Les passages sans doute les plus significatifs sur la conciliation envisagée portent sur les réalisations accomplies que l'on peut porter au crédit de cette entreprise. Locke avait condamné l'*experimental philosophy* à ne jamais parvenir au niveau de la connaissance scientifique ; Leibniz réplique :

> Je crois bien que nous n'irons jamais aussi loin qu'il serait à souhaiter ; cependant il me semble qu'on fera quelques progrès considérables avec le temps dans l'explication de quelques phénomènes, parce que le grand nombre des expériences, que nous sommes à portée de faire, nous peut fournir de *data* plus que suffisants, de sorte qu'il manque seulement l'art de les employer, dont je ne désespère point qu'on poussera les petits commencements, depuis que l'analyse infinitésimale nous a donné le moyen d'allier la géométrie avec la physique et que la dynamique nous a fourni les lois générales de la nature [2].

1. *NE*, 3.5.3, A VI 6, 301.
2. *NE*, 4.3.26, A VI 6, 389.

La thèse est claire. Le progrès de la connaissance scientifique dépend de la mise en forme des données d'expérience : cette mise en forme vise l'explication par la représentation théorique des causes. Pour y parvenir, il faut d'une part posséder des algorithmes de transposition des données qui en permettent l'analyse. Des principes de construction théorique sont d'autre part requis qui puissent exprimer les exigences architectoniques d'un système de la nature ordonné à des raisons déterminantes – celles-ci inclinent sans nécessiter dans la mesure où elles représentent *ex hypothesi* un ordre contingent optimal[1]. Leibniz prétend avoir fourni une contribution modèle à l'un et l'autre titre, en développant d'une part le calcul infinitésimal comme instrument méthodologique pour l'analyse des phénomènes, et en formulant d'autre part la dynamique comme corpus théorique intégré.

En ce qui concerne la transcription des données empiriques de façon à en permettre l'analyse, retenons les points suivants. Il s'agit de saisir la liaison des phénomènes selon les implications des vérités de raison. Cette démarche suppose que l'on prenne appui sur la concomitance des qualités sensibles avec des propriétés analysables de type géométrico-mécanique pour construire des modèles abstraits de ces qualités. L'abstraction peut être plus ou moins fondée : elle le sera d'autant moins qu'elle s'écartera davantage d'un accord avec les principes architectoniques qui symbolisent l'ordre déterminant les vérités contingentes. Ainsi le principe des indiscernables et le principe de continuité sont-ils invoqués pour récuser des concepts explicatifs trop abstraits, tout comme des modèles mécanistes inadéquats : le vide, les atomes, les corpuscules constituant des points physiques, l'uniformité réelle du temps, de l'espace, de la matière, les trois éléments de la physique cartésienne, l'attraction newtonienne, etc.[2]. Mais l'usage de la transcription abstractive doit être vu

---

1. Voir *NE*, 2.21.13, A VI 6, 178-179 : « Mais il faut distinguer le nécessaire du contingent quoique déterminé. Et non seulement les vérités contingentes ne sont point nécessaires, mais encore leurs liaisons ne sont pas toujours d'une nécessité absolue ; car il faut avouer qu'il y a de la différence dans la manière de déterminer entre les conséquences qui ont lieu en matière nécessaire et celles qui ont lieu en matière contingente. Les conséquences géométriques et métaphysiques nécessitent, mais les conséquences physiques et morales inclinent sans nécessiter ; le physique même ayant quelque chose de moral et de volontaire par rapport à Dieu, puisque les lois du mouvement n'ont point d'autre nécessité que celle du meilleur ».

2. *NE*, Préface, A VI 6, 57. Leibniz ajoute : « […] et mille autres fictions des philosophes qui viennent de leurs notions incomplètes, que la nature des choses ne souffre pas, et que notre ignorance et le peu d'attention que nous avons à l'insensible fait passer, mais qu'on ne saurait rendre tolérables à moins qu'on ne les borne à des abstractions de l'esprit, qui proteste de ne

de façon positive, pour autant que nos modèles représentent adéquatement les réquisits fondamentaux de l'ordre que les phénomènes sont censés exprimer. Elle est par ailleurs la condition *sine qua non* de la figuration d'un ordre causal provisionnel :

> C'est pour distinguer les considérations, et pour réduire les effets aux raisons autant qu'il est possible, et en prévoir quelques suites, qu'on procède ainsi : car plus on est attentif à ne rien négliger des considérations que nous pouvons régler, plus la pratique répond à la théorie [1].

Le processus par lequel s'effectue la transcription abstractive est à mainte reprise souligné dans les *Nouveaux Essais*. Ainsi les idées de qualités sensibles ne sont-elles simples qu'en apparence. Les odeurs, les saveurs, les couleurs impliquent, à l'arrière-plan de la perception que nous en avons, un divers de micro-mouvements à l'infini. Pourtant, le lien de ces qualités sensibles à leur substrat causal n'est pas arbitraire, comme le suppose Locke, à la suite d'ailleurs de Descartes. Un entendement doué de pouvoirs d'analyse infiniment plus développés que les nôtres pourrait d'entrée de jeu saisir le mécanisme exprimé par nos représentations claires, mais confuses. Pour nous, le propre du cheminement méthodique va consister à rattacher ces représentations à des idées qui surgissent de façon concomitante et possèdent une teneur plus considérable d'intelligibilité : idées dites de qualités première, mais surtout, par-delà celles-ci, idées d'unité, d'existence, de pouvoir [2]. Ainsi la force apparaît-elle comme une qualité réelle analytique par-delà les qualités phénoménales d'étendue, de durée, de mouvement, lesquelles donnent lieu à un premier travail de symbolisation rationnelle par rapport aux qualités phénoménales strictement sensibles [3]. L'analyse leibnizienne est gouvernée par la thèse

---

point nier ce qu'il met à quartier, et qu'il juge ne devoir point entrer en quelque considération présente ».

1. *NE*, Préface, A VI 6, 57. Par la dernière remarque, Leibniz semble indiquer que nos constructions peuvent alors êtres corroborées par l'expérience.

2. Voir *NE*, 3.4. 16, A VI 6, 299 : « Comme [ces idées simples] ne sont simples qu'en apparence, elles sont accompagnées de circonstances qui ont de la liaison avec elles, quoique cette liaison ne soit point entendue de nous, et ces circonstances fournissent quelque chose d'explicable et de susceptible d'analyse, qui donne aussi quelque espérance qu'on pourra trouver un jour les raisons de ces phénomènes ».

3. Voir par exemple les développements significatifs de *NE*, 2.21.1-3 et 2.21.72-73, A VI 6, 168-172 et 209-212. R. Arthur, *Monads, Composition, and Force. Ariadnean Threads through Leibniz's Labyrinth*, Oxford, OUP, 2018, p. 196-218, a justement souligné la phénoménalisation de l'étendue et du mouvement dans la philosophie naturelle de Leibniz, au profit

que l'idée complète ou adéquate d'une réalité, que celle-ci soit substantielle ou modale, doit faire connaître la possibilité de son objet par les réquisits qu'elle serait en mesure de déployer[1]. En tant que telles, les qualités sensibles ne sont même pas susceptibles de définitions nominales.

Il n'en va pas de même des idées complexes signifiant des connexions de phénomènes : pour celles-ci, il est possible de fournir des définitions nominales exprimant de façon provisionnelle ce que seraient les idées complètes correspondantes. Ainsi Leibniz déclare-t-il :

> Les idées de qualités sensibles sont confuses, et les puissances qui les doivent produire [idées de pouvoirs au sens lockien], ne fournissent aussi par conséquent que des idées où il entre du confus : ainsi on ne saurait connaître les liaisons de ces idées autrement que par l'expérience qu'autant qu'on les réduit à des idées distinctes qui les accompagnent, comme on a fait (par exemple) à l'égard des couleurs de l'arc-en-ciel et des prismes. Et cette méthode donne quelque commencement d'analyse qui est de grand usage dans la Physique[2].

Mais, au-delà, l'objectif visé par la transposition symbolique serait de substituer à ces séries de définitions nominales des définitions réelles qui en expliqueraient les causes.

Dès les *Meditationes de cognitione, veritate et ideis* (1684), Leibniz a professé que les définitions réelles sont celles qui établissent la possibilité des objets qu'elles signifient. Or cette possibilité peut se manifester *a priori* lorsque l'analyse de la notion la révèle. Et, dans ce cas, le modèle normatif de la définition est celui de la définition causale qui établit la possibilité de son objet en en fournissant le mode de construction. Mais la possibilité de l'objet peut être attestée *a posteriori*, si l'expérience actuelle témoigne d'une réalité existante qui lui corresponde. Les *Nouveaux Essais* reprennent cette thèse à propos de la distinction entre les définitions nominales et les définitions causales ou réelles[3].

---

du caractère plus substantiel de la force. Voir notamment *Mira de natura substantiæ corporeæ*, 29 mars 1683, A VI 4, 1465-1466.

1. Voir *NE*, 2.31.3, A VI 6, 268 : « Une idée donc soit qu'elle soit celle d'un mode, ou celle d'une chose substantielle, pourra être complète ou incomplète selon qu'on entend bien ou mal les idées partiales qui forment l'idée totale : et c'est une marque d'une idée accomplie lorsqu'elle fait connaître parfaitement la possibilité de l'objet ».

2. *NE*, 4.3. 16, *A*, VI 6, 382-383.

3. *NE*, 3.3. 15, A VI 6, 293-294 : « L'essence n'est dans le fond que la possibilité de ce qu'on propose. Ce qu'on suppose possible est exprimé par la définition, mais cette définition n'est que nominale quand elle n'exprime point en même temps la possibilité, car alors on peut douter si cette définition exprime quelque chose de réel, c'est-à-dire de possible ; jusqu'à ce

On peut rapprocher le statut des hypothèses de science de celui de définitions nominales perfectibles, si ce n'est qu'elles tendent à dépasser le plan de la simple corrélation des phénomènes, pour se hausser à celui d'un système de causes susceptibles d'en rendre raison. En même temps donc, ces constructions visent à représenter la genèse intelligible des objets existants du monde phénoménal; et, à cet égard, les hypothèses revendiqueraient un statut qui les assimilerait à des définitions réelles présomptives. Leibniz établit une analogie entre ce statut d'explication causale hypothétique et celui des démonstrations provisionnelles qui prennent appui sur des lemmes ou vérités intermédiaires en géométrie, par anticipation d'une résolution analytique intégrale[1]. Ainsi ces propos relatifs à l'analyse et à la synthèse s'appliquent-ils également aux procédures hypothétiques et aux procédures lemmatiques :

> On arrive souvent à de belles vérités par la Synthèse, en allant du simple au composé, mais lorsqu'il s'agit de trouver justement le moyen de faire ce qui se propose, la Synthèse ne suffit pas ordinairement, et souvent ce serait la mer à boire que de vouloir faire toutes les combinaisons requises; quoiqu'on puisse souvent s'y aider par la *méthode des exclusions*, qui retranche une bonne partie des combinaisons inutiles, et souvent la nature n'admet point d'autre Méthode. Mais on n'a pas toujours les moyens de bien suivre celle-ci. C'est donc à l'analyse de nous donner un fil dans ce labyrinthe lorsque cela se peut, car il est des cas où la nature même de la question exige qu'on aille tâtonner partout, les abrégés n'étant pas toujours possibles[2].

Reste le problème de la justification de l'hypothèse comme définition réelle par provision. À cet égard, Leibniz met en jeu une argumentation qui dépasse les arguments cartésiens qu'il semble reprendre à son compte. Ainsi en est-il de la métaphore de la grille suffisante à déchiffrer le cryptogramme : « L'art de découvrir les causes des phénomènes, ou les hypothèses véritables, est comme l'art de déchiffrer, où souvent une conjecture ingénieuse abrège beaucoup de chemin »[3]. La structure d'une explication hypothétique se justifie-t-elle seulement parce qu'elle semble fournir une interprétation conforme au sens présumé des faits à expliquer? Nous avons déjà pu noter que Leibniz se représentait une méthode plus exigeante :

que l'expérience vienne à notre secours pour nous faire connaître cette réalité *a posteriori* lorsque la chose se trouve effectivement dans le monde, ce qui suffit au défaut de la raison qui ferait connaître la réalité *a priori* en exposant la cause ou la génération possible de la chose ».

1. Voir *NE*, 4.2. 7-8, A VI 6, 369-370.
2. *NE*, 4.2. 8, A VI 6, 369.
3. *NE*, 4.12.13, A VI 6, 454-455.

celle-ci exclurait du rang des hypothèses admissibles, toute construction qui ne pourrait démontrer sa réalité. Dans le cas présent, cela signifie que l'on accéderait à son intelligibilité intrinsèque comme fiction compatible avec les autres éléments du système abstrait de la nature, ou bien qu'on assisterait à sa corroboration actuelle par d'autres données empiriques que celles qu'elle sert à expliquer déductivement. Sans exclure que l'on puisse avoir recours à l'une ou l'autre des branches de l'alternative méthodologique, Leibniz nous semble privilégier leur association en un processus complémentaire. En définitive, c'est la conjonction des deux modèles de justification qui spécifie la position leibnizienne sur la méthode des hypothèses. Cette conjonction de modèles se ramène ultimement à la correspondance expressive des démarches d'analyse et de synthèse. À notre avis, la jonction présumée des deux types de procédures constitue pour Leibniz la clé de toute tentative pour justifier la forme hypothético-déductive des explications scientifiques. C'est ce que tente de traduire ce passage parmi les plus significatifs des *Nouveaux Essais* :

> Je demeure d'accord que la Physique entière ne sera jamais une science parfaite parmi nous, mais nous ne laisserons pas de pouvoir avoir quelque science physique; et même nous en avons déjà des échantillons. Par exemple, la Magnétologie peut passer pour une telle science, car faisant peu de suppositions fondées dans l'expérience, nous en pouvons démontrer par une conséquence certaine quantité de phénomènes qui arrivent effectivement comme nous voyons que la raison le porte. Nous ne devons pas espérer de rendre raison de toutes les expériences, comme même les géomètres n'ont pas encore prouvé tous leurs axiomes; mais de même qu'ils se sont contentés de déduire un grand nombre de théorèmes d'un petit nombre de principes de raison; c'est assez aussi que les physiciens par le moyen de quelques principes d'expérience rendent raison de quantité de phénomènes, et peuvent même les prévoir dans la pratique [1].

Somme toute, les hypothèses se trouvent fondées dans l'expérience en vertu de leur pouvoir de dévoilement heuristique à l'égard des connexions de phénomènes; elles se trouvent fondées en raison par la cohérence interne du réseau de concepts et de principes théoriques qu'elles mettent en œuvre conformément aux exigences architectoniques d'un véritable système de la nature. Des deux points de vue, il ne saurait s'agir que d'une démarche provisionnelle et indéfiniment perfectible, laquelle peut seulement engendrer la certitude morale [2].

---

1. *NE*, 4.12.10, A VI 6, 453-454.
2. Traitant du même exemple de l'explication de l'aimant, Descartes projetait la vision d'un cheminement hypothético-déductif qui pouvait mener à des conclusions dépassant la

CRITIQUE DE L'HYPOTHÈSE CORPUSCULAIRE

Dans les *Nouveaux Essais sur l'entendement humain*, Leibniz assimile volontiers Locke aux tenants de l'hypothèse corpusculaire et il tient cette hypothèse pour l'un des fondements du « système » de Locke. « Cet auteur, professe-t-il, est assez dans le système de M. Gassendi, qui est dans le fond celui de Démocrite ; il est pour le vide et pour les atomes [...]. Il a enrichi ce système par mille belles réflexions » [1]. Il y a certes de la stratégie dans le fait de considérer l'hypothèse corpusculaire, que Locke reprend dans la formulation que Boyle lui avait donnée, comme une thèse essentiellement métaphysique, héritée des atomistes de l'Antiquité et servant de base à un système général de philosophie. Cette attitude de Leibniz est confirmée par l'insistance de la Préface à souligner les présupposés ontologiques de la doctrine de l'*Essay concerning Human Understanding* et à dénoncer l'adhésion de Locke aux postulats de l'atomisme, ou plus exactement d'un atomisme déviant, puisqu'il aurait été révisé de façon à admettre la force d'attraction de Newton et de ses disciples *comme* propriété fondamentale et irréductible de la matière, en sus de la solidité, de l'extension, de la figure et de la mobilité [2].

Si l'adhésion de Locke à une hypothèse corpusculaire est hors de tout doute, la signification et le rôle de cette hypothèse dans l'*Essay* restaient discutables. Il ne faut donc pas s'étonner qu'ils aient effectivement donné lieu à des interprétations divergentes. À la lumière de travaux menés sur cette question [3], nous aurions pour notre part tendance à voir dans l'hypothèse telle qu'utilisée par Locke une sorte de construction analytique auxiliaire permettant de discerner, dans les idées complexes dérivées des sens externes, celles dont on pourrait admettre la prétention à signifier des

---

simple probabilité pour nous, voir *Regulæ ad directionem ingenii*, Reg. 12, AT X, 427 : « Sed qui cogitat, nihil in magnete posse cognosci, quod non constet ex simplicibus quibusdam naturis et per se notis, non incertus quid agendum sit, primo diligenter colligit illa omnia quæ de hoc lapide habere potest experimenta, ex quibus deinde deducere conatur qualis necessaria sit naturarum simplicium mixtura ad omnes illos quos in magnete expertus est, effectus producendos ; qua semel inventa, audacter potest asserere, se veram percepisse magnetis naturam, quantum ab homine et ex datis experimentis potuit inveniri. »

1. *NE*, 1.1, A VI 6, 70.
2. *NE*, préface, A VI 6, 60.
3. Voir par exemple P. Alexander, *Ideas, Qualities and Corpuscules : Locke and Boyle on the External World*, Cambridge, CUP, 1985 ; P. R. Anstey, *The Philosophy of Robert Boyle*, *op. cit.* et *John Locke and Natural Philosophy*, *op. cit.*

caractéristiques objectives du réel[1]. Autre fonction essentielle : le recours à l'hypothèse permettrait aussi de relativiser les constructions théoriques de la science en tant qu'édifices spéculatifs issus d'hypothèses *a priori*, en les comparant et en les opposant à un type de construction « déduit de l'expérience », pour reprendre cette expression de Newton si conforme à la méthodologie empiriste de Boyle et des protagonistes de la Royal Society. L'hypothèse corpusculaire servirait de pierre de touche pour juger de ces autres hypothèses de pure spéculation et, par suite, elle justifierait de les écarter du *demonstrative knowledge*. Certes, elle ne saurait elle-même prétendre à la correspondance objective avec les structures de la réalité et, en même temps, au statut de *demonstrative knowledge*, c'est-à-dire de déduction fondée sur les pouvoirs mêmes de construction de l'entendement[2]. Mais, plus positivement, elle suggérerait un mode de systématisation des données d'expérience au-delà de la stricte description empirique et elle fournirait l'esquisse d'un tel système des phénomènes. Ainsi s'acheminerait-on vers un modèle d'analyse des phénomènes qui permît d'en démonter et d'en expliquer les mécanismes de façon vraisemblable.

On pourrait sans doute, comme Nicholas Jolley n'hésite pas à le faire, soutenir que la réaction critique de Leibniz aux propos lockiens tient strictement à des divergences métaphysiques fondamentales, que les *Nouveaux Essais* viseraient à mettre en scène[3]. Tout se passerait-il donc comme si Locke renaissait des cendres de Gassendi, voire de Démocrite, alors que l'auteur de l'*Essay* avait lui-même tant insisté sur la mise entre parenthèses des doctrines ontologiques, y compris celles des matérialistes, lorsque l'objectif est d'analyser les ressorts de la connaissance humaine[4]?

---

1. Voir F. Duchesneau, « Locke et les constructions théoriques en science », art. cit. Cette analyse fait suite à nos travaux antérieurs sur la méthodologie scientifique telle que conçue par Locke, voir F. Duchesneau, *L'empirisme de Locke, op. cit.*

2. Locke, *An Essay concerning Human Understanding*, 4.2.2-6, en corrélation avec 4.4.5-10, éd. cit., p. 531-533 et p. 564-568.

3. De ce point de vue, nous considérons comme trop unilatérale l'analyse de N. Jolley, *Leibniz and Locke. A Study of the New Essays on Human Understanding*, Oxford, Clarendon Press, 1984.

4. Voir *Essay*, 1.1.2, p. 43-44 : « [...] I shall not at present meddle with the physical consideration of the mind; or trouble myself to examine, wherein its essence consists, or by what motions of our spirits, or alterations of our bodies, we come to have any sensation by our organs, or any *ideas* in our understandings; and whether those *ideas* do in their formation, any, or all of them, depend on matter, or no. These are speculations, which, however curious and entertaining, I shall decline, as lying out of my way, in the design I am now upon. It shall suffice to my present purpose, to consider the discerning faculties of a man, as they are employed about the objects, which they have to do with : and I shall imagine I have not wholly

Ne voulait-il pas se livrer à une enquête empiriste sur la capacité de nos entendements à atteindre la connaissance adéquate des divers types d'objets possibles? Ne s'agissait-il pas de circonscrire les domaines où la science, comme *demonstrative knowledge*, peut s'élaborer, et ceux où le seul recours possible consiste en une mise en forme inductive de l'expérience, aboutissant à un simple savoir de probabilité? Cette tâche d'investigation empirique de l'entendement ne devait-elle pas s'accomplir par les seuls moyens de l'*historical plain method*, cette méthode de description et de classification que les savants de la Royal Society appliquaient précisément à la pluralité indéfinie des phénomènes de l'univers matériel? On ne doit pas sous-estimer le fait que l'hypothèse corpusculaire de Locke, héritée de Boyle, se trouvait intégrée à un programme de recherche empiriste visant l'analyse des phénomènes [1].

Cette caractéristique contextuelle de l'hypothèse lockienne pouvait-elle échapper à la sagacité de Leibniz? Par-delà ses diverses critiques de portée ontologique, l'auteur des *Nouveaux Essais* n'est sans doute pas insensible à la dimension méthodologique et épistémologique de l'hypothèse corpusculaire. À notre avis, la divergence au sujet de cette hypothèse même se situe moins au plan d'oppositions métaphysiques qu'au plan d'approches contrastées sur le mode d'explication scientifique des phénomènes. L'analyse doit donc se concentrer sur la confrontation des méthodologies et des épistémologies au sujet de l'hypothèse corpusculaire.

Considérons l'opposition de Locke et de Leibniz au sujet de l'analyse des idées complexes de substances matérielles [2]. Pour Locke, l'idée d'une substance particulière se forme lorsque l'expérience révèle à l'esprit qu'un certain nombre d'idées simples de qualités et de pouvoirs forment des agrégats stables de propriétés phénoménales. L'esprit présume alors que ces idées représentent des propriétés qui ne forment qu'une seule et même chose, comme si elles étaient unies dans un unique sujet. Certes, ce sujet ou substance particulière peut posséder des qualités ou pouvoirs additionnels,

---

misemployed myself in the thoughts I shall have on this occasion, if, in this historical, plain method, I can give any account of the ways, whereby our understandings come to attain those notions of things we have, and can set down any measures of the certainty of our knowledge, or the grounds of those persuasions ».

1. Ce point a été bien mis en valeur par les analyses que P. Alexander et P. Anstey ont fournies des textes de Boyle, en particulier du *Treatise on the Origin of Forms and Qualities* (1666).

2. *Essay* et *NE*, 2.23.

qu'il nous reste à découvrir[1]. Mais propriétés connues ou inconnues, mani-festes ou cachées, toutes sont censées dériver d'une « structure interne ». L'hypothèse corpusculaire est appelée à fournir une représentation probable de cette structure interne, sous-jacente aux manifestations phéno-ménales de la substance. L'ingrédient conceptuel qui assure le lien des diverses idées associées de qualités et de pouvoirs par lesquelles nous appréhendons une substance concrète particulière, et qui détermine le type d'association réelle des propriétés représentées, est la notion d'un « substrat ». Il peut se faire en effet que des idées de propriétés soient associées les unes aux autres en dehors de toute référence substantielle directe, par exemple lorsqu'on se représente de pures relations sans fondement ontologique ou encore des entités abstraites issues de combi-naisons instituées par l'entendement lui-même, ce que Locke appelle des idées complexes de modes : soit idées de modes simples (par exemple, idées de nombres, de figures géométriques), soit idées de modes mixtes (par exemple, idées d'actions ou de dispositions morales). La notion abstraite de substance ou de substrat qui implique la référence des propriétés sensibles associées à un sujet d'inhérence réel se réduit en fait au concept d'un support réel, mais inconnu, pour les qualités et les pouvoirs qu'expriment les idées que nous tirons de l'expérience sensible et qui nous semblent refléter une connexion objective hors de l'esprit[2]. Mais tentons le passage des propriétés co-instantiées dans l'expérience à la structure interne d'où ces propriétés surgiraient causalement. L'hypothèse corpus-culaire nous fournit une représentation hypothétique de cette structure interne. Du moins pouvons-nous nous figurer la structure interne sous-jacente à telle ou telle substance concrète comme une « texture » parti-culière de corpuscules[3], pour reprendre une formule favorite de Boyle. Si l'on se concentre sur cette représentation hypothétique, force est de reconnaître que le même ingrédient conceptuel, l'idée abstraite de substance qui signifie la connexion des idées de propriétés phénoménales

---

1. Ce point est bien noté par Leibniz, *NE*, 3.11.24, A VI 6, 354 : « Vous voyez donc, Monsieur, que le nom de l'or, par exemple, signifie non pas seulement ce que celui qui le prononce en connaît, par exemple, un jaune très pesant, mais encore ce qu'il ne connaît pas, et qu'un autre en peut connaître, c'est-à-dire un corps doué d'une constitution interne, dont découle la couleur, et la pesanteur, et dont naissent encore d'autres propriétés, qu'il avoue être mieux connues des experts. »

2. *Essay*, 2.23.2, p. 295-296.

3. L'expression est récurrente dans le traité *On the Origin of Forms and Qualities according to the Corpuscular Philosophy* (1666), mais aussi dans un certain nombre d'autres œuvres de Boyle.

sert à fonder le lien des propriétés que nous attribuons aux corpuscules élémentaires présumés et aux regroupements de premier niveau, lesquels résulteraient des interactions de ces corpuscules. Bases des substances concrètes que nous identifions à partir d'une analyse portant sur les phénomènes connexes, les textures de corpuscules nous renvoient somme toute à la même présupposition de substrat, laquelle incitait à se représenter en premier lieu une structure interne de type corpusculaire à l'arrière-plan des réalités phénoménales. Aussi devons-nous concevoir les entités théoriques de type corpusculaire que l'hypothèse projette tout au plus comme une extension analogique des propriétés phénoménales [1].

Pour compléter le cadre lockien de recours à l'hypothèse corpusculaire, il faut tenir compte de la distinction établie entre qualités premières et qualités secondes, lorsqu'il s'agit de délimiter notre accès aux propriétés matérielles objectives. Les arguments phénoménistes de Locke pour justifier cette distinction sont connus [2]. Analysant les idées de qualités sensibles, telles que l'expérience réflexive immédiate nous les révèle, il nous est possible de remarquer que certaines d'entre elles représentent des propriétés en quelque sorte accidentelles des choses, liées à notre appréhension subjective. Lorsque les conditions de la perception sensible changent, l'objet peut cesser de présenter de telles apparences de couleur, d'odeur, de saveur, par exemple. Par contre, tout objet perceptible se révèle doté de caractéristiques de grandeur extensive, de figure, de solidité, de mobilité qui semblent liées à sa nature même, quel que soit l'état actuel de notre appréhension sensible. Cela ne veut évidemment pas dire qu'un corps ne puisse, par exemple, changer de figure ou de grandeur, ni ne puisse se déplacer diversement qu'il ne le fait actuellement. Il est manifeste que notre perception de ces qualités dites objectives est, à certains égards, subjective aussi. Mais il ressort de l'analyse réflexive que les changements de ces dernières propriétés tiennent à des modifications réglées de caractéristiques stables du réel sensible. Si l'on poursuit l'altération des objets sensibles, par exemple par division, on retrouve constamment, à travers chaque état successif, la présence de ces traits génériques de la réalité phénoménale. Supposons même la division poursuivie au-delà des limites de l'actuellement perceptible : on ne pourra faire autrement que de se

---

1. Voir *Essay*, 3.3. 18, p. 419 : « For it is the real constitution of its insensible parts, on which depend all those properties of colour, weight, fusibility, fixedness, etc., which are to be found in it [= gold] ».

2. *Essay*, 2.8. 7-22, p. 134-140.

représenter les parties matérielles issues de la division comme dotées d'une forme quelconque de ces caractéristiques génériques.

En somme, toutes les idées de qualités sensibles sont simples, en tant qu'ingrédients élémentaires de notre appréhension sensible des objets extérieurs. Certaines toutefois ne ressemblent pas aux propriétés intrinsèques de ces objets : elles ne sont que de pures apparences selon la perception que nous, sujets conscients, en avons. D'autres constituent de véritables archétypes de propriétés matérielles : il s'agit des idées de solidité, d'étendue, de figure, de mouvement/repos, et des divers modes qui s'y rattachent. Les idées simples de qualités sensibles forment les données ultimes de l'expérience des sens et, comme telles, elles seraient inanalysables en ingrédients conceptuels plus simples, si ce n'est qu'on peut discerner par l'analyse le rapport de référence objective que comportent les idées de qualités premières, lequel se révèle absent dans le cas des idées de qualités secondes. En outre, l'analyse réflexive lockienne rattache les idées de pouvoirs aux idées de qualités sensibles : celles-là permettent de développer la signification de celles-ci en tant qu'éléments de représentation objective [1]. L'idée simple de pouvoir renvoie d'abord à l'expérience du sujet conscient qui constate la capacité qu'il a de modifier l'état de son propre corps et le cours des idées constitutives de son activité de pensée [2]. L'idée se trouve ensuite appliquée à l'interprétation des changements de qualités qui surviennent dans les états des substances phénoménales. Cette transposition analogique permet d'identifier les qualités secondes comme les effets de pouvoirs dans les corps, pouvoirs

---

1. *Essay*, 2.8.23, p. 140-141 : « The *qualities* then that are in *bodies* rightly considered, are of *three sorts*. *First*, The *bulk, figure, number, situation,* and *motion, or rest* of their solid parts ; those are in them, whether we perceive them or no ; and when they are of that size, that we discover them, we have by these an *idea* of the thing, as it is in itself, as is plain in artificial things. These I call *primary qualities. Secondly*, The *power* that is in any body, *by* reason of *its* insensible *primary qualities*, to operate after a peculiar manner on any of our senses, and thereby *produce in us* the *different ideas* of several colours, sounds, smells, tastes, etc. These are usually called sensible qualities. *Thirdly*, The *power* that is in any body, *by* reason of the particular constitution of *its primary qualitites, to* make such a *change* in the *bulk, figure, texture, and motion of another body*, as to make it operate on our senses, differently from what it did before. Thus the sun has the power to make wax white, and fire to make lead fluid. These are usually called powers. The first of these, as has been said, I think, may be properly called *real original*, or *primary qualities*, because they are in the things themselves, whether they are perceived or no : and upon their different modifications it is, that the secondary qualities depend. The other two, are only powers to act differently upon other things, which powers result from the different modifications of those primary qualities ».

2. *Essay*, 2.7. 8, p. 131 ; 2.21.1-4, p. 233-236.

affectant les organes des sens de façon à faire surgir les apparences sensibles subjectives correspondantes. L'élément important de l'inférence tient alors à l'assimilation de tels pouvoirs aux qualités premières des parties matérielles imperceptibles constituant la structure corpusculaire des corps. Plus précisément, ces propriétés des textures corpusculaires engendreraient des microprocessus mécaniques dont résulteraient les effets physiologiques responsables des apparences sensibles signifiées par les idées de qualités secondes. Certes, on pourrait soutenir la même thèse pour la causalité sous-jacente aux apparences de qualités premières. Mais, dans ce cas, tout se passe comme si l'on pouvait supposer une ressemblance formelle entre les apparences macroscopiques et la structure même des corps représentés, et entre celle-ci et la disposition géométrico-mécanique des textures de corpuscules. Locke présumerait une sorte d'analogie de *Gestalt* d'un niveau à l'autre. En poursuivant l'application du modèle corpusculaire à l'interprétation des pouvoirs qui s'exercent entre corps, on obtient l'idée d'une causalité effective des textures de corpuscules les unes à l'égard des autres, et d'un effet phénoménal résultant marqué par le changement d'apparences sensibles dans les corps sous l'action les uns des autres. Ainsi, comme le souligne Locke [1], les qualités premières seules sont de «véritables originaux»; toutes les autres propriétés, qu'elles se rapportent à notre appréhension sensible ou qu'elles se rapportent à l'interaction des corps, ne sont que les pouvoirs inhérents aux textures corpusculaires de produire ces effets en vertu de leurs qualités premières propres.

Comment peut-on espérer constituer un modèle adéquat de cette structure de pouvoirs d'où résultent les substances phénoménales ? Certes, Locke insistera constamment dans l'*Essay* sur le peu d'accès que notre entendement détient par rapport aux essences réelles, même lorsqu'il tente de se les représenter à l'aide de l'hypothèse corpusculaire [2]. Les essences nominales de substances concrètes correspondent à l'association constante d'un certain nombre d'idées simples de qualités et de pouvoirs que l'expérience nous révèle coexistantes ; un terme abstrait sert à figurer cette liaison ectypale provisoirement confirmée. En effet, des essences de ce type sont révisables si l'expérience révèle de nouvelles connexions de propriétés par-delà celles qui avaient initialement servi de base à la distinction des espèces de structures phénoménales. Les essences réelles ne nous sont accessibles que pour des réalités construites par l'entendement lui-même, comme sont les idées de relation et les idées complexes de modes. Certes,

---

1. *Essay*, 2.8. 23, p. 141.
2. *Essay*, 4.3. 12-14, p. 545-546 ; 4.3. 16, p. 547-548 ; 4.3. 24-26, p. 554-557.

on peut hypostasier une structure correspondant à l'idée abstraite en laquelle se résume l'essence nominale d'une substance particulière. Alors, on rejoint la doctrine des formes substantielles, qui se réduit à un système vide constitué d'êtres de raison. À coup sûr, Locke entretient une autre conception, non vide, des essences réelles de substances particulières. L'*Essay*, 3.3.17, précise cette conception :

> L'autre opinion, plus rationnelle, est celle de ceux qui considèrent toutes choses naturelles comme ayant une constitution réelle mais inconnue de leurs parties imperceptibles, d'où découlent les qualités sensibles qui nous servent à les distinguer les unes des autres, suivant les occasions que nous avons de les ranger en catégories sous des dénominations communes [1].

C'est spécifiquement là une conjecture, qui n'a que le mérite d'une certaine vraisemblance. On peut aisément y retrouver l'hypothèse corpusculaire à l'œuvre, comme représentation générique du système causal des substances concrètes, donc phénoménales. Mais alors, il ne s'agirait que d'une doctrine ontologique abstraite. Peut-on envisager de construire sur cette base une interprétation des phénomènes dans leur ordre ? Autrement dit, quelle raison peut justifier que l'on accorde un certain privilège d'objectivité à un tel modèle causal qui s'appuierait sur l'hypothèse corpusculaire ? De prime abord, la conception très radicale des essences nominales chez Locke semble nous inciter au scepticisme. Une extrême réserve quant à notre possibilité de connaissance réelle s'exprime à travers toute l'analyse lockienne.

Notons toutefois deux circonstances significatives. D'une part, les idées simples, en tant qu'elles sont prises dans leur pure apparence devant le regard de l'esprit, conjoignent essences nominales et essences réelles : cela pourrait vouloir dire que la signification archétypale des idées de qualités premières est pour ainsi dire évidente de soi, ou du moins conforme aux implications immédiates de l'analyse réflexive sur les contenus de pensée [2]. D'autre part, il y a une remarquable correspondance entre les idées de qualités premières et les idées complexes de modes simples qui servent à l'élaboration d'idées-archétypes par l'entendement. Les idées d'espace, de temps, de nombre sont des idées modales qui traduisent la capacité que l'entendement possède de construire des représentations répondant à un ordre homogène [3]. Nous pouvons appliquer ces

---

1. *Essay*, 3.3.17, p. 418.

2. *Essay*, 3.3.18, p. 418-419.

3. Cette théorie empiriste des concepts d'espace, de temps et de nombre diffère significativement de la doctrine « absolutiste » de Newton et de Clarke, dont à certains égard on

constructions à la réalité : elles se révèlent alors congruentes aux caractéristiques des réalités phénoménales, lorsque celles-ci sont analysées selon des combinaisons d'idées de qualités premières. C'est dire que les idées complexes de type mathématique peuvent servir à développer des sortes d'idées substitutives plus ou moins abstraites afin de figurer telle ou telle connexion contingente des qualités et pouvoirs de type objectif qui déterminent les substances concrètes [1].

Comment Leibniz réagit-il à la formulation de ce modèle méthodologique pour l'explication des phénomènes, modèle auquel l'hypothèse corpusculaire sert de construction auxiliaire ? J'insisterais pour ma part sur la tendance constante chez Leibniz à inscrire tout cadre analytique pour l'interprétation des phénomènes sous le couvert de principes architectoniques et d'idées régulatrices. Pensons ici plus particulièrement aux principes des indiscernables et de la finalité, à la loi de continuité, à l'idée d'un ordre intégré et optimal des raisons déterminantes. Illustrons ce propos d'abord par référence aux thèmes que développe plus particulièrement le chapitre 2.23 des *Nouveaux Essais*.

Présupposer l'inhérence des propriétés en des substrats répond à une propension naturelle de l'esprit, suivant laquelle l'idée même de substance peut être identifiée comme issue d'un principe inné [2]. Du point de vue épistémologique, derrière l'approche et la progression analogique consistant à lier les propriétés phénoménales par référence à des structures internes, requérant à leur tour une dérivation de même type, Leibniz fait valoir le réquisit analytique qui nous impose de concevoir l'inhérence des prédicats dans le sujet. Le concept complet d'un sujet substantiel contiendrait la série entière de ses prédicats : il existerait donc une loi de dérivation analytique de tels prédicats ; et, par rapport à cette loi, toutes les constructions hypothétiques possibles de type microstructuraliste seraient des approximations

pourrait trouver la source plutôt chez Gassendi que chez Locke, voir O.-R. Bloch, *La philosophie de Gassendi*, La Haye, M. Nijhoff, 1971, p. 172-201.

1. On peut inférer cette thèse d'*Essay*, 4.3. 9-11, puisque Locke y maintient, dans une limite très restreinte, la possibilité de se représenter des connexions de coexistence qui répondent aux normes de l'*intuitive knowledge*. Cela ne se peut que dans la mesure où l'on joue sur une certaine formalisation des propriétés en termes de qualités premières et de modes simples correspondants. Pour la plus grande partie, cette formalisation reste certes conjecturale, et Locke insiste même sur le fait que la plupart des relations de coexistence ne peuvent même pas donner lieu à pareil traitement. En définitive, il supposerait que l'extension restreinte d'une telle pratique méthodologique la rend inadéquate à la visée d'une science démonstrative globale de la nature (suivant un idéal de type cartésien, par exemple).

2. *NE*, préface, A VI 6, 51 ; 1.3. 18, A VI 6, 105.

relatives et imparfaites. Sans doute faudrait-il ajouter que ces constructions sont plus ou moins parfaites suivant que l'on parvient plus ou moins à en dériver, par déduction, des analogues des phénomènes réels à expliquer[1]. Locke avait exclu la possibilité d'opérer de telles déductions, dans la mesure où notre entendement ne pourrait accéder aux configurations de corpuscules qui représenteraient les essences réelles; mais, pût-il même y parvenir, il lui resterait à affronter deux difficultés estimées insurmontables. D'abord, les qualités secondes et les pouvoirs qui s'expriment en modifications de qualités secondes ne seraient que des apparences perceptuelles; et l'on ne peut concevoir comment les dériver de qualités premières des parties imperceptibles, puisque la corrélation des unes aux autres nous apparaît essentiellement contingente. En second lieu, le lien substantiel sous-jacent à la connexion des propriétés corpusculaires resterait toujours un *I-know-not-what*, alors même que le mécanisme de dérivation menant des textures de corpuscules aux conjonctions de phénomènes repose sur le pouvoir causal intrinsèque au sujet d'inhérence. Comme Locke se refuse à admettre qu'un modèle analytique puisse servir à représenter, même analogiquement, l'agencement interne de ce sujet, il soutient une position radicalement sceptique sur quelque cheminement déductif de l'explication que ce soit[2].

Cela ne veut certes pas dire que certaines constructions inductives ne seraient pas possibles sous réserve d'un lien analogique suffisant avec les données corroborées de l'expérience. Mais nous serions alors très en deçà d'une connaissance adéquate. Pour Leibniz, par contre, le modèle analytique de l'inclusion de tous les prédicats dans le concept du sujet fournit un cadre à l'analyse et à l'explication. Dans ce cadre, toute projection d'hypothèses microstructuralistes apparaîtra d'entrée de jeu légitime, sous réserve de validation *a posteriori*. Il suffira d'en tirer des conséquences déductives qui puissent se conformer à l'ordre observé des phénomènes et fournir une représentation synthétique de ceux-ci[3].

---

1. Leibniz prend alors appui sur la doctrine des hypothèses telle qu'il la développe en *NE*, 4.12.6-13, A VI 6, 449-455.

2. La doctrine lockienne de l'hypothèse maintient une solution de continuité entre ce type d'inférence et le savoir démonstratif. En définitive, l'hypothèse n'apparaît à Locke justifiée que comme une sorte de résumé analytique des données d'expérience, voir *Essay*, 4.12.13, p. 648.

3. Les *Nouveaux Essais* contiennent plusieurs exemples de ce processus comme il ressort en particulier des chap. 4.12 et 4.16.

Suivant la perspective leibnizienne, l'objectivité provisionnelle des hypothèses se conjugue avec l'irréductible relativité des phénomènes et des éléments d'intelligibilité que l'expérience y découvre. Toutes qualités et tous modes des substances matérielles, au plan de l'expérience phénoménale et à celui, connexe, des microstructures analogiquement projetées, doivent être conçus comme des propriétés relatives, signifiées par des termes plus ou moins abstraits. Et la notion abstraite de substance, qui sert d'ingrédient fondamental dans notre conceptualisation des réalités concrètes, ne pourra dès lors être présumée féconde que par les conséquences que nous pouvons en tirer dans un tel effort de représentation plus ou moins abstraite. Elle fournit une sorte de cadre pour notre analyse de ce divers des phénomènes exprimant la réalité objective à nos entendements finis. De ce fait, elle peut jouer un rôle dans l'architectonique de l'explication, rôle que la critique lockienne sous-estimait. Leibniz affirme :

> Cependant cette considération de la substance, toute mince qu'elle paraît, n'est pas si vide et si stérile qu'on pense. Il en naît plusieurs conséquences des plus importantes de la philosophie et qui sont capables de lui donner une nouvelle face [1].

Certes, pour Leibniz comme pour Locke, nos notions de substances corporelles particulières ne peuvent être tenues pour claires et distinctes en première instance : si tel était le cas, cela impliquerait la possibilité de preuves *a priori* des vérités de fait qui se rapportent aux réalités de type phénoménal. Selon l'un comme l'autre, nous ne pouvons accéder qu'à des preuves *a posteriori* de telles propositions [2]. D'après l'analyse lockienne, nous ne pouvons en effet percevoir dans le contenu d'une idée de substance particulière de connexion nécessaire entre les idées intégrantes de propriétés et de pouvoirs ; qui plus est, le lien substantiel des divers caractères sensibles est représenté par une idée dont le contenu est tenu pour particulièrement obscur. Comment, dans ces conditions, peut-on espérer déduire des ingrédients conceptuels que l'expérience nous révèle unis dans un même sujet, des propriétés d'essence exprimant le lien ontologique des divers ingrédients et le mode intelligible de leur dérivation ? La position leibnizienne n'est pas sans affinités avec cette position sceptique, puisque nous ne possédons rien d'équivalent à des définitions réelles dans le cas des

---

1. *NE*, 2.23.2, A VI 6, 218.
2. Voir les thèses développées par Leibniz au sujet de la conception lockienne du *sensitive knowledge*, *NE*, 4.2. 14, A VI 6, 373-375.

substances concrètes[1]. Nous ne pouvons donc établir *a priori* la possibilité de ces réalités phénoménales par le seul recours au déploiement analytique des concepts qui les signifient. Nous ne pouvons que constituer des définitions nominales, prises des caractéristiques externes que l'expérience nous révèle. Au mieux, ces idées seraient partiellement distinctes, pour autant qu'on puisse se donner un modèle analytique en vue de traduire de façon provisionnelle la relation intelligible des dénominations dites extrinsèques. De ce fait, pour l'auteur de l'*Essay*, notre science des réalités phénoménales était vouée à rester irrémédiablement réduite au constat des coexistences de propriétés sensibles. Si, par construction hypothétique, on se donne certaines progressions analogiques vers une conception des mécanismes sous-jacents aux phénomènes, les modèles résultants ne s'offriront, selon lui, que comme de simples conjectures, élevées pour des raisons essentiellement pratiques au niveau d'un succédané du savoir véritable : la probabilité. Leibniz soutient, pour sa part, la thèse d'une progression continue possible en direction d'un savoir certain, par le moyen de preuves *a posteriori* convergeant les unes avec les autres. Sans jamais sortir du domaine des faits dérivés de faits, on pourrait ainsi forger un système de vérités qui, par sa cohérence et son ampleur, fournît l'analogue d'un système rationnel déductif[2].

Dans cette ligne, Leibniz conçoit une analyse virtuellement infinie des qualités sensibles, plutôt que de les considérer comme le donné irréductible de l'expérience. Toutes ces qualités sensibles, qu'elles soient dites premières ou secondes, sont en soi réelles compte tenu de leur statut phénoménal fondé. Précisément en raison de ce statut, l'analyse à laquelle on peut les soumettre ne permet pas de postuler que certaines d'entre elles, les qualités premières, constitueraient des propriétés absolument premières lorsqu'on les attribue comme caractéristiques essentielles à des corpuscules élémentaires présumés. Pour Leibniz, les idées de qualités premières ne sont en fait que des notions abstraites servant à exprimer des rapports de

---

1. Voir la présentation des notions de définition réelle et de définition nominale, *NE*, 3.3. 15-18, A VI 6, 293-295, et F. Duchesneau, « Leibniz on the Classificatory Function of Language », art. cit.
2. Voir *NE*, 4.4. 5, A VI 6, 392 : « Et le fondement de la vérité des choses contingentes et singulières est dans le succès, qui fait que les phénomènes des sens sont liés justement comme les vérités intelligibles le demandent » ; *NE*, 4.12.10, A VI 6, 454 : « C'est assez aussi que les physiciens par le moyen de quelques principes d'expérience rendent raison de quantité de phénomènes, et peuvent même les prévoir dans la pratique ».

type quantitatif impliquant la connexion des phénomènes[1]. La raison suffisante de ces rapports est renvoyée à des sujets réels qui se situent au-delà des apparences sensibles : un ordre interne de principes formels ou sujets de force est alors la cause des rapports phénoménaux, conçus abstraitement sur le mode quantitatif[2]. Par contre, en dépit de ce statut relatif et abstrait, les idées de qualités premières servent à articuler l'analyse des autres qualités et des divers pouvoirs que les changements de propriétés phénoménales semblent impliquer. On se souviendra que, selon Locke, le rapport des qualités secondes aux qualités premières était proprement irreprésentable, et de ce fait inintelligible ; quant aux pouvoirs, ils faisaient l'objet de constats factuels et d'un renvoi à des structures essentielles sous-jacentes, empiriquement inatteignables et problématiquement conjecturables à l'aide des schèmes de l'hypothèse corpusculaire. Leibniz professe que les idées de qualités premières peuvent représenter de façon distincte, sinon tout à fait adéquate, la causalité pour ainsi dire phénoménale des effets qualitatifs et des processus qu'expriment de façon confuse les idées de qualités secondes et de pouvoirs au sens de Locke[3]. Ainsi Leibniz corrige-t-il le scepticisme du philosophe anglais, en même temps qu'il ruine le recours à une hypothèse analogique de type corpusculaire comme représentation irréductible, bien que conjecturale, de la raison suffisante des phénomènes. Cette voie est indiquée par exemple en *Nouveaux Essais*, 4.3. 8 :

> Les idées de qualités sensibles sont confuses, et les puissances qui les doivent produire, ne fournissent aussi par conséquent que des idées où il entre du confus : ainsi on ne saurait connaître les liaisons de ces idées

---

1. *NE*, 2.5, A VI 6, 128 : « Ces idées qu'on dit venir de plus d'un sens, comme celles de l'espace, figure, mouvement, repos, sont plutôt du sens commun, c'est-à-dire de l'esprit même, car ce sont des idées de l'entendement pur, mais qui ont du rapport à l'extérieur, et que les sens font apercevoir ; aussi sont-elles capables de définitions, et de démonstrations ».

2. Ceci est bien illustré dans le texte *Principia mechanica ex metaphysicis dependere*, été 1678-hiver 1680-1681 (?), A VI 4, 1976-1980, entre autres textes sur lesquels s'appuie R. Arthur, *Monads, Composition and Force, op. cit.*, p. 198-205, pour établir la relativité de l'étendue et de ses modes, notamment du mouvement, selon l'épistémologie leibnizienne lorsque celle-ci se met en place dans la foulée de l'invention du principe de conservation des forces vives.

3. Voir *NE*, 2.5 ; 2.8. Un texte particulièrement significatif se trouve en 4.6. 7, A VI 6, 403 : « Cependant, si nous étions parvenus à la constitution interne de quelques corps, nous verrions aussi quand ils devraient avoir ces qualités, qui seraient réduites elles-mêmes à leurs raisons intelligibles ; quand même il ne serait jamais dans notre pouvoir de les reconnaître sensiblement dans ces idées sensitives, qui sont un résultat confus des actions des corps sur nous ».

autrement que par l'expérience qu'autant qu'on les réduit à des idées distinctes, qui les accompagnent, comme on a fait (par exemple) à l'égard des couleurs de l'arc-en-ciel et des prismes. Et cette méthode donne quelque commencement d'analyse qui est de grand usage dans la physique[1].

La position leibnizienne s'exprime clairement dans la critique des vues de Locke sur l'extension corporelle et sur le recours à l'idée de solidité : dans l'*Essay* en effet, ce dernier concept traduit une propriété physique irréductible et, à ce titre, il sert d'ingrédient obligé dans notre représentation des corps comme substances phénoménales. Leibniz dissocie la question de la raison ou de la cause de l'extension, d'une recherche d'explication portant sur la cohésion. Comme il le souligne, des corps non cohésifs, par exemple des parties fluides en mouvements non convergents, sont encore extensifs[2]. En ce qui concerne la cohésion même, la raison déterminante de cette propriété ne peut ultimement reposer sur le principe d'une pression des ambiants, car une telle pression ne peut rendre que partiellement compte de la cohésion considérée sur le plan phénoménal. Remarquons que Locke reconnaissait cette insuffisance du recours à la pression des ambiants pour expliquer la cohésion des corps; mais il se servait de cet argument critique pour soutenir que la solidité doit être admise comme qualité irréductible. Poursuivons la ligne d'analyse leibnizienne : si la cohésion résultait intrinsèquement de la pression des ambiants, cette pression devrait s'exercer suivant tous les angles à la fois, ce qui impliquerait la divisibilité à l'infini des parties matérielles, et donc leur division infinie actuelle. Il résulterait de cette analyse relative aux conditions déterminantes de la cohésion phénoménale que la seule structure admissible des corps serait celle d'une multitude de parties fluides. Toutefois,

> la fluidité parfaite ne convient qu'à la matière première, c'est-à-dire en abstraction, et comme une qualité originale, de même que le repos, mais non pas à la matière seconde, telle qu'elle se trouve effectivement, revêtue de ses qualités dérivatives, car je crois qu'il y a plus ou moins de liaison partout, laquelle vient des mouvements, en tant qu'ils sont conspirants et doivent être troublés par la séparation, ce qui ne se peut faire sans quelque violence, et résistance[3].

1. *NE*, 4.3. 8, A VI 6, 382.
2. *NE*, 2.23.27, A VI 6, 223.
3. *NE*, 2.23.23, A VI 6, 222.

Cette cohésion relative, que Locke avait tenue, par analogie mal fondée, pour une propriété ultime, est précisément la propriété empirique dont Leibniz tente de circonscrire les paramètres empirico-rationnels par corrélation de raisons et construction de modèles en *Nouveaux Essais*, 2.4. Là où Locke percevait une qualité simple qu'un concept empirique pouvait représenter de façon parfaitement déterminée, Leibniz relativise les analogues empiriques de cette résistance des corps à la pénétration. En plus de l'impénétrabilité proprement dite, géométriquement descriptible, il faut faire intervenir des raisons intrinsèques aux sujets physiques pour justifier qu'un corps puisse résister à l'effort de quelque autre corps. Dans le corps considéré, ces raisons peuvent tenir à l'inertie, laquelle apparaît comme une propriété passive et perpétuelle « qui fait que la matière résiste au mouvement, et qu'il faut perdre de la force pour remuer un corps quand il n'y aurait ni pesanteur ni attachement »[1]. Ces raisons peuvent aussi relever d'une propriété active et changeante d'*impetus* qui se mesure suivant le produit de la masse par la vitesse (mv). Si l'on considère la résistance d'un corps en prenant comme termes de référence les corps avoisinants, les mêmes propriétés peuvent être identifiées dans ces corps, et l'on peut y ajouter une cohésion relative des parties matérielles impliquées :

> Les mêmes raisons reviennent dans les corps voisins, lorsque le corps qui résiste ne peut céder sans faire encore céder d'autres. Mais il y a encore une nouvelle considération, c'est celle de la fermeté ou de l'attachement d'un corps à l'autre[2].

Ainsi Leibniz décompose-t-il la propriété empirique de solidité suivant une pluralité de modèles d'explication causale qui renvoient tous à des schèmes de représentation abstraite du donné observable. Toutes ces raisons provisionnelles : impénétrabilité, inertie, impétuosité (*impetus*), attachement, et plus profondément, interaction harmonique des centres de force, devraient trouver leur commun dénominateur à la limite dans une notion distincte que seul l'entendement pourrait fournir. C'est ainsi que, par-delà les corrélations relatives entre caractéristiques structurales et cinétiques, par-delà les corrélations fondées entre forces dérivatives actives et passives suivant le principe de conservation de la quantité de *vis viva* (mv^2), l'exigence architectonique mène à postuler un rapport constant de force primitive et de résistance intrinsèque dans chaque sujet véritable.

1. *NE*, 2.4. 1, A VI 6, 123.
2. *Ibid.*

Ces sujets véritables doivent alors être conçus comme des entéléchies ou monades finies, dotées d'expressions corporelles[1].

Un autre exemple de mise en cause des propriétés corpusculaires lockiennes se tire du pouvoir des corps de transmettre le mouvement par impulsion. Selon Locke, ce pouvoir se rattacherait à la mobilité comme qualité première non relative. Mais le fondement substantiel d'un tel pouvoir reste évidemment inconnu. Et cette situation se répète lorsqu'on passe des corps macroscopiques aux structures sous-jacentes hypothétiques et qu'on considère la mobilité des corpuscules élémentaires entrant dans la formation des textures de base. Même alors, cette propriété fait seulement figure de propriété extrinsèque conforme à la représentation constante tirée des données d'expérience. Leibniz récuse qu'il y ait proprement transmission du mouvement d'une unité substantielle à l'autre, d'où la nécessité de renoncer à assigner une telle propriété comme caractéristique essentielle des substances même phénoménales. Cette position est indirectement confirmée par le remplacement de l'axiome de conservation de la même quantité de mouvement par le théorème de conservation de la force vive[2].

D'une certaine manière, Locke concédait que toutes les idées de propriétés impliquées dans les notions de substances corporelles sont relatives aux conditions de l'expérience sensible, même si certaines, les idées de qualités premières, peuvent servir à étayer une explication *a posteriori* et probabiliste des phénomènes sensibles, moyennant des constructions hypothétiques que codifierait l'hypothèse corpusculaire[3]. Pour lors, le statut de cette hypothèse devrait rester éminemment révisable. Mais l'équivocité s'installe dans une telle démarche lorsque les propriétés phénoménales, objets désignés d'analyse, se trouvent hypostasiées comme caractéristiques non relatives de parties élémentaires irréductibles. Par contraste, l'analyse leibnizienne est tout entière dominée par la prise en compte du caractère relatif de toutes les propriétés phénoménales comme de toutes les

---

1. *NE*, 2.21.1, A VI 6, 169-170.

2. *NE*, 2.23.28, A VI 6, 224 : « J'ai remarqué aussi qu'il n'est point vrai que le corps perde autant de mouvement qu'il en donne à un autre, ce qu'on semble concevoir, comme si le mouvement était quelque chose de substantiel, et ressemblait à du sel dissous dans de l'eau, ce qui est en effet la comparaison dont M. Rohault, si je ne me trompe, s'est servi. J'ajoute ici que ce n'est pas même le cas le plus ordinaire, car j'ai démontré ailleurs, que la même quantité de mouvement se conserve seulement lorsque les deux corps qui se choquent, vont d'un même côté avant le choc, et vont encore d'un même côté après le choc. Il est vrai que les véritables lois du mouvement sont dérivées d'une cause supérieure à la matière ».

3. *Essay*, 4.16.6, p. 661-662 ; 4.16.12, p. 665-666.

caractéristiques analogiques dont on puisse se servir pour remonter aux conditions suffisantes provisionnelles des phénomènes[1]. Certes, Leibniz distingue entre des idées de qualités sensibles et de pouvoirs qui sont à la fois complexes et confuses – elles apparaissent simples par le seul effet de notre inattention lorsque nous négligeons d'y appliquer une analyse suffisante – et d'autres concepts qui sont complexes mais abstraitement clairs et distincts. Ces derniers peuvent servir de principes pour démêler la complexité qualitative des phénomènes : on les emploie alors pour analyser les rapports d'ordre phénoménal en lesquels toute qualité sensible et tout pouvoir empiriquement constaté peuvent se décomposer. Il suffit, pour ce faire, d'utiliser comme ressources analytiques les modèles analogiques requis afin d'opérer la transposition quantitative des données.

Malgré ce rôle analytique déterminant, les idées de qualités premières comprises à la façon de Leibniz ne laissent pas de requérir en droit leur propre dérivation à l'infini. Les concepts qui les représentent ont besoin qu'on développe leurs réquisits par une analyse qui nous mène aux confins de la métaphysique, de même que, dans les sciences de type mathématique, la plupart des axiomes requerraient en principe qu'on les démontrât. Aussi, dans la Préface des *Nouveaux Essais*, Leibniz n'hésite-t-il pas à mettre en cause le type de réalité que les physiciens attribuent spontanément à leurs notions abstraites, à commencer par la notion d'atome ou de corpuscule élémentaire dont l'analyse se ferait en termes de qualités et de pouvoirs non relatifs. Il étaie alors sa critique sur les principes architectoniques proprement dits : principe des indiscernables et principe de continuité. La prise en compte des exigences d'intelligibilité architectonique révèle l'artifice de constructions du type de l'hypothèse corpusculaire. De tels artifices ne sont pas sans valeur :

> C'est pour distinguer les considérations, et pour réduire les effets aux raisons, autant qu'il nous est possible, et en prévoir quelques suites, qu'on procède ainsi : car plus on est attentif à ne rien négliger des considérations que nous pouvons régler, plus la pratique répond à la théorie[2].

---

1. *NE*, 4.3. 16, A VI 6, 382-383 : « Les idées des qualités sensibles sont confuses, et les puissances qui les doivent produire, ne fournissent aussi par conséquent que des idées où il entre du confus : ainsi on ne saurait connaître les liaisons de ces idées autrement que par l'expérience qu'autant qu'on les réduit à des idées distinctes qui les accompagnent, comme on a fait (par exemple) à l'égard des couleurs de l'arc-en-ciel et des prismes. Et cette méthode donne quelque commencement d'analyse dans la physique ».

2. *NE*, préface, A VI 6, 57.

À cette représentation abstraite et dont la réalité reste liée au statut des phénomènes, Leibniz oppose le point de vue intégral, celui de Dieu, qui posséderait la notion complète de l'infinité des ingrédients de la réalité. Mais à tout le moins, du point de vue des entendements finis que nous sommes, pouvons-nous et devons-nous développer des artifices analytiques qui nous rapprochent d'une compréhension adéquate de ces infinités. Par voie de conséquence, nous nous trouverons à saisir ce lien architectonique des raisons auquel doit se subordonner la formulation des hypothèses scientifiques : « Autrement nous jugerons fort mal de la beauté et de la grandeur de l'univers, comme aussi nous ne saurions avoir une bonne physique qui explique la nature des choses »[1].

En définitive, Leibniz semble avoir accordé une grande importance à la reprise de l'hypothèse corpusculaire par Locke. À la suite de Boyle, le philosophe anglais y voyait un postulat auxiliaire de la méthodologie empiriste en science. L'analyse des phénomènes impliquerait que l'on distinguât des propriétés géométrico-mécaniques des corps, dites qualités premières, et des qualités secondes et pouvoirs, lesquels ne seraient que les effets perceptibles résultant des qualités premières attribuables aux « textures » ou combinaisons de corpuscules. Les substances phénoménales supposeraient une telle constitution interne corpusculaire à l'arrière-plan causal des connexions empiriques de propriétés, alors même que notre science, pour une bonne part, devrait se contenter de noter ces connexions empiriques sans pouvoir en démonter le mécanisme. Leibniz accorde aux hypothèses un statut analogique par rapport aux inférences démonstrativement fondées, si du moins elles rendent intelligible la connexion des phénomènes et qu'elles soient corroborées par les expériences qu'elles suscitent. L'hypothèse corpusculaire se présente comme un schéma d'analyse qu'il importe de relativiser. Les qualités sensibles lockiennes ne sont pas des données irréductibles de notre connaissance : les qualités secondes et les pouvoirs peuvent s'analyser en termes géométrico-mécaniques, car les relations phénoménales impliquées sont susceptibles d'une décomposition analytique en raisons physiques. Les qualités premières elles-mêmes doivent être comprises comme des expressions de telles raisons physiques. Ces raisons s'obtiennent lorsque l'entendement se donne un système analogique de propriétés intelligibles pour traduire l'enchaînement et l'ordre des phénomènes. De ce point de vue, l'hypothèse corpusculaire fait figure de construction imparfaite, puisque les propriétés sensibles n'y sont que transposées au plan de microstructures corporelles présumées.

---

1. *NE*, préface, A VI 6, 57.

Il importerait de poursuivre, au-delà de ce succédané d'explication physique, la recherche analytique sur les lois gouvernant l'ordre phénoménal, qu'il s'agît des mécanismes de surface ou des micro-mécanismes sous-jacents, emboîtés à l'infini.

LA CIRCULATION HARMONIQUE :
HYPOTHÈSE LEIBNIZIENNE

Parmi les hypothèses formulées ou reformulées par Leibniz, la tentative pour assigner une cause mécanique de la gravitation fit figure de paradigme. Plusieurs raisons justifient cette position privilégiée. Il s'agissait d'abord d'un programme de construction théorique d'envergure, au cœur du système de la nature, pourrait-on dire : la visée leibnizienne était d'unir sous une même explication les phénomènes de la circulation planétaire, de la lumière, de la pesanteur, du magnétisme terrestre. La démarche se signale en second lieu comme une opération de mise en perspective synthétique des analyses de Kepler et de Newton, auxquelles on peut reprocher d'avoir suspendu l'interrogation sur les causes physiques et sur leur intelligibilité propre. Mais l'élément le plus central de cette argumentation consiste dans la conception normative de l'explication scientifique qu'elle illustre.

Les historiens des sciences ont signalé à maintes reprises que l'hypothèse offerte par Leibniz s'inscrivait parmi les échecs de la science ou du moins parmi les figures d'une science périmée, et cela dès son apparition [1].

---

1. Voir par exemple, R. Dugas, *La mécanique au XVIIᵉ siècle*, Neuchâtel, Éd. du Griffon, 1954, p. 498 : « Ainsi, partis du système de Newton, dont Huygens semble se rapprocher, nous retombons, pour ce qui concerne Leibniz, en pleine métaphysique ». R. Westfall, *Force in Newton's Physics*, New York, American Elsevier, 1971, p. 307 : « Hence [Leibniz's] celestial mechanics emerges as a revision of Kepler's, as Leibniz himself suggested, or perhaps more recently of Borelli's. He brought a more sophisticated mathematics to the task, but the conceptual framework remained unaltered ». Voir surtout le jugement plus nuancé de D. Bertoloni Meli, *Equivalence and Priority : Newton versus Leibniz. Including Leibniz's Unpublished manuscripts on the* Principia, Oxford, Clarendon Press, 1993, p. 217 : « At the beginning of the eighteenth century, the interplay of mathematics, mechanics, and physics, acted not simply statically in the purely intellectual evaluation of the pros and cons of each theory, but also dynamically in the practice of the new problems and solutions which were emerging. The *Principia* constituted an extraordinarily fertile field for futher researches on the inverse problem of central forces, cometography, the shape of rotating bodies, perturbation theory, lunar theory, and tides. Although the *Tentamen* was known to the most

Il est en effet aisé de reconnaître que le modèle méthodologique de la science newtonienne allait très vite effacer de l'horizon de la théorie physique au XVIIIᵉ siècle ce style d'explication causale, qui se profilait comme un système de conjectures sur les entités théoriques à l'arrière-plan des phénomènes[1]. Mais deux considérations doivent retenir l'attention. Lorsqu'on tente de reconstruire le contexte épistémologique de la science newtonienne, il faut tenir compte de la profonde insatisfaction théorique que la physique des *Philosophiæ naturalis principia mathematica* (1687) suscitait. Newton lui-même ne s'est guère privé de tenter des constructions hypothétiques pour rendre compte de la force d'attraction à la racine causale de la gravité. Toutes ses démarches en ce sens semblent avoir échoué. Aussi l'*Hypotheses non fingo* n'était-il peut-être que le constat d'un échec, avant de constituer l'amorce d'une nouvelle pratique scientifique. Celle-ci se trouvera limitée à la possibilité de rendre compte des phénomènes par modélisation de leurs propriétés quantitatives et calculs *a posteriori*. D'où l'idée directrice d'une déduction présumée à partir des phénomènes sans constructions hypothétiques interposées. Ce sont les disciples de Newton qui sous-estimeront surtout les lacunes épistémologiques du nouveau système au profit d'une quête d'explication causale réduite à la corrélation métrique des phénomènes.

Autre considération majeure : du point de vue leibnizien, ou plus généralement dans la ligne de développement de la science postcartésienne, des raisons méritaient d'être cherchées à l'aide desquelles on pût constituer un système cohérent et harmonieux d'entités théoriques. La justification de la science par-delà la simple accumulation de données empiriques à la façon de l'*experimental philosophy* semblait devoir être opérée à ce prix. Les questions théoriques soulevées par Leibniz ont une signification méthodologique par-delà l'insuffisance manifeste des modèles qu'il tente de construire, comme Huygens le reconnaît d'ailleurs à travers ses multiples objections. Et sans doute peut-on aller jusqu'à revendiquer pour l'épistémologie un modèle d'explication théorique à la façon de Leibniz, en dépit de l'imperfection manifeste, mais relative, des réalisations scientifiques leibniziennes. Et même ces réalisations présentent-elles une

---

prominent mathematicians [...], it failed to elicit a response and to serve as a basis for further investigations, at least with regard to the reconciliation of mathematics and physics ».

1. Voir U. Hoyer, « Das Verhältnis der leibnizschen zur keplerschen Himmelsmechanik », *Zeitschrift für allgemeine Wissenschaftstheorie*, 10 (1979), p. 29-34, qui tend à professer la supériorité esthétique (simplicité, unité) et rationnelle (complétude, démontrabilité, confirmation) de la mécanique céleste newtonienne.

originalité et une valeur propre, comme l'ont établi en particulier les travaux d'Eric Aiton[1].

Comme Leibniz le signale[2], au moment où il fit paraître le *Tentamen de motuum cœlestium causis* (février 1689), il ne connaissait les *Principia* de Newton que par un compte rendu paru dans la livraison de juin 1688 des *Acta eruditorum*. Il découvrira l'ouvrage de Newton lors de son séjour à Rome à compter du 14 avril 1689. Il est indéniable toutefois que l'inspiration newtonienne a motivé Leibniz à présenter ses propres conceptions sur la mécanique céleste dans ce petit traité. Ces vues donnent lieu à une discussion significative dans la correspondance avec Huygens. Et Leibniz préparera une nouvelle version du *Tentamen*, qui restera malheureusement inédite. Par la suite, une discussion technique avec Varignon incitera Leibniz à publier quelques corrections au texte initial dans les *Acta eruditorum* de 1706. Un texte complémentaire du *Tentamen* intitulé *De causa gravitatis* paraît dans les *Acta eruditorum* de mai 1690.

Leibniz lui-même résume les thèses principales du *Tentamen de motuum cœlestium causis*, dans la lettre à Arnauld du 23 mars 1690 :

> Il y déjà quelque temps que j'ai publié dans les *Actes* de Leipzig un essai pour trouver les causes physiques des mouvements des astres. Je pose pour fondement que tout mouvement d'un solide dans un fluide qui se fait en ligne courbe ou dont la vélocité est continuellement difforme vient du mouvement du fluide même. D'où je tire cette conséquence, que les astres ont des orbes déférents, mais fluides, qu'on peut appeler tourbillons avec les anciens et avec M. Descartes. Je crois qu'il n'y a point de vide ni atome, que ce sont des choses éloignées de la perfection des ouvrages de Dieu, et que tous les mouvements se propagent d'un corps à tout autre corps, quoique plus faiblement aux distances plus grandes. Supposant que tous les grands globes du monde ont quelque chose d'analogie avec l'aimant, je considère qu'outre une certaine direction qui fait qu'ils gardent le parallélisme de l'axe, ils ont une espèce d'attraction, d'où naît quelque chose de semblable à la gravité, qu'on peut concevoir en supposant des rayons d'une matière qui tâche de s'éloigner du centre, qui pousse par conséquent vers le centre les autres qui n'ont pas le même effort. En comparant ces rayons

---

1. E. Aiton, *The Vortex Theory of Planetary Motion*, New York, American Elsevier, 1972, chap. VI : « The Harmonic Vortex of Leibniz », p. 125-151, voir p. 138, pour une formule résumant le point de vue de cet interprète : « Regrettable indeed was the lack of influence of this theory, which was mathematically unexceptionable and outstanding among attempts to explain the planetary motions by the actions of fluid vortices » ; voir également, E. Aiton, « The Mathematical Basis of Leibniz's Theory of Planetary Motion », in *Leibniz' Dynamica, Studia Leibnitiana, Sonderheft 13*, Stuttgart, F. Steiner, 1984, p. 209-222.

2. Lettre à Huygens, GM VI, 189.

d'attraction avec ceux de la lumière, comme les corps sont illuminés, de même seront-ils attirés en raison réciproque des carrés des distances. Or ces choses s'accordent merveilleusement avec les phénomènes, et Kepler ayant trouvé généralement que les aires des orbites des astres taillées par les rayons tirés du soleil à l'orbite sont comme les temps, j'ai démontré une proposition importante générale que tout corps qui se meut d'une circulation harmonique (c'est-à-dire en sorte que les distances du centre étant en progression arithmétique, les vélocités soient en harmonique ou réciproques aux distances) et qui a de plus un mouvement paracentrique, c'est-à-dire de gravité ou lévité à l'égard du même centre, quelque loi que garde cette attraction ou répulsion, a les aires nécessairement comme les temps de la manière que Kepler l'a observé. D'où je conclus que les orbes fluides déférents des planètes circulent harmoniquement, et j'en rends encore raison *a priori*. Puis considérant *ex observationibus* que ce mouvement est elliptique, je trouve que la loi du mouvement paracentrique, lequel joint à la circulation harmonique décrit des ellipses, doit être telle que les gravitations soient réciproquement comme les carrés des distances, c'est-à-dire justement comme nous l'avons trouvé ci-dessus *a priori* par les lois de la radiation. J'en déduis depuis des particularités[1].

Les démonstrations leibniziennes du *Tentamen* tiennent pour acquises les lois de la circulation planétaire proposées par Kepler dans l'*Epitome astronomiæ copernicanæ* (1618-1621) et dans l'*Harmonices mundi* (1619). La première de ces lois – historiquement la seconde – spécifie la trajectoire elliptique des planètes, le soleil occupant l'un des deux foyers de l'ellipse; la seconde loi – historiquement la première – est celle dite des aires : les aires déterminées par les arcs de trajectoire balayés par les rayons sont égales pour la même durée de temps; la troisième est celle de la proportion sesquialtère : les temps périodiques des planètes sont à leur distance moyenne du Soleil comme le rapport de la puissance cubique à la puissance carrée. Ces lois sont des lois de détermination observationnelle; Leibniz considère qu'elles requièrent un fondement causal et que l'invocation des qualités et pouvoirs occultes ne saurait le fournir. Par-delà Kepler, c'est évidemment la *vis attractionis* newtonienne comme propriété explicative qui est en cause[2]. Leibniz présume que le modèle du tourbillon est de nature à orienter la recherche d'une explication, mais celle-ci doit

1. A II 2, 313-315 (GP II, 138).
2. Dans de nombreux textes, Leibniz assimilera la force d'attraction prise non comme paramètre quantitatif mais comme entité théorique et propriété originaire de la nature, aux qualités et pouvoirs occultes de la scolastique aristotélicienne : voir, par exemple, *Antibarbarus physicus pro philosophia reali contra renovationes qualitatum scholasticarum et intelligentiarum chimæricarum*, GP VII, 337-344.

répondre à des critères méthodologiques précis, à défaut de quoi elle n'apparaîtra que comme une simple désignation symbolique du phénomène à expliquer.

Sans entrer dans le détail mathématique des démonstrations et des corrections ultérieures – ce qu'Eric Aiton a étudié de façon éclairante – nous pouvons retenir les principales articulations de la démonstration[1]. Leibniz présume que le déplacement des planètes autour du Soleil est déterminé par la conjonction de trois forces. Il s'agit d'abord de la force transradiale de vection du tourbillon, qui emporte la planète dans une orbite elliptique conformément aux lois de Kepler ; mais si l'on considère le rayon joignant la planète au foyer occupé par le soleil, il faut envisager un déplacement « paracentrique » résultant de l'interaction de deux forces, l'une correspondant à une force centripète dirigée vers le soleil, l'autre à une force centrifuge propulsant le mobile suivant la tangente à l'extrémité du rayon. L'exercice de la force centrifuge est provoqué par l'entraînement tourbillonnaire. Mais celui-ci doit en outre intervenir pour rendre compte de l'expansion elliptique transradiale.

Les prémisses du système explicatif tiennent pour une part à des postulats, pour une autre aux lois empiriques de Kepler, et pour finir à l'algorithme du calcul différentiel et intégral, dont Leibniz rappelle les principes dans la proposition 5, ainsi que l'application à l'analyse des composantes de *conatus* et d'*impetus* à la racine des déplacements de mobiles[2]. Parmi les postulats, comptons la proposition 1 : « Que tout corps, décrivant une ligne courbe dans un fluide, est mû par le mouvement de ce fluide » : et son corollaire, la proposition 2 : « Que les planètes sont mues par leur éther, c'est-à-dire qu'elles possèdent des orbes fluides déférents »[3]. Ce que ces présupposés enveloppent, ce sont le principe d'inertie, le principe que tout *conatus* se traduit en déplacement d'un corps par l'impulsion d'un corps contigu, et le principe que tout corps mû laissé à lui-même se déplace en ligne droite, le déplacement en ligne courbe supposant une contrainte mécanique exercée de façon continue afin

1. Pour une traduction intégrale de *Tentamen de motuum cœlestium causis* en anglais, voir D. Bertoloni Meli, *Equivalence and Priority : Newton versus Leibniz, op. cit.*, p. 126-142.
2. GM VI, 151 : « Nam si motus exponatur per lineam communem, quam dato tempore mobile absolvit, impetus sive velocitas exponetur per lineam infinite parvam, et ipsum elementum velocitatis, quale est gravitatis solicitatio, vel conatus centrifugus, per lineam infinities infinite parvam ».
3. GM VI, 149 : « 1) [...] Omnia corpora, quæ in fluido lineam curvam describunt, ab ipsius fluidi motu agi, 2) [...] planetas moveri a suo æthere, seu habere orbes fluidos deferentes vel moventes ».

d'empêcher l'échappement du mobile suivant la tangente. Les éléments de
l'analyse sont mis en place dans la proposition 3 :

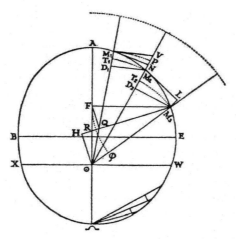

Fig. 1 : Illustration de la démonstration relative à la circulation harmonique
dans le *Tentamen de motuum cælestium causis* (1689)

J'appelle une circulation *harmonique* si les vitesses de circulation d'un
corps donné sont inversement proportionnelles aux rayons, c'est-à-dire aux
distances du centre de circulation, ou, ce qui revient au même, si les vitesses
de circulation autour du centre décroissent suivant la même proportion que
croissent les distances du centre, ou en bref, si les vitesses de circulation
croissent suivant la proximité. [...] C'est pourquoi la circulation harmonique peut avoir lieu non seulement dans les arcs de cercle, mais dans
n'importe quelle courbe à décrire. Posons que le mobile M se déplace dans
une certaine courbe $_3M_2M_1M$ (ou $_1M_2M_3M$) et que dans des éléments de
temps égaux, il décrit les éléments de courbe $_3M_2M$, $_2M_1M$; [ce mouvement]
peut être compris comme composé d'un mouvement circulaire autour d'un
centre, par exemple $\odot$ (tel que $_3M_2T$, $_2M_1T$), et d'un mouvement rectiligne
tel $_2T_2M$, $_1T_1M$ (en assumant $\odot{}_2T$ égal à $\odot{}_3M$ et $\odot{}_1T$ égal à $\odot{}_2M$) ;
ce mouvement peut être en outre compris comme suit : pendant qu'une
règle ou une ligne droite rigide indéfinie $\odot\pi$ est mue autour du centre $\odot$,
le corps M est mu en même temps suivant la droite $\odot\pi$[1].

---

1. GM VI, 149-150 : « Circulationem voco Harmonicam, si velocitates circulandi, quæ
sunt in aliquo corpore, sint radiis seu distantiis a centro circulationis reciproce proportionales,
vel (quod idem) si ea proportione decrescant velocitates circulandi circa centrum, in qua
crescunt distantiæ a centro, vel brevissime, si crescant velocitates circulandi proportione

L'élément infinitésimal de courbure sur la trajectoire est donc décomposé en un élément circulaire de rotation autour du Soleil et en un élément de déplacement rectiligne le long du vecteur radial. Cette transposition, jointe aux analogies de relations métriques fondées sur les infinitésimales, permet en premier lieu de confirmer la loi des aires de Kepler en ce qui concerne la vitesse de balayage des éléments elliptiques. Le mouvement de déplacement planétaire, répondant à la première loi de Kepler, suppose de ce fait la conjonction d'une détermination motrice due à la circulation harmonique et d'un mouvement paracentrique qui résulterait d'une attraction apparente du Soleil, transposable de quelque manière en termes d'impulsions vers le Soleil pour des raisons d'intelligibilité mécanique[1].

Mais le mouvement paracentrique lui-même doit résulter d'une conjonction d'effets dynamiques : d'une part, le *conatus* de détermination tangentielle dû à l'entraînement tourbillonnaire, de l'autre, le *conatus* de descente dû à l'attraction, ou plutôt à l'impact de parties matérielles dont l'attraction serait en quelque sorte la figuration phénoménale. Le premier est désigné comme *conatus centrifugus* et répond à la mesure de la force centrifuge proposée par Huygens ; le second est désigné comme *conatus excussorius* et doit rendre compte de l'effet d'attraction dans sa combinaison avec la détermination tangentielle. En partant de ces déterminations hypothétiques, ne pourrait-on déduire la forme de la trajectoire de circulation harmonique ?

Dans un premier temps, Leibniz établit, en se servant de la mesure hugonienne de la force centrifuge, que, dans une durée égale de temps, les *conatus* centrifuges sont proportionnels au carré des vitesses et inversement proportionnels aux rayons. En jouant de la configuration des rapports infinitésimaux sur les figures, on peut intégrer le rapport inversement proportionnel des vitesses et des rayons établi dans la circulation harmonique keplerienne. Il en résulte que les *conatus* centrifuges d'un mobile en circulation harmonique sont exprimés en un rapport directement

viciniarum. Itaque non tantum in arcubus circuli, sed et in curva alia quacunque describenda circulatio harmonica locum invenire potest. Ponamus mobile M ferri in curva quavis $_3M_2M_1M$ (vel $_1M_2M_3M$) et æqualibus temporis elementis describere elementa curvæ $_3M_2M$, $_2M_1M$, intelligi potest motus compositus ex circulari circa centrum aliquod ut $\odot$ (velut $_3M_2T$, $_2M_1T$) et rectilineo velut $_2T_2M$, $_1T_1M$ (sumtis $\odot _2T$ æqu. $\odot _3M$ et $\odot _1T$ æqu. $\odot _2M$), qualis motus intelligi etiam potest, dum regula seu recta rigida indefinita $\odot\pi$ movetur circa centrum $\odot$, et interim mobile M movetur ut recta $\odot\pi$ ».

1. § 8, GM VI, 152 : « Itaque ponemus planetam moveri motu duplici seu composito ex circulatione harmonica orbis sui fluidi deferentis et motu paracentrico, quasi cujusdam gravitatis seu attractionis, hoc est impulsus versus Solem seu planetam primarium ».

proportionnel au carré des vitesses et inversement proportionnel au cube des rayons.

Leibniz passe ensuite à la détermination des *conatus* paracentriques, qu'établit la proposition 15 :

> Dans toute circulation harmonique, l'élément d'*impetus* paracentrique (c'est-à-dire l'accroissement ou la diminution de la vitesse de descente vers le centre, ou de montée à partir du centre) est la différence ou la somme de la sollicitation [*conatus*] paracentrique (c'est-à-dire de l'impression faite par la gravité ou la légèreté, ou par une cause semblable) et la somme du *conatus* centrifuge doublé, si la légèreté est présente, ou la différence, si c'est la gravité qui l'est [1].

En marge de cette proposition, il convient de noter qu'en estimant au moment initial le mouvement selon la perpendiculaire de la tangente à la courbe comme uniforme, plutôt que comme uniformément accéléré, Leibniz a sous-estimé de moitié la valeur de la force centrifuge. Cette « erreur » est en fait congruente avec la démarche qui consiste à remonter aux comparaisons de *conatus* avant toute intégration sommative sous forme d'*impetus*. Une fois effectuées les corrections à la suite des échanges qu'il a eus avec Varignon à ce sujet, telle est l'interprétation que Leibniz lui-même fournit dans l'*Illustratio tentaminis de motuum cœlestium causis* [2]. Il en résulte que pour une hauteur de chute qui serait équivalente à la moitié du rayon et qui engendrerait la vitesse de circulation, l'effet de sollicitation de la gravité et le *conatus* centrifuge seraient égaux. Eric Aiton propose une reconstitution symbolique intéressante de la proposition 15 en

---

1. § 15, GM VI, 154 : « In omni circulatione harmonica elementum impetus paracentrici (hoc est incrementum aut decrementum velocitatis descendendi versus centrum vel ascendendi a centro) est differentia vel summa solicitationis paracentricæ (hoc est impressionis a gravitate vel levitate, aut causa simili factæ) et dupli conatus centrifugi (at ipsa circulatione harmonica orti), summa quidem, si levitas adsit ; differentia si gravitas : ubi prævalente gravitatis solicitatione crescit descendendi, vel decrescit ascendendi velocitas, ut prævalente duplo conatu centrifugo, contra ». À propos de cette proposition, R. Dugas, *La mécanique au XVIIe siècle, op. cit.*, p. 492, signale que, mis à part une erreur de coefficient, il s'agit là d'une relation conforme à la loi du mouvement selon le rayon vecteur. E. Aiton, « The Mathematical Basis of Leibniz's Theory of Planetary Motion », art. cit., p. 212-215, montre comment Leibniz corrige l'interprétation du coefficient de force centrifuge suite à l'échange avec Varignon sur ce point. Voir aussi E. Aiton, « Polygons and Parabolas : Some Problems concerning the Dynamics of Planetary Orbits », *Centaurus*, 31 (1989), p. 207-221.

2. Ire partie, § 8, GM VI, 258 : « Sciendum est ergo, qui a nobis tunc dictus est conatus centrifugus certo sensu exemploque aliorum, talisque omnino intelligi potest ipso primo momento circulationis, repræsentaturque per sinum versum arcus circulationis, revera in ipso circulationis progressu esse non nisi conatum centrifugum dimidium ».

ce qui concerne la mesure de l'effet de la force centrifuge. Le *conatus* centrifuge d'un corps mu selon la loi des aires de Kepler peut s'écrire :

$$\left(\frac{h^2}{r^3} \right) dt^2 .$$

Dans ce contexte, l'équation de la proposition 15 s'écrirait :

$$d^2 r = \left(\frac{h^2}{r^3} \right) dt^2 - conatus\,de\,gravité.$$

Il reste alors à démontrer que le *conatus de gravité* pour une orbite elliptique varie comme le carré inverse des rayons [1]. L'analyse requise, fondée sur les ressources du calcul infinitésimal, donne lieu à la proposition 19, suivant laquelle les sollicitations de gravité sont comme le carré des circulations, et donc comme l'inverse du carré des rayons [2].

Il s'agit certes d'interpréter physiquement cette analyse des phénomènes opérée à l'aide d'un modèle mathématique des paramètres dynamiques en jeu. Leibniz constate que cette analyse lui permet de rejoindre les conclusions obtenues par Newton à partir d'un modèle mathématique distinct. Un texte d'interprétation destiné à Huygens illustre cette stratégie de recherche de raisons physiques, en faisant valoir une dualité de modèles mathématiquement équivalents pour établir la mesure des *conatus excussionis* ; il est alors aisé de constater que l'un des modèles s'avère nettement préférable à l'autre pour des raisons d'adéquation au plan de la représentation théorique. L'analyse reprend les termes de l'hypothèse de construction correspondant à la proposition 15 :

1. E. Aiton, *The vortex Theory of Planetary Motion, op. cit.*, p. 142.
2. Selon la transposition d'E. Aiton, *ibid.*, p. 143-144, la proposition 19 permet d'intégrer à l'équation du *conatus* centrifuge la valeur du *conatus* de gravité, mesurée par le terme :

$$\left(\frac{2}{a} \right) \frac{\theta^2 h^2}{r^2}$$

ce qui permet de produire l'équation :

$$d^2 r = \left[\frac{h^2}{r^3} - \left(\frac{2}{a} \right) \frac{h^2}{r^2} \right] \theta^2$$

que l'on peut écrire de façon moderne, compte tenu que $\theta = dt$:

$$\frac{d^2 r}{dt^2} = \frac{h^2}{r^3} - \frac{\mu}{r^2} , \text{où} \quad \mu = \frac{h^2}{\left(\frac{1}{2}a \right)} = \frac{h^2}{(semi\,latus\,rectum)} .$$

Car comme j'avais montré [...], la circulation D_1M_2 ou D_2M_3 étant harmonique, et M_3L parallèle à $\odot M_2$, rencontrant la direction précédente M_1M_2 prolongée en L, alors M_1M_2 est égale à M_2L (ou à GM_1 – le graveur a oublié la lettre G entre T_2 et M_2 marquée dans ma description) et par conséquent la direction nouvelle M_2M_3 est composée tant de la direction précédente M_2L jointe à l'impression nouvelle de la pesanteur, c'est-à-dire à LM_3, que de la vélocité de circuler de l'éther ambiant D_1M_3 en progression harmonique jointe à la vélocité paracentrique déjà acquise M_2D_1 en progression quelconque. Mais quelque autre circulation qu'on suppose hors l'harmonique, le corps gardant l'impression précédente M_2L ne pourra pas observer la loi de la circulation D_1M_3 que le tourbillon ou l'éther ambiant lui voudra prescrire, ce qui fera naître un mouvement composé de ces deux impressions [1].

L'explication causale peut donc se concevoir suivant le modèle d'une trajectoire engendrée par la détermination inertielle instantanée sous l'effet de la seule gravité; ou bien, il faut admettre que la trajectoire est conjointement engendrée par la gravité, interprétée en termes de force d'impulsion, et par la force centrifuge résultant de la circulation tourbillonnaire de l'éther. Or, selon Leibniz, la première hypothèse se contente de symboliser les phénomènes, sans en spécifier les raisons déterminantes, à moins que l'on ne présume que le *conatus* de gravité puisse envelopper par lui-même une détermination au mouvement circulaire : une telle présupposition lui semble une considération sans fondement. La détermination au mouvement circulaire resterait donc alors un effet sans explication causale. Or la méthodologie leibnizienne est articulée au principe d'une intégrale intelligibilité du réel en termes de raisons suffisantes. De ce point de vue d'ailleurs, l'hypothèse de la circulation harmonique que le modèle leibnizien implique nécessiterait un certain nombre de considérations pour en établir l'adéquation, en particulier pour s'assurer d'une conformité aussi étroite que possible avec les caractéristiques du système planétaire. De même faudrait-il développer le modèle très vague de la force de gravité et s'assurer qu'il puisse s'étendre analogiquement de la pesanteur terrestre à l'explication de l'« attraction » s'exerçant entre les corps célestes.

Les jalons de cette dernière analyse figurent dans la version remaniée du *Tentamen* [2]. Trois types d'éléments sont à distinguer ici. En premier

---

1. Lettre à Huygens, GM VI, 189-190.

2. D. Bertoloni Meli, « Leibniz on the censorship of the Copernican system », *Studia Leibnitiana*, 20 (1988), p. 19-42, s'intéresse à cette version remaniée du *Tentamen* (« Zweite Bearbeitung ») que Gerhardt a publiée d'après les manuscrits de Hanovre, GM VI, 161-186. Cette version, rédigée dans la période immédiatement subséquente à la publication du *Tentamen* (1689), tient compte d'une lecture des *Principia* de Newton.

lieu, des conjectures physiques doivent servir à susciter une représentation concordante des phénomènes au plan de leurs causes présumées. En second lieu, il faut se donner des modèles qui permettent de projeter des relations similaires sur les divers ordres de phénomènes impliqués. Enfin, le savant leibnizien visera à produire des inférences de lois théoriques à partir des connexions phénoménales observées et traduites en lois empiriques : il se servira pour ce faire des principes fondamentaux de la mécanique, en particulier en ce qui concerne la théorie des forces. Tout se passe comme si les éléments de type conjectural étaient surtout appelés à fournir des suggestions heuristiques. Ainsi Leibniz invoque-t-il l'analogie des phénomènes magnétiques terrestres pour éclairer les effets d'attraction impliquant les corps célestes. Les phénomènes magnétiques eux-mêmes sont renvoyés à des radiations corporelles, c'est-à-dire à des impulsions s'exerçant sur les solides sous l'effet d'un fluide subtil en giration, lequel peut pénétrer les pores des corps de matière plus grossière. Le fluide subtil en question exercerait son action suivant une multitude de cercles concentriques, d'où en particulier les cercles méridiens suivant lesquels s'exerce l'attraction magnétique. On pourrait supposer une cause de gravité consistant en un tel fluide subtil, opérant suivant toutes les directions, qui pousserait vers le centre les corps possédant dans leurs pores une moindre quantité de fluide subtil ou, ce qui rejoint le même système de causes physiques, dotés d'un moindre pouvoir centrifuge : autrement, les corps perturberaient le cours de la circulation fluide ; ils en seraient donc expulsés vers un lieu répondant à leur statut dynamique. Cette représentation conjecturale intégrée [1] est appelée à fournir une sorte de cadre d'analogie pour choisir les modèles particuliers correspondant à des phénomènes spécifiques. Dans le cas qui nous intéresse, celui de la force de gravité, Leibniz propose de faire fond sur l'analogie des rayons corporels avec l'émission lumineuse. Supposons donc des impulsions transmises du centre vers la périphérie dans un temps donné – Leibniz prend ici la leçon des analyses de Römer sur la vitesse de propagation lumineuse, à l'encontre de la transmission instantanée selon les Cartésiens. Ces impulsions se relaient par transmission d'*impetus*, conformément à la théorie dynamique relative à l'engendrement des effets moteurs.

---

1. Voir GM VI, 164 : « Ita variæ causæ assignatæ coincidunt inter se hac explicandi ratione habemusque simul radiationem sphæricam, attractionem magnetis, explosionem perturbantis, fluidi motum intestinum, circulationem atmosphæræ conspirantes vim centrifugam ».

La construction du modèle *a priori* se fonde sur l'analogie de l'illumination
par les rayons lumineux :

> Comme il a été en effet pleinement démontré depuis quelque temps [...]
> que les corps sont illuminés par un corps lucide dans un rapport inver-
> sement proportionnel au carré des distances, de même convient-il de dire
> que les corps attirés sont d'autant moins sujets à la gravité que plus grand
> est le carré de leur distance au corps qui les attire. De part et d'autre, la
> proportion se révèle être la même [1].

Ajoutons que cette relation mathématique se fonde sur la comparaison
des aires balayées par les rayons. De là le cheminement explicatif nous
mène au calcul analytique réalisé à partir des connexions phénoménales
observées, c'est-à-dire fondé sur les lois empiriques. Il s'agit d'établir une
correspondance, la plus intégrale possible, entre des raisons tirées des
hypothèses causales et traduites sous forme de modèles *a priori* mathématiquement formulés d'une part, et l'expression analytique des lois empiriques d'autre part – cette expression, faut-il le rappeler, doit aussi répondre
à des normes de type mathématique. Il s'ensuit une sorte d'effacement du
caractère arbitraire inhérent à la construction hypothétique : celle-ci se
justifie en engendrant un ensemble simple et fécond de principes pour
éclairer la compréhension des phénomènes : éclairer la compréhension des
phénomènes, c'est fournir des raisons suffisantes de l'ordre qui s'y
exprime. L'ordre des connexions phénoménales peut se traduire en divers
systèmes possibles de relations, si l'on s'en tient aux seules hypothèses
descriptives. De ce point de vue, les hypothèses de Ptolémée, de Copernic
et de Tycho Brahé se valent comme simples grilles d'analyse des apparences ; et l'on pourrait aller jusqu'à considérer comme des interprétations
parallèles la lecture des phénomènes selon le modèle de la force
d'attraction et celle que dicte le modèle de la circulation harmonique. Mais
la remontée vers les raisons suffisantes, vers les *principia intelligendi
simplicia et fœcunda*, doit permettre de départager les modèles en projetant
un système de causes illustrant l'intelligibilité d'essences compossibles [2].

---

1. GM VI, 165 : « Quemadmodum enim dudum demonstratum est [...], corpora illumi-
nari a lucido in ratione reciproca duplicata distiantiarum, ita dicendum est corpora quoque
attracta gravitare tanto minus quanto majus est quadratum distantiæ ab attrahente. Utriusque
eadem et manifesta ratio est ».
2. Voir GM VI, 166 : « Hoc autem a priori nobis deprehensum, mox iterum sua sponte a
posteriori per calculum analyticum ex phænomenis planetarum communibus ductum
nascetur mirifico consensu rationum et observationum, et insigni confirmatione veritatis.
Quæ enim sequuntur, non constant Hypothesibus, sed ex phænomenis per leges motuum
concluduntur ; sive enim detur sive non detur attractio planetarum ex sole, sufficit a nobis eum

À propos de ce texte, Bertoloni Meli souligne que l'explication newtonienne y est assimilée à une simple hypothèse, alors que Leibniz présente sa propre thèse comme déduite des phénomènes par recours aux lois du mouvement[1]. Cet interprète met ainsi en valeur l'opposition que Leibniz aurait affirmée entre une simple technique mathématique pour sauver les phénomènes astronomiques et une explication «réelle» postulant l'impulsion des parties matérielles suivant l'interaction des fluides. La distinction méthodologique avancée par Leibniz nous semble plutôt tenir au fait que, dans un cas, on aurait simplement affaire à un modèle conjectural correspondant aux phénomènes et que, dans l'autre, le modèle conjectural, en plus de correspondre aux phénomènes, se trouverait intégré à une structure de démonstration théorique où interviennent comme prémisses les lois de la dynamique et une conception de la structure de la matière, celle-ci comme celles-là subordonnées à un ordre de raisons architectoniques[2].

L'attitude épistémologique de Leibniz s'explicite dans la façon dont il réplique aux critiques et objections formulées contre son système, en contrepartie de celui de Newton. Les principaux arguments leibniziens ressortent en particulier dans la correspondance avec Huygens et dans l'*Illustratio tentaminis de motuum cœlestium causis*, réplique restée inédite que Leibniz a rédigée pour répondre aux attaques lancées par James Gregory dans ses *Astronomiæ physicæ et geometricæ elementa* (1702).

Les objections de Huygens sont celles d'un physicien qui tend à réduire les causes des phénomènes aux modèles géométriques et mécaniques que l'on peut en produire sur la base des calculs possibles. De ce fait, même si

colligi accessum et recessum, hoc est distantiæ incrementum vel decrementum, quem haberet si præscripta lege attraheretur. Et sive circuletur revera circa solem, sive non circuletur, sufficit ita situm mutare respectu solis ac si circulatione harmonica moveretur, et proinde *Principia intelligendi* mire simplicia et fœcunda reperta esse, qualia nescio an olim homines vel sperare ausi fuissent».

1. Voir D. Bertoloni Meli, «Leibniz on the censorship of the Copernican system», art. cit., p. 38-39 ; *id.*, *Equivalence and Priority : Newton versus Leibniz, op. cit.*, p. 157-158 ; L. Adomaitis, «Equivalence of hypotheses and Galilean censure in Leibniz: A conspiracy or a way to moderate censure ? », *Revue d'histoire des sciences*, 72 (2019), p. 63-86.

2. D. Bertoloni Meli, «Some aspects of the interaction between natural philosophy and mathematics in Leibniz», in *Leibniz Renaissance*, Firenze, L.S. Olschki, 1989, p. 9-22, semble toutefois reconnaître de façon générale l'intégration des modèles mathématiques et des constructions théoriques chez Leibniz, voir p. 16 : «I have argued that in general mathematics is successful in describing nature because of the laws of conservation of force and of continuity, and of the principle of symmetry. Finally, I have conjectured that the property of *phenomena bene fundata* of being in mutual harmony is also relevant to this success».

l'hypothèse newtonienne de la force d'attraction peut lui sembler épistémologiquement inadéquate, elle représente néanmoins le minimum de
présupposition requis pour établir un système de calcul adéquat sur la
dynamique des corps célestes. Or l'économie du système scientifique
d'explication exige que l'on évite la multiplication des entités théoriques,
lorsqu'elles s'avèrent redondantes par rapport aux modèles que les
instruments mathématiques permettent d'élaborer. À plusieurs reprises,
Huygens relève que les tourbillons font figure de constructions superflues,
le mouvement des planètes s'expliquant suffisamment par la gravité et la
force centrifuge[1]. Mais les objections spécifiques de Huygens sont de
caractère plus technique, quoiqu'elles convergent toutes vers l'admission
d'une diversité de modèles possibles pour expliquer des classes particulières de phénomènes[2].

En résumé, Huygens s'oppose à l'analogie entre les deux types de
circulation de particules que suppose Leibniz, savoir la circulation du
tourbillon harmonique, suivant le plan de l'écliptique, et celle des particules de matière subtile provoquant l'effet de pesanteur terrestre, suivant
une variété infinie de plans. De même, il ne semble pas y avoir de raisons
assignables *a priori* comme *a posteriori* de supposer que les rayons
d'attraction interviennent, comme les effets de pesanteur, en vertu de la
force centrifuge, ni que cette hypothèse rende compte du rapport inversement proportionnel de cette attraction au carré de la distance. Enfin, si la
circulation tourbillonnaire semble assez bien éclairer certains aspects du
mouvement des planètes, par exemple, le fait que les orbites se situent en
des plans très voisins et que les planètes les décrivent suivant la même
orientation, elle semble incompatible avec la trajectoire elliptique, qui
implique des accélérations et décélérations constantes selon les phases du
parcours. Ou plus exactement, il faut imaginer des hypothèses auxiliaires
ad hoc pour rendre compte de l'«excentricité» constante des corps
célestes par rapport à la norme d'une circulation tourbillonnaire. Certes,
Leibniz suppose que les tourbillons célestes épousent les rapports harmoniques impliqués par la loi des aires de Kepler, mais il semble s'agir d'une
sorte de postulation gratuite. En outre, la structure même des tourbillons
devrait à la longue déterminer une correction des vitesses aux aphélies
et aux périhélies, qui les normaliserait autour de valeurs moyennes

---

1. Voir lettres de Huygens à Leibniz du 8 février 1690, A III 4, 460-461 (GM II, 41), et du
24 août 1690, A III 4, 545-550 (GM II, 46).

2. Pour une présentation condensée de ces objections, voir lettre de Huygens à Leibniz du
12 janvier 1693, A III 5, 450-453 (GM II, 149-150).

correspondant à un déplacement circulaire constant. Enfin, Huygens s'interroge sur le contre-argument que représenteraient les comètes et leurs orbites atypiques : les comètes traverseraient le plan du tourbillon solaire et devraient de ce fait perturber la circulation harmonique des planètes et être affectées par elle, ce que ne démontre aucune observation. De façon corrélative, Leibniz peut-il rendre compte de la transgression des comètes sur la trajectoire du tourbillon sans effet apparent ?

L'argument très troublant des orbites cométaires est repris par James Gregory dans ses *Elementa*, et il servira beaucoup par la suite la cause des Newtoniens, qui se fondent par ailleurs sur l'analogie établie par Newton entre la trajectoire des comètes et le modèle elliptique des trajections planétaires, modèle de base de la mécanique planétaire. D'autre part, Gregory développe une objection technique d'envergure, qui se fonde sur l'apparente contradiction entre la loi de circulation harmonique posée par Leibniz, qui suppose que les vitesses de circulation sont inversement proportionnelles à la distance du soleil, et la troisième loi de Kepler, suivant laquelle le carré des temps périodiques se détermine à proportion du cube des distances [1].

La réponse de Leibniz aux objections est de deux ordres : d'une part, cette réponse peut se limiter à mettre en scène les implications déductives des modèles mathématiques ; d'autre part – et c'est le cas le plus fréquent – Leibniz va s'attacher à développer un système de raisons théoriques afin de surmonter les objections et de contrer les soupçons de dysanalogie ou d'analogie négative qui hypothéqueraient ses arguments.

Comme exemple du premier type de réponse, prenons la réplique à la seconde objection de Gregory, réplique qui reprend d'ailleurs l'un des deux arguments théoriques principaux contenus dans la lettre préparée pour Huygens en réponse aux premières demandes de justification de celui-ci [2]. Partant de l'hypothèse de la génération de force centrifuge dans le mobile en raison de la circulation harmonique, il s'agit d'évaluer cette force suivant l'estimation de l'effet qui l'épuiserait : on obtient ainsi une mesure suivant le produit mv^2. Soit deux orbes concentriques : comme les circonférences sont proportionnelles aux rayons, on peut tenir que leurs masses ou quantités de matière sont elles-mêmes proportionnelles aux rayons. Si l'on assigne aux orbes la même puissance, celle-ci se mesurera par un rapport des masses inversement proportionnel au carré des vitesses,

---

1. La référence aux arguments de Gregory se trouve dans l'*Illustratio*, IIe partie, § 13-14, GM VI, 266.

2. GM VI, 190-191.

ou, ce qui revient au même, on dira que les vitesses sont inversement proportionnelles à la racine carrée des distances au centre. Or les temps périodiques des orbites sont en raison directe de leur grandeur, mesurée par la distance, et inversement proportionnelle de la vitesse de circulation, qui est elle-même inversement proportionnelle à la racine carrée des distances. Il en résulte que le carré des temps périodiques est proportionnel au cube des distances, ce qui rejoint excellemment l'énoncé de la troisième loi de Kepler[1]. Dans la preuve à l'usage de Huygens, Leibniz introduit un corollaire additionnel, outre celui qui équivaut à la loi keplérienne des temps périodiques : il s'agit d'une mesure du *conatus* de gravité suivant le modèle de la force centrifuge ; ce modèle est alors interprété à la lumière des principes de dynamique appliqués au cas hypothétique des orbes concentriques[2]. La force centrifuge du corps qui est projeté suivant la tangente en un point de l'orbite peut en effet se mesurer par le rapport direct au carré de la vitesse et le rapport inverse au rayon. Mais, suivant le modèle précédemment invoqué, le carré de la vitesse est aussi inversement proportionnel au rayon. Il en résulte donc que la force centrifuge se mesure de façon inversement proportionnelle au carré du rayon ou de la distance au centre. On obtient alors la mesure compensatoire du *conatus* qu'exercerait la pesanteur ; et l'on effectue ainsi la détermination métrique d'un paramètre équivalent à la force newtonienne d'attraction. Il s'agit certes là d'un type de réponse aux objections qui consiste à déduire les relations quantitatives exprimant des lois empiriques à partir de modèles quantitatifs plus généraux ; ceux-ci seraient justifiés, à leur tour, par des principes théoriques de conservation tels ceux de la dynamique.

Virtuose de ce genre d'arguments, Leibniz en tire parfois des solutions d'allure paradoxale, nettement plus problématiques que celles que nous venons de signaler. Cela est particulièrement vrai lorsqu'il s'attaque à la disparité de la circulation harmonique par rapport aux orbites excentriques des corps célestes. Or ces trajectoires vont se trouver normalisées en vertu d'une sorte de compensation statistique des divergences que les rapports physiques particuliers inscrivent sous la loi générale : de ce point de vue, les exceptions mêmes sont invoquées pour confirmer la règle, puisqu'ils la profilent en équilibrant leurs différences. Huygens avait soulevé le problème de la disparité des trajectoires elliptiques par rapport à la constance qu'impliquerait une circulation harmonique conçue suivant l'analogie des déterminations sphériques de la pesanteur. Leibniz réplique

---

1. *Illustratio*, § 15, GM VI, 267-268.
2. GM VI, 191-192.

en présentant la loi de circulation harmonique comme déterminante pour un système de phénomènes soumis à des contingences variées :

> Vous direz peut-être d'abord, Monsieur, que l'hypothèse d[u] carré des vitesses réciproques aux distances ne s'accorde pas avec la circulation harmonique. Mais la réponse est aisée : la circulation harmonique se rencontre dans chaque corps à part, comparant les distances différentes qu'il a, mais la circulation harmonique en puissance (où les carrés des vélocités sont réciproques aux distances) se rencontre en comparant [...] différents corps, soit qu'ils décrivent une ligne circulaire, ou qu'on prenne leur moyen mouvement (c'est-à-dire le résultat équivalent en abrégé au composé des mouvements dans les distances différentes) pour l'orbe circulaire qu'ils décrivent [1].

Conjointement aux modèles quantitatifs théoriquement fondés, Leibniz projette des hypothèses structurales qui se situent dans le droit fil des principes de conservation que la théorie impliquait : il s'agissait, dans le cas que nous avons étudié, des orbes concentriques de même puissance, appelés à illustrer une situation idéale d'équilibre dynamique. Avec ces orbes concentriques équipollents nous entrons sans conteste dans la phase de considération des arguments théoriques du second type : ceux-ci renvoient à des raisons déterminantes figurées par-delà l'expression mathématique des connexions phénoménales.

Leibniz professe en effet avec constance que, dans une situation où l'on jugerait son hypothèse et celle de Newton équivalentes sur le plan du traitement mathématique des apparences, le partage devrait se faire sur la question de savoir laquelle satisfait le mieux à la représentation d'ensemble des mécanismes derrière les divers phénomènes à expliquer, et aussi laquelle assure le mieux le maintien d'un rapport en quelque sorte organique des phénomènes par le jeu de ces seuls mécanismes. Ainsi Leibniz reconnaît-il volontiers que la détermination du *conatus* de gravité peut s'opérer par la seule détermination de la force d'attraction aussi bien que par la force centrifuge qu'engendrerait le tourbillon harmonique [2].

---

1. GM VI, 192. La même thèse est affirmée dans la lettre à Huygens du 10/20 mars 1693, A III 5, 516-517 (GM II, 155).
2. Voir *Illustratio*, IIe partie, § 17, GM VI, 269 : « Res enim eadem redit, sive ponamus corpus tranquille natare ac deferri in fluido harmonice circulante, neque proprio impetu inde discedere, motumve ejus turbare, sed de motu priore solum servare conatum centrifugum circulationis, una cum impressionibus gravitatis hactenus conceptis novaque solicitatione auctis, quoniam scilicet hi motus conatusve paracentrici ipsi circulationi fluidi non obstant ; sive potius ponamus, corpus in medio non resistente solo impetu concepto et accedentis

Et, au sens de l'analyse mathématique des paramètres, l'explication newtonienne semble faire l'économie d'une cause physique redondante, comme Huygens ne se fait pas faute de le signaler [1]. Mais est-ce une raison pour écarter une explication qui offre l'avantage de figurer un système causal intégré ? Les divers arguments de ce type se trouvent rassemblés en un ensemble stratégique, comme en atteste ce passage d'une lettre à Huygens :

> Les planètes se meuvent comme s'il n'y avait qu'un mouvement de trajection ou de propre direction joint à la pesanteur, à ce que M. Newton a remarqué. Cependant [elles] se meuvent aussi, tout comme si [elles] étaient déférées tranquillement par une matière dont la circulation y soit harmonique ; et il semble qu'il y a une conspiration de cette circulation avec la propre direction de la planète. Et la raison qui fait que je ne me repens pas encore de la matière déférente, depuis que j'ai appris l'explication de M. Newton, est, entre autres, que je vois toutes les planètes aller à peu près du même côté, et dans une même région, ce qui se remarque encore à l'égard des petites planètes [satellites] de Jupiter et de Saturne. Au lieu que, sans la matière déférente commune, rien n'empêcherait les planètes d'aller en tous sens. [...] Il semble que l'analogie de la terre et du soleil avec l'aimant rend assez probable le cours de la matière solaire, semblable à celui de la matière terrestre qui est une espèce de circulation ou de tourbillon. Et comment expliquerait-on l'attraction de la terre qui la porte vers le soleil, si on n'admet quelque chose d'analogique avec la cause de la pesanteur ? [...] Quelque chose que ce puisse être, ce sera un mouvement d'une matière fluide, qui sera en rond. Car vous ne vous contenterez pas d'une qualité attractive comme M. Newton semble faire [2].

Ce texte insiste particulièrement sur trois chefs d'analogie : 1) la convergence d'orientation des circulations planétaires dans la plan de l'écliptique ; 2) le rapprochement obligé des causes de la pesanteur, de l'effet magnétique et de l'«attraction» entre les corps célestes ; 3) la relation de dépendance présumée de trajectoires régulières non rectilignes par rapport à une cause mécanique constante, représentable *more geometrico*. À cela s'ajoute un argument relatif au parallélisme des axes. Certes, dans l'hypothèse de l'attraction newtonienne, une fois postulées les déterminations initiales des mouvements suivant une direction donnée et dans un même plan, on peut toujours admettre le maintien de ce parallélisme. Mais que survienne une cause physique de perturbation, le système se

gravitatis solicitatione moveri, quasi medium fluidum esset nullum, aut omni resistentia careret ».

1. Voir lettres de Huygens à Leibniz du 8 février 1690, A III 4, 460-461 (GM II, 41), et du 24 août 1690, A III 4, 545-550 (GM II, 46).

2. Lettre à Huygens du 16/26 septembre 1692, A III 5, 389-390 (GM II, 143-144).

déréglerait sans espoir raisonnable de restauration des déterminations gravitationnelles par les seules forces de la nature. Pour Leibniz, il paraît essentiel de concevoir des processus auto-suffisants de maintien de l'ordre phénoménal : le mécanisme tourbillonnaire lui semble apte à jouer ce rôle. Aussi conclut-il :

> J'aime mieux de fixer ce parallélisme [des axes] par quelque cause qui réponde à la direction de l'aimant et qui serve à redresser les changements, que les seules lois du mouvement de la planète ne sauraient exclure. Et je crois même que s'il n'y avait que la seule trajection libre de la planète, sans quelque fluide déférent, et gouvernant son cours, les règles seraient bientôt faussées[1].

Dans l'*Illustratio*, le même type d'argument se retrouve, mais dans un contexte où l'organicité des diverses lois de la nature est plus discrètement affirmée, comme si elle émergeait du consensus même des modèles, réalisé grâce à l'hypothèse de la circulation harmonique[2]. L'argumentation est alors davantage destinée à combattre le newtonianisme sur son propre terrain. Leibniz fait intervenir en particulier la considération des centres de gravité qui doivent se maintenir en dépit des perturbations : à ce propos, il utilise avec habileté le modèle proposé par Halley d'un noyau en quelque sorte mobile de la terre requis pour rendre compte des variations de déclinaison magnétique. Il faut un système de parties matérielles, susceptibles d'ajuster le centre de gravité de façon à le maintenir constant à travers des échanges continuels d'*impetus*. S'étendant au système planétaire, l'analogie magnétique permet de justifier le rôle d'un fluide tourbillonnaire dans cette fonction de conservation dynamique d'équilibre. Or le propre de la position leibnizienne sur de tels fluides est d'envisager qu'une pluralité d'entre eux puisse assurer les diverses fonctions causales à l'arrière-plan des ensembles de phénomènes concernés. Cette pluralité doit être coordonnée de façon à permettre une compréhension mécanique intégrée des phénomènes. Le même phénomène peut d'ailleurs relever ainsi d'une association de causes conspirantes : ce serait tout à fait le cas de la circulation harmonique déterminant une tendance centrifuge, en

---

1. A III 5, 392 (GM II, 144-145).

2. Voir par exemple, *Illustratio*, IIe partie, § 20, GM VI, 272 : «Ex quibus omnibus intelligi potest, quantus sit consensus omnium corporum Mundanorum nostri Systematis, quæ nobis explorata sunt, gravitationibus ad solem, tendentiis ad easdem partes, orbitis, revolutionibus, polis. Talis autem consensus rationem a fluidi communis actione peti consentaneum hactenus credidere, qui physica mechanice tractanda judicarunt».

concomitance avec l'effet de pesanteur assigné à l'attraction[1]. Dans cette perspective, Leibniz va détailler pour Huygens une pluralité de modèles analogiques susceptibles de figurer cette interconnexion des raisons déterminantes pour un phénomène comme celui de l'attraction :

> Il peut y avoir plusieurs raisons de l'attraction ; comme la force centrifuge née d'un mouvement circulaire [...]; item le mouvement droit des corpuscules en tout sens [...]. Et comme il semble que la masse de la terre doit faire en sorte que plus de corpuscules y tendent qu'ils n'en viennent, on pourra dire que cela poussera les corps vers la terre selon le sentiment de quelques-uns [...]. On peut encore ajouter l'explosion, comme serait celle d'une infinité d'arquebuses à vent. Car ne pourrait-on point dire que les corps qui font la lumière, la pesanteur et le magnétisme, sont encore grossiers en comparaison de ceux qui feraient leur propre ressort, et qu'ainsi ils enferment une matière comprimée ; mais quand ils arrivent au Soleil, ou vers le centre des autres corps qui font émission (dont l'intérieur doit répondre au Soleil), le grand mouvement qui s'y exerce, les brisant et les défaisant, délivrerait la matière qui y était comprimée. Il semble effectivement que c'est de cette manière que le feu agit. Peut-être aussi que plusieurs moyens se trouvent joints ensemble pour causer la pesanteur, puisque la nature fait en sorte que tout s'accorde le plus qu'il est possible[2].

Leibniz considère que la formulation de ces divers modèles analogiques et leur corrélation systématique relèvent de conjectures. Même si celles-ci peuvent représenter un système adéquat de raisons déterminantes, elles ne sauraient se situer au plan des certitudes de type mathématique auxquelles on tente de rattacher les modèles quantitatifs de certaines connexions phénoménales. Mais elles valent par le réseau causal intégré qu'elles paraissent expliciter sur le mode théorique et par la capacité programmatique de ce réseau à résorber les anomalies. C'est peut-être d'ailleurs sur ce point que la conception leibnizienne des hypothèses comme instruments à la fois explicatifs, démonstratifs et heuristiques se révèle le plus nettement. Huygens avait soulevé la question de la compatibilité du mouvement harmonique (de type circulaire selon un seul plan) avec le mouvement de particules auquel se rattacherait la pesanteur et qui opérerait selon une pluralité indéfinie de déterminations circulaires à la surface d'une sphère. En réponse, Leibniz fait valoir que cette

---

1. Voir *Illustratio*, IIe partie, § 22, GM VI, 272 : « Neque etiam abhorrere debemus a pluribus causis complicatis et in idem contribuentibus, quæ se mutuo conservant animantque. Solida enim diversa ope fluidorum connectentium, et solida fluidaque ambientia inter se paulatim conspirantia efficiuntur ».
2. Lettre à Huygens du 12/22 juin 1694, A III 6, 129-130 (GM II, 183-184).

compatibilité doit être supposée pour rendre compte des déterminations différentes, mais corrélatives de la pesanteur et de l'attraction magnétique à la surface de notre globe. D'où un jeu possible d'analogies prospectives que l'on peut envisager de déployer en direction des anomalies actuellement identifiées – déclinaison magnétique par exemple, ou variation de l'écliptique terrestre par rapport au plan de l'équateur solaire – en vue de les résorber [1]. Dans la ligne de développement de cette stratégie prospective, Leibniz envisage même la possibilité de résoudre les difficultés et les disparités que les phénomènes révèlent : il s'agit de mettre à profit les processus d'autocorrection que les modèles théoriques peuvent impliquer en vertu des lois causales qu'ils font concevoir :

> Je ne sais s'il serait conforme à la coutume de la nature d'abandonner ces grands systèmes à ces rencontres [anomalies]. Il semble plutôt que les systèmes sont tellement formés et établis par la conspiration de toutes les parties arrangées et asservies de longue main que les désordres se redressent d'eux-mêmes, comme dans le corps d'un animal ; ce qui se fait par le cours des corps fluides, qui entretient les solides dans leurs fonctions [2].

La résorption des anomalies peut se concevoir de deux façons distinctes. Il peut, en premier lieu, s'agir de variations autour d'une norme formelle à laquelle se ramène la détermination idéale des phénomènes : la loi théorique incarne cette norme, que les phénomènes rejoindraient statistiquement. Dans le deuxième cas, on aurait affaire à des phénomènes dont la loi ne semble pas pouvoir s'inscrire sous la norme formelle qu'implique le modèle théorique. Dans ces conditions, Leibniz semble envisager l'élaboration de modèles auxiliaires susceptibles d'assurer l'ajustement requis. C'est la démarche qu'il envisage dans le cas problématique de la trajectoire des comètes, mais sans que l'on puisse considérer ces constructions comme très probantes. Dans la correspondance avec Huygens, Leibniz se contente de supposer que l'*impetus* considérable des comètes pourrait faire

---

1. Lettre à Huygens du 10/20 mars 1693, A III 5, 516 (GM II, 154) : « Et comme il y a une déclinaison de l'aimant, dont les causes particulières nous sont encore inconnues, qui ne sauraient pourtant se trouver que dans le cours de quelque matière, il semble encore que le détour de l'axe de la terre ne saurait venir que de quelque raison semblable ». Sur la déclinaison magnétique selon Leibniz, voir A. Pelletier, « L'analogie du magnétisme : les réflexions leibniziennes sur la déclinaison de l'aimant, d'après des textes inédits », *in* J. Nicolas, S. Toledo (eds), *Leibniz y las ciencias empiricas*, Granada, Comares, 2011, p. 187-206 ; A. Pelletier, « Des limites de l'expérience : Leibniz et l'explication des phénomènes magnétiques », in *id.* (ed.), *Leibniz's Experimental Philosophy, op. cit.*, p. 143-160.

2. A III 5, 516 (GM II, 154-155).

en sorte qu'elles ne soient pas sensiblement affectées en traversant le tourbillon de matière très subtile des orbites planétaires ; corrélativement si la trajectoire de la planète se trouvait légèrement altérée, elle se reconstituerait suivant la norme par un processus mécanique suffisant[1]. Dans l'*Illustratio*, en plus de reproduire la même argumentation, il utilise l'analogie des ondes sonores et des tourbillons à la surface de l'eau, qui peuvent se croiser sans se confondre et sans s'empêcher[2].

Certes, il pourrait se faire qu'en ajustant et complétant les théories, l'on fabriquât des hypothèses *ad hoc* de type dégénératif. La protection leibnizienne contre la multiplication des entités théoriques de pur artifice résiderait sans doute dans l'usage régulateur des principes architectoniques afin de normaliser en quelque sorte la construction d'hypothèses. Aussi faudrait-il tenir compte de l'aptitude des modèles théoriques à correspondre à des modèles quantitatifs conformes à la mesure des phénomènes. Enfin, s'impose l'exigence fondamentale d'une recherche de raisons suffisantes établissant la compossibilité des réquisits pour les divers ordres de phénomènes à expliquer. De ce point de vue, le refus newtonien de tenter des hypothèses explicatives de type mécanique pour l'attraction ne peut apparaître à Leibniz que comme une renonciation à concevoir l'ordre même des phénomènes en tant qu'expressifs de déterminations adéquates sur le plan des causes secondes ; c'est en outre une démarche incomplète à l'égard des modèles mathématiques qu'elle promeut, puisqu'elle les prive de tout fondement dans l'ordre des raisons physiques[3].

La doctrine leibnizienne des hypothèses trouve une première expression canonique dans la correspondance avec Conring en 1678, en même temps que la réforme de la dynamique se produit. Elle s'annonce par un certain nombre d'analyses préliminaires. L'hypothèse incarne une anticipation de raison suffisante causale pour certains phénomènes dont l'analyse ne peut être intégralement réalisée. De ce point de vue, Leibniz semble assez proche du modèle épistémologique cartésien. Mais il s'en écarte par

---

1. Voir A III 5, 517 GM II, 155).

2. *Illustratio*, IIe partie, § 13, GM VI, 266 : « Sed eo licet supposito [l'obliquité des orbites cométaires par rapport au plan équatorial solaire] verisimile alicui fortasse videbitur, contingere in his vorticibus, quod in aquarum circulis quos diversi lapilli faciunt simul in aquam injecti, aut diversi simul soni suis undulationibus eundem aeris locum permeantes, ubi alter alterum non turbat ».

3. Voir à ce propos la remarquable critique relative aux apories de l'attraction newtonienne qui sert de conclusion à l'*Illustratio*, IIe partie, § 24, GM VI, 274-276.

une décomposition originale de la procédure hypothético-déductive que la lettre à Foucher de 1675 spécifiait déjà. Sous réserve d'une démonstration présumée des rapports analytiques impliqués, Leibniz y tient les énoncés d'explication théorique pour des vérités hypothétiques, que peuvent garantir les connexions constantes de phénomènes correspondants, et surtout le pouvoir de prédiction de nouvelles connexions à découvrir. Dans ces conditions, les modèles de type mathématique auxquels on fait appel pour représenter l'ordre de ces connexions phénoménales ne peuvent prétendre à la correspondance stricte par rapport aux essences des réalités corporelles, mais seulement à la capacité d'en fournir une expression réglée. Dans la correspondance avec Conring, les hypothèses de physique s'insèrent sous la norme des démonstrations par chaînes de définitions. Le processus de substitution des propositions *salva veritate* ne peut évidemment être garanti, sauf de façon dérivée en admettant des relations de substitution, en quelque sorte fictives. De telles connexions vraisemblables peuvent présenter la caractéristique de s'approcher comme par degrés d'une relation analytique de raison suffisante, telle qu'elle pourrait à la limite se justifier *a priori*. Cette probabilité se renforce d'autant que l'hypothèse intègre plus complètement les *explananda* empiriques et qu'elle fournit une structure heuristique pour l'analyse d'un nombre croissant de phénomènes. L'invention rationnelle semble consister dans le pouvoir de forger des instruments analytiques qui assurent la corrélation des phénomènes en un réseau de déductions causales présumées.

Dans les *Nouveaux Essais sur l'entendement humain* (1704), somme toute au terme de l'élaboration de son œuvre scientifique, Leibniz revient sur la question des hypothèses. Il s'oppose désormais à la conception empiriste suivant laquelle les hypothèses ne sauraient appartenir à l'ordre du savoir démonstratif et formeraient au mieux des codifications utiles des séquences phénoménales à l'issue d'une mise en forme inductive de l'expérience. Ainsi, selon Locke, les représentations hypothétiques resteraient-elles irrémédiablement en défaut par rapport à l'ordre causal sous-jacent aux phénomènes. Leibniz s'inscrit en faux contre cette thèse lockienne. Selon lui, les hypothèses ne dépasseront certes jamais le stade de la certitude morale, mais, par des corrélations multiples et par le recours à des modèles mathématiques, il est possible d'accéder à une représentation systématique des vraisemblances, telle qu'elle fournisse l'analogue d'une démonstration rationnelle. Reste le problème du cercle logique de justification réciproque présumée entre l'hypothèse et les corroborations empiriques qu'on en inférerait déductivement. Ce problème dit du cercle pappusien était nettement apparu dans le traitement que Descartes avait offert de la méthode hypothético-déductive. En fait, Descartes était obligé d'admettre un processus de renversement de l'analyse en synthèse, celle-ci fournissant les garanties de preuve de l'hypothèse à partir des faits formant l'*explanandum/explanatum*. Descartes distinguait alors la relation d'explication liant l'hypothèse aux faits qui la corroborent, et la relation inférentielle de type inductif qui sert de preuve à l'hypothèse à partir des faits. J'ai tenté de montrer que Descartes échappe plus adroitement au cercle dans les *Principia philosophiæ* que dans le *Discours de la méthode* : il fait alors jouer le réseau déductif dans lequel l'hypothèse vient s'insérer. Ce réseau sert à tirer de l'hypothèse d'autres faits que ceux qu'elle contribue spécifiquement à expliquer, et il lui fournit une garantie de cohérence par rapport à l'ensemble du système des phénomènes et des raisons explicatives qui en rendent compte. Les positions définitives de Leibniz à cet égard vont s'écarter significativement de celles de Descartes. Chez Leibniz, domine l'idée de la science comme tissu de démonstrations obtenues par symbolisation des hypothèses conditionnelles à l'aide de modèles conformes à l'intelligibilité mathématique. Il faut interpréter les relations conditionnelles de l'hypothèse en se servant de liaisons nécessaires, objets d'inférences certaines. Pour obtenir une hypothèse bien formée, des algorithmes de transposition sont requis qui permettent l'analyse des données ; corrélativement, il faut pouvoir projeter un système de raisons déterminantes au plan théorique qui réponde à l'ordre complexe et intégré des phénomènes ; enfin, il faut que ce système et ses implications « formalisées » permettent l'analyse, c'est-à-dire le dévoilement heuristique des connexions phénoménales.

Cette conception des hypothèses de science sert des fins de critique et de rectification méthodologique, comme le montre la position leibnizienne à l'égard de l'hypothèse corpusculaire, hypothèse-cadre de l'*experimental philosophy*. En contexte empiriste, l'hypothèse corpusculaire fournissait un schéma pour l'analyse des phénomènes : elle suggérait un mode de systématisation des propriétés empiriques. La réalité objective des pouvoirs qui les sous-tendraient est présumée : par extension analogique, ces pouvoirs seraient eux-mêmes représentables en termes de propriétés empiriques de type géométrico-mécanique. D'où la thèse que les idées de qualités premières des corps macroscopiques refléteraient les textures de corpuscules dotés de qualités premières analogues. Non seulement ces idées posséderaient-elles une évidence objective immédiate, mais elles pourraient servir à engendrer des idées de modes simples susceptibles d'accroître nos pouvoirs d'analyse à l'égard des phénomènes. Par contre, les idées de qualités secondes et de pouvoirs des corps se réduiraient, du point de vue de l'expérience sensible, aux seules apparences perceptibles engendrées par des interactions de structures corpusculaires : ces apparences ne posséderaient alors aucune similarité formelle par rapport aux structures des causes physiques sous-jacentes. Professant que « tout se fait mécaniquement dans la nature », Leibniz ne pouvait rester insensible à l'égard de cette hypothèse, qui figure le système causal à l'arrière-plan des « substances » phénoménales. Selon Leibniz, les constructions hypothétiques de type microstructuraliste ne peuvent être que des approximations relatives de la structure d'implication des propriétés phénoménales dans les réalités substantielles ; mais de ces constructions la déduction peut légitimement s'opérer vers les phénomènes à expliquer, sous réserve de corroboration *a posteriori*. Si les qualités sensibles peuvent s'analyser à l'infini et si les propriétés des réalités phénoménales ne peuvent être l'objet que de définitions nominales, il est néanmoins possible de construire des modèles qui permettent de rendre intelligibles certaines relations internes à ces définitions nominales (définitions réelles provisionnelles). Les idées de qualités premières, qui ne sont certes pas primitives, peuvent servir à analyser des effets qualitatifs et des relations causales ; mais toute hypothèse microstructuraliste ne représente alors qu'une expression relative et abstraite des structures causales. D'où la nécessité de récuser la prétendue irréductibilité des atomes ou corpuscules et de leurs qualités premières. De telles hypothèses provisionnelles peuvent avoir un sens si l'on parvient à construire la théorie qui les relativise et les englobe dans un réseau de raisons physiques satisfaisant aux exigences des principes architectoniques, tels ceux de continuité et d'identité des indiscernables.

En guise d'instance positive d'hypothèses leibniziennes, l'hypothèse de la circulation harmonique, qui se fait jour dans le *Tentamen de motuum cœlestium causis* (1689), mérite une analyse, même si historiquement elle constituait ce genre de tentative que l'*Hypotheses non fingo* de Newton récusera. En fait, la déduction des phénomènes à la façon de Newton dans l'établissement de la mécanique céleste court-circuitait la projection hypothético-déductive de raisons physiques à la façon leibnizienne. L'explication proposée par Leibniz se fonde sur les lois empiriques de Kepler, sur un certain nombre de postulats et sur les ressources du calcul infinitésimal pour la modélisation. Intégrant le principe d'inertie et celui de la transmission du mouvement par contact, les postulats déterminent que le mouvement des planètes se produit en raison d'orbes fluides déférents. La détermination motrice résulte de la circulation tourbillonnaire et du mouvement paracentrique, lequel combine un *conatus centrifugus* lié à la circulation tourbillonnaire et un *conatus excussorius* lié aux impacts de parties matérielles repoussant le mobile vers le centre le long du rayon. Par modélisation mathématique des paramètres dynamiques en cause, Leibniz établit que la trajectoire de circulation harmonique se réalise conformément aux lois de Kepler. Leibniz compare en fait les avantages de cette modélisation à ceux de la modélisation newtonienne du point de vue de l'interprétation physique des phénomènes. L'alternative est la suivante : selon Newton, la trajectoire s'engendre par détermination inertielle instantanée, une fois admise une *vis gravitationis* qui ne fait que symboliser les phénomènes et ne rend pas compte de la détermination au déplacement circulaire (ou elliptique). Dans l'hypothèse leibnizienne, le déplacement résulte conjointement de la circulation tourbillonnaire de l'éther et de la force de percussion d'où provient l'effet d'apparente attraction. Il s'agit alors d'approfondir la notion causale correspondant à la force gravitationnelle. Leibniz se donne quelques modèles *a priori* de type mécanique qui ont trait à la transmission de la lumière et à l'attraction magnétique, qu'il transpose mathématiquement ; et il se donne des modèles mathématiques symbolisant les lois empiriques ; puis il tente de montrer l'accord des deux volets de la construction sous l'égide de quelques principes simples et féconds. Cette stratégie explicative se développe en réflexions épistémologiques dans la correspondance avec Huygens et dans l'*Illustratio tentaminis de motuum cœlestium causis*. Les objections de Huygens sont d'un physicien soucieux d'appliquer le rasoir d'Occam à la postulation d'entités théoriques et conscient des apories possibles dans la figuration leibnizienne des modèles physiques de la gravitation. Subsistent aussi le problème de la figure elliptique des orbites planétaires et celui des trajectoires atypiques de comètes. Ce dernier argument sera aussi au centre des objections du newtonien Gregory. En réponse, Leibniz s'emploie à montrer qu'il est possible de déduire les modèles particuliers correspondant aux lois empiriques de modèles quantitatifs plus généraux que justifient des principes théoriques, tels ceux de la dynamique. En outre, interviennent des considérations relatives au réseau de raisons théoriques requises pour une véritable explication causale. Il s'agit d'atteindre une raison mécanique constante des effets, qui soit par ailleurs apte à maintenir et à corriger le système en vertu de ses propres lois. La théorie doit justifier par l'interconnexion des raisons déterminantes la « conspiration » des causes. Telle est du moins la conception épistémologique de l'hypothèse que Leibniz met alors en œuvre et qu'il voudrait voir triompher.

LES PRINCIPES ARCHITECTONIQUES

Leibniz vise à étendre la science démonstrative de la nature en réglant les procédures d'analyse et d'explication des phénomènes. Il corrige la mécanique cartésienne par les propositions plus générales de la dynamique. Il tente de subsumer les lois de la dioptrique et de la catoptrique sous un principe général d'ordre qui en permette la reformulation synthétique. Ces cas sont exemplaires : Leibniz en tire ou prétend en tirer les éléments d'une théorie de la science qui énoncerait les principes régulateurs d'une connaissance adéquate des phénomènes physiques. Il envisage d'étendre ces principes régulateurs à la théorie chimique et à la théorie physiologique. Toutefois, si l'on si fie à certaines interprétations classiques, l'entreprise leibnizienne, malgré les critiques qu'elle intègre à l'égard de la physique de Descartes, pécherait par la même lacune de méthodologie expérimentale que l'entreprise cartésienne. Ainsi Couturat écrit-il : « En somme, [pour Leibniz] la Mathématique abstraite est la véritable Logique des sciences naturelles ; et l'on peut dire sans paradoxe que la seule méthode expérimentale est la déduction »[1]. De même Belaval : « Chez Descartes et chez Leibniz, le modèle mathématique tend à exclure la probabilité inductive »[2]. En fait, Belaval date de la physique newtonienne l'avènement d'une méthodologie faisant place à l'inférence inductive, à la probabilité et à la mesure[3].

---

1. L. Couturat, *La logique de Leibniz, op. cit.*, p. 271.

2. Y. Belaval, *Leibniz critique de Descartes, op. cit.*, p. 254.

3. Voir *ibid.*, p. 525 : « Contre Leibniz et contre Descartes, Newton ne retiendra pas seulement des mathématiques la rigueur démonstrative, mais, avant tout, la mesure qui fait l'exactitude de leur langage. Alors la science du monde sera en marche vers une unité ».

Devant ces jugements que nous estimons trop radicaux, la position leibnizienne nous a semblé mériter un nouvel examen. Cette reprise de l'analyse est certes justifiée par les réalisations fondationnelles de Leibniz en matière de théorie des forces (dynamique). Elle est non moins justifiée par le remodelage significatif de la méthode hypothético-déductive qui permet de concevoir l'expansion de l'analyse et de la synthèse en direction des notions complexes et des vérités contingentes : l'analyse et la synthèse conjuguées projettent ainsi des structures expressives de type mathématique en vue de soumettre à la théorisation des connexions indéfinies de phénomènes. Or, comme nous l'avons par ailleurs plusieurs fois signalé, la stratégie explicative de Leibniz à l'égard des lois gouvernant les phénomènes repose sur des anticipations de raisons suffisantes qui puissent satisfaire aux exigences signifiées par les principes architectoniques.

Pour compléter le portrait de la science leibnizienne, la question générale me semble donc être celle du rôle régulateur et architectonique du principe de raison suffisante en ses incarnations méthodologiques principales pour une science définie selon les formes canoniques de l'analyse et de la synthèse conjuguées et opérant par projection et validation d'hypothèses. Je m'intéresserai successivement aux principes de finalité, d'identité des indiscernables et de continuité. Une double remarque s'impose sur ce choix. Ces trois principes n'épuisent nullement les variantes possibles de la raison suffisante dans l'explication des réalités et phénomènes contingents. La littérature mentionne à l'occasion le principe de l'*optimum* – professant le choix du plan qui réaliserait la variété maximale dans l'unité – ou le principe de l'économie des moyens – stipulant que les réalités concrètes s'actualisent par le mécanisme causal le plus simple et le plus aisé pour l'effet le plus entier et le plus diversifié. Il n'est pas difficile de concevoir qu'il s'agit de modalités rattachables aux trois principes fondamentaux. Par contre, ceux-ci se recoupent constamment dans les analyses et les applications que Leibniz en donne. Cette circonstance s'explique par le jeu ouvert de l'analogie visant à symboliser un système architectonique de raisons suffisantes. Ainsi Leibniz peut-il construire avec une relative liberté l'infrastructure théorique de la science et les modèles mathématiques servant à formaliser l'expression des connexions phénoménales. On a même pu entretenir l'illusion qu'il s'agissait purement et simplement de construction métaphysique. Même si l'on ne peut soutenir chez Leibniz de véritable solution de continuité entre le système métaphysique et la science des phénomènes, il est possible de cerner un usage spécifiquement scientifique des principes. En revanche, il y aurait lieu de se demander si les schèmes métaphysiques ne seraient pas en quelque sorte des projections « analogiques » à la limite de la théorisation scientifique et incarnant l'idée régulatrice d'un système de la nature [1]. En tout état de cause, l'idéal cartésien d'une physique déduite de la métaphysique doit être abandonné.

Incarnant les exigences de la raison, les principes architectoniques ne donnent pas lieu chez Leibniz à une véritable déduction systématique. Ils se présentent essentiellement comme justifiés *a posteriori*, pour autant qu'ils s'avèrent utiles et féconds dans l'explication des phénomènes [2]. En même temps, toutefois, Leibniz leur accorde un fondement présumé dans la constitution de la nature, contrairement aux principes régulateurs de type kantien qui n'ont de légitimité que circonscrite aux limites de l'expérience possible pour nos entendements finis. En science, les principes leibniziens interviennent somme toute comme des postulats susceptibles non d'une déduction en règle, mais d'une présomption de certitude maximale dans l'ordre des vérités contingentes. Ces postulats ne peuvent à leur tour produire de déduction directe des lois de la nature; ils servent plutôt de cadres régulateurs pour formuler et unifier des hypothèses provisoires et relatives rendant compte de corrélations de phénomènes sous bénéfice de vérifications expérimentales. Hans Poser suggère une interprétation de ce type, mais il assimile de façon quasi kantienne les principes architectoniques, qu'il tient pour contingents, à des conditions *a priori* de notre pouvoir de synthèse rationnelle [3]. Selon Poser, les lois de la nature ne

---

1. J. McDonough, « Leibniz and the Foundations of Physics », *The Philosophical Review*, 125 (2016), p. 1-34, entend ainsi montrer que certaines explications théoriques en physique leibnizienne fournissent un fondement analogique même à la métaphysique monadologique. Ainsi part-il en particulier des modèles d'optimisation que Leibniz élabore concernant la résistance des solides à la pression, pour montrer qu'il n'y a pas d'antinomie, mais plutôt une analogie conséquente entre les fondements de la dynamique et les principes de la monadologie, entre les « points de force » et les monades inétendues. Voir *ibid.*, p. 16 : « In providing a model of how derivative forces are grounded in primitive forces, Leibniz's work on rigid beams might therefore be expected to also provide a model of how extended bodies are grounded in unextended monads ». J. McDonough, « Leibniz on monadic agency and optimal form », *in* A. Pelletier (ed.), *Leibniz Experimental Philosophy*, *op. cit.*, p. 94-118, soutient que la théorie des monades doit beaucoup à l'application de modèles téléologiques à l'analyse des phénomènes corporel dans leur ordre.

2. Voir à propos R. McRae, *Leibniz : Perception, Apperception and Thought*, Toronto, University of Toronto Press, 1976, p. 124-125.

3. Voir H. Poser, « Apriorismus der Prinzipien und Kontingenz der Naturgesetze. Das Leibniz-Paradigma der Naturwissenschaft », *Leibniz' Dynamica, Studia Leibnitiana, Sonderheft 13*, Stuttgart, F. Steiner, 1974, p. 164-179, en particulier, p. 175 : « Diese Prinzipien sind kontingente, aber unverzichtbare Voraussetzungen der Erkenntnis, von denen Kant also sagen würde, sie seien Bedingungen der Möglichkeit der Erkenntnis ».

peuvent certes se déduire des principes de type architectonique, mais ceux-ci en revanche bénéficieraient d'une sorte de dérivation transcendantale. À notre avis, en tant que tels, ces principes ne sauraient bénéficier de quelque dérivation *a priori* que ce soit. Comme postulats méthodologiques susceptibles d'applications diverses, ils ne peuvent que se dévoiler suivant les exigences de mise en forme des procédures hypothético-déductives. Au-delà, leur justification renverrait à une construction métaphysique exprimant les raisons générales du système de la nature. Cette dimension n'est certes pas absente de la philosophie de Leibniz. Mais il convient d'analyser le fonctionnement des principes architectoniques dans le contexte spécifique de la science leibnizienne et des formules épistémologiques qui la caractérisent.

LE PRINCIPE DE FINALITÉ

La question essentielle au sujet du principe de finalité est évidemment de savoir comment il peut fonder l'invention de lois de la nature. À cette question se rattache en corollaire celle de savoir comment il peut intervenir là où l'expérience ne donne pas lieu à la transposition mathématique sous forme de modèles, transposition requise selon Leibniz pour que s'établisse une science démonstrative de la nature.

Tentons d'abord d'éclairer la question essentielle en prenant l'argumentation téléologique comme objet d'analyse ! Dans le *Tentamen anagogicum*, sous-titré *Essay analogique dans la recherche des causes* (c. 1697), Leibniz critique les physiciens disciples de Descartes qui ne poussent pas la recherche de raisons des phénomènes naturels au-delà des concepts susceptibles de représentation imaginative : étendue, grandeur, figure, et leurs modifications, ainsi que le repos et le mouvement – ce dernier en tant que passage présumé d'une position de repos à une autre. Les lois du mouvement ne sont pas d'une nécessité géométrique au sens cartésien, mais, comme il a été démontré en particulier dans le *Specimen dynamicum* (1695), elles échappent aux limites de la représentation géométrique et apparaissent contingentes par rapport aux déterminations de cette représentation ; toutefois, cette contingence n'est pas sans raison, car elle relève d'un ordre déterminé par les principes de perfection et de continuité. L'argument est corrélatif ici de celui des *Animadversiones in partem generalem Principiorum Cartesianorum* (1692) : le principe de la conservation de la force vive et les lois du choc qui en découlent y sont opposés au principe cartésien de conservation de la quantité de mouvement et aux lois dépendantes, non seulement en vertu d'un procès de vérification expérimentale, mais surtout en vertu de leur plus grande généralité comme principes. Cette généralité serait mesurée à l'aune de l'ordre architectonique et continu qu'il est possible d'insérer dans les relations séquentielles déterminant les phénomènes possibles.

Le *Tentamen anagogicum* se réfère au cas de l'optique pour expliquer la méthode d'analyse impliquée. À cet égard, le *Tentamen* reprend la critique déjà adressée à Descartes dans l'*Unicum opticæ, catoptricæ et dioptricæ principium* (1682). À l'époque de l'*Unicum principium*, Leibniz avait formulé comme principe général « que le rayon lumineux se conduit d'un point à l'autre par la voie qui se trouve la plus aisée, à l'égard des superficies planes, qui doivent servir de règle aux autres »[1]. Cela reproduit, à peu de choses près, le recours à la méthode *de maximis et minimis* par laquelle Fermat rendait compte de la loi des sinus comme loi de la réfraction. Mais à la voie la plus aisée Leibniz, du moins dans ses écrits plus techniques, va substituer l'expression de voie la plus déterminée[2]. Le *Tentamen* justifie le recours aux causes finales, mais dans un cadre épistémologiquement circonscrit, celui d'une science où le phénomène est susceptible d'analyse géométrique. La finalité dont il s'agit répond à un double concept : 1) elle implique que « le règne de la puissance, suivant lequel tout se peut expliquer mécaniquement par les causes efficientes, lorsque nous en pénétrons assez l'intérieur », est en relation d'entre-expression avec « le règne de la sagesse, suivant lequel tout se peut expliquer architectoniquement, pour ainsi dire, par les causes finales, lorsque nous en connaissons assez les usages »[3] ; mais 2) en tant que finalité, elle peut et doit être conçue dans les limites d'application d'une méthode *de formis optimis* (*maximum aut minimum præstantibus*) qui prolonge et absorbe l'ancienne analyse *de maximis et minimis quantitatibus*. D'où le pouvoir heuristique et explicatif que l'on peut dans certains cas attribuer à l'analyse téléologique. Indépendamment de cette seconde implication, la finalité comporte le risque d'un usage indéterminé. L'allusion est ici à la physiologie dont l'objet peut se décrire en termes de structures opératoires, mais aussi en termes d'opérations en fonction

---

1. GP VII, 273.
2. À cet égard, le *Discours de métaphysique* indique une transition, § 21 : « voies les plus aisées et les plus déterminées », § 22 : « voie la plus aisée ou du moins la plus déterminée » (A VI 4, 1564-1565). Mais comme le signale Y. Belaval, *Leibniz critique de Descartes, op. cit.*, n. 4 p. 408, Leibniz reprend la notion de voie la plus aisée dans des écrits de caractère non technique.
3. GP VII, 273.

desquelles existerait telle ou telle structure. Or l'argument qui procède *de usu partium* est voué à un usage libre des rapprochements analogiques – séduction de l'intellect qui peut s'avérer inféconde au plan théorique :

> Cependant ceux qui entrent dans le détail des machines naturelles ont besoin d'une grande prévention pour résister aux attraits de leur beauté, et Galien même ayant connu quelque chose de l'usage des parties des animaux en fut tellement ravi d'admiration qu'il crut que de les expliquer était autant que de chanter des hymnes à l'honneur de la divinité [1].

Cette formule ouverte de l'explication, qui a partie liée avec le sentiment et l'appréhension subjective, peut-elle se couler dans un processus méthodologique qui en garantisse la rigueur et en fonde la valeur explicative par-delà la simple description des machines de la nature [2] ?

Dans la physique cartésienne, l'ordre prévalent est l'ordre actuel garanti par l'immutabilité et la véracité divine. Or, dans l'instant, il est intelligible qu'entre plusieurs voies susceptibles de produire un effet celle qui offre le plus court trajet s'avère la plus conforme à l'ordre. L'ordre est alors celui de la linéarité droite, et donc simple [3]. D'où le primat d'intelligibilité accordé au segment droit, le plus court par rapport à toute autre trajectoire. Or, étudiant la réflexion sur des surfaces courbes, Leibniz est amené à corriger le critère cartésien de l'ordre dans la mesure où « il arrive dans les miroirs concaves que le chemin de la réflexion est le plus long » [4].

---

1. GP VII, 273. Dans ce projet « métaphysique », Leibniz voit un projet louable mais d'une autre nature que celui d'établir sur le principe d'ordre une science démonstrative des phénomènes naturels : « Et j'ai souvent souhaité qu'un habile médecin entreprît de faire un ouvrage exprès, dont le titre ou du moins le but pourrait être Hymnus Galeni ».

2. La contribution très remarquable de Leibniz dans le domaine de la physiologie fut sans doute de soutenir les approches méthodologiques les plus susceptibles de permettre à l'analyse fonctionnelle de se concilier avec le recours explicatif à des modèles mécanistes et donc de récuser toute explication psychomorphique qui présumerait l'intervention de quelque intentionnalité dans l'actualisation même des phénomènes, voir entre autres F. Duchesneau, *Leibniz. Le Vivant et l'organisme, op. cit.*

3. Y. Belaval, *Leibniz critique de Descartes, op. cit.*, n. 1 p. 409, cite à ce propos des passages du *Traité de la Lumière*, AT XI, 45-45, 84 et 89 : « Dieu conservant "chaque chose par une action continue", il ne la conserve donc point "telle qu'elle peut avoir été quelque temps auparavant, mais précisément telle qu'elle est au même instant qu'il la conserve. Or est-il que, de tous les mouvements, il n'y a que le droit, qui soit entièrement simple et dont toute la nature soit comprise en un instant", au lieu que pour tout autre mouvement "il faut au moins considérer deux de ses instants…". Les corpuscules tendent donc – le verbe tendre une fois défini en un sens purement mécaniste – en ligne droite, c'est pourquoi "lorsque la Nature a plusieurs voies pour parvenir au même effet, elle suit toujours infailliblement la plus courte" ».

4. GP VII, 274-275.

La méthode consiste ici à considérer que le chemin le plus facile ou déterminé s'obtient par rapport aux plans tangentiels qui servent d'éléments successifs exprimant les surfaces courbes,

d'autant plus que par ce moyen il se satisfait à leur égard à un autre principe qui succède au précédent et qui porte qu'au défaut du moindre il faut se tenir au plus déterminé, qui pourra être le plus simple, lors même qu'il est le plus grand[1].

Un élément s'avère caractéristique de la nouvelle méthode d'analyse : elle dépasse la détermination d'une mesure quantitative du plus grand et du plus petit, puisque le déterminé peut être soit le plus grand soit le plus petit dans son ordre, sans que cela dépende d'une alternative entre deux quantités extrêmes; il suffit en effet d'une détermination fondée « sur l'évanouissement de la différence ou sur l'unicité des jumeaux réunis, et nullement sur la comparaison avec toutes les autres grandeurs »[2]. Le mouvement le plus déterminé est donc unique par exhaustion de la différence inscrite dans la mesure des grandeurs. En définitive, la méthode des formes optimales est la promotion en physique d'une méthode d'analyse qui détermine, dans les différents cas, la tendance inscrite dans la forme des courbes à partir d'une progression sérielle des tangentes, tendance qui passe indifféremment à un maximum ou à un minimum quantitatif. La détermination cesse donc à la limite d'être quantitative pour devenir qualitative et répondre à la finalité d'une disposition ordonnée en vue de l'optimum. Le calcul infinitésimal sert alors d'artifice méthodologique, mais il oriente la conceptualisation vers l'idée d'un plan architectonique, de même que des éléments pris pour homologues dans une projection symétrique orientent le regard en direction de l'axe même de symétrie qui leur assure une détermination unique[3]. Belaval, pour sa part,

1. GP VII, 274.

2. GP VII, 275.

3. On peut rattacher à la même idée les articles des *Essais de théodicée* où le concept de l'ordre est rattaché à la qualité par-delà la mesure de maxima et de minima qui semblent correspondre à la détermination géométrique, voir § 212, GP VI, 245 : « Ce qui trompe en cette matière est, comme j'ai déjà remarqué, qu'on se trouve porté à croire que ce qui est le meilleur dans le tout est le meilleur aussi qui soit possible dans chaque partie. On raisonne ainsi en géométrie, quand il s'agit *de maximis et minimis*. Si le chemin d'A à B, qu'on se propose, est le plus court qu'il est possible, et ce chemin passe par C, il faut que le chemin d'A à C, partie du premier, soit aussi le plus court qu'il est possible. Mais la conséquence de la quantité à la qualité ne va pas toujours bien, non plus que celle qu'on tire des égaux aux semblables » Voir aussi § 213, GP VI, 245 : « Cette différence entre la quantité et la qualité paraît aussi dans notre cas. La partie du plus court chemin entre deux extrémités est aussi le

en conclut que «c'est par une technique de l'idéal – à savoir l'Analyse –
que va être prouvée la réalité de la cause finale»[1]. Sans entrer dans les
considérations métaphysiques auxquelles Belaval rattache l'usage de cette
méthode de détermination portant sur l'ordre des phénomènes, il faut voir
que Leibniz en fait une méthode d'invention et qu'à ce titre la raison suffisante dépasse en le subordonnant l'ordre tiré des déterminations de type
géométrique. La distinction est réelle entre déterminations géométriques
qui impliquent une nécessité absolue, et déterminations architectoniques
qui «n'importent qu'une nécessité de choix, dont le contraire importe
imperfection»[2]. Or la thèse leibnizienne consiste à postuler: 1)que la
nature est architectonique, donc gouvernée par des déterminations architectoniques; 2)que les déterminations géométriques ne sont que des
«demi-déterminations»[3], qui ne suffisent pas à rendre compte de l'ordre
des phénomènes dans la mesure où la voie directe de la causalité efficiente
ne nous est pas accessible *a priori*, ce qui est le cas de toute nature connue
empiriquement. Or le rôle de la raison suffisante assumé dans la méthode
de formis optimis est double: 1)d'une part, les principes architectoniques
et téléologiques de l'ordre peuvent servir de critères de comparaison entre
diverses théories explicatives concurrentes[4], comme c'était le cas dans la
confrontation des mécaniques cartésienne et leibnizienne ou dans celle des
théories explicatives de la dioptrique et de la catoptrique; 2)le second rôle
de la raison suffisante finale est d'être un facteur d'invention théorique,
d'anticiper sur la corrélation des phénomènes dont il s'agira de fournir la
loi. Ce second rôle semble de prime abord ambigu, dans la mesure où
l'exemple de l'analyse appliquée à l'optique ne révèle pas de soi s'il s'agit
d'une technique de détermination métrique ou d'une méthode pour fonder
l'explication théorique. Certes, Leibniz y voit pour sa part un moyen de
parvenir aux lois de la nature; mais la génération newtonienne du
XVIIIe siècle n'y trouvera plus que la mise en forme mathématique de déterminations qui se dévoilent *a posteriori* à partir des données de
l'expérience.

plus court chemin entre les extrémités de cette partie; mais la partie du meilleur tout n'est pas
nécessairement le meilleur qu'on pourrait faire de cette partie, puisque la partie d'une belle
chose n'est pas toujours belle, pouvant être tirée du tout, ou prise dans le tout, d'une manière
irrégulière».
    1. Y. Belaval, *Leibniz critique de Descartes*, op. cit., p. 409.
    2. GP VII, 278.
    3. GP VII, 279.
    4. *Ibid.*: «[...] j'ai montré par des exemples comment elle [la loi de continuité] sert de
pierre de touche des dogmes».

Ainsi conviendrait-il de distinguer le principe de moindre action de Maupertuis par rapport aux principes architectoniques et téléologiques de Leibniz[1]. Dans l'*Essai de cosmologie* (1750) de Maupertuis, ce principe dit de la moindre quantité d'action se formulera ainsi : « Lorsqu'il arrive quelque changement dans la Nature, la quantité d'action employée pour ce changement est toujours la plus petite qui soit possible »[2]. Quant à l'action même, elle se trouvait mesurée selon le produit de la masse par la vitesse et par l'espace, ce qui renvoyait à la notion leibnizienne d'action formelle, mais en la soumettant à une norme de dépense minimale relative plutôt que de stricte conservation absolue.

Maupertuis envisagera la détermination des effets mécaniques par un principe d'économie, à l'instar du principe de Fermat en optique, qui est principe d'*extremum*. Quels que soient alors les détails de son argumentation, en vertu de la méthodologie empiriste qu'il adopte, il ne peut que prendre ses distances par rapport à l'usage des principes leibniziens dans la dynamique et l'optique. Il s'opposera ainsi au principe de conservation de la quantité de force vive comme principe théorique fondamental parce qu'il est impossible, compte tenu des conditions de l'expérience, de se représenter la production comme l'anéantissement des forces. À cette objection empiriste se rattache la critique des lois du mouvement établies pour des corps parfaitement durs ou parfaitement élastiques. À l'encontre des Leibniziens qui « conservent un système hasardé »,

> [les Newtoniens ont] de la matière une idée plus juste, et [admettent] des corps durs et des corps élastiques, dans la Nature, soit que les uns soient les principes, soit que les autres soient les composés ; ni la quantité du mouvement, ni la quantité de force vive ne se conservent inaltérables. Cette prétendue conservation ne saurait donc être le principe sur lequel sont fondées les lois générales du mouvement. Il est un principe véritablement universel, d'où partent ces lois, qui a lieu dans le mouvement des corps durs, des corps élastiques, de la lumière et de toutes les substances corporelles, c'est que, dans tous les changements qui arrivent dans l'Univers,

---

1. Sur cette question nous renvoyons à l'étude de S. Bachelard, « Maupertuis et le principe de moindre action », in *Actes de la journée Maupertuis*, Paris, Vrin, 1975, p. 99-112 ; M. Panza, « De la nature épargnante aux forces généreuses : le principe de moindre action entre mathématiques et métaphysique. Maupertuis et Euler, 1740-1751 », *Revue d'histoire des sciences*, 48 (1995), p. 435-520 : A. Lyssy, « L'économie de la nature : Maupertuis et Euler sur le principe de moindre action », *Philosophiques*, 42 (2015), p. 31-50.

2. P. L. Moreau de Maupertuis, *Œuvres*, Hildesheim, Olms, 1974, I, p. 42-43.

la somme des produits de chaque corps multiplié par l'espace qu'il parcourt et par la vitesse est toujours la plus petite qu'il soit possible [1].

L'idée adéquate de la matière que vise à exprimer la théorie de Maupertuis est une idée reposant exclusivement sur les caractéristiques des corps au plan des phénomènes perceptibles. L'analyse se cantonne donc au plan de l'expression des données d'expérience et de leur mise en forme mathématique. Maupertuis récuse toute justification théorique des équations fondamentales qui sortirait des limites d'une conception inductive de la réalité matérielle, elle-même fondée sur les caractéristiques observables. Par récurrence, on pourrait certes supposer que la notion de moindre action est déjà présente chez Leibniz. Or, dans la dynamique leibnizienne, ce qui semblerait équivaloir au principe de moindre action, se trouverait subordonné aux principes de conservation de la force vive et de la quantité formelle d'action, qui ne sauraient se réduire à de simples principes techniques d'*extremum*. Par ailleurs, en optique, l'on aurait affaire à une hypothèse finaliste d'unité harmonique du divers, conjuguée à des modèles de calcul sur des variations ordonnées aux formes optimales plutôt qu'à un principe de minimisation des quantités dans les équations traduisant les phénomènes [2]. Ce qui est conçu par Leibniz comme principe architectonique et régulateur de l'ordre naturel apparaîtra comme superflu lorsque la perspective changera et qu'avec Maupertuis l'ordre cessera d'être causalement déterminant par rapport au fondement substantiel des phénomènes et se restreindra à refléter l'action d'une intelligence que l'on présume régulatrice de l'économie de la nature et correspondant aux mesures qui s'y appliquent. Mais, à la lumière d'une conception plus authentiquement leibnizienne de la méthode pour les sciences de la nature, les expressions diverses du principe de finalité détiennent sans doute une signification théorique plus fondamentale.

Certes, l'expression du principe peut varier d'un domaine de phénomènes à l'autre, et même à l'intérieur d'un même domaine. Suzanne Bachelard signalait à juste titre que l'on ne saurait trouver chez Leibniz de principe unificateur de la dynamique et de l'optique, rôle que Maupertuis s'emploie à faire jouer au principe de moindre action. S'il y avait un tel

---

1. Lettres X. Sur les lois du mouvement, *in* Maupertuis, *Œuvres*, II, p. 273-274.

2. J. Jost, « Leibniz and the calculus of variations », *in* V. De Risi (ed.), *Leibniz and the Structure of Sciences. Modern Perspectives on the History of Logic, Mathematics, Epistemology*, Cham, Springer, 2019, p. 253-270, établit comment Leibniz constitue des modèles mathématiques relevant d'une amorce de calcul des variations et les applique à des problèmes de mécanique et d'optique.

principe unificateur, il interviendrait au plan de l'ordre architectonique présumé de la nature. Chez Leibniz, l'expression du principe est donc relative au domaine phénoménal, qu'il s'agisse du théorème de conservation de la force vive ou de la loi des sinus. Il suffit en fait qu'une telle expression soit adéquate à la mise en forme des conséquences, c'est-à-dire qu'elle en fournisse un «ordre» de production qui puisse s'accorder à la figuration géométrique et mécanique des phénomènes. Plus simple est le schème analogique, plus adéquate la raison suffisante postulée du phénomène. En 1697, Leibniz ne s'explique-t-il pas ainsi sur l'hypothèse de 1682 :

> Pourvu qu'on se figure que la nature a pour but de conduire les rayons d'un point donné à un autre point donné par le chemin le plus facile, on trouve admirablement bien toutes ces lois, en employant seulement quelques lignes d'analyse, comme j'ai fait dans les Actes de Leipzig [1].

Mais la structure de l'explication téléologique n'est pas quelconque. L'hypothèse leibnizienne de l'*Unicum principium* est une hypothèse à trois niveaux. Au premier, intervient la connexion constante des faits empiriques constatés. Au deuxième niveau, joue une conjecture sur la résistance des milieux à la pénétration du rayon lumineux. Enfin, au troisième niveau, intervient une projection d'expression géométrique de la trajectoire, normée suivant le calcul *de maximis et minimis*. Le niveau 1 est celui de vérités de fait qui ne suffisent pas à elles seules à constituer une explication de type scientifique. La cause présumée des phénomènes est liée au niveau 2. La relation de niveau 3, correspondant à la loi et exprimant à la fois la connexion empirique constante des faits de niveau 1 et la projection de relation causale anticipée de niveau 2, est l'instrument d'une subsomption de l'hypothèse sous la norme de l'analyse. On se rapproche asymptotiquement de cette norme par l'artifice d'intégration de quantités infinitésimales et généralement par une analyse qui n'est «fondée que sur l'évanouissement de la différence ou sur l'unicité des jumeaux réunis, et nullement sur la comparaison avec toutes les autres grandeurs» [2]. Quel rôle joue alors la relation de niveau 2 dans cette partie à trois ?

Nous suggérons qu'il s'agit de propositions telles qu'elles se trouvent conjointement attestées par la connexion constante des faits d'observation et par l'ordre figuré dans le modèle mathématique. Ces propositions en quelque sorte médianes représentent les déterminations causales

---

1. GP IV, 340.
2. GP VII, 275.

anticipées, reposant sur ce que Leibniz appelle des « demi-déterminations géométriques ». De ce fait, ce sont des notions distinctes, mais inadéquates, symboliques, dont l'analyse ne peut parvenir à vérifier la nécessité interne. Pour un ordre donné de connexions de faits, elles sont sans doute remplaçables par quelque autre hypothèse, mais le choix est restreint architectoniquement par la corrélation obligée avec les données de fait, d'une part, avec la forme d'intégration téléologique que procurent les modèles mathématiques, d'autre part. Suivant une formule que nous emprunterons aux *Nouveaux Essais* :

> La vérité des choses sensibles se justifie par leur liaison, qui dépend des vérités intellectuelles, fondées en raison, et des observations constantes dans les choses sensibles mêmes, lors même que les raisons ne paraissent pas [1].

Le niveau 2 est donc en quelque sorte le lieu où interviennent les explications causales : celles-ci sont plus ou moins inférables des données empiriques, plus ou moins « déduites » des raisons d'ordre final. En soumettant ce niveau intermédiaire à une figuration architectonique de l'ordre, on assure la cohérence de l'explication par rapport à l'expérience des phénomènes. La démarche caractéristique de l'épistémologie leibnizienne est de subordonner ce niveau médian à la téléologie d'un ordre fonctionnel qui puisse en dessiner la forme par anticipation. Cet ordre fonctionnel permet de constituer les hypothèses en principes de démonstration conditionnelle, même si l'analyse ne peut parvenir, dans le domaine de la physique, à se convertir en démonstration synthétique. À Philalèthe-Locke qui exclut du domaine du savoir (*knowledge*) les conjectures fondées sur l'expérience pour défaut de certitude et qui dissocie la physique des normes de la science, Théophile-Leibniz objecte que l'on peut fonder sur la démonstration conditionnelle, donc sur l'hypothèse réglée, une telle partie scientifique de la physique.

> Je demeure d'accord que la physique entière ne sera jamais une science parfaite parmi nous, mais nous ne laisserons pas de pouvoir avoir quelque science physique et même nous en avons déjà des échantillons. Par exemple la magnétologie peut passer pour une telle science, car faisant peu de suppositions fondées dans l'expérience, nous en pouvons démontrer par une conséquence certaine quantité de phénomènes qui arrivent effectivement comme nous voyons que la raison le porte. Nous ne devons pas espérer de rendre raison de toutes les expériences, comme même les géomètres n'ont pas encore prouvé tous leurs axiomes; mais de même

---

1. *NE*, 4.11.10, A VI 6, 444.

qu'ils se sont contentés de déduire un grand nombre de théorèmes d'un petit nombre de principes de la raison, c'est aussi que les physiciens par le moyen de quelques principes d'expérience rendent raison de quantité de phénomènes et peuvent même les prévoir dans la pratique [1].

L'*Unicum principium* nous fournit l'illustration d'une telle hypothèse, tirée analogiquement de l'expérience et incorporée au processus d'une démonstration conditionnelle, lorsqu'il propose non pas le rejet radical des modèles mécanistes de Descartes dans la *Dioptrique*, mais leur correction en vue d'une stricte conformité aux exigences conjuguées de la raison et de l'expérience. Les phénomènes de la réfraction révèlent la déviation angulaire du rayon suivant la densité des milieux, ce qu'exprime la loi des sinus. Pour justifier cette loi empirique, Leibniz croit bon de remplacer l'hypothèse cartésienne par une hypothèse de son style. Ces deux hypothèses sont proprement mécaniques. L'hypothèse cartésienne assimile la lumière à un mouvement communiqué à quelque matière subtile, dont la transmission serait facilitée par le degré de rigidité des particules du milieu au sein duquel se transmet l'impulsion motrice [2]. Le modèle est alors une projection analogique, car le temps de parcours de la détermination doit être théoriquement instantané (mouvement transmis d'une extrémité à l'autre du bâton). Il faut donc admettre qu'il n'y a pas transport de matière dans l'action lumineuse, contrairement aux apparences de la représentation sensible liée au mouvement de la balle : par conséquent, le modèle balistique doit être épuré de la notion de vitesse relative de la lumière suivant la dureté ou la mollesse du milieu. L'hypothèse est proprement le schéma construit à partir des analogies de l'expérience. Ce schéma se vérifie *a posteriori* et il sert alors à justifier que la loi des sinus puisse représenter l'ordre des phénomènes. Leibniz se distingue de Descartes dans la mesure où il a conscience qu'une norme de conformité régulatrice s'impose d'entrée de jeu à l'explication mécanique présumée : d'où la légitimité postulée de l'anticipation téléologique de la loi. Leibniz suppose

---

1. *NE*, 4.12.10, A V I6, 453-454.
2. Voir Descartes, *Dioptrique*, Discours second, AT VI, 103 : «[...] si vous vous souvenez de la nature que j'ai attribuée à la lumière, quand j'ai dit qu'elle n'était autre chose qu'un certain mouvement ou une action reçue en une matière très subtile, qui remplit les pores des autres corps, et que vous considériez que, comme une balle perd davantage de son agitation en donnant contre un corps mou que contre un qui est dur, et qu'elle roule moins aisément sur un tapis que sur une table toute nue, ainsi l'action de cette matière subtile peut beaucoup plus être empêchée par les parties de l'air, qui, étant comme molles et mal jointes, ne lui font pas beaucoup de résistance, que par celles de l'eau, qui lui en font davantage ; et encore plus par celles de l'eau que par celles du verre ou du cristal ».

donc que, loin de démontrer cette loi adéquatement par la voie géométrique des causes efficientes, Descartes n'a pu même la découvrir : l'auteur de la *Dioptrique* aurait emprunté certaines conclusions de Snell et construit une hypothèse mécaniste déficiente pour justifier un théorème déjà acquis [1].

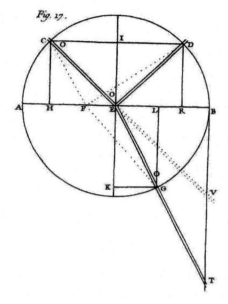

Fig. 2 : Illustration de la démonstration de la loi des sinus,
d'après l'*Unicum opticæ, catoptricæ et dioptricæ principium* (1682)

Bref, Leibniz établit, en vertu du principe du chemin le plus déterminé, le modèle géométrique de la loi de réfraction correspondant à l'ordre constant des phénomènes. C'est en parallèle par rapport à cette voie des déterminations finales (analytiques et non ontologiques) qu'il formule une hypothèse explicative de type mécaniste. La loi des sinus étant « conditionnellement » acquise en vertu d'une raison suffisante de fonctionnalité et d'intégration architectonique, on peut alors présumer d'une hypothèse de type mécaniste. C'est le sens du passage terminal de l'*Unicum principium* :

---

1. Voir *Unicum opticæ, catoptricæ et dioptricæ principium*, Dutens III, 146-147 ; *Principe unique de l'optique, de la catoptrique et de la dioptrique*, trad. fr. S. Bachelard, à la suite de « Maupertuis et le principe de la moindre action », *Thalès*, 9 (1958), p. 34.

Puisque, la vitesse horizontale restant la même (n'étant pas altérée par le changement dû à la réfraction), les espaces sont proportionnels aux temps, [les cosinus des angles d'incidence et de réfraction] sont donc, en raison directe des temps, c'est-à-dire en raison inverse des vitesses, c'est-à-dire en raison inverse des résistances; nous montrons, en effet, dans le cas de la lumière, du fait que la résistance du milieu empêche la diffusion de la lumière, que la rapidité ou l'impulsion croissent en proportion de la résistance et qu'elles s'affaiblissent en proportion d'une plus grande facilité de la lumière à se diffuser dans chacune des parties du milieu. Au contraire, le rayon récupère sa force et même sa direction, quand il arrive à nouveau dans le milieu où la diffusion est moindre et où des rayons plus nombreux seront consacrés à frapper un plus petit nombre de parties du milieu[1].

1. *Principe unique, op. cit.,* p. 36 ; Dutens III, 149-150 : «[…] quia eadem manente velocitate horizontali, (quam momentum refractionis non immutat,) spatia sunt ut tempora, est ergo EH ad EL, in ratione directa temporum, seu reciproca celeritatum, seu reciproca resistentiarum, ostendimus enim in casu luminis a resistentia medii diffusionem impediente velocitatem, seu impetum crescere ; & pro majore diffundendi sui facilitate in singulis partibus languescere : Contra radium vim suam, atque directionem recuperare, cum iterum in medium venit, ubi minor diffusio est, pluresque radii in pauciores partes impellendas impenduntur […]». La démonstration s'appuie sur le modèle mathématique suivant. Soit *m* et *n* les paramètres désignant la résistance respective des milieux à la lumière. La difficulté des chemins, notée CE × *m* + EG × *n*, doit être moindre que toute autre. Soit CH = *c* ; GL = *g* ; HL = *h*. Le segment cherché EH sera noté *y*. Et l'on aura les relations suivantes :

$$EL = h - y$$
$$CE = \sqrt{c^2 + y^2} = p$$
$$EG = \sqrt{g^2 + y^2 - 2hg + h^2} = q.$$

Donc, il faudra que

$$m\sqrt{c^2 + y^2} + n\sqrt{g^2 + y^2 - 2hy + h^2}$$

ou encore

$$mp + nq$$

soit moindre que toute quantité donnée de ce genre. Il faut déterminer *y* pour qu'il en soit ainsi. Or, en vertu du calcul *de maximis et minimis*, la dérivée par rapport à la variable *y* doit être nulle. Cela nous donne :

$$\frac{my}{\sqrt{c^2 + y^2}} - \frac{n(h - y)}{\sqrt{g^2 + (h - y)^2}} = 0$$
$$\frac{my}{p} = \frac{n(h - y)}{q}$$
$$\frac{np}{mq} = \frac{y}{h - y}$$
$$\frac{n \times CE}{m \times EG} = \frac{EH}{EL}$$

Dans ce texte paradigmatique, l'articulation significative se situe entre
le membre relatif au modèle analytique de l'ordre dans les phénomènes,
construit suivant le principe d'une raison suffisante téléologique, et le
membre relatif à l'hypothèse physique proprement dite, figuration
distincte, mais analytiquement inadéquate, analogique, du dispositif mécanique à l'arrière-plan des phénomènes.

La complexité de l'explication par voie d'hypothèse est liée à la
conjonction d'un modèle analytique fondé sur une projection d'ordre, sur
une raison suffisante d'harmonie présumée suivant la norme d'une
mathesis des formes optimales, d'une part, et d'une présupposition d'agen-
cements mécaniques produisant les effets constants que révèle l'expérience, d'autre part. Quelle que soit la diversité d'application de la méthode
a posteriori (méthode des hypothèses), cette structure bipolaire est celle
que Leibniz met constamment en avant pour justifier l'explication scientifique d'anticiper sur la déduction des effets à partir des causes [1].

Passons maintenant à la question subsidiaire, celle de l'application
légitime du principe de finalité dans des contextes où la modélisation
mathématique semble inaccessible. Comme nous avons tenté de le
démontrer d'abord dans *La physiologie des Lumières*, puis dans nos
travaux consacrés aux modèles leibniziens de l'organisation vitale, dans un
tel contexte, celui de l'étude des phénomènes vitaux, il convient de
présumer que le principe de finalité peut avoir un usage légitime et jouer un
rôle méthodologiquement approprié :

> La conciliation métaphysique des causes finales et des causes efficientes
> assure l'intégrale réciprocité de détermination entre organe et fonction.
> Mais l'analyse téléologique du vivant requiert un principe général de déter-
> mination rationnelle, comme c'est le cas dans l'application de l'analyse de
> *maximis* et *minimis*; il faut donc nécessairement associer la caractérisation

---

« Donc, CE et EG étant supposés égaux, le rapport de la résistance *n* de l'eau à la résistance *m*
de l'air sera égal au rapport de EH [cosinus de l'angle d'incidence] à EL [cosinus de l'angle de
réfraction] » (Dutens III, 146; *Principe*, p. 33). D'où la loi suivant laquelle les cosinus des
angles seront en raison inverse des résistances des milieux – et les sinus en raison directe.

1. Voir J. McDonough, « Leibniz on natural teleology and the laws of optics »,
Philosophy and Phenomenological Research, 78 (2009), p. 505-544, et *id.*, « Leibniz's optics
and contingency in nature », *Perspectives on Science*, 18 (2010), p. 432-455. Cet auteur a très
adéquatement caractérisé le recours à des modèles inspirés par le calcul des variations, que
Leibniz tient pour un usage légitime de la téléologie dans la formation d'hypothèses explicatives en physique. Il considère à juste titre que la démonstration des lois de la réflexion et de
la réfraction suivant cette forme de modélisation permet d'interpréter le statut épistémologique des lois de la nature selon Leibniz.

fonctionnelle et la présentation d'une série de phénomènes mécaniques équivalente au processus. Lorsque le concept de force vient articuler l'explication rationnelle des phénomènes, Leibniz se donne un schème d'interprétation métaphysique de l'organisme et de son activité en concevant l'organisation comme la persistance de l'expression phénoménale d'une âme dans la combinaison ordonnée des virtualités dynamiques comprises sous la structure organique. D'où l'idée d'une unité fonctionnelle de l'organisme derrière le théâtre mécanique des phénomènes caractérisant l'organisme, machine de la nature. D'où également le recours à une thèse de la préformation pour ce qui est de la « forme » active déroulant les effets impliqués dans les dispositifs mécaniques de la nature vivante. Par ce biais, la notion de monade intervient pour fonder l'ordre sous-jacent aux rapports organiques en même temps qu'elle représente le fondement substantiel de l'efficace qui déploie les mécanismes suivant les processus physiologiques à produire. Leibniz maintient que l'analyse objective de tels processus nécessiterait la mise en évidence des séries de phénomènes physiques impliqués dans l'opération fonctionnelle [...]. Le concept d'organisme s'analyse alors de façon à faire ressortir l'agencement instrumental des dispositifs emboîtés à l'infini dans les machines de la nature, le maintien de l'intégrité structurale par de tels dispositifs, et l'inhérence du principe d'intégration dans les dispositifs élémentaires à l'infini relevant de l'ordre interne des monades dominantes. Ainsi, la disposition interne – analysable à l'infini – détermine-t-elle le développement mécanique de structures composites intégrées : la théorie permet de rattacher la polyvalence fonctionnelle des machines de la nature à l'enchaînement des processus naturels [1].

Il ne s'agit pas alors d'expliquer les processus corporels par recours aux déterminations psychiques d'agents infra-conscients, même si le langage métaphorique peut le faire croire ; il s'agit plutôt d'établir par voie d'hypothèse la forme d'un dispositif intégrateur qui s'analyse en mécanismes à l'infini : on ne saurait donc réduire la téléologie des modèles explicatifs proposés à quelque finalité intentionnelle. Ainsi la logique du vivant, qui est celle d'une *machine de la nature* de complexité considérable, consiste-t-elle en la forme présumée d'une pluralité indéfinie de microdispositifs physico-chimiques intégrés. Moyennant la corrélation adéquate des deux aspects méthodologiques – présupposition d'un agencement mécanique intégré mathématiquement exprimable, d'une part, et projection de raison suffisante fonctionnelle au plan des hypothèses constitutives de la théorie, d'autre part – le principe de raison suffisante peut remplir un rôle régulateur et architectonique dans l'explication des phénomènes : il permet

1. F. Duchesneau, *La physiologie des Lumières*, Paris, Classiques Garnier, 2012, p. 161.

d'inscrire cette explication sous le modèle d'une science de type hypothético-déductif. À tout le moins, le principe de finalité ainsi compris fait-il partie de la syntaxe de la science des vivants selon Leibniz.

Certes, le principe de finalité comporte aussi des usages métaphysiques, mais certains de ces usages peuvent également contribuer à l'édification de la science. Prenons, à titre d'exemple, les considérations finalistes que Leibniz développe dans le *De rerum originatione radicali* (1697). La question est métaphysique, puisqu'il s'agit de concevoir une hypothèse de production du système même de la nature [1]. Leibniz montre la relativité et l'insuffisance d'une stratégie explicative consistant à lier les phénomènes conséquents aux phénomènes antécédents, dont ils dépendent, mais qui n'en peuvent fournir la raison complète. La nécessité physique ou hypothétique requiert de ce fait un fondement métaphysique dans une raison d'ordre supérieur. Or il faut établir un pont entre les vérités métaphysiques relatives aux essences et les vérités contingentes, en particulier celles qui correspondent aux lois de la nature. Pour représenter ce lien d'implication conditionnelle, Leibniz fait appel à une variante du principe de finalité, qui tient à une raison économique dans l'actualisation du maximum d'essences compossibles :

> Il y a toujours, dans les choses, un principe de détermination, qu'il faut tirer de la considération d'un maximum et d'un minimum, à savoir que le maximum d'effet soit fourni avec un minimum de dépense. Dans le cas actuel, le temps et le lieu ou, en un mot, la réceptivité ou capacité du monde peut être considérée comme la dépense, c'est-à-dire le terrain sur lequel il s'agit de construire le plus avantageusement, et les variétés des formes dans le monde correspondent à la commodité de l'édifice, à la multitude et à la beauté des chambres [...]. Supposé une fois que l'être l'emporte sur le non-être, ou qu'il y a une raison pour laquelle il existe quelque chose plutôt que rien, ou qu'il faut passer de la possibilité à l'acte, il s'ensuit qu'en absence même de toute autre détermination ce qui se réalise est le maximum possible, eu égard à la capacité donnée du temps et de l'espace (c'est-à-dire de l'ordre possible des existences) [2].

---

1. Sur cet aspect du texte leibnizien, voir D. Allen, *Mechanical Explanations and the Ultimate Origin of the Universe. Studia Leibnitiana, Sonderheft 11*, Wiesbaden, F. Steiner, 1983. Cette étude tend toutefois à négliger la signification proprement épistémologique des constructions de la science leibnizienne.

2. *Opuscules philosophiques choisis, op. cit.*, p. 85-86 : *De rerum originatione radicali*, GP VII, 303-304 : « Semper scilicet est in rebus principium determinationis quod a Maximo Minimove petendum est, ut nempe maximus præstetur effectus, minimo ut sic dicam sumtu. Et hoc loco tempus, locus, aut ut verbo dicam, receptivitas vel capacitas mundi haberi potest pro sumtu sive terreno, in quo quam commodissime est ædificandum, formarum autem varie-

Ainsi formulé, le principe est conçu à double usage. Outre l'usage métaphysique visant à rendre compte de la genèse maximale des formes, Leibniz signale des applications de type scientifique : la loi de la plus grande descente du centre de gravité commun à un système de corps; l'adoption de la forme sphérique, celle de la plus grande capacité, pour tout liquide placé dans un autre liquide hétérogène; la conformité des actions mécaniques et optiques à la règle du chemin le plus déterminé. Tout se passerait comme si l'on avait à résoudre un problème de choix du triangle le plus déterminé à produire, ou de l'angle le plus déterminé à dessiner : dans l'optique d'une maximisation des raisons déterminantes, on sélectionnerait alors le triangle équilatéral ou l'angle droit. La thèse leibnizienne est en définitive celle d'une expression analogique de raison suffisante entre le domaine physique et le domaine métaphysique[1]. Mais cette expression analogique ne constitue pas un rapport statique de correspondance réglée. La thèse épistémologique implique un rôle régulateur du principe considéré en son fondement métaphysique. D'une part, le principe de finalité, tel que décrit en cette variante, oblige à concevoir que, derrière toute réalité, y compris phénoménale, se profile un complexe de réquisits soumis à une règle d'optimisation des conditions de structure et d'opération. Entre diverses hypothèses explicatives que nous aurions forgées pour traduire la loi d'un type de phénomènes, nous aurions tout intérêt à choisir celle qui figurerait le plus complètement le complexe de réquisits correspondant à la transcription des données disponibles et anticipées. Retenons par ailleurs que la transcription elle-même requiert que l'on définisse des modèles où les déterminations pourront être autant que possible mathématiquement symbolisées. Le rôle régulateur du principe se trouve également illustré par les normes qu'il impose à la théorisation[1].

Leibniz soutient que tout dans la nature se fait non seulement selon des nécessités matérielles (de type géométrique) mais aussi bien selon des raisons formelles (de type téléologique). Cela est vrai en général au plan de la représentation métaphysique du système des compossibles actualisés.

tates respondent commoditati ædificii multitudinique et elegantiæ camerarum. [...]. Ita posito semel ens præualere non-enti, seu rationem esse cur aliquid potius extiterit quam nihil, sive a possibilitate transeundum esse ad actum, hinc, etsi nihil ultra determinetur, consequens est, existere quantum plurimum potest pro temporis locique (seu ordinis possibilis existendi) capacitate ».

1. GP VII, 304 : « Sicut enim omnia possibilia pari jure ad existendum tendunt pro ratione realitatis, ita omnia pondera pari jure ad descendendum pro ratione gravitatis, et ut hic prodit motus, quo continetur quam maximus gravium descensus, ita illic prodit mundus, per quem maxima fit possibilium productio ».

Mais la convergence des déterminations géométriques et formelles intervient au plan même de constitution de la théorie physique, «quand on descend dans le détail»[1].

Car on voit de quelle admirable façon, partout dans la nature, s'appliquent les lois métaphysiques de cause, de puissance, d'action, lesquelles prévalent même sur les lois purement géométriques de la matière. Je m'en suis aperçu lorsque je me proposais d'expliquer les lois du mouvement, et j'en ai été saisi d'admiration, au point d'être enfin obligé par cette découverte d'abandonner la loi de la composition géométrique des *conatus*, que j'avais défendue lorsque j'étais jeune et plutôt tourné vers la matérialité[2].

Le même principe régulateur permet d'articuler l'un à l'autre les deux ordres de considérations, car il vaut tout aussi bien pour déterminer des procédures mathématiques et pour fonder et découvrir des algorithmes, que pour régler la combinaison des raisons qui sous-tendent l'actualisation de réalités contingentes. Mais Leibniz attire en particulier notre attention sur le fait que le principe de finalité intervient pour révéler les lacunes d'une représentation purement géométrique de la connexion des phénomènes et pour orienter la recherche de raisons explicatives en direction d'entités théoriques dans lesquelles puisse s'incarner l'idée d'une organisation causale harmoniquement constituée. Le système de propositions exprimant les lois relatives à de telles entités théoriques doit ainsi satisfaire à des exigences d'ordre harmonique, en même temps qu'il fournit une représentation conforme à l'ensemble des faits à expliquer. Le principe de finalité fournit un instrument méthodologique lorsqu'il s'agit de contrôler la systématicité des énoncés théoriques et leur pouvoir de représentation par rapport à l'ordre «organique» des causes de connexions phénoménales. Il implique ainsi l'idée d'un agencement dynamique et intégrateur des propriétés phénoménales dans la structure profonde des agents naturels[3].

---

1. *Opuscules philosophiques choisis*, *op. cit.*, p. 88 ; GP VII, 305 : «ad specialia descendendo».

2. *Ibid.* (trad. révisée ; GP VII, 305) : «Videmus mirabili ratione in tota natura habere locum leges metaphysicas causæ, potentiæ, actionis, easque ipsis legibus pure geometricis materiæ prevalere, quemadmodum reddendis legum motus rationibus magna admiratione mea comprehendi usque adeo, ut legem compositionis Geometricæ conatuum, olim a juvene, cum materialis magis essem, defensam, denique deserere sim coactus, ut alibi a me fusius est explicatum».

3. D. Allen, «From vis viva to primary force in matter», in *Leibniz' Dynamica, Studia Leibnitiana, Sonderheft 13*, Stuttgart, F. Steiner, 1984, p. 55-61, nous semble suggérer une interprétation analogue sur ce point.

Cette idée est précisément celle que Leibniz oppose à toute forme d'occasionnalisme qui réduirait la nature physique à l'état de mécanique par soi inerte, régie par des lois de détermination extrinsèque : les régularités phénoménales s'exprimant dans l'interaction apparente des corps en mouvement résulteraient alors directement de la causalité divine. Mais ce *deus ex machina* constituerait un pur artifice, puisque les concomitances réglées en relèveraient de façon arbitraire, sans requérir de raisons déterminantes intrinsèques au plan même de la nature créée. À maintes reprises, Leibniz va réitérer ce type d'objections à l'encontre du système des causes occasionnelles, jugé trop pauvre en raisons déterminantes subalternes intégrées, et par suite, incapable de figurer un ordre de causes adéquates qui puisse assurer l'autonomie et l'harmonie des lois de la nature. Cette problématique occupe une place centrale dans la philosophie leibnizienne du *Système nouveau de la nature et de la communication des substances* (1695) aux *Essais de théodicée* (1710), et les répliques à Bayle la mettent particulièrement en relief en ses dimensions métaphysiques. Dans le *De ipsa natura* (1698), Leibniz nous offre toutefois une version plus épistémologique du débat. Il entend alors corriger les thèses occasionnalistes que le cartésien allemand Johann Christoph Sturm avait développées dans sa polémique avec Günther Christoph Schelhammer, médecin de Kiel et défenseur des formes substantielles suivant une perspective néo-aristotélicienne[1]. Certes, Leibniz soutient la thèse du mécanisme intégral dans l'analyse des phénomènes propres aux réalités physiques. Mais il distingue deux niveaux de l'explication mécaniste : celui des principes et celui des conséquences dérivées. Les modèles qui rendent la réalité matérielle géométriquement intelligible se situent au deuxième niveau et requièrent que l'on envisage leur « dérivation » par rapport à une théorie des causes naturelles en jeu. Cette théorie fournit ainsi une représentation de la force et de ses lois à l'arrière-plan des phénomènes décrits suivant leurs caractéristiques cinétiques. En construisant une théorie de la force, Leibniz énonce des lois fondamentales de la nature physique et il se donne, pour expliquer les effets mécaniques, une architecture de concepts signifiant des raisons suffisantes hiérarchiquement intégrées. Pour un occasionnaliste comme Sturm, les lois du mouvement présentent des caractéristiques d'intelligibilité restreinte, puisqu'elles reposent sur un

---

1. Sur le contexte de la polémique et les antécédents du *De ipsa natura*, voir R. Palaia, « Naturbegriff und Kraftbegriff im Briefwechsel zwischen Leibniz und Sturm », *in* I. Marchlewitz, A. Heinekamp (Hrsg.), *Leibniz's Auseinandersetzung mit Vorgängern und Zeitgenossen, Studia Leibnitiana, Supplementa 27*, Stuttgart, F. Steiner, 1990, p. 157-172.

fondement décisionnel arbitraire, et qu'elles ne possèdent qu'une vraisemblance instrumentale dans le déchiffrement des phénomènes et de leur ordre. Leibniz proteste contre ce relativisme en assujettissant la formulation hypothétique de lois de la nature aux exigences du principe de finalité. Ainsi s'exprime-t-il :

> Je pense que Dieu a été déterminé par des raisons de sagesse et d'ordre à donner à la nature les lois qu'on y remarque. Et l'on voit par là, ce que j'ai autrefois signalé à l'occasion de la loi fondamentale de l'optique et ce que le célèbre Molyneux a pleinement approuvé, plus tard, dans sa *Dioptrique*, à savoir que la cause finale n'est pas seulement profitable à la vertu et à la piété dans l'éthique et dans la théologie naturelle, mais encore qu'elle sert dans la physique même à découvrir des vérités cachées [1].

Or, dans le contexte d'une explication visée des lois de la nature, la téléologie intervient suivant une double modalité. Il s'agit, d'une part, d'exiger que la loi, même si elle ne donne lieu qu'à une certitude morale, se conforme en principe à la supposition d'une dénomination intrinsèque des réalités individuelles, d'où elle découlerait par implication conditionnelle. Suivant la doctrine exposée dans le *De ipsa natura*, les choses créées renferment une certaine forme ou force primitive de laquelle découle la série des phénomènes correspondants. Cette production d'effets doit s'avérer conforme à la prescription du commandement primitif que reflètent les lois fondamentales de la nature. Chaque monade possède donc une loi intrinsèque de développement de ses états ; et toute action découle de la forme individuelle de cette monade qui consiste en une loi d'actualisation sérielle. Mais, comme Leibniz le fera valoir par ailleurs à De Volder, on ne peut déduire d'une définition des substances individuelles,

---

1. *Opuscules philosophiques choisis*, *op. cit.*, p. 96 ; § 4, GP IV, 506 : « Puto enim determinatis sapientiæ atque ordinis rationibus, ad eas quæ in natura observantur ferendas leges venisse Deum : et vel hinc apparere, quod a me aliquando Opticæ Legis occasione est admonitum et Cl Molineuxio in Dioptricis postea valde se probavit, Finalem causam non tantum prodesse ad virtutem et pietatem in Ethica et Theologia naturali, sed etiam in ipsa Physica ad inveniendum et detegendum abditas veritates ». Le même propos est développé dans la *Réponse aux réflexions qui se trouvent dans le 23 Journal des Sçavans touchant les conséquences de quelques endroits de la philosophie de Descartes* (1697), GP IV, 340 : « Ainsi on voit que les causes finales servent en Physique, non seulement pour admirer la sagesse de Dieu, mais encore pour connaître les choses et pour les manier [... référence à l'*Unicum principium*...]. Mons. Molyneux m'en a su bon gré, et il a fort approuvé la remarque que j'avais faite à cette occasion du bel usage des causes finales, qui nous élève à la considération de la Souveraine Sagesse, en nous faisant connaître en même temps les lois de la nature qui en sont la suite ». Voir W. Molyneux, *Dioptrica nova. A Treatise of Dioptricks*, London, B. Tooke, 1692.

présumées sous-jacentes aux réalités matérielles, aucune loi de la nature physique, ni même en tirer par implication nécessaire un concept de force correspondant aux effets phénoménaux à expliquer. Nous ne pouvons que remonter des phénomènes, par voie de constructions hypothétiques de plus en plus englobantes et générales, en direction des fondements métaphysiques du système de la nature[1]. C'est ainsi que Leibniz justifie le dépassement des considérations purement phoronomiques dans l'établissement d'une dynamique qui s'accorde à la fois avec l'expérience et avec la figuration idéale d'un ordre téléologique de la nature. Ainsi la dynamique réalise-t-elle sous l'égide du principe de finalité l'harmonisation des conditions d'inertie et d'élasticité avec les lois empiriques du choc, comme l'atteste ce fragment sur le fondement des lois du mouvement :

> Mais comme je me demandais comment il serait possible de fournir une raison générale pour l'ensemble de ce que l'expérience nous apprend, par exemple que, la grandeur augmentant, la vitesse diminue, comme nous voyons le même navire être entraîné par le courant de la rivière d'autant plus lentement qu'il est plus lourdement chargé, j'ai beaucoup hésité, et après avoir tout tenté en vain, j'ai compris que cette inertie des corps ne pouvait être déduite de la seule notion posée au départ de matière et de mouvement, par laquelle on entend par matière ce qui est étendu ou ce qui remplit l'espace, et par mouvement le changement d'espace ou de lieu, mais que, outre ce qui se déduit de la seule étendue et de sa variation ou modification, il fallait ajouter et reconnaître dans les corps certaines notions ou formes pour ainsi dire immatérielles, c'est-à-dire indépendantes de l'étendue, que l'on peut appeler puissances, par lesquelles la vitesse est ajustée à la grandeur : ces puissances consistent non dans le mouvement, ni même dans le *conatus* ou commencement de mouvement, mais dans une cause ou raison intrinsèque de poursuite du mouvement selon la loi qu'il faut. En cela se sont trompés les auteurs qui ont pris en considération le

---

1. Cette conception est manifeste par exemple dans les lettres à De Volder du 21 janvier 1704 et du 30 juin 1704, voir GP II, 262 : « Ego vero motum non habeo pro vi derivata, sed motum (nempe mutationem) ex ea sequi puto. Vis autem derivata est ipse status præsens dum tendit ad sequentem seu sequentem præ-involvit, uti omne præsens gravidum est futuro. Sed ipsum persistens, quatenus involvit casus omnes, primitivam vim habet, ut vis primitiva sit velut lex seriei, vis derivata velut determinatio quæ terminum aliquem in serie designat » ; GP II, 268 : « At in realibus, nempe corporibus, partes non sunt indefinitæ (ut in spatio, re mentali), sed actu assignatæ certo modo, prout natura divisiones et subdivisiones actu secundum motuum varietates instituit, et licet eæ divisiones procedant in infinitum, non ideo tamen minus omnia resultant ex certis primis constitutivis seu unitatibus realibus, sed numero infinitis. Accurate autem loquendo materia non componitur ex unitatibus constitutivis, sed ex iis resultat, cum materia seu massa extensa non sit nisi phænomenon fundatum in rebus, ut iris aut parhelion, realitasque omnis non sit nisi unitatum ».

mouvement, et non la puissance motrice ou raison du mouvement : il faut comprendre que, même si elle provient de Dieu, auteur et gouverneur de la nature, cette puissance n'est pas en Dieu, mais qu'elle est produite et conservée par lui dans les choses. Nous montrerons donc que ce n'est pas la même quantité de mouvement – ce qui a trompé la plupart – mais les puissances qui se conservent dans le monde [1].

Dans cette perspective, la norme téléologique d'un système intégré et autosuffisant de raisons causales s'impose à nos constructions d'hypothèses et à nos projections de modèles. Et tel est le rôle critique et heuristique que le principe est appelé à jouer dans l'interrelation entre l'ordre empiriquement attesté des phénomènes et le schématisme idéal que la doctrine monadologique semble incarner par-delà les limites de la science.

LE PRINCIPE DE L'IDENTITÉ DES INDISCERNABLES

Le principe de l'identité des indiscernables reflète des thèses bien définies de la métaphysique leibnizienne. Il semble se conclure des premières propositions de la philosophie naturelle, comme en témoigne l'article 9 de la *Monadologie* : « Il n'y a jamais, dans la nature, deux êtres qui soient parfaitement l'un comme l'autre et où il ne soit possible de trouver une différence interne, ou fondée sur une dénomination intrinsèque » [2]. Une fois acquise la notion de substance individuelle finie, le système monadologique impliquerait comme allant de soi la différence

---

1. *Principia mechanica ex metaphysicis dependere*, été 1678-hiver 1680-1681 (?), A VI 4, 1980 (GP VII, 283) : « Sed cum cogitarem quomodo in universum ratio reddi posset ejus, quod in summa experimur, ut aucta mole minuatur celeritas, uti videmus navem eandem secundo flumine eo ferri tardius, quo magis oneratur, hæsi utique, atque omnibus frustra tentatis deprehendi hanc ut ita dicam inertiam corporum, ex sola illa initio posita materiæ et motus notione, qua materia quidem intelligitur id quod extensum est seu spatium replet ; motus autem spatii seu loci mutatio ; deduci non posse sed præter hæc quæ ex sola extensione ejusque variatione seu modificatione deducuntur, adjiciendas atque agnoscendas esse in corporibus notiones sive formas quasdam ut ita dicam immateriales sive ab extensione independentes ; quas appellare possis potentias quibus motus celeritas magnitudini attemperatur, quæ potentiæ non in motu, imo nec in conatu seu motus initio, sed in causa sive ratione intrinseca motus ea qua opus est lege continuandi consistunt. Et in eo erratum est, quod motum quidem consideravere autores, sed non potentiam motricem seu motus rationem, quam etsi a Deo rerum autore et gubernatore petamus non tamen in ipso Deo esse, sed ab eo in rebus produci conservarique intelligendum est. Unde etiam non eandem quantitatem motus (quod plerosque decepit), sed potentiæ, in mundo servari, ostendemus ».
2. *Monadologie*, § 9, GP, VI, 608.

interne des monades les unes par rapport aux autres. Certes, en lisant Leibniz de la sorte, on respecte la cohérence de la représentation métaphysique spcifiant les éléments du système de la nature : cette lecture traduit la rationalité monadologique. Par contre, Leibniz se sert couramment du principe des indiscernables pour justifier des thèses scientifiques, par exemple l'inadéquation de la notion d'atome, ou l'idéalité et la relativité de l'espace et du temps. Nous nous proposons de rompre quelque peu l'ordonnancement homogène des thèses monadologiques en rattachant de façon plus spécifique le principe des indiscernables à l'analyse d'un problème, celui de la conception des lois scientifiques selon Leibniz. Le principe des indiscernables intervient de façon stratégique pour situer ces lois à l'intérieur d'un cadre fonctionnel, celui de théories pouvant se conformer à l'ordre déterminant – harmonique – des réalités naturelles. Par ailleurs, ce principe entretient des rapports étroits avec l'analyse *de maximis et minimis* et la loi de continuité : il spécifie par conséquent la façon de construire des modèles « géométriques » répondant aux normes de l'intelligibilité architectonique que doit illustrer la représentation théorique des phénomènes.

Couturat classait le principe des indiscernables parmi les « axiomes spéciaux par lesquels le principe de raison se traduit et s'applique dans la Physique »[1]. Il citait le principe d'après la formule :

Il ne peut y avoir dans la nature deux choses singulières différant par le nombre seul : il faut donc qu'une raison puisse être fournie pourquoi elles sont diverses, raison qui doit se prendre de quelque différence dans les choses mêmes[2].

Il rappelait l'anecdote, mentionnée par les *Nouveaux Essais*[3], du gentilhomme, M. d'Alvensleben, cherchant désespérément deux feuilles semblables dans le parc du château d'Herrenhausen pour répondre au pari de l'Électrice Sophie. Couturat notait que la formule logique du principe de raison rend compte de cet axiome dérivé, tout comme il rend compte du principe connexe du fondement *in re* des distinctions phénoménales

---

1. L. Couturat, *La logique de Leibniz, op. cit.*, p. 227.
2. *Principia logico-metaphysica*, début-automne 1689 (?), A VI 4,1645 (C 519) : « [...] non dari posse in natura duas res singulares solo numero differentes. Utique enim oportet rationem reddi posse cur sint diversæ, quæ ex aliqua in ipsis differentia petenda est ».
3. *NE*, 2.27.4, A VI 6, 231.

donnant lieu aux dénominations extrinsèques[1]. Mais il s'agirait là de
« formes négatives du principe de raison » dont la fécondité serait de ce fait
limitée, à la différence du principe *de maximis et minimis* par exemple, ou
de la loi de continuité. Analyse et jugement à réviser, semble-t-il. Il est en
effet possible d'établir que, dans leur formulation leibnizienne tout au
moins, ces deux principes, en particulier le second, impliquent le principe
des indiscernables comme condition *sine qua non* de fécondité.

Le principe *de maximis et minimis* appliqué à la physique se rattache à
la thèse métaphysique du choix du meilleur monde possible. L'indétermination ne saurait être une raison de préférence ; au contraire, le système
le plus complet de compossibilités est celui qui englobe la plus grande
variété interne dans un rapport conforme à la règle de la compatibilité
logique : d'où une identité de détermination, déployée en la diversité
infinie des effets contingents de l'ordre naturel. La démarche leibnizienne
requiert, par conséquent, de concilier l'expression la plus simple possible
au plan des lois avec une diversification à l'extrême des phénomènes dont
il s'agit de rendre compte. Or, sur le plan de la rationalité scientifique, la
signification possible de cette maxime n'est pas univoque. Par exemple, il
ne serait pas inconcevable de lui donner une signification en accord avec
les critères cartésiens pour les lois de la physique. Dans ces conditions, des
maximes géométriquement simples, comme le principe d'inertie ou celui
de la conservation de la quantité de mouvement, permettraient de déduire
une variété indéfinie d'effets moyennant des hypothèses intermédiaires sur
des types de structures corpusculaires. Mais, dans cette perspective, le
divers des phénomènes n'a pas de rationalité propre : il est seulement
déchiffrable hypothétiquement dans la mesure où l'on peut concevoir des
modèles des structures matérielles qui, soumis à la législation des
principes, rendent compte d'effets analogues aux phénomènes répertoriés.
La validité des principes est hétérogène à la justification pragmatique des
modèles : elle relève du critère de l'évidence et par conséquent, d'une
condition d'intelligibilité du réel propre à l'entendement fini. J'ai tenté de
montrer au chapitre précédent comment Leibniz dans le cadre formel de la
doctrine cartésienne de l'hypothèse intègre des critères proprement
leibniziens[2]. Ceux-ci imposent de combiner validité analytique et validité

---

1. Voir A VI 4, 1645-1646 (C 519) : « Sequitur etiam *nullas dari denominationes pure
extrinsecas*, quæ nullum prorsus habeant fundamentum in ipsa re denominata. Oportet enim
ut notio subjecti denominati involvat notionem prædicati ».
2. Voir aussi F. Duchesneau, « The "more geometrico" pattern in hypotheses from
Descartes to Leibniz », *in* W.R. Shea (ed.), *Nature Mathematized*, Dordrecht, Reidel, 1983,

heuristique pour les propositions qui s'offrent comme énoncés d'hypothèses en physique. D'autre part, les principes qui interviennent dans la formation ou le contrôle des hypothèses, plutôt que de résulter d'une mise en forme de rapports conceptuels apparemment immédiats, doivent eux-mêmes se présenter comme des hypothèses exprimant l'ordre présomptif du réel. Ceci vaut pour un entendement fini dont l'effort essentiel consiste à inférer comment le réel découle d'un plan géométrique dont l'analyse se poursuivrait à l'infini. De ce fait, toute loi de la nature, ce que le *Discours de métaphysique* qualifie de « maxime subalterne »[1], se conclut au terme d'une inférence où les prémisses conditionnelles impliquent une mise en forme systématique de phénomènes variés à l'infini suivant l'individualité radicale des substances sous-jacentes. La continuité de l'étendue et l'uniformité des déterminations géométriques et cinétiques ne constituent en effet qu'un ordre de surface, exprimant des déterminations à l'infini dans les véritables unités, déterminations qui se compensent dans un équilibre constamment renouvelé. C'est ainsi sans doute qu'il convient d'interpréter le fait que le calcul *de maximis et minimis* serve de modèle à la recherche d'hypothèses sur l'ordre des phénomènes, ou plus exactement de critère pour révoquer toute hypothèse inadéquate. Comme le soulignait Yvon Belaval[2], Leibniz utilise et généralise les méthodes du calcul pour montrer que les différentielles et réciproquement les intégrales « signifient » par leur développement « continu » que la détermination résultante épouse une forme idéale suivant le principe d'une harmonie en voie de réalisation. Par-delà des minima et des maxima quantitatifs que l'on peut repérer, le modèle d'une représentation de ces minima et maxima comme les termes d'une ordination par « quantités infinitésimales » permet de saisir que le substrat de l'effet est un système de détermination architectonique[3].

p. 197-241; *id.*, «Leibniz et les hypothèses de physique», *Philosophiques*, 9 (1982), p. 223-238; *id.*, «Leibniz et la méthode des hypothèses», *in* F. Duchesneau, J. Griard (dir.), *Leibniz selon les Nouveaux Essais sur l'entendement humain*, Paris/Montréal, Vrin/Bellarmin, 2006, p. 113-127.

1. *Discours de métaphysique*, § 7, A VI 4, 1539 (GP IV, 432).
2. Y. Belaval, *Leibniz critique de Descartes, op. cit.*, p. 405.
3. Voir *ibid.* : «Cela veut dire que les *dx, dy*, qui ne sont pas à proprement parler des grandeurs mais des mouvements, des auxiliaires de recherche, mais qui s'évanouissent dans le résultat, ne dépendent en rien de la grandeur des *x* et des *y*. Ce qu'ils saisissent c'est la forme. Ainsi ils déterminent la forme d'une courbe par les rapports *dx/dy* c'est-à-dire par la direction des tangentes, et c'est la direction particulière – horizontale – de certaines tangentes qui détermine un maximum ou minimum. Le résultat est double : du point de vue qualitatif, une direction remarquable qu'on devrait pouvoir appeler un optimum ; du point de vue quantitatif, un maximum ou un minimum ». Et, pour corroborer son analyse, Belaval se réfère au passage

Cette interprétation pourrait être complétée par la distinction que l'on y introduirait entre le plan des causes et celui des effets, d'une part, entre la formule abstraite et générale exprimant l'ordre et les séquences effectives dont résultent les phénomènes, d'autre part. La première distinction fait de l'ordre réalisé dans les effets l'expression d'un système intégré de petites déterminations, système équivalent à l'antécédent phénoménal qu'il permet d'analyser. La seconde distinction permet de saisir dans l'hypothèse ou la loi, bref dans l'énoncé explicatif conditionnel, un instrument opératoire pour l'analyse à l'infini des données antécédentes et résultantes. Il s'agit de la formule qui désigne la forme « harmonique » reproduite dans l'intégrale de la séquence et dans chaque élément à l'infini de la décomposition d'une telle séquence : cette forme est celle d'une détermination optimale. L'uniformité des déterminations quantitatives dans quelque forme d'équation que ce soit représentant des lois physiques serait un succédané pauvre de la rationalité du réel correspondant, si l'on ne pouvait établir la valeur architectonique de cette forme de rapport quantitatif. Or le moyen d'établir cette valeur ou fonction architectonique consiste, semble-t-il, à établir la compatibilité de la formule avec la variation fonctionnelle des données à l'infini, pour autant qu'une forme d'équilibre en résulte de façon continue. Le principe des indiscernables établit le caractère d'enveloppement réciproque d'éléments qui sont qualitativement discrets, ce qui permet la complémentarité, l'ordre architectonique, la légalité harmonique – sorte de téléologie géométrique – dans l'explication systématique des phénomènes.

Le dépassement de la méthode *de maximis et minimis quantitatibus* au profit d'une méthode *de formis optimis* applicable au monde réel suppose l'intégration du principe des indiscernables. On se rappellera à cet égard la critique du modèle géométrique littéral dans les *Essais de théodicée*[1]. Si un itinéraire AB est le plus court qui soit possible et que cet itinéraire passe par C, le segment AC est aussi le plus court qui soit possible. Mais ce calcul de minima repose sur la possibilité d'établir des égaux ou du moins des équivalents. L'application du calcul au qualitatif supposerait l'identification de semblables qui donc ne différeraient point suivant la qualité. Et Leibniz rappelle à cet égard la tentative de Johann Christoph Sturm, cartésien allemand, initialement formé à la géométrie par Erhard Weigel.

---

du *Tentamen anagogicum* où Leibniz caractérise « la méthode *de Formis Optimis*, c'est-à-dire *maximum aut minimum præstantibus*, que nous avons introduite dans la Géométrie au-delà de l'ancienne méthode *de maximis et minimis quantitatibus* » (GP VII, 272).

1. *Essais de théodicée*, § 212-213, GP VI, 245-246.

À l'axiome euclidien de l'addition Sturm substituait, pour fin d'équation qualitative, l'axiome suivant : *Si similibus addas similia, tota sunt similia.* La critique leibnizienne du nouvel axiome se concentre sur le fait que, dans l'ordre qualitatif, l'addition du semblable au semblable suppose un contexte où l'ordre des analogues soit conservé. D'où l'axiome révisé avec restriction : *Si similibus similia addas similiter, tota sunt similia.* Bref, les conditions ordonnées de la comparaison doivent être conservées. C'est uniquement dans le cas d'une limitation de l'analyse à ce qui est extensif et à ce qui est provisionnellement assimilé à de l'homogène quantitatif – « quelque chose d'absolu et d'uniforme, comme l'étendue, la matière, l'or, l'eau, et autres corps supposés homogènes ou similaires » –[1] que l'analyse peut procéder par décomposition en unités discrètes indifféremment substituables. Ce point de vue n'est toutefois que celui d'une ordination adventice et fictive. L'ordre réel requiert de prendre en compte la relativité de la décomposition analytique par quantités discrètes et le passage des dénominations extrinsèques aux dénominations intrinsèques. D'où l'obligation d'un calcul qui ne néglige pas cette fois l'individualité irréductible des véritables éléments et leur ordination sous une forme optimale du point de vue architectonique. Le principe *de maximis et minimis* appliqué à la théorie de l'ordre réel mène à la reconnaissance que la légalité physique ne peut être qu'harmonique. Le principe des indiscernables détermine cette transposition de concept méthodologique lorsqu'il s'agit d'exprimer la parfaite géométrie réglant les contingences constitutives d'un univers des phénomènes.

Afin de saisir la fonction du principe des indiscernables dans la modélisation de la continuité, revenons au *Tentamen anagogicum* (c. 1697). Leibniz y traite de l'usage de la téléologie en dioptrique, suivant le modèle qu'il avait lui-même fourni pour la démonstration géométrique de la loi des sinus dans l'*Unicum opticæ, catoptricæ et dioptricæ principium* (1682). Le principe général qui commande son interprétation de la téléologie est que « tout se peut expliquer architectoniquement »[2]. Une double signification du principe général nous est proposée : 1) bien que tous les phénomènes naturels puissent s'expliquer mécaniquement, les principes spécifiques sur lesquels repose cette explication renvoient à une analyse d'un autre ordre où interviennent les considérations téléologiques ; 2) l'explication devant appliquer une formule générale (celle de l'hypothèse ou de la

---

1. *Essais de théodicée*, § 213, GP VI, 245-246.
2. *Tentamen anagogicum*, GP VII, 273.

loi) au « particulier des choses et des phénomènes »[1], cette formulation doit avoir le pouvoir d'individualiser l'ordre à toutes et chacune des parties de phénomènes constituant l'*explicandum*, ou plutôt les *explicanda* du même type. La méthode *de formis optimis* sert d'illustration à ce chapitre, car la détermination globale intègre la pluralité indéfinie des déterminations élémentaires. Dans le cheminement de la découverte, c'est-à-dire de l'explication, cette position suppose que la projection d'une détermination globale se justifie par la puissance enveloppée de fournir des déterminations particulières à l'infini. Traitant des formes optimales dans les figures géométriques à l'état de variation, Leibniz affirme : « Ce meilleur de ces formes ou figures ne s'y trouve pas seulement dans le tout, mais encore dans chaque partie, et même il ne serait pas d'assez dans le tout sans cela »[2]. Et nous pouvons, semble-t-il, inférer que si l'organisation fonctionnelle de l'objet d'analyse se déploie ainsi à l'infini, cela ne peut se faire que parce que les « machines de la nature », par contraste avec les « machines de l'art », surmontent, par leur structure d'individuation, donc par leur loi interne, l'état d'indifférence qui résulterait d'une indiscernabilité quantitative. L'ordre qualitatif, fondement de la rationalité des phénomènes bien fondés, réside donc dans l'application architectonique de la loi, et par suite dans la continuité fonctionnelle des phénomènes ou événements analysés. On comprend alors l'affirmation leibnizienne qu'il existe dans la nature physique deux règnes qui « se pénètrent sans se confondre et sans s'empêcher »[3] : le règne de la puissance où intervient en totalité le type de l'explication mécanique, et le règne de la sagesse, illustré par les combinaisons architectoniques que l'analyse révèle à l'infini dans la détermination des phénomènes. Ce qu'il importe de saisir derrière cette dualité des modèles pour l'*explanans* systématique, c'est le rôle complémentaire que jouent l'individualité irréductible des éléments réels conçus comme atomes formels et l'ordination continue des séquences par lesquelles s'exprime l'interaction idéale de ces atomes formels.

Pour illustrer cette thèse, considérons de nouveau l'analyse des lois de la catoptrique et de la dioptrique esquissée dans le *Tentamen anagogicum*. Le point de départ est l'utilisation du principe du chemin le plus aisé pour démontrer tant l'égalité des angles d'incidence et de réflexion (Ptolémée)

---

1. GP VII, 272.
2. GP VII, 272.
3. GP VII, 273. Sur la correspondance des règnes, voir J. McDoncugh, « Leibniz's two realms revisited », *Nous*, 42 (2008), p. 673-696.

que la loi des sinus (Fermat, Snell, Leibniz en 1682) [1]. À cette interprétation
téléologique de la construction géométrique impliquée, on objecte
l'absence de généralité lorsqu'on passe d'une réflexion ou réfraction sur
une surface plane à une réflexion ou à une réfraction impliquant des
surfaces courbes. Comme instance de l'objection, on peut retenir le cas
d'une réflexion sur un miroir concave où le chemin du rayon est non un
minimum, mais un maximum. Or le principe de finalité tel qu'interprété
par les auteurs semble impliquer une mesure d'économie : le trajet le plus
aisé étant celui qui supposerait la moindre dépense dans les moyens.
Leibniz lui-même dans l'*Unicum principium* n'a-t-il pas affirmé à propos
de la loi des sinus qu'il l'interprétait selon le « principe du chemin le plus
facile » [2] en supposant dans le schéma géométrique que la déviation angulaire en milieu plus dense est « en raison directe des temps, c'est-à-dire en
raison inverse des vitesses, c'est-à-dire en raison inverse des résistances » [3] ? Ce qu'il interprétait alors par la facilité plus grande de
transmission dans le milieu plus dense par opposition à une tendance plus
forte à la diffusion dans le milieu moins dense. Bref, l'aisance de
transmission du rayon se mesure suivant le degré d'élasticité des parties
élémentaires du milieu et le rapport se construirait géométriquement pour
deux milieux homogènes distincts séparés par une surface plane en
conformité à la loi des sinus des angles d'incidence et de réfraction. Cette
construction hypothétique implique, nous semble-t-il, des difficultés aussi
sérieuses que la construction cartésienne par recours au modèle de l'impact
dans le cas de trajectoires balistiques. La seule réelle supériorité de la
démonstration de Leibniz tient à la corrélation analytique de type
géométrique. L'idée domine d'un développement sériel de rapports corrélatifs représentant une téléologie immanente aux phénomènes optiques et
dont l'analyse géométrique peut dévoiler la structure fonctionnelle, donc la
signification architectonique. Mais l'idée d'un développement sériel ne se
manifeste pleinement que lorsqu'on passe à l'application démonstrative
des lois de la dioptrique et de la catoptrique pour les surfaces non rectilignes.

1. Sur les versions de Snell et de Fermat relatives à la loi des sinus, voir A. I. Sabra,
Theories of Light from Descartes to Newton, Cambridge, CUP, 1981, p. 100-105 et 136-158.

2. Dutens III, 147 ; *Principe*, p. 34 : « nostro facillimæ viæ principio ».

3. Dutens III, 149 ; *Principe*, p. 36 : « in ratione directa temporum, seu reciproca celeritatum, seu reciproca resistentiarum ».

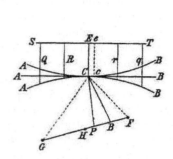

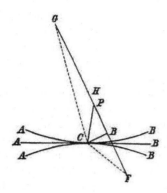

Fig. 3 : Illustration de la démonstration de la loi de la réflexion pour des surfaces courbes, d'après le *Tentamen anagogicum*

Fig. 4 : Illustration de la démonstration de la loi de la réfraction pour des surfaces courbes, d'après le *Tentamen anagogicum*

Le problème des surfaces courbes nécessite de corriger le modèle hypothétique et conjointement de raffiner l'outil analytique qui permet de dévoiler la structure fonctionnelle des phénomènes. La solution leibnizienne est ainsi résumée :

> Mais, outre que j'ai déjà dit que suivant les principes architectoniques les surfaces courbes doivent se régler sur les plans qui les touchent, j'expliquerai maintenant comment il demeure toujours généralement vrai que le rayon se conduit par le chemin le plus déterminé ou unique, même à l'égard des courbes. Aussi est-il remarquable que dans l'Analyse *de maximis et minimis*, c'est une même opération pour le plus grand ou pour le plus petit sans qu'on [ne] les distingue que dans l'application aux cas divers, parce qu'on cherche toujours le plus déterminé en grandeur, qui est tantôt le plus grand, tantôt le plus petit dans son ordre, l'analyse n'étant fondée que sur l'évanouissement de la différence ou sur l'unicité des jumeaux réunis, et nullement sur la comparaison avec toutes les autres grandeurs[1].

Ce texte est remarquable par la conjonction des critères formels devant servir à identifier l'hypothèse, la loi, le principe explicatif qui puisse s'avérer conforme à l'ordre architectonique. L'analyse *de maximis et minimis* dont il s'agit enveloppe les techniques des calculs différentiel et intégral : les relations qu'une telle analyse s'attache à dévoiler valent

---

1. *Tentamen anagogicum*, GP VII, 275.

essentiellement par leur signification fonctionnelle générale, caractérisée par l'ordre résultant d'une compensation des différences infinitésimales et s'imposant uniformément à toute variété interne comprise sous la même loi [1]. L'hypothèse doit à ce titre illustrer une *tendance* qui serait inscrite dans l'ordre des choses : cette tendance se refléterait sans ambiguïté dans une harmonisation des effets résultants à l'infini.

Les illustrations géométriques fournies par Leibniz qui portent l'une sur la réflexion, l'autre sur la réfraction, opèrent l'analyse en subsumant le cas des surfaces courbes et celui de la surface plane sous un même rapport réglé où l'on cherche la trajectoire unique résultant de l'exhaustion infinitésimale des différences inscrites sous la forme d'ordonnées symétriques. D'où par exemple la réinterprétation significative du théorème de la réfraction. Leibniz affirme :

> La même vérité a lieu encore à l'égard de la réfraction, c'est-à-dire quelle que soit la surface de séparation, plane ou courbe, pourvu qu'elle soit uniformément réglée, le rayon rompu arrive toujours du point d'un milieu au point de l'autre milieu par le chemin le plus déterminé ou l'unique, qui pour

---

1. Voir GP VII, 275-276 pour la démonstration de la loi de la réflexion dans le cas des surfaces courbes : « Soit un miroir quelconque ACB, plan, concave ou convexe, et deux points donnés F, G ; on demande le point de réflexion C, tel que le chemin FCG soit l'unique, singulier ou le déterminé en grandeur, que les anciens appelaient déjà μοναχὸν c'est-à-dire ou le plus grand ou le plus petit (selon que l'un ou l'autre a lieu), car ceux qui ne le sont point, sont doubles ou jumeaux, ayant un autre qui leur répond et qui a la même longueur. Joignons FG dont le milieu soit H et entre C et FG menons les perpendiculaires CB à FG, et CP au miroir. Appelons HF ou HG, a ; CB, y et BP sera $ydy : dx$ se prenant en arrière. Donc

$$CF = \sqrt{y^2 + x^2 - 2ax + a^2}$$
$$CG = \sqrt{y^2 + x^2 + 2ax + a^2}$$

et nous aurons CF + CG = m, et en différentiant on aura : d. CF + d. CG = 0, c'est-à-dire :

$$\frac{ydy + xdx - adx}{CF} + \frac{ydy + xdx + adx}{CG} = 0$$
$$\frac{CF}{CG} = \frac{a - x - (ydy : dx)}{a + x + (ydy : dx)}.$$

Or $a - x$ est BF, et $a + x$ est GB, donc

$$\frac{CF}{CG} = \frac{BF + BP}{GB - BP}$$
$$\frac{CF}{CG} = \frac{PF}{PG}$$

ce qui marque que l'angle des directions FCG est coupé en deux parties égales par CP perpendiculaire à la courbe, ou que les angles d'incidence et de réflexion sont égaux, quelle que soit la surface qui fait la réflexion ».

ainsi dire n'a point de frère jumeau, en longueur du temps, ce que je ne me souviens pas d'avoir vu observé ailleurs[1].

À partir de là, Leibniz, opérant la réduction des différences dans l'analyse des rapports, peut établir une détermination architectonique pour tous les parcours de réflexion ou de réfraction, pourvu que les conditions d'uniformité prévalent tant dans la structure interne des milieux que dans la figure des surfaces par lesquelles s'opèrent réflexion et réfraction. Mais cette uniformité peut être conçue comme analogiquement garantie par la loi interne du système de la nature, à partir du moment où la compensation des différences est conçue comme engendrant une continuité architectonique dans les phénomènes de transmission lumineuse. L'unicité des jumeaux réunis reflète précisément un usage régulateur du principe des indiscernables, en vue d'établir la pertinence à la fois matérielle et formelle d'un ordre qui s'accomplit dans le détail suivant une formule expressive de la systématicité de ce détail.

Dans sa correspondance avec De Volder, Leibniz illustre excellemment divers usages stratégiques du principe des indiscernables pour la construction théorique. De Volder avait exprimé de sérieuses réserves sur l'argumentation *a priori* au fondement de la dynamique, mais il avait fini par se rallier à la théorie leibnizienne des forces[2]. Il tend toutefois à interpréter celle-ci comme une mise en forme explicative portant sur les mouvements comme modes observables des réalités matérielles. Cela signifie qu'il accrédite la conception des forces dérivatives actives et passives et des lois « phénoménologiques » qui les caractérisent. Mais, pour aller au-delà dans l'admission d'entités théoriques et pour entériner la

---

1. GP VII, 276. Le modèle mathématique de la démonstration est le suivant : « Car soit tout préparé comme auparavant, sinon qu'au lieu du miroir il y a la surface ACB, plate, concave ou convexe, qui sépare deux milieux pénétrables par le rayon, et en change la direction. La résistance du milieu ACBF à celle du milieu ACBG soit comme f à g, donc il y aura f. CF + g. CG = m, et différentiant on aura

$$\frac{f(ydy + xdx - adx)}{CF} + \frac{g(ydy + xdx + adx)}{CG} = 0$$

et par conséquent (calculant comme auparavant)

$$\frac{CF}{CG} = \frac{f \cdot PF}{g \cdot PG}.$$

Or il est aisé de tirer de ce théorème la proportionnalité des sinus » (voir GP VII, 276-277).

2. Voir F. Duchesneau, *La dynamique de Leibniz, op. cit.*, p. 279-300 ; A. L. Rey, « L'ambivalence de l'action », in *Leibniz – De Volder Correspondance*, Paris, Vrin, 2016, p. 19-83.

conception des forces primitives actives et passives que Leibniz postule, il voudrait obtenir des garanties démonstratives relatives au concept de substance matérielle active [1]. À tout prendre, il va manifester une réticence de plus en plus marquée à admettre que la raison déterminante des jeux multiples de variations impliquant les forces dérivatives réside dans des relations constantes de forces primitives inhérentes aux monades, atomes métaphysiques sans extension. En définitive, il affichera des positions très voisines de celles de Huygens, son compatriote, dont il édite les œuvres posthumes. À son avis, si l'on admet des substances finies correspondant aux corps que l'expérience révèle, celles-ci doivent se caractériser par la permanence d'une essence non modifiable, que l'on peut sans doute assimiler à une forme d'atome dont les propriétés d'extension, d'impénétrabilité et de figure seraient primitives et inaltérables. Cette thèse, De Volder ne la présente d'ailleurs jamais comme métaphysiquement fondée, mais comme une sorte de réquisit minimal pour fonder l'intelligibilité des phénomènes. En ce qui concerne les fondements métaphysiques possibles, il finira même par éprouver de la sympathie pour les thèses occasionnalistes que développent les Cartésiens de génération tardive, et à l'égard desquelles il avait au départ exprimé des réserves. De façon générale, il estime que les analyses de la physique ne peuvent fournir qu'une transcription « géométrique » des connexions empiriques que l'expérience s'avère apte à valider.

Tel est le statut que De Volder reconnaît à la dynamique leibnizienne. Comme hypothèse, celle-ci constitue l'une des branches d'une alternative épistémologique dont l'hypothèse mécanique des Cartésiens forme l'autre branche. Cette équivalence d'hypothèses serait analogue à celle des systèmes astronomiques de type descriptif associés aux noms de Ptolémée, de Copernic et de Tycho Brahé. De Volder reconnaît seulement que la construction leibnizienne est plus englobante, qu'elle recouvre plus adéquatement le champ des phénomènes à expliquer. Toutefois, les catégories de type géométrique seraient seules opératoires pour la constitution d'un modèle mathématique expressif de l'ordre des phénomènes. De ce fait, les concepts qui signifient l'inhérence des forces comme agents embryonnés s'actualisant en effets mécaniques ne possèdent qu'une intelligibilité

---

1. Voir par exemple, lettre de De Volder à Leibniz du 12 novembre 1699, GP II, 200 : « Id tamen satis intelligere existimo, virium actionumque regulas ex eorum principiis [ceux des Cartésiens] deduci non posse, quascunque etiam leges sequamur, adeoque vel cum iis ad Deum confugiendum esse ἀπὸ μηχανῆς, quod minime probo, vel vires corporum ex substantia corporea deducendas, quod utinam possem ».

réduite : ce sont en quelque sorte des signes algébriques représentant les causes inconnues mais régulières d'actions émergentes. Par suite, l'entéléchie leibnizienne comme sujet d'inhérence de la force lui semble une présupposition ontologique sans garantie d'intelligibilité géométrique. Il n'a de cesse de requérir de Leibniz qu'il prouve la connexion nécessaire de la force, identifiée par ses propriétés dérivatives, avec un sujet substantiel d'inhérence, et en particulier avec un sujet du type de l'entéléchie [1]. Corrélativement, De Volder soulève la question de l'autosuffisance d'une explication des phénomènes par les seules forces dérivatives : pourquoi aurions-nous besoin d'un palier supplémentaire de la théorie, celui des forces primitives, entités théoriques qui figureraient des êtres de raison redondants par rapport aux réquisits de la connaissance scientifique [2] ?

En réponse, l'argumentation leibnizienne se déploie suivant une pluralité de facettes, dont le principe des indiscernables assure l'articulation. En premier lieu, Leibniz s'emploie à établir le statut relatif et en quelque sorte idéal des concepts par lesquels nous déterminons les rapports d'ordre dans les phénomènes : ces concepts relèvent de notre pouvoir d'intellection lorsque nous prenons en compte la connexion réelle présumée entre des existants individuels ou individualisables. Leibniz critique les présumés concepts primitifs dont les Cartésiens se servent pour représenter la

1. Voir par exemple, lettre de De Volder à Leibniz du 3 avril 1702, GP II, 238 : « Tecum equidem sentio per experientiam constare, nequaquam omni vi destitui corpora, sed hujus rei per experientiam notæ demonstrationem quæro, ex ipsa natura substantiæ petitam ». Lettre de De Volder à Leibniz du 25 juillet 1702, GP II, 243 : « [...] me in tua substantiæ corporeæ notione desiderare ut ostendatur, inter materiam et quæ ei ascribitur vim activam, quæ simul unam substantiam constituant, esse nexum necessarium et reciprocum ». Lettre de De Volder à Leibniz du 7 octobre 1702, GP II, 246-247 : « [...] facile conjicies me massam hanc cum entelechia sua non facile pro una re aut substantia habiturum nisi inter eam et entelechiam nexus demonstretur necessarius ; imo nec entelechiam tuam, in qua tanta nisuum varietas continetur, pro una substantia, nisi demonstretur tam inter omnes nisus quos in præsentia habet, quam quos porro habitura est, nexum hunc reperiri necessarium ; me præterea admodum dubitare, an res una et simplex sua ex natura ulli mutationi possit esse obnoxia, si quidem omnis mutatio semper ab alio sequatur ».
2. Voir lettre de De Volder à Leibniz du 7 octobre 1702, GP II, 246 : « Quod ita facile concipio, vim totalem quæ in omnibus corporibus simul sumtis reperitur, manere eandem, licet varie distribuatur [...]. Ponamus in corporibus singulis nihil reperiri præter vires quas jam habent derivatas, si ita velis, nonne ex hoc solo sequentur omnia, quæ porro in rerum natura futura sunt ? Quid ergo necesse est statuere præterea vires primitivas easque indivisibiles ». Lettre de De Volder à Leibniz du 5 janvier 1704, GP II, 260-261 : « Fateor quidem ad vires has derivatas ponendas confugiendum ad Deum, sed idem facis in primitivis. Nec eo minus dicam, produxisse Deum in rebus principia mutationum, ut posteriora ex prioribus inferri possint. Producit enim vires derivatas, ex quibus omnis mutatio sequitur ».

structure formelle des réalités matérielles. Ainsi l'étendue et la durée apparaissent-elles comme des abstraits dérivés de réalités concrètes. Dans le premier cas, il s'agit de la coexistence continue issue d'une multiplicité d'unités figurées par leurs modifications phénoménales corrélatives; dans le second cas, d'une succession continue constituée de façon analogue. L'homogénéité des parties de l'étendue et de la durée et leur stricte équivalence dans la substitution révèlent qu'on a affaire à un ordre de possibilités sans capacité inhérente de causalité, sans même de détermination formelle à proprement parler. Ainsi Leibniz déclare-t-il :

> L'étendue est relative à quelque nature dont elle est la diffusion, de même que la durée est relative à la chose qui persiste. Ce qui est de ce fait particulier à l'étendue c'est que dans un seul et même lieu diverses réalités étendues successives s'inscrivent (*quadrant*), c'est-à-dire se succèdent les unes aux autres dans l'ordre des coexistants. Mais ce qui est particulier au temps, c'est que plusieurs réalités se trouvent ensemble dans le même temps[1].

Bref, Leibniz souligne que l'étendue et la durée font figure de réseaux de relations expressives du *situs* réciproque d'existants qui ne sauraient formellement s'y réduire. Une notion résultant de la composition de divers concepts formels ne peut être tenue pour représenter la cause déterminante des modifications observées dans l'étendue et la durée. Or, si l'on peut admettre un *nexus necessarius* abstrait entre des parties figurées de l'étendue, entre des nombres, entre des modalités de mouvement, ce *nexus* ne peut rencontrer que de façon provisionnelle et générale l'ordre liant les existants concrets et leurs états particuliers. De ce point de vue, les modèles que l'on construit pour se donner une représentation adéquate des phénomènes, n'ont de valeur que conditionnelle. La figuration du *nexus* sous forme de connexion nécessaire ne peut procurer qu'un analogue abstrait et donc partiel de la véritable connexion analogue, illustrant la complexité et l'ordre harmonique du contingent[2].

---

1. Lettre à De Volder du 27 décembre 1701, GP II, 234 : « Extensio etiam relativa est ad aliquam naturam cujus sit diffusio, ut duratio ad rem quæ persistit. Illud interim peculiare est Extensioni, quod uni eidemque loco diversa extensa successiva quadrant, id est in aliorum situm in ordine coexistentiarum succedunt; sed tempori perculiare est, quod plura sunt in tempore eodem simul ».
2. Pour une caractérisation analogue des relations temporelles abstraites selon Leibniz, voir R. Arthur, *Monads, Composition, and Force*, *op. cit.*, p. 254-289.

D'où la dénonciation de la fausse simplicité et donc de l'inadéquation du modèle de l'atome, si l'on s'en sert comme d'une notion ultime dans l'analyse régressive des composants de la réalité physique. Cette dénonciation est constante chez Leibniz, et elle se trouve mise en relief dans la plupart des correspondances relatives à la philosophie naturelle, entre autres dans les lettres à Huygens, à Hartsoeker, à De Volder et dans les écrits à Clarke. Prenons à titre d'exemple l'argumentation développée par Leibniz dans la lettre à Hartsoeker du 30 octobre 1710 :

> Les atomes sont l'effet de la faiblesse de notre imagination, qui aime à se reposer et à se hâter à venir à une fin dans les sous-divisions ou analyses ; il n'en est pas ainsi dans la nature qui vient de l'infini et va à l'infini. Aussi les atomes ne satisfont-ils qu'à l'imagination, mais ils choquent les raisons supérieures[1].

Ceux qui réduisent les corps à des structures minimales d'étendue, prennent des modes abstraits homogènes, et proprement indiscernables, tels ceux d'un degré minimal déterminé d'impénétrabilité, d'un volume minimal donné, ou de figures génériques uniformes, comme sujets de distinctions réelles entre des éléments véritables de matière. L'indivisibilité de l'atome ne peut être justifiée en raison, puisqu'il n'y aurait aucune détermination spécifique à posséder une telle propriété. Il s'agit donc d'une fiction de la raison qui prend appui sur la représentation imaginative d'une limite inférieure à l'extension des corps ; mais aucune raison suffisante ne répond au concept d'une telle limite, qui fait alors figure de « qualité occulte ». Leibniz renvoie donc dos à dos les tenants de l'hypothèse de l'atome et les tenants d'un élément premier parfaitement fluide. Dans les deux cas, la thèse contestée est celle de l'homogénéité d'essence de l'élément suivant des déterminations qui tiennent à la similarité extensive des parties, que celles-ci soient d'ailleurs tenues pour discontinues ou continues.

La thèse leibnizienne est en revanche celle d'une infinité de degrés de consistance et de fluidité caractérisant les corps, de telle sorte que la nature physique se conforme à un ordre architectonique où la continuité de gradation des phénomènes répond à une multiplicité infinie d'éléments réels individualisés au plan substantiel. Dans la correspondance avec Hartsoeker, la critique de l'atomisme repose surtout sur le principe de raison suffisante par référence à l'exigence de continuité. Citons un passage significatif de cette approche :

1. § 13, GP III, 507.

Une partie de mes raisonnements nouveaux dépend d'un grand principe assez connu, mais pas assez envisagé : savoir que rien n'arrive sans un pourquoi suffisant, ou bien sans une raison déterminante [...]. Et lorsque la chose dont il s'agit est d'une nature uniforme et simple, nous sommes en état (toutes pauvres créatures que nous sommes) de juger s'il y peut avoir une raison ou non [...] Il y a une loi de la nature qui porte qu'il n'y a aucun passage *per saltum* [...]. Cette loi ne permet pas qu'il n'y ait point de milieu entre le dur et le fluide [1].

Dans les écrits de la polémique avec Clarke, c'est réciproquement l'exigence de discernabilité intrinsèque des éléments ultimes de la physique qui est mise en avant :

Cette supposition de deux indiscernables, comme de deux portions de matière qui conviennent parfaitement entre elles, paraît possible en termes abstraits ; mais elle n'est point compatible avec l'ordre des choses, ni avec la sagesse divine, où rien n'est admis sans raison. Le vulgaire s'imagine de telles choses, parce qu'il se contente de notions incomplètes. Et c'est un des défauts des atomistes [2].

Il s'agit bien de deux aspects complémentaires de l'intervention des principes architectoniques dans la recherche d'explication physique.

Leibniz traite de ce thème épistémologique de façon approfondie dans la correspondance avec De Volder. Il s'agit alors de proposer une solution au problème du lien nécessaire de la force avec la base substantielle à l'arrière-plan des phénomènes de mouvement, c'est-à-dire à l'arrière-plan des modifications affectant les réalités physiques, que traduisent les lois de la force dérivative.

Prenons à titre d'exemple l'argumentation développée dans les lettres à De Volder du 20 juin 1703 et du 30 juin 1704. Si l'on se fonde sur des distinctions modales relatives à l'étendue pour identifier les réalités corporelles, les notions utilisées ne sauraient suffire à la tâche de fournir des dénominations intrinsèques : d'où la nécessité de recourir à des sources internes de diversité. Certes, on ne peut songer à construire de théorie générale de l'ordre dans les phénomènes sans recourir à des notions abstraites, donc incomplètes. Mais celles-ci ne fournissent qu'un soutien imaginatif

1. Lettre à Hartsoeker du 7 décembre 1712, GP III, 529.
2. *5e Écrit à Clarke*, § 21, GP VII, 394. Voir aussi § 22, GP VII, 394 : « Outre que je n'admets point dans la matière des portions parfaitement solides, ou qui soient tout d'une pièce, sans aucune variété ou mouvement particulier dans leurs parties, comme l'on conçoit les prétendus atomes. Poser de tels corps, est encore une opinion populaire mal fondée. Selon mes démonstrations, chaque portion de matière est actuellement sous-divisée en parties différemment mues, et pas une ne ressemble entièrement à l'autre ».

à la théorisation. Les notions abstraites de type mathématique permettent en effet de concevoir le divers sans diversité intrinsèque, d'établir ainsi des relations de congruence entre les traits phénoménaux qui garantissent des substitutions d'équivalents : orchestrant ces substitutions, s'expriment des lois quantitatives. La question est de déterminer jusqu'à quel point ce système de transcription rencontre l'ordre naturel. Dans leur réalité nue, on peut dire que ces notions soutiennent une procédure de rationalisation explicative, mais la nature ne reconnaît pas comme ontologiquement fondés les produits d'une telle rationalisation dont la fonction n'est qu'instrumentale dans l'analyse des réalités complexes. Des concepts incomplets ne peuvent que symboliser de façon indirecte les notions complètes correspondant aux formes substantielles individualisées. Il ne peut y avoir rien de tel dans la nature que des atomes à la façon de Démocrite, ou des corpuscules de genre déterminé à la façon des éléments dans la physique cartésienne. Car toute partie physique est différenciée de toute autre par son contenu : si elles se distinguent par des places distinctes dans l'espace, c'est en vertu du fait qu'elles expriment différemment leur situation spatiale, ce qui renvoie à quelque disposition interne non spatiale. À supposer une masse extensive à l'arrière-plan de la réalité phénoménale,

> il est absolument nécessaire de poser quelque chose d'autre dans la matière qui fournisse un principe de variation et de distinction des phénomènes ; ainsi outre l'augmentation, la diminution et le mouvement, l'altération et par suite l'hétérogénéité de la matière sont requises [1].

La même argumentation aboutit à phénoménaliser les concepts qui fondent l'intelligibilité présumée des réalités naturelles : l'espace, le temps, le mouvement. La question soulevée par De Volder porte sur le « corps mathématique », à la fois infiniment divisible et constituant, présume-t-on, l'essence de la réalité matérielle. En outre, les mouvements qui se dessinent dans ce *continuum* extensif semblent à la fois se révéler relatifs au système de repères choisi et exprimer des modifications réelles des corps physiques, dans la mesure où ils traduisent l'interaction et la corrélation des forces dérivatives. Or, pour Leibniz, le corps mathématique et les propriétés qui s'y rattachent ne peuvent constituer la nature de quelque chose de réel. Il s'agit non de quelque chose d'actuel (*aliquid*

---

1. Lettre à De Volder du 20 juin 1703, GP, II, 250 : « sed plane esse necessarium ut utique aliquid aliud in materia ponatur quo habeatur principium variationis distinctionisque phænomenorum atque adeo præter augmentationem, diminutionem motumque opus esse alteratione atque adeo materiæ heterogeneitate ».

actuale), mais de quelque chose de mental (*mentale quiddam*)[1], qui désigne la possibilité d'une décomposition en parties strictement équivalentes. La ligne géométrique ne peut pas plus être tenue pour un agrégat réel de lignes élémentaires, que l'unité arithmétique ne peut être tenue pour l'agrégat des fractions en lesquelles on l'aurait analysée. De même, le nombre nombrant ne constitue pas de substance sans les choses nombrées, ni l'extension sans les sujets d'action et de passion qui s'expriment par le jeu des mouvements. Leibniz souligne que les propriétés parallèles d'extension et de durée renvoient à la conceptualisation parallèle de l'espace et du temps, et traduisent l'application de ces concepts abstraits à la représentation des existants réels suivant l'ordre de la coexistence ou celui de la succession : l'espace représente l'ordre des possibles simultanés, comme le temps celui des possibles successifs. À l'instar du nombre, qui s'y applique généralement et permet de ce fait la symbolisation mathématique des rapports spatiaux et temporels, le temps et l'espace signifient donc des ordres de possibilité et réfèrent à la rationalité des vérités éternelles : ils ne peuvent dénoter les propriétés des réalités contingentes que sous les conditions spécifiques relatives à la genèse concrète de ces réalités. Cela signifie que la « géométrie abstraite » des rapports spatiotemporels rend compte des réalités concrètes dans leurs manifestations phénoménales, sous réserve que l'on explicite la relation de cette *ratio cognoscendi* à la structure spécifique et strictement individualisée des corps physiques. Dans cette perspective, le statut de l'étendue peut ainsi s'établir :

> [L'étendue] n'exprime rien d'autre qu'une certaine diffusion ou répétition d'une certaine nature, non pas successive (comme c'est le cas pour la durée), mais simultanée, ou ce qui revient au même, elle exprime la multitude des choses de même nature existant en même temps avec un certain ordre réciproque, et cette nature [...] est dite s'étendre ou se diffuser. C'est pourquoi la notion d'étendue est relative, c'est-à-dire l'étendue est l'étendue de quelque chose, comme nous disons que la multitude ou la durée est la multitude ou la durée de quelque chose. La nature qui est présumée se diffuser, se répéter, se continuer est ce qui constitue le corps physique, et ne peut être découverte en rien d'autre qu'en un principe d'action et de passion, comme rien d'autre ne nous est suggéré par les phénomènes[2].

1. Lettre à De Volder du 30 juin 1704, GP II, 268.
2. GP II, 269 : « Exprimitque [extensio] nihil aliud quam quandam non successivam (ut duratio) sed simultaneam diffusionem vel repetitionem cujusdam naturæ, seu quod eodem redit multitudinem rerum ejusdem naturæ, simul cum aliquo inter se ordine existentium,

Bref, l'étendue, comme les catégories similaires, ne représente aucunement l'essence des réalités matérielles : on ne peut donc en inférer les caractéristiques des entités théoriques. Par contre, les lois phénoménales se moulent en des systèmes d'expression qui utilisent les ressources de la symbolisation spatio-temporelle. Ainsi accède-t-on à des modèles d'ordre général pour la caractérisation et l'analyse des phénomènes : ceux-ci sont relatifs à notre pouvoir de construire des interprétations générales qui ne contreviennent pas aux séries internes d'états dynamiques définissant le statut essentiel des corps physiques. Nos modèles doivent en effet refléter la résultante harmonieuse des causes individuelles ; dans la réalisation de cet objectif, les catégories du type de l'espace et du temps sont appelées à fournir une articulation syntaxique homogène aux raisons déterminantes globales. Le principe des indiscernables détermine leur subordination par rapport aux concepts qui reflètent l'ordre des causes et celui des essences réalisées, et leur relativité par rapport aux exigences formelles et matérielles de la construction théorique. Par exigence formelle, entendons que les concepts signifiant les entités théoriques doivent satisfaire à des réquisits architectoniques de détermination optimale : les modèles qui serviront à interpréter les phénomènes doivent se conformer à ce type de raisons causales sous-jacentes. Par exigence matérielle, comprenons que les concepts théoriques doivent représenter une structure profonde de la réalité, non pas déterminée par des rapports spatio-temporels absolus, mais déterminante à l'égard de telles catégories cosmologiques : celles-ci fournissent des éléments d'intelligibilité relatifs à la seule représentation de surface. D'où la thèse leibnizienne souvent réitérée, surtout dans les œuvres de maturité, de la relativité et de l'idéalité de l'espace et du temps, avec comme corollaire le rejet d'une doctrine du mouvement absolu, comme celle de Newton [1].

---

naturæ, inquam, quæ nempe extendi seu diffundi dicitur. Itaque extensionis notio est relativa seu extensio est alicujus extensio, uti multitudinem durationemve alicujus multitudinem, alicujus durationem esse dicimus. Natura autem illa quæ diffundi, repeti, continuari supponitur est id quod corpus physicum constituit, nec in alio quam agendi patiendique principio inveniri potest, cum nihil aliud nobis a phænomenis suggeratur ».

1. Au sujet de la critique par Leibniz du concept newtonien de mouvement absolu, avec maintien de l'absoluité de la force comme source des mouvements relatifs, voir H. Bernstein, « Leibniz and Huygens on the relativity of motion », in *Leibniz' Dynamica, Studia Leibnitiana, Sonderheft 13*, Stuttgart, F. Steiner, 1984, p. 65-102 ; R. Arthur, *Monads, Composition, and Force, op. cit.*, p. 178-218.

Il peut suffire à cet égard de rappeler les arguments si remarquablement développés dans les *Écrits à Clarke*. Mais il est d'intérêt épistémologique de revenir ici sur l'analyse que Leibniz propose de la genèse des idées cosmologiques, en particulier de celle d'espace. Soit un ensemble de corps coexistants : nous nous représentons les rapports plus ou moins complexes de situation des uns par rapport aux autres. Si l'on change le rapport de cet ensemble de corps à une multitude d'autres que l'on suppose occuper un *situs* constant, et qu'un autre objet phénoménal vienne à occuper la place du premier, on identifie un mouvement et l'on repère une cause présumée de ce mouvement au plan phénoménal. L'étape suivante dans la construction consiste dans l'association d'une série de permutations conjuguées dont chacune possède une identification de *situs*. L'ensemble simultanément ordonné de ces *situs* constitue l'espace. Et l'essence phéno-ménale de l'espace consiste dans la série indéfinie des changements possibles dans le *situs* des objets d'expérience : le tout se résorbe ulti-mement en un système de règles de permutation pour la disposition simul-tanée de tels objets.

> Et ce qui comprend toutes ces places est appelé *espace*. Ce qui fait voir que pour avoir l'idée de la place, et par conséquent de l'espace, il suffit de considérer ces rapports et les règles de leurs changements, sans avoir besoin de se figurer ici aucune réalité absolue hors des choses dont on considère la situation [1].

Leibniz a recours à une métaphore significative pour souligner qu'un système d'ordre abstrait peut incarner ce type de permutations possibles. Supposons un arbre généalogique qui représente de façon graphique des relations de filiation et de parenté suivant l'ordre effectif de succession. Imaginons que nous nous abstenions de considérer les personnes indivi-duelles qui ont produit ce développement séquentiel, pour ne retenir que la représentation graphique de l'ordre de succession et des relations de contemporanéité relative. Concevons une étape additionnelle : celle d'une substitution indifférente d'individualités – en vertu de l'hypothèse d'une fictive métempsychose – aux points d'intersection des segments de droite de l'arbre. On aurait alors une subordination hypothétique des entités concrètes à un ordre abstrait de juxtaposition spatio-temporelle. Cette subordination hypothétique peut être admise si les rapports qu'elle implique entre les couples ou les séries figurativement congruentes d'indi-vidualités ou d'états concrets sont conçus comme de simples rapports de

---

1. *5ᵉ Écrit à Clarke*, § 47, GP VII, 400.

convenance «harmonique», et non comme de véritables rapports de substituabilité, présupposant l'identité stricte des termes.

Mais l'esprit non content de la convenance, cherche une identité, une chose qui soit véritablement la même, et la conçoit comme hors de ces sujets; et c'est ici ce qu'on appelle *place* et *espace*. Cependant cela ne saurait être qu'idéal, contenant un certain ordre où l'esprit conçoit l'application des rapports: comme l'esprit se peut figurer un ordre consistant en lignes généalogiques, dont les grandeurs ne consisteraient que dans le nombre des générations, où chaque personne aurait sa place [1].

La congruence des relations entre individualités considérées sous l'aspect d'une combinatoire de *situs* est le fondement d'un usage légitime des catégories abstraites de temps et d'espace, et des concepts qui leur sont subordonnés. La similarité des relations d'ordre reposant sur cette synthèse combinatoire ne possède donc qu'une valeur approchée et générale par rapport aux connexions réelles qui se diversifient à l'infini. Et cette similarité doit répondre à l'idée d'un ordre architectonique résultant du système des causes réelles. D'où la thèse de lois uniformes de la nature physique qui s'analysent en constantes spatio-temporelles; mais celles-ci résultent de la convergence graduée des différences réelles lorsqu'elles dessinent un plan optimal des déterminations géométriques et mécaniques.

Dans ces conditions, Leibniz tend à dénouer l'aporie de De Volder sur le caractère non indispensable du recours aux forces primitives par-delà les forces dérivatives. On ne pourrait rendre compte causalement des interactions de masses et de forces qui se produisent au plan des phénomènes. Ces interactions se traduisent en mouvements dont les lois de la dynamique déterminent l'engendrement dans le temps et dans l'espace, sous l'égide des principes de conservation, eux-mêmes expressifs des exigences d'un ordre architectonique de la nature. Or l'homogénéité de la représentation spatio-temporelle qui assure une validité symbolique générale des lois d'interaction mécanique et même des principes de conservation dans leur expression mathématique ne suffit pas à garantir la transition de la relativité du mouvement à la réalité de la force sous-jacente du point de vue d'une théorie cohérente. S'il se produit actuellement des effets mécaniques de la force, effets que symbolisent les lois de la force dérivative, il faut, selon Leibniz, des ingrédients simples de force pour assurer la dérivation sérielle des états dynamiques successifs: les modifications mécaniques requièrent une raison suffisante de type substantiel pour des forces

1. GP VII, 401.

dérivatives, qui enveloppent des effets à venir à travers la succession temporelle des états de *situs*. Homogènes extensifs, le mouvement et la masse correspondent à des déterminations relatives et idéales ; ils renvoient aux forces dérivatives actives et passives comme principes d'engendrement des états successifs du corps physique. Mais les forces dérivatives comportent elles-mêmes des états successifs ; elles forment des séquences d'états variés dont on opère la comparaison abstraite en vertu d'une homogénéité présumée. Il faut une raison suffisante des états discrets actuels de la force, lesquels sous-tendent des séries de modifications instantanées ; il faut un substrat qui équivaille à la loi constante de chaque série individualisée :

> La force dérivative est l'état présent lui-même tandis qu'il tend à l'état suivant ou préimplique (*præ-involvit*) l'état suivant, comme tout présent est gros de l'avenir. Mais le sujet même qui persiste, en tant qu'il enveloppe tous les cas, possède une force primitive, de telle sorte que la force primitive est comme la loi d'une série, la force dérivative comme la détermination qui désigne un certain terme dans la série [1].

Cette formule remarquable rejoint celle de la preuve *a priori* des vérités de fait : la raison suffisante qui régit une analyse infinie de telles propositions peut en effet se concevoir selon le modèle des lois de séries mathématiques. Ces lois expriment la convergence des termes en projetant une formule d'ordre qui en règle le déploiement indéfini. Comme toute proposition reflétant l'ordre complexe des phénomènes, la loi de série ne peut être qu'une construction hypothétique et abstraite sous l'égide des principes architectoniques. D'une part, nos formules abstraites pour exprimer de telles lois doivent présupposer l'individualité des raisons déterminantes en l'essence dynamique de chaque sujet réel. Elles doivent d'autre part traduire leur conformité par rapport à l'idée d'un système de la nature optimalement déterminé, c'est-à-dire intégrant des déterminations individualisées à l'infini.

D'où ce que l'on peut tenir pour une règle formelle en vue de perfectionner les propositions théoriques : chercher la formulation générale qui permette de concevoir comme idéalement unique la détermination globale de phénomènes apparemment hétérogènes, dont les raisons se trouvent

---

1. Lettre à De Volder du 21 janvier 1704, GP II, 262 : « Vis autem derivativa est ipse status præsens dum tendit ad sequentem seu sequentem præ-involvit, uti omne præsens gravidum est futuro, sed ipsum persistens, quatenus involvit casus omnes, primitivam vim habet, ut vis primitiva sit velut lex seriei, vis derivativa velut determinatio quæ terminum aliquem in serie designat ».

diversifiées à l'infini. Par phénomènes hétérogènes entendons ceux qui répondent à des dénominations extrinsèques distinctes dans les limites du contrôle empirique le plus poussé qu'il soit possible d'accomplir[1]. Cette règle plus ou moins explicite traduit l'audace spéculative de la généralisation, pour autant que la formule généralisée enveloppe plus adéquatement la structure infinitésimalement individualisée du réel sous-jacent aux phénomènes et à leurs séquences régulières.

Dans une analyse consacrée à une expression spécifique de l'identité des indiscernables, celle qui résulte des déterminations symétriques, Herbert Breger a développé une interprétation intéressante de la notion de loi chez Leibniz[2]. Il met en valeur le fait que la méthodologie de Leibniz se fonde sur le recours à des principes architectoniques dans la construction de modèles. Dans une telle perspective, les lois de la nature reflètent certes la conception d'un ordre général rendu intelligible par les ressources de la *mathesis*, mais cet ordre s'établit à partir d'une détermination « harmonique » de la perfection[3]. Cette interprétation se révèle assez voisine de

---

1. Voir, à titre d'exemple d'une telle construction de propositions théoriques, la note marginale du manuscrit du *Tentamen anagogicum*, GP VII, 277 : « De cela se peut encore tirer un autre théorème commun à la Catoptrique et à la Dioptrique, qui me paraît plus élégant. Le voici : Si dans un rayon rompu on prend deux points, en sorte que la base qui les joint, est coupée également par le perpendiculaire à la surface de séparation, les rayons sont toujours proportionnels de part et d'autre, et entre eux comme les résistances des milieux ».

2. H. Breger, « Symmetry in Leibnizian Physics », in *The Leibniz Renaissance*, Firenze, L.S. Olschki, 1989, p. 23-42 ; repr. dans H. Breger, *Kontinuum, Analysis, Informales – Beiträge zur Mathematik und Philosophie von Leibniz*, Berlin, Springer Spektrum, 2016, p. 13-27.

3. Voir en particulier, H. Breger, *ibid.*, in *Kontinuum, Analysis, Informales, op. cit.,* p. 14-15 : « By being valid for a number of single occurrences of phenomena, a law is valid for an ideal or possible occurrence. Since, therefore, mathematics and physics are concerned with the realm of ideals and possibilities, the notions of symmetry are, indeed, applicable to these sciences. Furthermore, they are, indeed, quite necessary. [Leibniz] defines perfection as regularity ; to be more precise, a thing is all the more perfect, when in increasing variety, it reveals greater regularity and conformity. Perfection is a harmony of things, or, a consensus or an identity within the variety (*consensus vel identitas in varietate*) [...]. To think in symmetries means at the same time to think in a particularly perfect way, for, according to Leibniz, thinking is more perfect, when, at every stage of our thinking, several objects are referred to simultaneously. What he terms the fundamental rule of his philosophical system is that things displaying unlimited differences are to be understood by the same basic principles. Leibniz sees the beauty and perfection of the universe in this interplay of the wealth of things and the identity of structures ». Je ne formulerai que deux réserves à l'égard de cette analyse avec laquelle je m'accorde volontiers. D'une part, les modèles mathématiques en physique n'ont qu'une valeur conditionnelle, et n'importent par conséquent qu'une nécessité *ex hypothesi*.

celle qui infère le recours au principe des indiscernables comme principe architectonique.

Les remarques terminales du *Tentamen anagogicum* suggèrent le statut épistémologique particulier du principe des indiscernables, et par-delà, celui des autres principes architectoniques. Ces principes n'ont rien d'absolument déterminant au sens où l'on pourrait en dériver des propositions dont le contraire impliquerait contradiction : «Les architectoniques n'importent qu'une nécessité de choix, dont le contraire importe imperfection»[1]. La distinction entre déterminations géométriques et architectoniques souligne le caractère en quelque sorte aléatoire et spéculatif des hypothèses qui répondent aux seules normes de la raison suffisante interprétée comme architectonique. Mais deux considérations militent, semble-t-il, en faveur d'un usage de tels principes dans la théorisation : en premier lieu, les déterminations purement géométriques nous manquent pour assigner les lois de la nature ou, plus exactement, celles que nous possédons apparaissent comme subalternes par rapport à des déterminations de type économique et fonctionnel qui assurent la cohérence systématique de notre compréhension de la réalité physique; par contraste, l'analyse en déterminations géométriques devrait procéder à l'infini sans que soit garantie la formulation d'un concept satisfaisant à l'ordre intégral de l'ensemble. L'autre raison est liée au pouvoir d'invention qui résulte des principes architectoniques. Leibniz rappelle que les lois gouvernant les mouvements dérivent d'une source supragéométrique, et qu'à ce titre l'exigence de discernabilité ultime permet d'en fournir un schéma de dérivation formel expressif de leur fondement dans le système de la nature. Le pouvoir d'invention des principes architectoniques, tel le principe de l'identité des indiscernables, suppose que l'on puisse accroître la fécondité des considérations légales en se servant de tels principes comme d'instruments d'analyse progressive et de découverte. Cela n'apparaît possible que dans la mesure où l'ordre présumé régir les phénomènes enveloppe la possibilité d'assigner la structure dynamique des individualités, dont les phénomènes sont l'expression. On ne peut donc concevoir une telle notion de la loi naturelle sans reconnaître ce qu'elle doit à l'intégration du principe des indiscernables dans la recherche physique.

Par ailleurs, l'identité que les lois physiques reconstituent entre les cas devrait plutôt être considérée comme une équivalence approchée de façon asymptotique.

1. GP VII, 278.

Par contraste avec l'analyse dirimante qu'en fournissait Couturat[1], il est possible d'interpréter le principe des indiscernables de façon à en saisir le rôle régulateur dans l'explication physique. Leibniz met ce rôle en valeur en appliquant à l'interprétation des lois mécaniques ou optiques l'analyse *de maximis et minimis* : celle-ci sert de modèle pour édifier des hypothèses, dans la mesure où la compensation exhaustive des différences permet de concevoir une loi interne ordonnée à des formes optimales comme raisons suffisantes des phénomènes corrélatifs. De même, le principe de continuité dans sa signification architectonique requiert que l'on interprète la forme légale des phénomènes comme l'expression d'une sommation des tendances infinitésimales constitutives des éléments réels à l'arrière-plan de l'ordre empirique. La désignation des réalités par dénominations extrinsèques se trouve alors dépassée en une formule de loi qui intègre le divers indéfiniment analytique des éléments réels en un système de propositions générales ayant la puissance de systématiser progressivement des phénomènes à première vue irréductibles par rapport à l'ordre « continu ». La nature de la congruence dans l'ordre phénoménal se conçoit par une conjonction de forme générale et de détail à l'infini au plan de l'hypothèse. Il est même sans doute concevable d'étendre cette interprétation de la structure des théories à la structure de la réalité phénoménale et d'y saisir une articulation essentielle du système leibnizien de la nature. À cette approche épistémologique se conjugue une projection métaphysique correspondant à l'ontologisation des principes régulateurs. Cette projection se structure alors suivant la doctrine des monades. Dans cette doctrine, l'exigence d'individuation des éléments réels, à l'arrière-plan des lois « harmoniques » de la nature, se trouve analogiquement figurée ; mais la construction métaphysique correspondante se profile en quelque sorte par-delà les limites de la théorisation des phénomènes.

---

1. Voir p. 273-274 *supra*.

LE PRINCIPE DE CONTINUITÉ

Parmi les principes architectoniques qui sous-tendent l'édifice de la science leibnizienne, le principe de continuité est probablement celui dont le rôle est le plus général et le plus fondamental. Tous les principes de ce type, comme plusieurs commentateurs l'ont souligné, incarnent diversement l'exigence fondamentale de rationalité qu'exprime le principe de raison suffisante : ce sont des propositions qu'on pourrait en droit dériver de ce principe primordial[1]. Certes, la dérivation dont il s'agit ne peut se ramener à aucune forme de déduction *a priori*. Les principes architectoniques dérivent du principe de raison suffisante parce qu'ils l'impliquent : ils en constituent des applications spécifiques pour fin de compréhension des réalités contingentes, en particulier lorsqu'on analyse celles-ci suivant l'ordre des phénomènes qui les expriment. Somme toute, en examinant le « ressort logique » des principes dérivés, ce qui en articule la fonction explicative, on doit pouvoir retrouver la forme de postulation caractéristique du principe de raison suffisante, c'est-à-dire la présomption d'intelligibilité de tout événement ou de toute proposition exprimant un fait attesté. Cette présomption justifie d'anticiper sur le dévoilement de la raison ou de la cause, puisque l'événement ou la proposition factuelle exprime, dans sa teneur même, l'idée d'une telle *causa sive ratio* et qu'on peut en droit remonter à une telle idée par l'analyse.

Pour comprendre le type de dérivation relative que l'on peut opérer des principes architectoniques, en particulier de celui de continuité, il convient de se doter d'un modèle de subordination graduée : selon ce modèle, l'analyse s'enrichit progressivement de relations : celles-ci surdéterminent l'implication logique des concepts en vue de prendre en compte l'ordre infini et « organique » des choses. D'où, par exemple, la présentation hiérarchique des principes de vérité dans un fragment que Couturat donne comme postérieur à 1696 :

---

1. Voir, par exemple, L. Couturat, *La logique de Leibniz, op. cit.*, p. 227-238 ; Y. Belaval, *Leibniz critique de Descartes, op. cit.*, p. 381-428 ; R. McRae, *Leibniz : Perception, Apperception and Thought, op. cit.*, p. 111-117. La question a été brillamment reprise dans A. Lalanne, *Genèse et évolution du principe de raison suffisante dans l'œuvre de G. W. Leibniz*, thèse de doctorat, Université Paris-Sorbonne, 2013, I, p. 245-251.

Principes des vérités :

1) Principe de contradiction
2) Principe de raison (*Principium reddendæ rationis*)
3) Congruences
4) Similitudes
5) Loi de continuité
6) Principe de convenance ou loi du meilleur

De là les lois de la nature, celles des mouvements du corps et celles des inclinations de la volonté[1].

Ce texte suggère que les lois de la nature dérivent de l'ensemble des principes d'ordre supérieur. Pour ce qui nous concerne, cela s'applique particulièrement aux *lois gouvernant la nature phénoménale*. Mais, à l'intérieur de la liste, le même aspect de synthèse cumulative des déterminations se manifeste. Cela est explicite dans le cas des relations de congruence et de similitude, puisque conjointement les principes de contradiction et de raison suffisante régissent l'ordre de ces relations. Reste évidemment à déterminer si les rapports de similitude impliquent au même titre ceux de congruence, si la loi de continuité repose sur le soubassement de la similitude, si le principe de finalité, dit ici de convenance, dépend d'une identification préalable des exigences de la continuité. Et, de façon tout à fait radicale, peut-on présumer que la raison suffisante implique la non-contradiction comme son fondement principiel ? Leibniz n'affirme-t-il pas constamment que le propre des vérités contingentes est de ne pas impliquer l'impossibilité de leur contraire, et qu'elles diffèrent en cela des vérités nécessaires ? Or le principe de raison suffisante règne plus particulièrement sur les vérités contingentes.

Il y a moyen toutefois de refuser ce paradoxe infécond. Les vérités contingentes, non plus que les nécessaires, n'admettent en effet de contradiction interne : nul ne peut tolérer que l'on présume que la sphère du tombeau d'Archimède puisse posséder les propriétés caractéristiques d'un cube, ou que l'on présume que le César historique n'ait pas franchi le Rubicon, alors qu'on a admis la vérité du fait. Dans le cas des existants, la raison suffisante apparaît comme une condition surérogatoire par rapport à la simple contradiction mais, en même temps, cette condition ne saurait enfreindre les exigences plus primordiales de l'ordre. Le rapport de dérivation des principes n'implique aucune réduction possible du dérivé au

---

1. C 528. Leibniz à propos de 3) et de 4) a ajouté la remarque : « celles-ci, je pense, se subordonnent aux deux principes précédents ».

primordial, réduction qui s'obtiendrait par simple analyse. La dérivation ajoute des déterminations synthétiques. Entendons par là que les principes d'ordre plus élevé interviennent alors sous des conditions spécifiques impliquant des modèles plus concrets. Tout se passe comme si le contexte d'application des principes d'ordre plus élevé imposait des conditions particulières à l'analyse, dont les principes de départ ne parviendraient pas à rendre compte sans postulation additionnelle. Par contre, les principes les plus dérivés ne se concevraient que comme des instances particulières, d'application circonstantielle, des principes plus fondamentaux qu'ils impliquent.

Ainsi le principe de continuité intègre-t-il les exigences du principe de raison suffisante, en tenant compte des spécifications que fournissent les modèles de la congruence et de la similitude. À son tour, le principe de continuité sert de réquisit ou d'ingrédient conceptuel obligé dans la formulation des principes de finalité et d'identité des indiscernables. Ces principes forment les principes architectoniques principaux pour construire le système des lois de la nature. On peut aisément imaginer que de multiples énoncés plus spécifiques en pourront découler, qu'à l'occasion on tiendra aussi pour des principes architectoniques, tel par exemple le principe de l'équivalence de la cause pleine et de l'effet entier, qui régit la conservation des forces vives en mécanique [1].

Par exemple, dans les *Essais de théodicée*, Leibniz défend contre Bayle le caractère rationnel mais non strictement géométrique des lois du mouvement : il veut ainsi faire place aux déterminations architectoniques à l'arrière-plan d'un système des lois de la nature. Il mentionne alors quelques principes susceptibles de guider l'établissement d'un tel système, alors même qu'on ne saurait en fournir de démonstration sur le mode géométrique, c'est-à-dire sous la seule condition d'une exigence de non-contradiction. Il s'agit du principe de l'équivalence de l'effet entier par rapport à la cause pleine, pris ici comme fondement pour le principe de conservation de la force vive, qui n'en serait que l'instantiation. Mais Leibniz ajoute le principe de l'égalité de l'action et de la réaction et le principe de la composition et de la décomposition équivalentes des mouvements suivant le système de référence choisi pour mesurer les

---

1. Ce principe apparaît comme la cheville ouvrière de la démonstration du principe de conservation de la force vive dans le *De corporum concursu* (1678) et assumera ce rôle jusque dans la formulation des fondements de la dynamique à compter de la *Dynamica de potentia* (1689-1690). Voir F. Duchesneau, *La dynamique de Leibniz, op. cit.*

translations (axiome de base de la règle du bateau de Huygens). De ces divers principes il affirme :

> Ces suppositions sont très plausibles, et réussissent heureusement pour expliquer les lois du mouvement : il n'y a rien de si convenable, d'autant plus qu'elles se rencontrent ensemble ; mais on n'y trouve aucune nécessité absolue qui nous force de les admettre, comme on est forcé d'admettre les règles de la logique, de l'arithmétique et de la géométrie [1].

Le statut épistémologique des lois du mouvement est par ailleurs ainsi spécifié. Elles ne sont pas susceptibles de démonstrations strictement géométriques, bien qu'elles ne contredisent nullement les exigences de l'intelligibilité géométrique, et que d'une certaine manière elles les exemplifient :

> Elles ne naissent pas entièrement du principe de la nécessité, mais elles naissent du principe de la perfection et de l'ordre. [...] Je puis démontrer ces lois de plusieurs manières, mais il faut toujours supposer quelque chose qui n'est pas d'une nécessité absolument géométrique [2].

Le texte renvoie à l'idée d'exigences emboîtées en ce qui concerne les principes de la vérité. Certes, les lois du mouvement sont passibles d'une analyse répondant aux normes de l'intelligibilité géométrique, mais leur démonstration ne peut strictement dépendre des axiomes et postulats de cet ordre. Il faut obligatoirement recourir aux principes architectoniques, ici désignés génériquement par le terme « principe de la perfection et de l'ordre ».

Or, parmi les principes architectoniques, les *Essais de théodicée* (1710) distinguent aisément entre une pluralité d'« axiomes » qui sous-tendent conjointement les lois de la nature, et des principes régulateurs plus généraux et plus fondamentaux. En ce qui concerne les premiers, Leibniz mentionne qu'il est impossible d'en fixer l'ordre de dérivation, si ce n'est qu'il s'agit d'incarnations diverses d'une même exigence fondamentale de dépassement des réquisits analytiques de l'ordre géométrique [3].

Par contre, la « loi de continuité » est identifiée comme une « sorte de pierre de touche » grâce à laquelle il est possible de juger si telle ou telle loi que l'on propose pour expliquer les phénomènes s'avère

---

1. *Essais de théodicée*, § 346, GP VI, 320.

2. *Ibid.*, § 345, GP VI, 319.

3. *Ibid.*, § 347, GP VI, 320-321 : « Cependant c'est ce défaut même de la nécessité qui révèle la beauté des lois que Dieu a choisies, où plusieurs beaux axiomes se trouvent réunis, sans qu'on puisse dire lequel y est le plus primitif ».

architectoniquement adéquate à traduire le système de la nature. Ainsi cette pierre de touche est-elle une pierre d'achoppement pour les lois cartésiennes du choc. De plein droit, ce type de principe régulateur commande donc l'intégration des vérités contingentes en ensembles démonstrativement constitués. Resterait à spécifier la place du principe de finalité dans l'articulation épistémologique des instances au sein d'un tel processus démonstratif. Les *Essais de théodicée* se contentent de soutenir que le recours au principe régulateur de la continuité précise le statut des lois de la nature comme incarnant une nécessité morale par opposition à une nécessité absolue de type métaphysique ou géométrique, et certes par opposition à l'aléatoire pur que représenterait l'absence illusoire de déterminations. Or il est manifeste que la nécessité morale se conçoit suivant un rapport obligé aux causes finales. Bien que ce ne soit pas spécifié dans ce texte, l'ordre téléologique qui nous sert à articuler l'explication des phénomènes implique comme réquisit le principe même de continuité, quitte à y adjoindre des réquisits plus spécifiques. La conséquence de cet état de chose est que l'axiome de continuité interviendra à titre régulateur pour délimiter un usage légitime du recours explicatif aux causes finales.

Bref, une première caractérisation des principes architectoniques révèle qu'il s'agit de principes incarnant des formes de la raison suffisante dans un contexte, celui des vérités contingentes, où les seules exigences de type logique ne sauraient commander le processus explicatif. Ces principes se trouvent subordonnés les uns aux autres pour autant que les plus généraux imposent des contraintes en quelque sorte formelles aux explications qui s'étayent sur les moins généraux. Ces derniers figurent comme des applications des plus généraux, soumises à des modèles spécifiques. Le principe architectonique qui règne génériquement sur les explications relatives à l'ordre phénoménal semble être la loi de continuité. Cette loi subit la contrainte formelle que lui impose la raison suffisante lorsqu'il s'agit de relations impliquant la congruence et la similitude. Mais les relations de congruence et de similitude valent pour le monde des idéalités avant de s'imposer à l'analyse du monde des existants. Le principe de continuité intègre l'intelligibilité des phénomènes sous ces exigences formelles en en guidant l'application au contexte d'un ordre de causes réelles irréductibles à l'ordre d'idéalités qui les enveloppe formellement. Le principe de continuité vise à compenser cette irréductibilité analytique pour nos entendements finis. Dans le sens d'une subordination plus poussée, la continuité impose ses contraintes formelles à l'explication téléologique de certains types de phénomènes, et ultimement à des lois

particulières qui servent de principes heuristiques et de critères d'ordre
fonctionnel pour construire des éléments de théorie scientifique. Le
principe de continuité est la cheville ouvrière principale de ce processus
d'édification théorique. Et son rôle dans la science leibnizienne doit
pouvoir en attester.

C'est en juillet 1687 que Leibniz consacre l'intervention de ce principe
en dynamique. Il publie alors dans les Nouvelles de la République des
Lettres de Bayle la *Lettre de M. L. sur un principe utile à l'explication des
lois de la nature par la considération de la sagesse divine, pour servir de
réplique à la réponse du R.P.D. Malebranche*[1]. Ayant publié l'année
précédente sa *Brevis demonstratio*, première mise en cause publique du
principe cartésien de la conservation de la quantité de mouvement, Leibniz
avait été pris à partie par l'abbé Catelan, disciple de Descartes et ami de
Malebranche[2]. Une première réplique de Leibniz, adressée à Bayle, avait
mis en cause les corrections insuffisantes que Malebranche avait apportées
aux lois cartésiennes du choc[3]. Malebranche était alors intervenu en
répondant à Leibniz dans les Nouvelles de la République des Lettres[4].
C'est alors que Leibniz dévoile le rôle critique que le principe de continuité
peut jouer dans la contestation de l'édifice théorique que les Cartésiens ont
construit sur des bases méthodologiques insuffisantes. Il atteste de cette
découverte dans sa correspondance avec Arnauld[5], avant de produire
la *Lettre* par laquelle il développe pour la première fois les implications du
principe comme élément central de sa propre méthodologie.

---

1. GP III, 51-55.

2. *Courte Remarque de M. l'Abbé C. où l'on montre à M.G.G.L. le paralogisme contenu
dans l'objection précédente*, GP III, 40-42. Sur la controverse avec Catelan, qui se poursuivra
au-delà de l'intervention de Malebranche, voir H. Stammel, *Der Kraftbegriff in Leibniz'
Physik*, thèse de doctorat, Mannheim, 1982, p. 147-167, et A. Robinet, *Malebranche et
Leibniz. Relations personnelles*, Paris, Vrin, 1955, p. 243-253.

3. *Réplique à M. l'Abbé D. C. contenue dans une lettre écrite à l'auteur de ces nouvelles
le 9. de janv. 1687, touchant ce qu'a dit M. Descartes que Dieu conserve dans la nature la
même quantité de mouvement* (Nouvelles de la République des Lettres, février 1687,
p. 131-145), GP III, 42-49.

4. *Nouvelles de la République des Lettres*, avril 1687, p. 448-450.

5. Lettre à Arnauld, 22 juillet/1er août 1687, A II 2, 220 (GP II, 105) : «Et c'est une chose
étrange de voir que presque toutes les règles du mouvement de M. des Cartes choquent ce
principe, que je tiens aussi infaillible en physique qu'il l'est en géométrie, parce que l'Auteur
des choses agit en parfait géomètre. Si je réplique au R. P. Malebranche, ce sera principalement pour faire connaître le dit principe, qui est d'une très grande utilité, et qui n'a guère été
considéré en général, que je sache».

En quoi la présentation du principe dans le texte méthodologique de 1687 consiste-t-elle ? Leibniz fournit des précisions sur la dérivation du principe, puis il en donne quelques formulations équivalentes. Ces formulations sont assorties d'exemples d'applications. Parmi ces exemples, figure la mise en cause d'une seconde erreur majeure de la mécanique de Descartes, l'incohérence relative des diverses règles du choc des corps ; déjà dénoncée dans la *Brevis demonstratio*, la première erreur consistait à mesurer par la quantité de mouvement la force qui se conserve dans les échanges mécaniques. Dans la foulée de cette critique, la position de Malebranche sur les fondements de la théorie physique est remise en cause. Pour finir, la parfaite intelligibilité de l'ordre des phénomènes est réaffirmée, car il y a lieu de concevoir que le système des raisons géométrico-mécaniques est adéquat à un plan architectonique imposé à la création par l'intelligence souveraine.

Leibniz tire le principe de continuité de la considération de l'infini géométrique. Cela signifie que l'une des sources du principe tient à la façon de traiter le *continuum* extensif suivant les techniques du calcul infinitésimal, c'est-à-dire par une stratégie de passage à la limite : celle-ci permet de conserver un rapport quantitatif assignable établi pour des cas où la détermination s'imposait de façon distincte, en l'appliquant au-delà ou en deçà de ces cas par progression graduée à l'infini. Dans une perspective leibnizienne, il va de soi que le traitement de tout *continuum* extensif doit tenir compte du caractère idéal et relatif des rapports que l'on discerne. Depuis le *Pacidius Philalethi* (1676)[1], tout *continuum* apparaît à Leibniz comme sous-tendu d'éléments discrets qui se prolongent les uns dans les autres ou se projettent les uns sur les autres pour former des séquences d'apparence homogène. Dans le *Pacidius*, l'analyse révélait l'aporie de tenir le mouvement pour une somme d'éléments continus et déterminés comme tels. Seul semblait réel le *conatus* instantané ; il apparaissait toutefois impossible de déterminer comment de là le continu s'engendrerait par sommation de quantités discrètes. La solution à la fois métaphysique et épistémologique à laquelle Leibniz se ralliera par la suite consiste à postuler comme réels des centres de force strictement individualisés dont l'interaction qualitativement graduée à l'infini produit les déplacements dans l'espace et la séquence des échanges mécaniques dans le temps comme manifestations phénoménales. Comme toute la doctrine de la maturité l'impliquera, les *continua* de temps et d'espace se résorbent à

1. A VI 3, 528-571.

l'analyse en rapports d'ordre susceptibles de réplication à l'infini [1].
L'engendrement continu de ces rapports et la constance de l'ordre qui s'y
manifeste dépendent des unités substantielles qui se trouvent liées les unes
aux autres par l'harmonie, c'est-à-dire par un accord expressif de points de
perspective, tous différents les uns des autres d'une différence inférieure à
tout degré assignable. Ce modèle métaphysique reflète et fonde à la fois la
continuité de rapport *ad infinitum* sur laquelle l'entendement prend appui
lorsqu'il construit des modèles de représentation géométrique conformes
aux techniques du calcul infinitésimal [2].

La quantité infinitésimale n'est certes qu'une limite, et donc un être de
raison dont la réalité purement notionnelle ne pourrait permettre qu'on en
fasse une entité réelle. Comme Belaval l'a montré [3], Leibniz joue
néanmoins constamment de l'analogie que cette construction rationnelle
permet de développer quant à la structure des *continua* phénoménaux :
ceux-ci expriment les rapports d'entités discrètes, mais réelles, qualitativement distinctes suivant des degrés moindres que toute assignation
possible, et donc causes de séries de changements qui se déploient suivant
les normes d'intelligibilité géométrique de l'infini. C'est là, chez Leibniz,
le jeu habituel de renvois entre l'ordre géométrique et l'ordre réel sous le
couvert d'une analogie qui tient à l'analyse des fondements de tout continu
homogène requis par l'intelligibilité des phénomènes. D'où l'assertion initiale de Leibniz au sujet du principe de continuité :

> Il a son origine de l'infini, il est absolument nécessaire dans la Géométrie,
> mais il réussit encore dans la physique, parce que la souveraine sagesse qui
> est la source de toutes choses agit en parfait géomètre, et suivant une
> harmonie à laquelle rien ne se peut ajouter [4].

La dérivation d'origine ne signifie pas que le principe ait été d'abord et
avant tout un instrument de type purement logique. La « géométrie » à
laquelle il se rattache obéit à des exigences méthodologiques de type architectonique : la technique du passage à la limite, qui en constitue l'artifice
principal, détient son intelligibilité de l'idée d'une détermination suffisante au-delà de tout rapport discret assignable. Il y a là une forme de
projection d'ordre conforme au principe de raison suffisante. Cette

---

1. Voir G. A. Hartz, « Space and Time in the Leibnizian Metaphysics », *Noûs*, 22 (1988),
p. 493-519.
2. La démonstration de ces divers points est confortée par les analyses de R. Arthur,
Monads, Composition and Force, *op. cit.*, p. 178-289.
3. Y. Belaval, *Leibniz critique de Descartes*, *op. cit.*, p. 346-359.
4. GP III, 52.

projection d'ordre se justifie non par la stricte impossibilité du contraire de ce qui est présumé, mais essentiellement par une généralisation en quelque sorte hypothétique d'un ordre constaté dans un domaine d'application plus restreint[1]. Le processus s'avère fécond pour résoudre des problèmes impliquant l'analyse du continu, problèmes pour lesquels le recours à la seule exigence logique de la non-contradiction ne permettrait pas de résorber tout élément aporétique.

La formulation du principe de continuité connaît des variantes suivant que l'on se place au point de vue le plus général ou à des points de vue plus spécifiques. Dans le texte de 1687, la formulation générique est donnée comme suit : *Datis ordinatis, etiam quæsita sunt ordinata*, ce qui signifie que les données d'un problème formant un ordre, les solutions doivent se modeler suivant un ordre correspondant. Cet énoncé se traduit en deux énoncés de moindre généralité, l'un plus ésotérique, l'autre moins :

> Lorsque la différence de deux cas peut être diminuée au-dessous de toute grandeur donnée *in datis* ou dans ce qui est posé, il faut qu'elle se puisse trouver aussi diminuée au-dessous de toute grandeur donnée *in quæsitis* ou dans ce qui en résulte, ou pour parler plus familièrement : lorsque les cas (ou ce qui est donné) s'approchent continuellement et se perdent enfin l'un dans l'autre, il faut que les suites ou événements (ou ce qui est demandé) le fassent aussi[2].

Ce qui fait la spécification dans ces deux derniers énoncés consiste dans la référence à des cas ou événements et à des effets résultants. Il est donc fait référence, du moins de manière implicite, à des séries causales. La plus grande technicité du premier énoncé tient au choix du modèle des quantités infinitésimales pour représenter le lien d'ordre des éléments de la série antécédente que reflète le lien d'ordre de la série conséquente. La traduction en langage moins ésotérique se fait par recours à la métaphore de deux mobiles s'approchant jusqu'à se fondre l'un dans l'autre à la limite. Cette métaphore n'est évidemment pas à prendre au pied de la lettre, comme si Leibniz récusait la thèse de l'impénétrabilité des corps : il s'agit seulement de figurer l'indistinction progressive des états de ces mobiles pour le sujet connaissant.

---

1. Voir F. Duchesneau, « Rule of continuity and infinitesimals in Leibniz's physics », *in* U. Goldembaum, D. Jesseph (eds), *Infinitesimal Differences. Controversies between Leibniz and his Contemporaries*, Berlin, Walter de Gruyter, 2008, p. 235-253.
2. GP III, 52.

Les exemples que Leibniz apporte à l'appui de son principe sont classiques, et on les trouvera de façon récurrente dans les diverses présentations ultérieures. Il s'agit en premier lieu de l'ellipse dont l'axe perpendiculaire est de dimension déterminée et dont l'un des foyers s'éloigne infiniment de l'autre. À la limite, la différence de cette ellipse par rapport à une parabole devient moindre que toute quantité assignable, et, affirme Leibniz, tous les théorèmes qui s'appliquent à l'ellipse s'appliquent à la parabole comme à un cas-limite d'ellipse, lorsque les rayons issus du foyer infiniment distant ne diffèrent plus qu'infinitésimalement de droites parallèles. Les deux premiers exemples physiques sont ceux du repos, qui doit être tenu pour une vitesse infiniment diminuée, et de l'égalité, qui ne vaut que comme cas-limite de l'inégalité. Certes, ce dernier exemple possède aussi une signification mathématique, mais la référence implicite nous semble être ici à l'indiscernabilité que supposerait l'égalité au sens strict et qu'exclut l'existence comme réalité physique. Plus loin, Leibniz ajoute l'exemple physique de la dureté, qui se présente comme un ressort instantané, donc comme une élasticité produisant une déformation et une restitution dans un temps moindre que toute quantité assignable[1].

Mais le véritable et principal exemple du principe tient à son utilisation pour contrôler les règles cartésiennes du choc. Le texte de 1687 en donne un court échantillon – celui-ci reflète le type d'analyse que l'on trouvait déjà en 1678 dans le *De corporum concursu*. Abstraction faite du principe de conservation erroné basé sur la quantité de mouvement, il est possible de juger ces règles à l'aune de l'ordre des séries causales que Descartes avait mises en scène dans ses *Principia philosophiæ*[2]. La première règle veut que deux corps de même grandeur (masse), se rencontrant avec des vitesses égales, se réfléchissent en conservant l'un et l'autre la même vitesse. La seconde suppose que des deux corps mus avec la même vitesse l'un B est plus grand que l'autre C. Après la rencontre, seul C sera réfléchi, B continuant à se déplacer suivant sa détermination initiale ; les vitesses de part et d'autre sont conservées. Leibniz fait intervenir le cas où l'inégalité des corps est moindre que toute grandeur donnée. Pour cette variation

----

1. Ce dernier exemple est intégré à la discussion des thèses de Malebranche sur le choc des corps, voir GP III, 54 : « Il est aisé de juger par là, que ces inconvénients ne viennent pas proprement de ce que le R.P.D.M. en accuse, savoir de la fausse Hypothèse de la parfaite dureté des corps, que j'accorde ne se trouver pas dans la nature. Car quand on y supposerait cette dureté, en la concevant comme un ressort infiniment prompt, il n'en résultera rien ici, qui ne se doive ajuster parfaitement aux véritables lois de la nature à l'égard des corps à ressort en général, et jamais on ne viendra à des règles aussi peu liées que celles où j'ai trouvé à redire ».

2. *Principia philosophiæ*, II, § 46-52, AT VIII-1, 68-70.

minimale, la variation des effets selon Descartes serait disproportionnée : dans un cas, celui de l'égalité, les deux corps sont réfléchis ; dans l'autre cas, celui de l'inégalité infinitésimale, le plus grand des deux corps poursuit sa route, alors que l'autre est réfléchi. Alors que les différences de part et d'autre devraient se trouver en stricte correspondance, une petite différence dans la série antécédente provoque une différence d'un autre ordre dans la série conséquente.

À la lumière de cet exemple, Leibniz dénonce l'incongruité des règles cartésiennes et par extension, celle des règles revues par Malebranche. Elles introduisent de l'irrégularité dans les séries en lesquelles elles tentent de traduire les phénomènes du choc des corps. La condition requise pour faire valoir le principe est évidemment qu'on puisse analyser les phénomènes en de telles séries. Leibniz est prêt à concéder que l'analyse empirique de phénomènes complexes requiert diverses médiations dans l'application d'une loi architectonique de base. Le fait qu'une étincelle suffise à provoquer l'explosion de la poudre à canon pourrait en effet fournir une sorte de contre-exemple, si dans un tel cas on ne tenait compte de l'enchevêtrement complexe des séries de déterminations causales. Leibniz suggère que la décomposition analytique des séries impliquées, si elle pouvait être accomplie, révélerait que chaque couple de séries antécédentes et conséquentes se conforme au principe de la correspondance réglée dans le détail. Mais on a affaire ici à des *nexus de séries*, et ce que Leibniz suggère, c'est de considérer l'ordre des nexus de séries sur le plan le plus général pour y retrouver un enchaînement architectonique que l'examen des phénomènes complexes à la pièce ne permet pas de saisir. Cet exercice relève alors conjointement des principes de continuité et de finalité. Néanmoins, la méthodologie leibnizienne semble subordonner cette analyse de niveau global à la possibilité de construire des modèles conformes au principe de continuité pour ce qui concerne les phénomènes primordiaux, et relativement plus simples, ceux que thématise la mécanique. Telle est l'interprétation qui nous semble sous-jacente à ce propos incident, mais de portée majeure :

> Il est vrai que dans les choses composées quelquefois un petit changement peut faire un grand effet [...]. Mais cela n'est pas contraire à notre principe, car on en peut rendre raison par les principes généraux mêmes, mais à l'égard des principes ou choses simples, rien de semblable ne saurait arriver, autrement la nature ne serait pas l'effet d'une sagesse infinie [1].

1. GP III, 54.

En définitive, Leibniz tire du principe de continuité des ressources analytiques particulières dans le contexte d'une revalorisation de l'explication
téléologique. Trois paliers d'instances interviennent ici. Au palier intermédiaire, les phénomènes de la nature en leur complexité relative : Leibniz les
livre sans hésiter à l'explication par recours à des modèles géométrico-
mécaniques. Mais, pris au palier supérieur de leur intégration en systèmes,
ces phénomènes peuvent donner lieu à une description analytique qui en
fasse ressortir les caractéristiques téléologiques d'organisation : c'est à ce
palier de plus grande spécificité qu'interviendra le principe de finalité
proprement dit. Au palier primordial et plus élémentaire de la forme même
des déterminations physiques, du mode d'actualisation des forces, comme
causes des échanges mécaniques tissant l'économie des phénomènes
physiques plus complexes, le principe de continuité gouverne la formulation des « principes généraux de la physique et de la mécanique »[1].
Il règle la forme des équations en lesquels se traduisent ces principes ;
il impose des normes pour les modèles géométrico-mécaniques appelés à
servir de référents aux concepts de base de la théorie physique. Pour utiliser
la métaphore des raisons métaphysiques, l'exigence de la continuité sera
dite refléter l'intelligence souveraine qui a prévalu dans la combinaison
des séquences antécédentes et conséquentes : par ces combinaisons
s'obtient un maximum d'ordre dans le détail infini des réalités et des
phénomènes qui expriment ces réalités.

Comme beaucoup d'énoncés fondamentaux du système leibnizien, le
principe de continuité possède cette caractéristique d'être ployable au gré
des rôles que son créateur lui fait jouer. Gerd Buchdahl note cet état de
chose et il tente une analyse du principe qui tienne compte de l'emboîtement de ces rôles et du degré de rigueur prévalant à chaque stade de généralisation[2]. La position de Buchdahl consiste à privilégier l'usage du
principe de continuité en dynamique comme une sorte de paradigme
qui serait par la suite transféré à l'interprétation de phénomènes de type

---

1. GP III, 55.
2. G. Buchdahl, *Metaphysics and the Philosophy of Science. The Classical Origins :
Descartes to Kant*, Oxford, Basil Blackwell, 1969, p. 438 : « We find the argument here
proceeding at three levels of specific scientific formulation, applied first, a) to a special case in
dynamics ; then b) methodologically extended, providing new points of view in the realm of
biological studies ; and finally c) applied to ontological constructivism, in which shape, more-
over, it offers us a further illustration of "divine perfection", and the importance and validity
of the notion of "final causes". And [...] the essential semantic power, the technical meaning,
which prevents the conception from degenerating into mere re-enumeration of all that exists,
or from remaining altogether "opaque", is centred on the first of these levels ».

biologique, pour lesquels la part de la construction libre d'inférences croîtrait. Puis, dans une démarche d'extension analogique encore plus large, Leibniz en tirerait les arguments d'une conception téléologique englobante de la nature. La seule caution de cette démarche généralisante résiderait dans le caractère rigoureux de l'application initiale à la critique des lois cartésiennes du choc.

Buchdahl nous semble avoir raison d'insister sur la formulation technique du principe, lorsque Leibniz l'emploie pour soutenir accessoirement sa réforme de la mécanique. Il n'est pas clair que l'utilisation ultérieure dans le cadre de la biologie soit une simple extension analogique sans garantie. Peut-être y a-t-il là une adaptation originale reposant sur un propos méthodologiquement différent mais, dans son genre, tout aussi rigoureux. Enfin, il n'est pas sûr que Leibniz tende à élaborer une véritable métaphysique de la nature sur la base du principe de continuité. Il nous apparaîtrait plus juste de tenir la réflexion épistémologique sur la continuité pour une démarche relativement indépendante de la métaphysique, dont celle-ci tire parti sans qu'il y ait d'aliénation véritable du propos scientifique.

La thèse de Buchdahl se construit en fait sur la comparaison du statut des principes architectoniques chez Leibniz et chez Kant. Dans la *Critique de la raison pure*, Kant a écarté la possibilité de coupler les principes qui permettent d'organiser subjectivement le savoir humain comme ensemble rationnel, avec les fondements de l'ordre des choses dans la nature. La raison ne peut que viser l'ordre systématique de ses connaissances phénoménales comme si une telle unification synthétique était possible ; il ne peut être question de tenir cet ordre, régulateur de la science dans son effort de synthèse, pour l'expression objective d'un ordre réel et indépendant de l'esprit qui le pense. Il est loisible de postuler cet ordre pour des fins méthodologiques, mais on ne peut supposer qu'il existe *de facto*. La position leibnizienne aurait consisté à récuser ce scepticisme indu, en admettant la valeur objective de nos constructions ; mais en même temps, ces constructions resteraient relatives à l'ordre phénoménal, c'est-à-dire à une expression indirecte de la réalité véritable. D'où le fait qu'il s'agisse de constructions dont la valeur tiendrait à la représentation cohérente qu'elles assurent à l'égard des phénomènes «bien fondés». Ce parallélisme des thèses épistémologiques de Leibniz et de Kant, reposant sur l'opposition de deux systèmes, le «réalisme transcendantal» leibnizien et l'«idéalisme transcendantal» kantien a quelque chose d'artificiel. Une comparaison analogue dressée par Robert McRae témoigne d'un meilleur calibrage des disparités.

Ainsi, selon McRae, les principes leibniziens dits architectoniques ne sont pas seulement des principes à l'œuvre dans l'édification théorique en science; ils posséderaient une signification cosmologique de plein droit: ils refléteraient somme toute l'ordre d'engendrement des séquences causales dans la nature[1] – ce dont témoigneraient des essais tels que le *De rerum originatione radicali* (1697)[2] ou certaine utilisation des principes dans les *Essais de théodicée* (1710). L'analyse de McRae nous semble ouvrir des perspectives intéressantes sur les métamorphoses du principe de continuité chez Leibniz. Les principes architectoniques, nous est-il dit, ne forment pas un système clos; ils retiennent l'attention parce qu'ils réussissent, parce qu'ils permettent le fonctionnement de la science comme processus d'analyse et d'explication des phénomènes. Ne peut-on en inférer que leur identification est essentiellement pragmatique? Un même principe peut connaître une multiplicité de variantes selon les ensembles de phénomènes qu'il permet d'inscrire sous des lois. La capacité de mener à la formulation de ces lois traduit en effet la fonction méthodologique des principes. Ajoutons-y la capacité de guider l'intégration des règles disparates par lesquelles nous construisons les modèles de nos théories. Par ailleurs, les principes n'ont guère de dérivation logique *a priori*: c'est un processus interne à la recherche scientifique qui les dévoilerait. Notre hypothèse est que les principes surgissent à l'attention par suite d'analogies constructives résultant de la transposition de règles opératoires d'un ordre de considérations à un autre, d'un ordre de phénomènes à un autre. Ainsi en est-il de l'artifice du passage à la limite dans l'algorithme du calcul infinitésimal, utilisé pour justifier une règle analogique de progression ordonnée dans les séries causales de la mécanique. Pourquoi n'en serait-il pas de même dans la transition aux phénomènes d'enchaînements sériels de la science du vivant? Toute conception

---

1. R. McRae, *Leibniz: Perception, Apperception and Thought, op. cit.*, p. 114: « The principal differences in Kant's and Leibniz's versions of this conception are, first, that Kant's regulative principles are systematically derived from a consideration of the nature of reason in the exercise of its purely logical function, with the result, typical with Kant, that the set of principles form a complete, or exhaustive system. Leibniz's architectonic principles, on the other hand, have no systematic deduction; they are presented with the *a posteriori* justification that they have been found most useful. They do not form a system, although operating jointly and having a common foundation in the principle of perfection. Secondly, Kant's teleological principles are not constitutive of nature, but merely regulative of scientific inquiry, even though the scientist, whether consciously or not, is compelled to think of them as constitutive, whereas for Leibniz they are constitutive of nature and for that reason can direct inquiry ».

2. GP VII, 302-308.

adéquate des principes architectoniques leibniziens doit tenir compte de leur évolution suivant les contextes où ils s'appliquent, évolution certes plus fonctionnelle que Buchdahl ne le supposait.

Mais dans quelle mesure le fait que les principes soient constitutifs de l'ordre naturel permettrait-il d'orienter l'investigation scientifique ? Sans doute le scientifique a-t-il tendance à tenir ses principes méthodologiques et théoriques pour expressifs de l'ordre des choses par-delà les manifestations phénoménales dont il s'agit de rendre compte. Et cette conviction ne peut que se renforcer avec le succès des modèles dont les principes guident la construction. Mais peut-on inverser l'ordre des considérations et supposer la fécondité méthodologique des principes parce qu'on les présume au fondement de l'ordre des choses [1] ? Même si ce second volet de la démarche est plus difficile à circonscrire, il semble justifié d'admettre que Leibniz fonde de cette façon la validité du principe de raison en tant qu'il gouverne hiérarchiquement les autres principes à l'œuvre dans la théorie physique.

Ainsi dans le texte *Principia logico-metaphysica* (c. 1689), après avoir soutenu que toutes les vérités comportent une preuve *a priori* possible qui s'obtiendrait par réduction aux vérités primitives grâce aux définitions et à la résolution des termes, Leibniz fait surgir le principe de raison de cette exigence ontologique propre à la doctrine de la vérité. La postulation d'un ordre de déterminations causales est donc primordiale par rapport à une investigation de l'ordre des choses reposant sur l'expérience indéfinie des phénomènes. Dans la séquence de développement de ces exigences rationnelles, selon ce manuscrit, le principe de continuité suit immédiatement en une version quasi canonique :

> De là naît l'axiome reçu *rien n'est sans raison*, ou *il n'y a aucun effet sans cause*. Autrement existerait une vérité qui ne pourrait être prouvée a priori, ou qui ne pourrait se résoudre en identiques, ce qui va à l'encontre de la nature de la vérité, qui est toujours expressément ou implicitement identique. Il s'ensuit aussi que comme tous les éléments sont disposés de même de part et d'autre dans les données, alors aussi les éléments se disposeront de la même façon de part et d'autre dans ce qui est recherché ou en résulte [2].

---

1. Voir F. Duchesneau, *Leibniz. Le vivant et l'organisme*, *op. cit.*, pour une tentative de réponse à cette question.

2. Début 1689 (?), A VI 4, 1645 (C 519) : « Statim enim hinc nascitur axioma receptum : nihil esse sine ratione, seu nullum effectum esse absque causa. Alioqui veritas daretur, quæ non posset probari a priori, seu quæ non resolveretur in identicas, quod est contra naturam veritatis, quæ semper vel expresse vel implicite identica est. Sequitur etiam hinc cum omnia

Le fait de reporter sur l'ordre naturel le fondement des principes orienterait l'œuvre de construction théorique. L'opération reposerait sur l'adhésion leibnizienne à une intelligibilité intégrale de l'ordre naturel. Cette croyance rationnelle – mais que l'on peut aussi bien tenir pour empirique puisqu'elle est présumée et non démontrée *a priori* – sous-tend le recours opératoire aux principes. Les principes ont la validité que leur confère l'expérience réflexive d'un entendement analysant l'ordre naturel en termes de raisons déterminantes. Traitant du pouvoir expressif de l'algorithme infinitésimal par rapport à la structure de la réalité phénoménale, et de la régulation de la loi de continuité sur la théorie physique, Leibniz construit cette justification : « C'est parce que tout se gouverne par raison, et qu'autrement il n'y aurait point de science ni règle, ce qui ne serait pas conforme avec la nature du souverain principe »[1]. Ainsi faut-il comprendre la justification métaphysique à l'arrière-plan du recours aux principes architectoniques, et au premier chef parmi ceux-ci, au principe de continuité.

Quel est en définitive l'usage du principe de continuité dans la science leibnizienne ? La réponse à cette question suppose l'analyse des fonctions que Leibniz a reconnues au principe d'un point de vue épistémologique général. Ainsi pourra-t-on en concevoir l'application aux domaines d'objets susceptibles de formalisation mathématique – en physique, et plus particulièrement en mécanique – ainsi qu'aux domaines d'objets empiriques plus complexes, où la formalisation ne peut s'obtenir aisément – par exemple, dans la science du vivant.

Le texte même de 1687 présente ce principe comme un « principe de l'ordre général » mais dont le rôle semble essentiellement critique et adventice. « Ce principe, affirme Leibniz, me sert souvent de preuve ou d'examen pour faire voir d'abord et par dehors le défaut d'une opinion mal concertée avant même que de venir à une discussion intérieure »[2]. Bref, il ne semble pas à première vue que le principe serve à construire la théorie, ni même à découvrir quelque résolution de problèmes ou quelque explication de phénomènes. Le principe est appelé à intervenir comme critère formel, comme « pierre de touche »[3], pour éliminer des constructions

ab una parte se habent ut ab alia parte in datis, tunc etiam in quæsitis seu consequentibus omnia se eodem modo habitura esse utrinque ».

1. Lettre à Varignon du 2 février 1702, GM IV, 94.

2. GP III, 52.

3. Voir par exemple, *Animadversiones in partem generalem Principiorum Cartesianorum*, II, § 45, GP IV, 375 ; *Tentamen anagogicum*, GP VII, 279 ; *Essais de théodicée*, § 348, GP VI, 321.

scientifiques insuffisamment cohérentes, par exemple les règles du choc formulées par Descartes. Tout se passe alors comme si l'on appliquait la preuve par neuf à une multiplication afin de vérifier si le résultat n'est pas syntaxiquement en défaut. Certes, il s'agit de l'élaboration de théories, mais le processus de contrôle semble extérieur à l'établissement de l'algorithme même, pourrait-on dire en poursuivant la comparaison arithmétique.

Les textes ultérieurs développeront le rôle méthodologique du principe en lui accordant pour le moins deux autres fonctions : l'une heuristique, l'autre théorique. Par exemple, ayant signalé que la loi de continuité sert de « pierre de touche des dogmes », le *Tentamen anagogicum* (c. 1697) ajoute qu'« elle sert non seulement d'examen, mais encore d'un très fécond principe d'invention » [1]. De même, dans la *Justification du calcul des infinitésimales par celui de l'algèbre ordinaire* (1702), Leibniz insiste-t-il sur le type de généralisation que permet le calcul, et il en mentionne l'application heuristique en physique sous le couvert du principe de continuité :

> Tous les Analystes habiles dans la Spécieuse ordinaire en ont profité [du calcul transcendant des différences], pour rendre leurs calculs et constructions générales. Et cet avantage appliqué encore à la physique et particulièrement aux lois du mouvement revient en partie à ce que j'appelle la loi de la Continuité qui me sert depuis longtemps de principe d'invention en physique, et encore d'examen fort commode pour voir si quelques règles qu'on donne vont bien [2].

Il est plus difficile d'établir comment Leibniz perçoit ce que nous avons désigné comme la fonction théorique du principe. On ne peut tabler ici sur une terminologie spécifique. Le *Tentamen anagogicum* parle ainsi de la dépendance des lois de la nature que la méthodologie leibnizienne permet de découvrir, par rapport aux « principes architectoniques » [3]. Mais cette dépendance n'est pas décrite comme s'il s'agissait, par exemple, de postulats théoriques servant de prémisses à une construction déductive. Le texte le plus explicite sur la fonction théorique du principe peut être extrait, semble-t-il, de la *Réponse aux réflexions contenues dans la*

1. GP VII, 279.

2. GP IV, 105.

3. GP VII, 279 : « Mais j'ai trouvé encore d'autres Lois de la nature très belles et très étendues, et cependant fort différentes de celles qu'on a coutume d'employer et toujours dépendantes des Principes architectoniques ».

seconde édition du Dictionnaire Critique de M. Bayle, article Rorarius, sur le système de l'Harmonie préétablie (1702) :

> Les phénomènes de la nature sont ménagés et doivent l'être de telle sorte, qu'il ne se rencontre jamais rien, où la loi de continuité [...] et toutes les autres règles les plus exactes des Mathématiques soient violées. Et bien loin de cela, les choses ne sauraient être rendues intelligibles que par ces règles, seules capables, avec celles de l'Harmonie, ou de la perfection, que la véritable Métaphysique fournit, de nous faire entrer dans les raisons et vues de l'Auteur des choses [1].

La thèse de Leibniz sur ce point revient à affirmer que le possible gouverne le réel. L'analyse prend appui sur la dérivation du continu en général à partir des relations qu'engendrent les existants en tant qu'ils sont considérés comme possibles. Cela vaut certes pour l'espace comme ordre des coexistences possibles, pour le temps, comme ordre des possibles inconsistants, et pour le mouvement.

De tels propos incitent à comprendre les principes architectoniques comme des normes régulatrices auxquelles il convient de recourir, lorsqu'on essaie de rendre compte du système en quelque sorte « organique » des phénomènes [2]. Certes, les postulats les plus fondamentaux seraient ici de type métaphysique, mais l'inscription des lois empiriques en

---

1. GP IV, 568-569.

2. Il convient ici de faire état des analyses de W. Seager, « The principle of continuity and the evaluation of theories », *Dialogue*, 20 (1981), p. 485-495, et W. Seager, « Leibniz and scientific realism », *in* K. Okruhlik, J. R. Brown (eds), *The Natural Philosophy of Leibniz*, Dordrecht, Reidel, 1985, p. 315-331. Seager montre que les principes architectoniques leibniziens, en particulier celui de continuité, peuvent servir de critères de discrimination *a priori* entre des hypothèses explicatives ou des théories susceptibles de corroboration empirique équivalente. De tels principes pourraient en droit servir à fonder une démarche explicative *a priori* – cas présumé du principe de finalité dans l'établissement de la loi des sinus en dioptrique. Mais en fait, dans le cheminement hypothético-déductif, « the metaphysical principles determine a sort of minimum set of structural requirements on the world. Theories seek to describe in depth and hence explain phenomena in the world. Thus they are clearly also constrained by the structure imposed by the metaphysical principles » (*Dialogue*, 20 [1981], p. 495). En ce qui concerne le principe de finalité, cette analyse m'apparaît inadéquate. Par ailleurs, les interprétations de Seager me semblent acceptables pour l'essentiel, sauf sur trois points : 1) à propos des principes, et particulièrement de celui de continuité, Leibniz insiste sur leur rôle d'anticipation heuristique, lequel détermine leur signification dans la construction théorique. 2) Ces principes peuvent impliquer une interprétation métaphysique ; mais ils n'ont de signification dans le contexte des théories scientifiques que sous réserve d'une élaboration de modèles mathématiques qui en spécifient l'usage et la validité. 3) Le recours aux principes ne fonde pas la réalité des entités théoriques proprement dites, mais sert à établir que les concepts correspondants sont bien construits.

un réseau de raisons déterminantes liées suppose qu'on puisse formaliser la connexion des termes en un ordre d'ensemble : la loi de continuité précise comment des variations infinies peuvent s'insérer dans un tel ordre. La différence par rapport aux principes métaphysiques, tel celui de l'*optimum*, tient au fait que ces derniers ne peuvent servir à rendre compte d'aucun phénomène particulier, puisqu'ils ne concernent que le rapport d'ensemble des substances mêmes. En somme, la raison d'être ultime des connexions empiriques, tel est l'objet que ces principes servent à représenter : ils ne sauraient servir à articuler les connexions empiriques dans leur ordre, en révélant comment ces connexions peuvent s'engendrer systématiquement et produire le détail des phénomènes à l'infini. Ce rôle est particulièrement dévolu aux principes architectoniques qui permettent l'édification de la théorie, celle-ci se distinguant du système métaphysique parce que les explications s'y situent au plan de la corrélation des phénomènes, plutôt qu'à celui, non phénoménal, des raisons d'être substantielles. En même temps toutefois, un principe comme celui de continuité permet de refléter les déterminations métaphysiques dans la corrélation des phénomènes : il signifie l'ordre des possibles gouvernant l'enchaînement des déterminations empiriques. Certes, Leibniz peut à l'occasion s'en servir pour exprimer symboliquement les implications qu'il présume découler d'une harmonie intrinsèque des réalités finies. Mais le principe ne peut jouer ce rôle métaphysique que dans la mesure où l'on a reconnu par ailleurs son utilité fonctionnelle dans l'interprétation des séquences causales constitutives de l'ordre des phénomènes.

On peut tirer de la correspondance avec Foucher quelques éléments d'analyse sur ce rôle théorique des principes architectoniques, dont la loi de continuité constitue le paradigme. Depuis ses débuts en 1675, cette correspondance a pris pour objet le statut épistémologique des vérités hypothétiques dans le cadre d'une démarche pour fonder la science sur des certitudes. Le scepticisme des Anciens que Foucher s'employait à rétablir se justifie selon Leibniz dans la mesure où l'on ne remet pas en cause la progression d'une connaissance fondée sur le nombre le plus réduit possible de présupposés. L'ordre de déploiement analytique d'un système où les propositions s'enchaînent de façon cohérente ne peut être mis en cause sans que la démarche fondamentale d'explication scientifique ne soit suspendue, ce qui engendre des paradoxes aussi insoutenables que ceux qu'incarne le doute métaphysique ou hyperbolique de Descartes. Ainsi Leibniz professe-t-il :

La philosophie des Académiciens, qui est la connaissance des faiblesses de notre raison, est bonne pour les commencements [...]. Mais en matière de connaissances humaines, il faut tâcher d'avancer, et quand même ce ne serait qu'en établissant beaucoup de choses sur quelque peu de suppositions, cela ne laisserait pas d'être utile, car au moins nous saurons qu'il ne nous reste qu'à prouver ce peu de suppositions pour parvenir à une pleine démonstration, et en attendant, nous aurons au moins des vérités hypothétiques, et nous sortirons de la confusion des disputes. C'est la méthode des géomètres [1].

De façon générale, l'intérêt de l'échange avec Foucher est que, sur cette question des vérités hypothétiques, Leibniz ne dissocie pas fondamentalement l'analyse des phénomènes des procédures démonstratives de la science mathématique. Dans les deux cas, prévaut la même exigence de cohérence systémique sous l'égide des principes : c'est même là le fondement de la théorie de la connaissance phénoménale selon laquelle il est reconnu légitime d'accorder une signification objective aux *phænomena bene fundata*, c'est-à-dire aux séquences d'enchaînement conformes à l'ordre des connexions constantes et régulières. En 4.2.14, les *Nouveaux Essais sur l'entendement humain* esquisseront précisément les bases d'une telle théorie de la connaissance en se référant à la correspondance avec Foucher et à l'argumentation que Leibniz avait déployée pour faire connaître à cet interlocuteur « que la vérité des choses sensibles ne consistait que dans la liaison des phénomènes, qui devait avoir sa raison » [2]. La thèse leibnizienne à cet égard consiste à souligner que les exigences de la raison mathématique, que Foucher ne mettait pas en cause, permettent de dévoiler *ex hypothesi* en quelque sorte l'engendrement de connexions constantes entre phénomènes. Il suffit en effet qu'une expression mathématique adéquate fournisse une traduction régulière et systématique de telles connexions pour que les séquences causales présumées s'en trouvent corroborées [3].

Or, dans ce contexte méthodologique, la correspondance avec Foucher inclut une évaluation significative du principe de continuité. Faisant allusion à la controverse avec Catelan et Malebranche, Leibniz précise :

---

1. Lettre à Foucher d'août 1686, A II 2, 88 (GP I, 381).
2. A VI 6, 374.
3. A VI 6, 374-375 : « La liaison des phénomènes, qui garantit les vérités de fait à l'égard des choses sensibles hors de nous, se vérifie par le moyen des vérités de raison ; comme les apparences de l'optique s'éclaircissent par la Géométrie ».

J'ai expliqué un très beau principe général qui sert à examiner des propositions tant en physique qu'en mathématique, lequel s'il avait été connu à M. des Cartes, il n'aurait eu garde de nous donner ses lois du mouvement qui sont tout à fait contraires à l'harmonie des choses [1].

D'où l'on peut aisément conclure que l'examen des propositions de science, conjointement dans le registre des vérités de fait et dans celui des vérités de raison, s'opère à l'aide de ce principe régulateur; mais, corrélativement, les propositions théoriques doivent refléter une organisation harmonieuse des connexions représentées, que celles-ci soient de type empirique et inductivement établies, ou qu'elles découlent de nécessités conceptuelles analytiquement déployées. Le principe de continuité fournit alors la norme formelle à laquelle doivent correspondre les énoncés théoriques.

Or Leibniz prolonge cette première thèse par une assimilation significative des principes architectoniques aux axiomes de base des mathématiques. Le contexte spécifique est ici celui de la réduction maximale du nombre d'axiomes par voie de dérivation et de démonstration déductive. Il s'agit là d'une façon de satisfaire à la critique des sceptiques qui requièrent que l'on prouve les principes. Il est manifeste que cette dérivation radicale ne peut être menée que dans des limites relatives à notre capacité analytique comme aux besoins fonctionnels de l'explication. Mais, à cette réserve près, l'analyse des principes, comme celle des axiomes, permet la structuration théorique des connaissances et la corrélation synthétique de données faisant l'objet d'une investigation indéfiniment ouverte :

> Ceux qui aiment à pousser le détail des sciences, méprisent les recherches abstraites et générales, et ceux qui approfondissent les principes entrent rarement dans les particularités. Pour moi j'estime également l'un et l'autre, car j'ai trouvé que l'analyse des principes sert à pousser les inventions particulières [2].

En développant analytiquement les ressources du principe architectonique conçu comme un axiome de la science empirique, ou plutôt de la synthèse inductive, on acquiert le moyen de symboliser l'ordre fonctionnel liant les données en séquences intelligibles : ces séquences apparaissent alors conformes à l'exigence d'une raison déterminante se déployant en détails à l'infini. Le principe de continuité représente une forme de raison

---

1. Lettre à Foucher de fin 1688, A II 2, 284 (GP I, 397).
2. Lettre à Foucher de janvier 1692, A II 2, 491 (GP I, 402-403).

intégrative pour ce divers que l'entendement ne peut parvenir à analyser intégralement. Aussi Leibniz conjugue-t-il volontiers la fonction critique de tels principes avec leur fonction même d'«axiomes», c'est-à-dire d'énoncés syntaxiquement primordiaux dans l'édification de la théorie. Si la loi de continuité sert à réfuter des hypothèses dysfonctionnelles, elle sert, sur un plan plus fondamental, à coordonner des généralisations empiriques en ensembles intégrés et explicatifs et à esquisser des constructions théoriques fécondes [1]. Suivant cette fonction théorique, l'«axiome» s'offre comme une règle opératoire pour former des modèles analogiques et déployer *ex hypothesi* les implications causales sous-jacentes aux données rassemblées. Par le jeu de tels axiomes, s'unifient, au plan de la théorie, diverses généralisations empiriques qui, à première vue, semblaient appartenir à des ensembles hétérogènes de connaissances. Ainsi peut-on formuler des énoncés spécifiant la *causa sive ratio* à l'arrière-plan de ces généralisations [2].

APPLICATIONS DU PRINCIPE DE CONTINUITÉ

Pour évaluer la fonction théorique du principe de continuité, en complément de ses fonctions critique et heuristique, il importe de saisir comment il s'applique aux divers domaines de la connaissance scientifique, les uns plus susceptibles de formalisation mathématique directe, les autres davantage tournés vers l'analyse de caractéristiques empiriques complexes. Ainsi le principe de continuité est-il appelé à garantir une remarquable transition des mathématiques leibniziennes à la physique de

1. Lettre à Foucher de janvier 1692, A II 2, 491 (GP I, 403) : «Mon Axiome que la nature n'agit jamais par saut, que vous mandez que le R.P. de Malebranche approuve, est d'un usage grandissime dans la physique ; il détruit *atomos, quietulas, globulos secundi elementi* et autres chimères semblables ; il rectifie les lois du mouvement. Il y a encore une dizaine d'Axiomes qui sont capables de nous faire avancer considérablement».

2. Dans une lettre à Foucher du 23 mai 1687, Leibniz montre ainsi le rôle unificateur du principe de l'égalité de la cause pleine et de l'effet entier, que l'on peut tenir pour une modalité du principe de continuité, A II 2, 203 (GP I, 393) : «Pour ce qui est des lois du mouvement, sans doute les règles de la statique sont bien différentes de celle de la percussion ; mais elles s'accordent dans quelque chose de général, savoir dans l'égalité de la cause avec son effet». De même en est-il lorsqu'il s'agit de justifier les lois empiriques du choc, A II 2, 203 (GP I 393) : «M. de Mariotte et quelques autres ont fait voir que les règles de M. des Cartes sur le mouvement s'éloignent tout à fait de l'expérience ; aussi M. Mariotte se fonde le plus souvent sur des principes d'expérience dont je puis faire voir la raison par mon axiome général duquel, à mon avis, dépend toute la Mécanique».

la force. Mais il fournit également un schème de construction de modèles pour l'interprétation théorique des organismes vivants.

Les interprètes de la pensée leibnizienne pouvaient aisément remarquer que le rôle du principe de continuité en mathématiques était lié au développement des techniques de calcul portant sur l'infini. Ainsi, selon Léon Brunschvicg, Leibniz avait-il promu un algorithme qui révélait les virtualités de l'analyse portant sur la structure du continu en tant que tel. Certes, il était possible, dans la lignée des géomètres grecs, d'appliquer à la réalité continue le seul principe de position : *le tout équivaut aux parties* ; ou l'on pouvait en tenter l'analyse selon le principe de transition, qui permettait de comprendre des processus d'engendrement en en suivant la différenciation par degrés successifs. L'acquis méthodologique leibnizien se serait ici fondé sur la généralisation d'une méthode d'analyse conforme au modèle du passage gradué à la limite au-delà de toute différence assignable. Dans la mesure où la physique s'intéresse à un monde où les rapports d'ordre et de causalité sont enveloppés à l'infini (par l'effet d'un dessein architectonique optimal), seule une mathématique de ce type est apte à satisfaire aux besoins de l'analyse et de l'explication. S'agissant de cerner l'intelligibilité d'un objet aussi composé que le réel empirique, Leibniz avait de fait souligné les mérites propres de sa méthode analytique générale :

> Notre méthode étant proprement cette partie de la Mathématique générale qui traite de l'infini, c'est ce qui fait qu'on en a fort besoin en appliquant les Mathématiques à la Physique, parce que le caractère de l'Auteur infini entre ordinairement dans les opérations de la nature [1].

Le ressort de l'algorithme est la capacité de se délivrer des quantités incommensurables et transcendantes qui bloquent la progression continue de l'analyse ordinaire dans la résolution des équations. Par constructions analogiques continues, le calcul permet le passage à la limite et donc la résolution de rapports infinis. En différentiant ou en intégrant selon divers degrés, on peut établir l'équivalence des rapports infinis à des rapports finis :

> Et comme il n'est pas toujours possible de tirer les racines effectivement pour parvenir aux grandeurs rationnelles de l'arithmétique commune, il n'est pas toujours possible non plus de donner effectivement les sommes ou quadratures, pour parvenir aux grandeurs ordinaires ou algébriques de

---

1. *Considérations sur la différence qu'il y a entre l'analyse ordinaire et le nouveau calcul des transcendantes* (1694), GM V, 308, cité par L. Brunschvicg, *Les étapes de la philosophie mathématique*, Paris, A. Blanchard, 1972, n. 2 p. 215.

l'analyse commune. Cependant par le moyen des séries infinies on peut toujours exprimer des grandeurs rompues comme en entiers, et des incommensurables en rationnelles, et des transcendantes en ordinaires. Et j'ai donné par là une voie générale, selon laquelle tous les problèmes, non seulement des différences ou sommes, mais encore des différentio-différentielles ou sommes des sommes et au-delà, se peuvent construire suffisamment pour la pratique : comme j'ai donné aussi une construction générale des quadratures par un mouvement continu et réglé[1].

Mais quel rapport y a-t-il là avec la loi de continuité ? D'une certaine manière, la continuité que met en jeu le calcul infinitésimal résulte d'artifices symboliques assurant la transposition de rapports assignables au-delà de toute différence assignable[2]. Cette opération analogique se fonde sur la continuité qui est inscrite dans l'ordre d'engendrement des rapports finis. La théorie des équations de l'analyse ordinaire recèle déjà un élément formel de continuité qui est à la base de la loi de continuité du point de vue génétique. Mais, dans un deuxième temps, l'artifice des différences infinitésimales projette un nouveau schéma d'intelligibilité sur le système d'engendrement des rapports finis. Tout se passe comme si les quantités infinitésimales, qui n'ont d'existence qu'idéale et ne valent que comme limites, pouvaient servir à figurer plus radicalement l'engendrement continu de quantités discrètes. Ce renversement au fondement des rapports repose sur une projection de raison suffisante à la base des séries continues en lesquelles les objets discrets de la représentation géométrique s'analysent lorsqu'on passe au-delà de l'apparence première. Est significatif à cet égard le passage des *Nouveaux Essais* où Leibniz mentionne la possibilité de résoudre les problèmes de quadrature par la détermination de séries infinies susceptibles d'équivaloir à la limite à des nombres rationnels finis en soi inassignables[3]. Il en ressort que la progression dans la résolution analytique des rapports impliquant des quantités infinies dépend des « abrégés » que l'on peut se donner et qui ne sont pas toujours accessibles ni imaginables. Les ressources de l'analyse sont donc relatives à la possibilité de progresser par transpositions analogiques. Et la conclusion à laquelle Leibniz nous mène est que pour nombre de tels problèmes « une certaine progression de synthèse devrait être mêlée avec notre analyse pour y mieux

---

1. GM V, 308.
2. Cet aspect de recours à des artifices symboliques conformes aux principes de continuité et de perfection est mis en valeur par E. Grosholz, « Productive ambiguity in Leibniz's representation of infinitesimals », *in* U. Goldenbaum, D. Jesseph (eds), *Infinitesimal Differences, op. cit.*, p. 153-170.
3. NE 4.3.6, A VI 6, 376-377.

réussir » [1]. La formule de réduction analytique sert désormais à construire la résolution comme s'il s'agissait d'une raison suffisante architectonique servant à composer le continu. Ainsi en est-il du problème de construire les figures optimales en géométrie : pour ce faire, il faut se donner des formules normatives qui permettent d'engendrer l'ensemble le plus complet et le plus harmonique de déterminations, à l'instar du triangle équilatéral, forme la plus déterminée du triangle en général.

L'idée de transformer en instrument de synthèse et de détermination architectonique une formule de résolution analytique est à la source de la méthode générale d'analyse mathématique, comme elle est à la source du principe de continuité. Ainsi Leibniz écrit-il à Varignon :

> On peut dire de même, que les infinis et infiniment petits sont tellement fondés que tout se fait dans la Géométrie, et même dans la nature, comme si c'étaient des parfaites réalités, témoins non seulement notre Analyse Géométrique des Transcendantes, mais encore ma loi de la continuité, en vertu de laquelle il est permis de considérer le repos comme un mouvement infiniment petit (c'est-à-dire comme équivalent à une espèce de son contradictoire), et la coïncidence comme une distance infiniment petite, et l'égalité comme la dernière des inégalités [2].

La lettre à Varignon souligne que la continuité homogène est de l'ordre de la détermination abstraite et idéale ; mais tout se passe comme si l'on pouvait projeter des rapports homogènes de façon continue sur la structure du réel. Si les déterminations infinitésimales semblent s'imposer comme des déterminations réelles, ce n'est pas qu'elles correspondent à la structure analytique ultime des objets puisque celle-ci est inatteignable, mais que les règles régissant ces déterminations sont aptes à profiler des raisons suffisantes à l'infini et aptes, par suite, à figurer l'ordre causal réel à la source des phénomènes objets de représentations finies [3].

L'une des suggestions les plus intéressantes pour interpréter la loi de continuité et sa signification mathématique provient de Leroy Loemker. Celui-ci considérait volontiers le principe comme fondé sur des analogies provenant de la théorie des fonctions. D'un point de vue fonctionnel, une équation se présente comme une loi gouvernant le rapport de dépendance

---

1. A VI 6, 377.

2. Lettre à Varignon du 2 février 1702, GM IV, 93.

3. Voir GM IV, 93-94 : « [...] et que *vice versa* les règles de l'infini réussissent dans le fini, comme s'il y avait des infiniment petits métaphysiques, quoiqu'on n'en ait point besoin ; et que la division de la matière ne parvienne jamais à des parcelles infiniment petites : c'est parce que tout se gouverne par raison, et qu'autrement il n'y aurait point de science ni règle, ce qui ne serait point conforme avec la nature du souverain principe ».

d'un terme variable par rapport à un ou plusieurs autres. Ce rapport de dépendance implique une séquence ordonnée de développement pour une série continue de valeurs de la variable. Par ailleurs, on peut symboliser par quelque figure géométrique le rapport de ces séries dépendantes de valeurs, à condition de posséder les équations spécifiques qui définissent de façon adéquate la relation des termes. Par résolution de ces équations, il est possible de concevoir le rapport des diverses variables comme un complexe de relations abstraites entre des termes qui peuvent changer de façon graduelle en conservant la même loi de correspondance réciproque. Telle est somme toute la logique de l'accord expressif que l'on trouve à l'œuvre dans la formule *Datis ordinatis, etiam quæsita sunt ordinata.* Et Loemker symbolisait cette relation par recours à un modèle algébrique simple :

En somme, la loi de continuité implique que si $y = f(x)$, et qu'il y ait deux valeurs x_1 et x_2 telles que $x_2 - x_1 < d$, où d est quelque différence assignable que ce soit, si petite soit-elle, alors, pour les valeurs correspondantes y_1 et y_2, on aura aussi $y_2 - y_1 < d$ [1].

Toutefois, à elle seule, l'explication par la théorie des fonctions ne suffirait pas à établir la signification méthodologique et théorique si générale du principe de continuité en mathématiques. Elle ne justifierait surtout pas son rôle paradigmatique lorsqu'on passe à l'analyse des phénomènes de la nature. Il faut, à notre avis, revenir au processus rationnel qui sous-tend l'artifice du calcul infinitésimal et qui rend compte de ce qu'il y a de non strictement parallèle dans le rapport d'expression unissant les deux séries d'états dans la formule *Datis ordinatis, etiam quæsita sunt ordinata.* La théorie des fonctions, qui sert de modèle à Loemker, s'inscrit sous la formule générale comme un cas d'espèce, celui où le rapport se réduit à un développement de séries strictement parallèles. La formule apparaît d'autant plus intéressante et féconde qu'elle permet d'établir le rapport réglé d'expression dans des cas d'incommensurabilité apparente. L'artifice du calcul consiste précisément à rendre commensurable à la limite ce qui ne l'est pas intrinsèquement, par référence à un processus infiniment gradué d'engendrement. Ainsi le rapport des séries d'états répond-il davantage au modèle de l'emboîtement qu'à celui des parallèles qui peut n'en apparaître que comme le cas limite. L'emboîtement des séries figure un ordre causal par rapport à toute description de séries se développant en parallèles à l'infini. Repérer l'ordre architectonique des paramètres

1. G.W. Leibniz, *Philosophical Papers and Letters*, *op. cit.*, n. 2 p. 354.

donnant lieu à des séries continues, telle est, en définitive, la fonction du principe de continuité dans une mathématique que domine la fonctionnalité de l'algorithme infinitésimal. Leibniz rappelle à l'occasion que, dans une courbe quelconque faisant l'objet d'une expression algébrique, il existe des points distingués, qui marquent les inflexions : c'est la détermination continue de ces points qui fixe la loi de la courbe ; et le principe de continuité nous impose de concevoir le passage gradué d'une détermination à la suivante de façon à écarter toute rupture de détermination. Or c'est l'algorithme infinitésimal qui nous permet de concevoir ces transitions continues de détermination et d'en assigner la loi d'engendrement, quelle que soit l'apparente irrégularité de la courbe [1].

La subsomption de l'algèbre ordinaire sous la méthode générale de traitement des infinis fait de la *lex justitiæ* qui régit les substitutions d'équivalents dans les équations, une instantiation particulière du type de raison suffisante que promeut le principe de continuité. Dans les *Initia rerum mathematicarum metaphysica* (1714), l'algèbre est présentée comme l'application de la combinatoire aux quantités et, dans cette perspective, la loi fondamentale est celle qui permet l'équivalence ou la correspondance des quantités homogènes dans le dévoilement analytique des quantités plus simples qui les composent. La loi des homogènes et son application aux cas des équations sous la forme de *lex justitiæ* caractérisent l'équivalence globale des séries quantitatives représentées par les membres des équations. Le principe de continuité incarne une généralité plus grande : il établit le type d'ordre qui prévaut dans l'engendrement des séries et qui se caractérise par la progression de la même loi dans l'enchaînement gradué des états, ces états impliquant l'intégration à la limite de ce qui leur est contraire et la loi permettant de saisir la rationalité gouvernant le changement, c'est-à-dire l'ordre immanent à la transition [2].

1. Voir lettre à Rémond du 11 février 1715, GP III, 635 : « Et de tels sauts ne sont pas seulement défendus dans les mouvements, mais encore dans tout ordre des choses ou des vérités [...]. Or comme dans une ligne de Géométrie il y a certains points distingués, qu'on appelle sommets, points d'inflexion, points de rebroussement ou autrement, et comme il y a des lignes qui en ont d'une infinité, c'est ainsi qu'il faut concevoir dans la vie d'un animal ou d'une personne les temps d'un changement extraordinaire, qui ne laissent pas d'être dans la règle générale : de même que les points distingués dans la courbe se peuvent déterminer par sa nature générale ou son équation ».

2. *Initia rerum mathematicarum metaphysica*, GM VII, 24-25 : « Hinc in calculo non tantum lex homogeneorum, sed et justitiæ utiliter observatur, ut quæ eodem modo se habent in datis vel assumtis, etiam eodem modo se habeant in quæsitis vel provenientibus, et qua commode licet inter operandum eodem modo tractentur; et generaliter judicandum est, datis ordinate procedentibus etiam quæsita procedere ordinate. Hinc etiam sequitur *Lex*

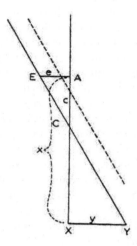

Fig. 5 : Illustration d'après *la Justification du calcul des infinitésimales par celui de l'algèbre ordinaire* (1702)

Un texte significatif sur la fonction du principe de continuité comme instrument de généralisation mathématique insiste précisément sur la mise en scène d'une raison de l'engendrement sériel et donc du changement infiniment gradué : il s'agit de la *Justification du calcul des infinitésimales par celui de l'algèbre ordinaire* (1702), destinée au *Journal de Trévoux*. Le problème proposé est celui de la construction des rapports dans une figure géométrique simple. Soit les droites AX et EY se coupant en C. Déterminons les points E et Y. De ces points menons les perpendiculaires à AX en A et en X. Désignons AC par c, AE par e, AX par x et XY par y. Parce que CAE et CXY forment des triangles semblables, nous posons la relation $(x - c)/y = c/e$. Supposons que c/e soit différent de 1 et que l'angle ACE soit différent de 45 degrés. Lorsque la droite EY se déplace continûment vers A, le rapport c/e se trouve conservé. Lorsque EY

Continuitatis a me primum prolata, qua fit ut lex quiescentium sit quasi species legis in motu existentium, lex æqualium quasi species legis inæqualium, ut lex curvilineorum est quasi species legis rectilineorum, quod semper locum habet, quoties genus in quasi-speciem oppositam desinit. Et hic pertinet illa ratiocinatio quam Geometræ dudum admirati sunt, qua ex eo quod quid ponitur esse, directe probatur id non esse, vel contra, vel qua quod velut species assumitur, oppositum seu disparatum reperitur. Idque continui privilegium est ; *Continuitas* autem in tempore, extensione, qualitatibus, motibus, omnique naturæ transitu reperitur, qui nunquam fit per saltum ».

rejoint A, c et e s'évanouissent et l'équation $(x - c)/y = c/e$ devient par analogie $x/y = c/e$. Sous la règle de progression générale, vient s'inscrire le rapport $x - c = x$, mais en même temps c et e conservent le rapport de proportion de CX à XY, c'est-à-dire du sinus à la tangente de l'angle en C, que nous avons supposé constant à travers la progression vers A. Si l'on tenait, dans le rapport d'ordre, c et e pour des quantités nulles au sens strict parce que E, C et A se confondent à la limite, il y aurait parfaite substituabilité de c et de e l'un à l'autre et donc égalité. L'équation $c/e = x/y$ nous mènerait à poser $x/y = 0/0 = 1$; et donc $x = y$, ce qui contredit à l'hypothèse. Leibniz en conclut que c et e dans ce calcul ne sont pris pour des quantités nulles que lorsqu'on les compare à x et y, mais non pas intrinsèquement lorsqu'on détermine le rapport de l'une à l'autre dans le processus d'évanouissement continu. Il s'agit d'infinitésimales au même titre que les éléments différentiels engendrant de façon continue les coordonnées de courbe, comme s'il s'agissait d'«accroissements ou [de] décroissements momentanés»[1]. Dans le cas présent, l'objectif de Leibniz est de montrer que l'algèbre ordinaire ne peut se dispenser d'avoir recours aux propriétés fonctionnelles que révèle l'algorithme infinitésimal, lorsqu'il s'agit d'analyser de façon générale des rapports d'ordre incluant tels cas limites où l'on assiste à l'évanouissement des quantités. C'est la même règle de transition graduée que Leibniz importe dans les questions fondamentales de théorie physique lorsqu'il tient le repos pour un mouvement évanouissant auquel s'appliquent toutes les déterminations du mouvement à la limite.

Dans le domaine mathématique, la justification rationnelle d'une telle règle semble d'abord d'ordre pragmatique. Le report sur la quantité évanouissante d'une détermination propre à la quantité commensurable se justifie parce que l'erreur est moindre que toute quantité assignable. Cet argument était celui que l'on servait aux adversaires de la quadrature archimédienne de la parabole. En guise de réfutation, il faudrait produire une mesure plus discriminante que celle qui résulte de l'approximation de quadrature; il faudrait produire une grandeur moindre que la différence entre l'aire de la quadratrice d'Archimède et l'aire de la parabole. Or, si cet argument de type pragmatique semble essentiellement critique, il comporte une version positive; et cette version positive établit le statut de méthode générale que revendique l'analyse des transitions continues. Leibniz en donne le schéma dans le passage terminal de la *Justification* :

1. GM IV, 105.

Cependant quoiqu'il ne soit point vrai à la rigueur que le repos est une espèce de mouvement, ou que l'égalité est une espèce d'inégalité, comme il n'est point vrai non plus que le cercle est une espèce de polygone régulier : néanmoins on peut dire que le repos, l'égalité et le cercle terminent les mouvements, les inégalités et les polygones réguliers, qui par un changement continuel y arrivent en évanouissant. Et quoique ces terminaisons soient exclusives, c'est-à-dire non comprises à la rigueur dans les variétés qu'elles bornent, néanmoins elles en ont les propriétés, comme si elles y étaient comprises, suivant le langage des infinies ou infinitésimales, qui prend le cercle, par exemple, pour un polygone régulier dont le nombre des côtés est infini [1].

En définitive, la différence méthodologique majeure résultant du recours à un algorithme de transition infinitésimale tient au fait que le passage continu d'une forme à l'autre, c'est-à-dire d'une essence à une autre dans les possibles exprimant l'ordre, suppose que la même raison analogique se retrouve dans les deux formes apparemment disjointes et qu'elle assure le développement sériel continu des expressions d'une forme à celles de l'autre. Il y a continuité d'ordre dans les propriétés inférables des deux formes lorsqu'on passe de l'une à l'autre par une transition à la limite, comme lorsque des droites convergentes s'assimilent à des parallèles par le report de leur rencontre à l'infini. La loi de continuité sanctionne l'existence présumée d'une raison déterminante permettant de rendre compte des propriétés d'entités identifiées comme distinctes, par un processus d'engendrement continu. Si chaque entité comporte sa loi de variation continue, le principe de continuité implique que le même type de raison architectonique assure l'intégration de ces entités ou états discrets les uns par rapport aux autres [2]. Certes, de ce point de vue, intégrations et différentiations se correspondent et peuvent être menées à divers degrés. Bref, il s'agit d'une méthode d'invention analogique très ouverte, beaucoup plus ouverte et féconde que toute méthode de démonstration apagogique opérant dans une analyse mathématique centrée sur les rapports finis [3].

---

1. GM IV, 106.
2. L'insertion des règles du calcul infinitésimal sous l'égide du principe de continuité, bien qu'elle comporte des ambiguïtés, ne laisse d'apparaître féconde par l'effet de généralisation des représentations qu'elle suggère, voir à ce sujet S. Levey, « Archimedes, infinitesimals and the law of continuity : on Leibniz's fictionalism », *in* U. Goldenbaum, D. Jesseph (eds), *Infinitesimal Differences, op. cit.,* p. 107-133.
3. Voir lettre à Varignon du 2 février 1702, GM IV, 92 : « Mais il faut considérer en même temps que ces incomparables communs mêmes n'étant nullement fixes ou déterminés, et pouvant être pris aussi petits qu'on veut dans nos raisonnements géométriques, font l'effet des

La méthode d'invention analogique dont nous venons de voir qu'elle sous-tend l'usage du principe de continuité en mathématiques, se retrouve-t-elle dans son application à la physique ? Certes, le principe de continuité sert de façon critique à faire ressortir l'échec des règles cartésiennes du choc. Mais cette fonction de «pierre de touche»[1] n'exclut pas toute référence à une fonction positive exercée dans l'édification de la théorie physique. L'énoncé même du principe est caractéristique de la méthode d'invention d'inspiration mathématique :

> Si deux conditions hypothétiques ou deux données de base différentes se rapprochent continuellement l'une de l'autre, alors nécessairement les résultats cherchés ou les effets des deux conditions se rapprochent aussi continuellement l'un de l'autre, et enfin se fondent l'un dans l'autre, et réciproquement[2].

D'ailleurs, Leibniz fournit spontanément les exemples tirés de la géométrie auxquels il a recours de façon habituelle. Tel est le cas de l'ellipse dont les foyers s'éloignent l'un de l'autre à l'infini, l'axe perpendiculaire restant toujours de même grandeur, et qui de ce fait tend à se confondre avec la parabole : d'où la vérification des propriétés de la parabole dans le cas de l'ellipse. De même, il est rappelé que le repos peut être tenu pour un mouvement évanouissant, et l'égalité pour le cas limite de l'inégalité : d'où l'application de certains rapports géométriques dans le cas d'une transition infinitésimale à l'état contraire. Le texte justifie ainsi le passage au modèle mathématique en physique : «La géométrie abonde en exemples de ce genre. Mais il en est de même dans la nature, à laquelle

---

infiniment petits rigoureux, puisqu'un adversaire voulant contredire à notre énonciation, il s'ensuit par notre calcul que l'erreur sera moindre qu'aucune erreur qu'il pourra assigner, étant en notre pouvoir de prendre cet incomparablement petit assez petit pour cela, d'autant qu'on peut toujours prendre une grandeur aussi petite qu'on veut. C'est peut-être ce que vous entendez, Monsieur, en parlant de l'inépuisable, et c'est sans doute en cela que consiste la démonstration rigoureuse du calcul infinitésimal dont nous nous servons, et qui a cela de commode, qu'il donne directement et visiblement, et d'une manière propre à marquer la source de l'invention, ce que les Anciens, comme Archimède, donnaient par circuit dans leurs réductions *ad absurdum*, ne pouvant pas, faute d'un tel calcul, parvenir à des vérités ou solutions embarrassées, quoiqu'ils possédassent le fondement de l'invention».

1. Voir *Animadversiones in partem generalem Principiorum Cartesianorum* (1692), II, § 45, GP IV, 375 ; *Opuscules philosophiques choisis, op. cit.*, p. 51.

2. *Opuscules philosophiques choisis, op. cit.*, p. 51-52 ; GP IV, 375 : «Nimirum cum hypotheses duæ seu duo data diversa ad se invicem continue accedunt, donec tandem unum eorum in alterum desinat, necesse est etiam quæsita sive eventa amborum continue ad se invicem accedere, et tandem unum in alterum abire et vice versa».

l'Auteur, souverainement sage, applique la plus parfaite géométrie»[1]. Ce propos se trouvera amplifié dans la réponse à Bayle au sujet de l'article Rorarius dans la seconde édition du *Dictionnaire historique et critique*[2]. Les phénomènes, y est-il dit, sont ainsi organisés que la loi de continuité sert à les expliquer pour autant qu'ils ne sauraient contredire aux normes de l'intelligibilité géométrique. Bien plus, c'est le recours aux modèles répondant à de telles normes qui permet de rendre les phénomènes intelligibles. Il est vrai que les raisons gouvernant l'établissement des modèles se trouvent subordonnées à l'exigence méthodologique de l'harmonie et que celle-ci suppose en droit l'analyse des raisons à l'infini à l'arrière-plan des vérités contingentes.

La façon de résoudre ce problème consiste à se servir des déterminations de type géométrique en les insérant sous des hypothèses architectoniques conformes à l'idée régulatrice de l'harmonie. Tel est précisément le rôle du principe de continuité. La position leibnizienne conjugue deux propositions qui a première vue peuvent sembler sinon contradictoires, du moins peu conciliables. D'une part, les lois de la nature ne sauraient s'obtenir par pure déduction mathématique, puisque les déterminations de type géométrique ne suffisent pas à épuiser les raisons d'ordre qui les ont imposées à la nature. Il faut recourir pour les établir à des arguments architectoniques irréductibles. Ainsi le *Tentamen anagogicum* affirme-t-il :

> Mais puisqu'elle [la nature] est gouvernée architectoniquement, des demi-déterminations géométriques lui suffisent pour achever son ouvrage, autrement elle aurait été arrêtée le plus souvent. Et c'est ce qui est véritable particulièrement à l'égard des lois de la nature. Quelqu'un niera peut-être ce que j'ai avancé déjà ci-dessus à l'égard de ces lois qui gouvernent le mouvement, et croira qu'il y en a démonstration tout à fait géométrique, mais je me réserve de faire voir le contraire [...] et de montrer qu'on ne les saurait dériver de leurs sources qu'en supposant des raisons architectoniques[3].

Le principe de continuité est alors présenté comme susceptible de fournir de tels arguments architectoniques par-delà l'analyse en termes de déterminations mathématiques.

---

1. *Opuscules philosophiques choisis, op. cit.*, p. 52 ; GP IV, 375-376 : «Et hujusmodi quidem exemplorum plena est Geometria : sed natura, cujus sapientissimus Auctor perfectissimam Geometriam exercet, idem observat, alioqui nullus in ea progressus ordinatus servaretur».
2. GP IV, 554-571.
3. GP VII, 179.

D'autre part, la réponse à Bayle semble exploiter une tout autre veine : le principe de continuité vient s'inscrire dans le prolongement des méthodes d'analyse mathématique, lesquelles s'appliquent intégralement à l'explication des phénomènes, en même temps que les raisons métaphysiques interviennent pour ainsi dire en parallèle. Leibniz déclare :

> Ainsi quoique les méditations mathématiques soient idéales, cela ne diminue rien de leur utilité, parce que les choses actuelles ne sauraient s'écarter de leurs règles ; et on peut dire en effet, que c'est en cela que consiste la réalité des phénomènes, qui les distingue des songes [1].

Manifestement dans ce contexte, le principe de continuité apparaît comme l'un des moyens de prolonger l'analyse alors que le déploiement à l'infini des raisons oblige à recourir à des hypothèses sur l'ordre effectif. Il est clair que tous les modèles de type mathématique seront en défaut par rapport à cet ordre effectif, comme d'ailleurs aussi les séquences de raisons tirées du principe métaphysique de l'harmonie :

> La trop grande multitude des compositions infinies fait à la vérité que nous nous perdons enfin, et sommes obligés de nous arrêter dans l'application des règles de la métaphysique, aussi bien que dans les applications des mathématiques à la physique ; cependant jamais ces applications ne trompent, et quand il y a du mécompte après un raisonnement exact, c'est qu'on ne saurait assez éplucher le fait, et qu'il y a imperfection dans la supposition [2].

Intégrant les ressources d'une analyse des quantités fluentes, le principe de continuité apparaît comme un moyen privilégié d'étendre les modèles mathématiques par progression analogique.

La difficulté soulevée par les deux types de proposition tient à la localisation du principe de continuité parmi les arguments architectoniques d'une part, parmi les instruments mathématiques de l'autre. Mais cette difficulté est sans doute plus apparente que réelle, du moins dans une perspective leibnizienne. Le principe lui-même affirme une exigence de la raison suffisante appliquée à l'analyse des réalités contingentes, en particulier des phénomènes, et de ce point de vue il transcende l'ordre des arguments strictement mathématiques. Par ailleurs, son application demande à être déterminée selon des formes d'intelligibilité distincte, ce qui ne peut se faire que par recours à des analogies contrôlées : d'où les divers modèles mathématiques auxquels on peut et doit recourir et qui

---

1. GP IV, 569.
2. *Ibid.*

exemplifient le principe. Pour Leibniz la relation du principe aux modèles mathématiques sera appelée à varier selon le domaine d'expérience abordé. Cette relation sera sans doute d'autant moins étroite qu'on aura affaire à des objets plus complexes, pour lesquels les connexions de raisons déterminantes se mêlent. Mais le contrôle de l'analogie suppose toujours la prévalence des modèles de type mathématique.

Les développements relatifs au choc des corps dans les *Animadversiones in partem generalem Principiorum Cartesianorum* illustrent cette exigence de façon marquée. La première règle de Descartes suppose que lorsque deux corps égaux et dotés de vitesses égales se rencontrent, les deux corps sont réfléchis et conservent la même vitesse après le choc[1]. Cette règle est conforme à la raison, puisqu'à partir du moment où l'on suppose la conservation de la force et l'impénétrabilité des corps, l'égalité des conditions antécédentes impose la situation équivalente du point de vue des conséquents. Mais prenons à titre d'exemple de règle mal formée, la seconde règle : si B et C se rencontrent avec la même vitesse, mais que B soit tant soit peu plus grand que C, B continuera dans sa direction initiale et C sera réfléchi, les deux corps poursuivant leur mouvement avec la même vitesse[2]. Cette règle est intenable, car si l'on diminue progressivement l'inégalité des deux corps, les effets résultants doivent se rapprocher de ceux qui résultent de l'égalité. À un certain moment du processus régressif, le corps B cessera de se mouvoir suivant sa détermination initiale pour s'arrêter à la suite du choc. Une régression plus poussée va provoquer le retour réflexif du corps jusqu'à ce que l'effet finisse par épouser la forme stipulée par la première règle. Il est par ailleurs clair qu'à moins que la grandeur de B ne soit à ce point maximale par rapport à celle de C que celle-ci devienne tout à fait négligeable, la vitesse de B après le choc sera toujours quelque peu diminuée et celle de C quelque peu augmentée suivant la détermination de départ de B. Et là encore, lorsque la grandeur de B augmente par rapport à celle de C à partir de leur égalité, il importe de suivre une progression continue dans la décroissance de la vitesse de B jusqu'à l'évanouissement lorsqu'il est réfléchi, pour enchaîner avec une croissance graduelle de cette vitesse lorsque que B cesse d'être réfléchi pour se mouvoir après le choc suivant sa détermination de départ; à la limite, cette croissance tend vers la vitesse initiale lorsque la différence des grandeurs est telle que le corps C devient négligeable.

---

1. Voir II, § 46, GP IV, 376; *Opuscules philosophiques choisis, op. cit.*, p. 53.
2. Voir II, § 47, GP IV, 376-378; *Opuscules philosophiques choisis, op. cit.*, p. 53-55.

La critique des règles 3 à 7 suit le même modèle. Nous nous dispenserons donc de la reproduire pour nous contenter de souligner la stratégie d'ensemble qui consiste à faire se correspondre des séries de variations progressives dans les valeurs des variables impliquées. Leibniz projette ainsi sur les phénomènes un réseau de rapports permettant de relier les cas les uns aux autres sans rupture de détermination dans l'enchaînement des séries et la correspondance entre antécédents et conséquents. Une rupture apparente des rapports d'expression entre séries antécédentes et séries conséquentes ne pourrait provenir que de la convergence d'un grand nombre de variables intervenant dans la production de phénomènes complexes. Il peut alors s'avérer difficile de démêler les séries analytiques qui se compensent en se combinant, mais la raison nous impose de supposer le principe de continuité à l'œuvre dans de tels cas par-delà les solutions de continuité apparentes, que l'analyse pourrait en droit résorber.

> Tout le monde comprend très facilement aussi qu'il est contraire à la raison, que l'hypothèse subissant une variation continue, le résultat ne varie aucunement, sauf dans un cas singulier déterminé ; ce qui est contraire à tous les exemples, qui nous montrent que la variation des cas hypothétiques entraîne toujours une variation des résultats, sauf dans des cas particuliers où peut-être des variations différentes se compensent en se combinant [1].

Un exemple significatif de cette stratégie se trouve offert par le diagramme que Leibniz construit pour représenter la variation de vitesse et de direction d'un corps C suite à la rencontre d'un corps B qui lui est égal et dont la vitesse est supposée constante. Une opération analogue pourrait être envisagée en supposant deux corps de même vitesse dont on présume que l'un est de masse constante et l'autre de masse variable. Dans les deux cas, on peut obtenir une représentation à l'aide de coordonnées qui fasse ressortir la continuité de la courbe de variation des déplacements par rapport aux valeurs des variables en jeu. Selon les lois du choc de Descartes, la représentation est incohérente à la suite de ruptures dans la continuité de la courbe ; selon l'analyse leibnizienne, le schéma est régulier : dans le premier cas, on obtient une *delineatio monstrosa* ; dans l'autre, une *delineatio concinna* [2].

---

1. II, § 49, *Opuscules*, p. 57 ; GP IV, 378 : « Et sane facile quivis intelligit etiam illud a ratione alienum esse, ut hypothesis continue variata nihil variet eventum, excepto casu singulari determinato, cum contra potius in omnibus rerum exemplis variatio hypotheseos variare eventum debeat, exceptis casibus determinatis, ubi diversæ forte variationes complicatæ se muto compensant ».

2. II, § 53, GP IV, 382.

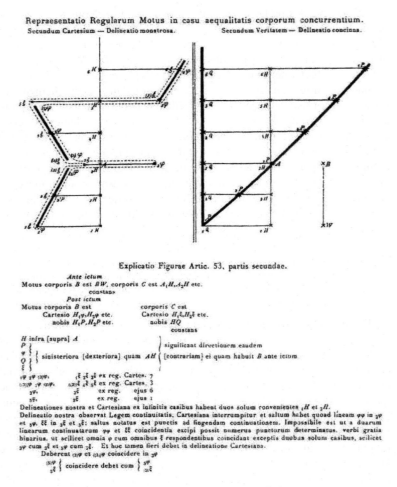

Fig. 6 : Illustration de l'article II, § 53 des
Animadversiones in partem generalem Principiorum Cartesianorurn (1692)

L'idée du diagramme se fonde sur le fait que les conditions de l'hypothèse sont toutes supposées constantes à l'exception d'une seule qui est variable. À l'aide de coordonnées cartésiennes, on peut alors se représenter par figure le mode de variation impliqué dans les différents cas entrant sous la même équation. Certes, cette formule ne permet pas d'accéder directement à la loi gouvernant les phénomènes et fournissant la corrélation des variables. Dans le cas des lois du choc, la loi s'obtient si l'on se fonde sur le principe de conservation de la force vive et que l'on établisse comment les principes relatifs de conservation corroborés par des modèles empiriques, comme celui du bateau de Huygens, peuvent s'y intégrer. Mais, à supposer que la loi ne soit pas disponible par ailleurs, des constructions comme celle du diagramme permettraient de dessiner le « profil » de la loi à découvrir à l'aide de ce qui en constituerait proprement des « esquisses architectoniques ». D'une certaine manière, la méthode de continuité analogique dans la schématisation géométrique ne s'apparente-t-elle pas à l'usage des modèles servant à interpréter des lois empiriques du choc du genre de celles de Huygens, interprétées quant à elles à l'aide du modèle du bateau ? Leibniz ne déclare-t-il pas : « La méthode suivie ici a du moins servi à réfuter des erreurs. Et même si toutes les règles n'étaient pas encore découvertes, elle servirait à fournir une sorte d'ébauche » [1].

Or le processus leibnizien est plus systématique que le recours aux modèles de représentation géométrique des données d'expérience dans une théorie physique comme celle de Huygens. Il est en effet évident que le principe de continuité n'est pas une règle de méthode accessoire qui ne se justifierait que par son succès relatif dans l'analyse des phénomènes. Il constitue plutôt un principe général d'intelligibilité et d'analyse. Il fournit surtout le moyen de lier en un ensemble théorique des séquences de déterminations empiriques : il révèle en effet le type d'ordre sériel continu suivant lequel les antécédents expriment les conséquents, et inversement. De ce point de vue, il s'agit véritablement d'un instrument de découverte théorique dans le cadre d'une physique visant à représenter l'ordre intégré des raisons à l'arrière-plan des phénomènes.

Or, d'autre part, l'analyse du principe leibnizien de continuité dans ses applications scientifiques suppose que nous en poursuivions l'étude au-delà de la physique en nous tournant vers la discipline encore embryonnaire qu'était la physiologie comme science de la vie. Nous avons consacré d'autres travaux à l'étude des modèles physiologiques leibniziens [2]. Dans le cadre de la présente étude, nous nous limiterons à analyser le recours au

---

1. II, § 53, *Opuscules philosophiques choisis*, *op. cit.*, p. 65 ; GP IV, 384 : « [...] præsertim cum alia methodo omnia perfecte assequamur, quæ per hanc tantum adumbrantur, quod ipsum tamen suum usum ad errores refutandos habere ostendimus, et si nondum detecta tota res esset, ad quandam adumbrationen prodesset ».

2. Voir notamment F. Duchesneau, *La physiologie des Lumières*, *op. cit.*, p. 115-164 ; *id.*, *Les modèles du vivant de Descartes à Leibniz*, *op. cit.*, p. 315-372 ; *id.*, *Leibniz. Le vivant et l'organisme*, *op. cit.* ; F. Duchesneau, *Organisme et corps organique de Leibniz à Kant*, Paris, Vrin, 2018, p. 21-82.

principe de continuité dans le contexte d'une hypothèse de classification graduée des espèces vivantes, susceptible de faire ressortir l'organisation et l'enchaînement des formes. Cette hypothèse est celle de la grande chaîne des êtres.

Traitant de la préexistence des germes accréditée dans la philosophie post-cartésienne, Jacques Roger fait pour ainsi dire un sort à part à Leibniz :

> Et ce n'est pas la moindre originalité de cette pensée, dont l'influence fut considérable, que d'avoir pris en charge une théorie fondée sur une vision rigoureusement fixiste du monde, pour en faire la base d'une conception dynamique de la nature. Dans la mesure où la monade est principe d'énergie lié à une unité organique, dans la mesure où l'harmonie préétablie n'inclut pas seulement les êtres existants, mais aussi des êtres possibles que nous ne connaissons pas, la pensée leibnizienne prépare l'avenir, tend à détruire le fixisme, et dépasse de toute la hauteur du génie la philosophie de son temps [1].

En fait, ce que vise cette évaluation, c'est l'interprétation à donner de certains passages des *Nouveaux Essais sur l'entendement humain*, où Leibniz paraît récuser le fait que les espèces connaîtraient des bornes stables et où il semble proposer en contrepartie la variation possible de la combinaison des espèces dans le temps [2]. Selon Roger, les nouvelles formes ne dériveraient pas au sens strict de formes plus anciennes par quelque processus causal que ce fût. Leibniz admettait une création « en même temps » de tous les individus de toutes les espèces sous forme de germes. Certains de ces individus, composant telles catégories spécifiques empiriquement repérables, n'auraient surgi, par développement du potentiel contenu dans les germes correspondants, que dans une phase historique donnée. Ce processus serait celui du « développement ». À l'inverse, pourquoi n'y aurait-il pas effacement de certaines espèces phénoménales par « enveloppement », comme les faits d'observation semblent le suggérer ? À l'arrière-plan des développements et enveloppements des « machines de la nature » que sont les vivants, la thèse de la grande chaîne des êtres commande, du point de vue leibnizien, le devenir des individus et des regroupements spécifiques. Tous les individus s'inscriraient en effet dans « une échelle des êtres aux degrés infiniment voisins les uns des autres » et l'apparition successive des espèces ou « sous-divisions » serait « la réalisation progressive [de cette] échelle préétablie

---

1. J. Roger, *Les Sciences de la vie dans la pensée française du XVIIIᵉ siècle*, 2ᵉ éd., Paris, A. Colin, 1971, p. 370.
2. Notamment *NE*, 3.6. 23, A VI 6, 317.

des êtres, ou, plus exactement, la révélation progressive d'une échelle pré-existante des êtres, dont certains degrés étaient restés jusque-là invisibles, faute de s'être développés »[1]. Roger souligne que cette hypothèse d'inter-prétation lui semble la plus logique et la plus conforme à la leçon générale tirée des doctrines leibniziennes, mais il se garde d'en faire nécessairement la seule hypothèse recevable, faute sans doute de pouvoir instituer un contrôle qui puisse servir d'expérience cruciale[2].

Dans l'ensemble, l'analyse fournie par Roger nous semble juste, mais elle fait l'économie de quelques difficultés qui ne pouvaient que hanter l'intellect leibnizien. Mentionnons ces difficultés : 1) Comment le principe de continuité, qui suppose le recours à des modèles opératoires de type mathématique, peut-il légitimement s'appliquer à une interprétation globale des phénomènes vitaux? 2) L'échelle infinitésimalement graduée des êtres concerne-t-elle les individus ou les espèces, ou les deux? 3) Comment cette grande chaîne des êtres, dont la structure serait de type mathématique, peut-elle faire droit à la versatilité d'une nature contin-gente?

Il ne fait aucun doute que la doctrine de la chaîne des êtres repose sur l'un des principes architectoniques de la science leibnizienne des phéno-mènes : le principe de continuité. Dans sa version profane, ce principe se résumait à l'axiome : «la nature ne fait pas de sauts» (*Natura non facit saltus*). Cet axiome sous-tend la représentation de formes vivantes graduées qui assureraient une transition entre les diverses espèces phéno-ménales. C'est dans ce contexte que Leibniz traite des zoophytes, par exemple. Mais il faut se référer aux formules plus techniques du principe. La thèse est ici que les états physiques forment des séries continues, par-delà les discontinuités apparentes. Par des modèles de passage à la limite qu'inspire l'algorithme infinitésimal, on peut concevoir deux états discrets très rapprochés, répondant à des déterminations paramétriques hétéro-gènes, comme s'ils exprimaient un même rapport de détermination fonda-mentale constituant la convergence harmonique des paramètres. Cet arti-fice analytique permet somme toute de concilier des phénomènes plus ou moins hétérogènes dans leurs caractéristiques phénoménales en saisissant

---

1. J. Roger, *Les Sciences de la vie dans la pensée française du XVIIIᵉ siècle*, *op. cit.*, n. 256 p. 370.

2. Pour une interprétation métaphysique de la chaîne des êtres, voir A. Lovejoy, *The Great Chain of Being*, Cambridge (Mass.), Harvard University Press, 1970, p. 144-182. Des considérations d'épistémologie générale prévalent à ce sujet dans M. Serres, *Le système de Leibniz et ses modèles mathématiques*, Paris, P.U.F., 1968, p. 573-599; et dans Y. Belaval, « Leibniz et la chaîne des êtres », *Analecta Husserliana*, 9 (1981), p. 59-68.

des déterminations de tendance par-delà les rapports quantitatifs discrets, lesquels expriment *more geometrico* l'ordre des phénomènes isolément considérés. C'est précisément un tel artifice que Leibniz fait intervenir pour montrer la discordance des lois du choc des corps si l'on applique l'estimation quantitative de la force mouvante par l'*impetus* (= *mv*) à la façon des Cartésiens. Pour des écarts minimaux dans les conditions antécédentes de déplacement des mobiles, il s'ensuivrait des écarts considérables dans les conditions conséquentes. D'où la représentation de la série des cas par des courbes rompues. À l'inverse, si l'estime des forces mouvantes s'établit suivant le théorème leibnizien de la conservation de la force vive (mesurée par le produit *mv*^{2}), la représentation des cas est conforme à la série des lois empiriques de Huygens pour le choc des corps; et de plus, ces cas s'insèrent sous un système de coordonnées paramétriques dont l'expression est une courbe continue, obéissant à une loi de progression régulière. Le principe de continuité, dans son application physique, permet de rendre compte d'un ordre sériel de déterminations liant les points intrinsèquement discernables que constituent les unités réelles ou monades, sous-jacentes aux phénomènes. Mais la représentation distincte de cet ordre suppose la possibilité de l'exprimer symboliquement par une fonction d'intégration. Il faut qu'il soit possible d'assigner une loi de la série ou des séries impliquées dans la connexion des phénomènes soumis à l'analyse. Ainsi Leibniz traite-t-il les raisons déterminantes des phénomènes en dioptrique et en catoptrique, en mécanique, voire en théorie gravitationnelle. Mais peut-on étendre ce système d'analyse à des phénomènes de type biologique?

Il existe plusieurs indices de réponse à cette question chez Leibniz. Dans un certain nombre de textes, Leibniz souligne que l'on doit tenir tout corps organique vivant pour une totalité réelle et non pour une substance composite résultant d'une simple agrégation d'éléments matériels, à l'instar du tas de cailloux. Et dans ces conditions, il doit présumément exister une fonction d'intégration des parties matérielles concomitantes composant l'unité organique; de même convient-il de rattacher à une telle raison déterminante la série des états successifs de l'organisme : une forme dynamique se maintient ainsi à travers la diversité des composantes matérielles suivant un ordre séquentiel tant du point de vue spatial que du point de vue temporel. Partout où prévaut un ordre de type architectonique, tel celui qu'implique le principe de continuité, la même loi de détermination doit s'exprimer à travers quelque élément de la séquence que ce soit. Transposé au plan du corps organique vivant, cela peut vouloir dire que, de l'embryon à l'organisme adulte, nous devons pouvoir retrouver le même type de structure et le même type de processus à l'œuvre, malgré des différences significatives dans les modalités de composition matérielle et d'opération mécanique. Le principe de continuité assurerait l'harmonisation des paramètres représentatifs de la structure et des fonctions à travers la série des états diversifiés du développement individuel. Jusqu'où toutefois peut-on pousser cette analogie mathématique ?

Pour Leibniz, il ne fait pas de doute que la structure de tout vivant en tant que corps organique ressortit à l'analyse géométrique, mais le propre de l'instrument géométrique requis est de faire place à des rapports emboîtés à l'infini : tel est le statut des machines de la nature, par contraste avec les machines de l'art [1]. L'idée dominante de la physiologie leibnizienne est celle d'une structure matérielle impliquant des rapports d'intégration hypercomplexe dont l'analyse empirique ne peut révéler qu'un aspect superficiel. En ce qui concerne le fonctionnement du corps vivant, Leibniz privilégie une analyse de type téléologique qui permette de devancer la mise en évidence des processus résultant des structures emboîtées. L'anticipation fonctionnelle se fonde elle-même sur un double développement analytique : il s'agit d'une part de décrire l'ordre de surface qui tient aux actions et aux dispositifs de l'organisme : telle est la contribution de l'anatomie et de la physiologie comme sciences d'expérience. Par ailleurs, la schématisation adventice des fonctions repose sur notre possibilité de concevoir des processus mécaniques *grosso modo* analogues aux opérations vitales ; nous transposons ensuite ces processus figurés sur le mode d'une intégration à l'infini et d'un ordre constitué par l'ajustement sériel progressif des microdispositifs.

Dans la perspective leibnizienne, la fonction physiologique par excellence est la sensibilité. Nous pouvons concevoir une gradation infinie des degrés de perception à partir de la conscience phénoménale que nous prenons de notre propre activité perceptive ; il convient d'associer à cette

---

1. Sur la théorie leibnizienne de l'organisme comme mode d'agencement structuro-fonctionnel des êtres vivants, outre les travaux mentionnés n. 2 p. 333 *supra*, voir G. L. Linguiti, *Leibniz e la scoperta del mondo microscopico della vita*, Lucca, M. Pacini Fazzi, 1984 ; J. E. H. Smith, *Divine Machine. Leibniz and the Sciences of Life*, Princeton, Princeton University Press, 2011 ; R. Andrault, *La vie selon la raison. Physiologie et métaphysique chez Spinoza et Leibniz*, Paris, Honoré Champion, 2014 ; F. Duchesneau, « The organism-mechanism relationship ; an issue in the Leibniz-Stahl controversy », *in* O Nachtomy, J. E. H. Smith (eds), *The Life Science in Early Modern Philosophy*, Oxford, OUP, 2014, p. 98-114 ; F. Duchesneau, J. E. H. Smith, *The Leibniz-Stahl Controversy*, New Haven, Yale University Press, 2016 ; O. Nachtomy, *Living Mirrors. Infinity, Unity, and Life in Leibniz's Philosophy*, New York, OUP, 2019.

activité perceptive qui implique une loi de série des états de conscience, la corrélation stricte par rapport à des structures de l'appareil neurocérébral. Les microdispositifs sous-jacents à cet appareil doivent épouser le modèle de l'intégration organique, ce qui suppose l'analogie de détermination pour tous les éléments en séries qui composent la structure complexe. Qu'on ne puisse opérer cette analyse par des moyens mathématiques simples, n'implique aucunement qu'il ne s'agisse d'une analyse à l'infini répondant au schème général d'une loi de continuité mathématique. Ce schème général implique à la fois la variation constante des données de base et l'unicité de la détermination tendancielle.

Si le principe de continuité s'applique aux phénomènes vitaux, c'est sous le couvert d'un concept théorique relatif à la nature du vivant, machine de la nature à l'infini. Cette machine est gouvernée par une loi architectonique dont le principe de continuité fixe la norme épistémologique. Cela signifie que l'ordre global qui prévaut dans l'organisation et le fonctionnement du vivant intégré se retrouve dans chaque partie et dans chaque partie de partie, tant que l'on a affaire à une décomposition qui respecte les conditions de fonctionnement de l'organisme. Sur le plan métaphysique, l'organisme comme mode d'organisation apparaîtra alors refléter une architecture intégrée de monades sous une monade hégémonique. D'où l'influence que le modèle monadologique transposé du monde des réalités substantielles à celui des phénomènes aura sur toutes les doctrines subséquentes relatives aux éléments de la structure organique : théories des molécules organiques, des fibres élémentaires, des globules et utricules primordiaux, des cellules[1]. Or Leibniz n'a pas voulu que l'on confonde un modèle métaphysique, celui des monades, avec une théorie de l'organisme adéquate à rendre raison de l'ordre des phénomènes. Aussi faut-il se contenter d'une conception analytique de l'organisme selon laquelle les phénomènes caractéristiques de la structure et de l'activité du vivant se décomposeraient en séries de dispositifs et de processus variables, mais répondant à la même loi de détermination : celle-ci intégrerait les différences qui résultent des multiples conditions antagonistes et concourantes intervenant dans et sur l'organisme. Ainsi l'organisme se manifesterait-il comme un phénomène bien fondé, exprimant une disposition d'équilibre global maintenu à travers le changement constant des facteurs externes et internes.

---

1. Voir à ce sujet F. Duchesneau, *Organisme et corps organique de Leibniz à Kant, op. cit.*

Le terme « organisme » désigne donc une forme d'entité théorique. Ce concept sert à justifier des modèles pour l'analyse empirique. Leibniz envisage ainsi que le micro-anatomiste et le physiologiste procèdent à des analyses de séquences de phénomènes en établissant des lois empiriques qui reflètent l'exigence d'un développement sériel des variations. Il est manifeste qu'il a ainsi accordé sa préférence à certains travaux scientifiques ressortissant à l'étude empirique de phénomènes vitaux. Que l'on prenne pour exemples les séquences de transformation d'insectes, celles des œufs de vivipares, celles des animalcules spermatiques ; mais tout aussi bien les diathèses de troubles fonctionnels dans les maladies épidémiques ou les variations dynamiques dans la circulation des fluides organiques : les savants qui se livraient à de telles recherches, qu'il s'agît de Swammerdam, de Leeuwenhoek, de Ramazzini, de Guglielmini ou de Vallisneri, ont retenu son attention comme les véritables promoteurs d'une science du vivant susceptible de se développer à l'instar de la physique [1]. Mais le modèle le plus accompli de l'anatomo-physiologiste conforme à l'idéal leibnizien reste Malpighi, lorsque celui-ci développait ses recherches sur les microstructures organiques, telles celle des follicules glandulaires, en utilisant les analogies que lui fournissait le « microscope de la nature » [2]. Ces analogies dévoileraient les microprocessus fonctionnels par recours à une matière d'observation choisie parce que la détermination des phénomènes y aurait atteint une sorte de maximum ou d'optimum : par exemple en ce qui concerne la circulation capillaire, observée dans le cas « maximalisant » du fonctionnement des capillaires chez la grenouille [3].

Le principe épistémologique de base de la science leibnizienne du vivant consisterait donc dans la découverte de séquences réglées de transformation dans un contexte de variations phénoménales à paramètres multiples. Découvrir des séquences réglées de transformation, c'est en fait formuler la loi de dérivation sérielle des phénomènes en question. Or cette formulation ne semble pas pouvoir résulter d'une simple induction à partir d'une collection de faits analogues. Il revient en réalité à l'intellect de façonner l'instrument rationnel d'un passage à la limite, puisque la détermination organique ultime, le principe causal de l'intégration, se situe

---

1. Voir F. Duchesneau, « Leibniz and the network of Italian physiologists », *in* E. Pasini, M. Palumbo (eds), *Subnetworks in Leibniz's Correspondence and Intellectual Network*, in *Wolfenbütteler Forschungen*, Wiesbaden, Harrassowitz Verlag, à paraître ; *id.*, « Leibniz, Ramazzini et le paramétrage des maladies épidémiques », *Studia Leibnitiana*, à paraître.

2. Voir F. Duchesneau, *Leibniz. Le vivant et l'organisme*, *op. cit.*, p. 25-46.

3. Voir sur cette notion méthodologique, F. Duchesneau, *Les modèles du vivant de Descartes à Leibniz*, *op. cit.*, p. 196-208.

au-delà du plan des phénomènes – la loi de développement organique vise en effet plus modestement à rendre compte des séquences de transformation phénoménales. On se trouve dans une situation épistémologique analogue à celle qui prévaut dans la dynamique, au fondement de la physique leibnizienne. La structure de la dynamique est en effet celle d'une série de lois de conservation, représentées par des équations distinctes : la corrélation du système de ces lois repose sur un certain nombre de concepts théoriques, dont le *Specimen dynamicum* (1695) proposait l'analyse. Ces concepts justifient que les séquences de transformation des forces dérivatives au plan des phénomènes répondent à un système architectonique fondé sur la cohérence des concepts signifiant des puissances primitives actives et passives. D'un palier à l'autre du système d'équations, intervient un processus d'intégration qui dépasse les limites de la simple symbolisation géométrique : ainsi en est-il de la sommation des *conatus* instantanés dans l'élément de masse sous forme d'une intégrale d'*impetus*, puis dans la sommation des *impetus* dans le temps pour engendrer la force vive. De même pourrions-nous signaler, dans la *Dynamica de potentia* (1689-1690), la convergence et la sommation des « ingrédients » extensif et intensif de l'action formelle pour fournir un autre principe fondamental de conservation, celui de l'action motrice, analogue par équivalence à la force vive, mais architectoniquement plus fondamentale : cette analogie constitue de fait le socle d'une construction théorique significative. En tout état de cause, Leibniz conçoit l'analyse physique comme résultant des principes de la dynamique, pour autant que les formules de loi qui y correspondent aux concepts de base servent à découvrir des séquences d'enchaînement des phénomènes ordonnées par gradation sérielle. Là encore, il faut percevoir que ce mode de représentation, régi par le principe de continuité, articule le jeu des hypothèses explicatives et introduit une *methodus inveniendi* destinée à soutenir l'établissement de la théorie [1].

Si le principe de continuité sert à rendre raison des variations paramétriques propres aux phénomènes bien fondés que sont les corps organiques individuels, peut-il s'appliquer à l'étude des espèces biologiques [2] ?

---

1. Voir F. Duchesneau, « Le recours aux principes architectoniques dans la *Dynamica* de Leibniz », *Revue d'histoire des sciences*, 72 (2019), p. 37-60.
2. En relation à cette question, J. Smith, *Divine Machines, op. cit.*, p. 243, tend à dissocier le principe de plénitude que Leibniz applique à l'établissement des espèces constitutives de la chaîne des êtres, d'un véritable recours au principe de continuité, lequel supposerait que ces entités puissent être analysées à l'aide de représentation de séries mathématiques abstraites. On tente ici de lui opposer l'idée d'un usage du principe analogiquement conforme à celui qui prévaut en mécanique et en physique.

Dans la tradition scolastique, l'appartenance aux espèces était affaire de formes substantielles. Dans la mesure où la forme individuelle du sujet incarnait les caractéristiques du type spécifique, l'individu était dit appartenir à telle ou telle espèce dont la réalité était générale, indépendamment des accidents individuels qui particularisaient cette forme. Dans ce contexte, les espèces sont tenues de correspondre à des structures stables de la réalité phénoménale, même s'il advient que notre accès aux concepts correspondants puisse s'avérer en défaut par rapport à la réalité des formes spécifiques. Comme Locke l'expliquait, dans ce contexte de formes ou d'essences spécifiques réelles, tout se passerait comme si les réalités naturelles étaient réputées être de telle ou telle espèce parce qu'elles s'inséreraient sous ce moule commun de déterminations. Dans l'*Essay concerning Human Understanding*, Locke avait contesté le fait que l'entendement humain eût accès à de telles essences réelles. En réalité, nous serions réduits à enregistrer des connexions contingentes de propriétés phénoménales : qualités sensibles et pouvoirs, et à identifier de telles connexions récurrentes à l'aide de termes désignant des substances concrètes. Les idées de connexions que nous nous forgeons ainsi constitueraient des *essences nominales*, en vertu desquelles nous classerions les réalités naturelles dans les limites d'une investigation empirique et suivant nos besoins de synthèse rationnelle. D'après Locke, nous ne saurions si nos regroupements classificatoires correspondent à des structures générales du réel ou s'il n'y aurait en définitive que des individus, les distinctions d'espèces étant de notre fabrication. Dans ce contexte, monstres et hybrides illustrent la relativité des concepts par lesquels nous dressons la frontière des espèces. Lorsque Locke traite de la grande chaîne des êtres, c'est dans un contexte où il veut conjuguer la thèse de variations individuelles à l'infini avec une conception strictement nominaliste des espèces. L'analogie nous fait concevoir une gradation insensible des formes à l'arrière-plan hypothétique de nos classifications[1]. Selon Locke, la notion

---

1. Voir Locke, *Essay concerning Human Understanding*, 3.6.12, éd. cit., p. 446-447 ; mais surtout 4.16.12, p. 666 : « Thus finding in all parts of the Creation, that fall under human observation, that there is a gradual connexion of one with another, without any great or discernable gaps between, in all that great variety of things we see in the world, which are so closely linked together, that, in the several ranks of beings, it is not easy to discover the bounds betwixt them, we have reason to be persuaded, that by such gentle steps things ascend upwards in degrees of perfection. 'Tis an hard matter to say where sensible and rational begin, and where insensible and irrational end : and who is there quick-sighted enough to determine precisely, which is the lowest species of living things, and which the first of those which have no life ? Things, as far as we can observe, lessen, and augment, as the quantity does in a regular

d'une essence strictement individuelle n'a guère de sens et, par ailleurs, la notion classificatoire d'essence ne renvoie à aucune structure réelle directement intelligible. En revanche, il serait possible d'admettre que l'expérience nous indique, par corrélation des instances de connexions phénoménales, l'existence d'un ordre sous-jacent aux phénomènes : celui-ci, bien qu'inconnaissable, se justifierait pragmatiquement par la convergence relative des pratiques de classification.

C'est dans ce contexte que Leibniz introduit conjointement sa conception des essences correspondant aux distinctions d'espèces et sa vision de la grande chaîne des êtres :

> Tout va par degrés dans la nature, et rien par saut, et cette règle à l'égard des changements est une partie de ma loi de la continuité. Mais la beauté de la nature qui veut des perceptions distinguées, demande des apparences de sauts, et pour ainsi dire des chutes de musique dans les phénomènes, et prend plaisir de mêler les espèces. Ainsi quoiqu'il puisse y avoir dans quelque autre monde des espèces moyennes entre l'homme et la bête (selon qu'on prend le sens de ces mots) et qu'il y ait apparemment quelque part des animaux raisonnables qui nous passent, la nature a trouvé bon de les éloigner de nous, pour nous donner sans contredit la supériorité que nous avons dans notre globe. Je parle des espèces moyennes, et je ne voudrais pas me régler ici sur les individus humains [1].

Il s'agit de reconnaître des différences individuelles qui s'inscrivent en séries continues, mais d'admettre en même temps que les individus se regroupent suivant des normes de détermination médiane par rapport aux variations individuelles que peut recouvrir le même noyau de déterminations spécifiques. Et l'on pourrait en droit procéder à l'établissement de nouvelles médianes, sans doute à l'infini, entre les médianes spécifiques du monde existant actuel. Mais un tel état de choses contreviendrait à un arrangement harmonieux de l'ensemble des individus réalisés, suivant les regroupements apparents que constituent les espèces biologiques. Il est sans doute contraire à l'ordre optimal que les espèces, identifiées suivant leurs caractéristiques médianes au plan des phénomènes, se trouvent multipliées à l'infini. La nature ne satisferait pas alors à la notion d'une hiérarchie distincte, donc à une exigence téléologique d'ordre général.

---

cone, where though there be a manifest odds betwixt the bigness of the diameter at remote distance : yet the difference between the upper and under, where they touch one another, is hardly discernable ».

1. *NE*, 4.16.12, A VI 6, 473.

Certes, cette exigence peut nous apparaître métaphysique lorsqu'il s'agit de saisir l'ordre classificatoire des espèces phénoménales et, par-delà le plan des caractéristiques observationnelles, le mécanisme d'engen-drement causal de ces espèces. Dans la mesure où chaque existant véri-table, ou monade, répondrait à une notion complète comprise par l'enten-dement divin, qui l'individualiserait strictement par distinction de tout autre existant, et où, en même temps, il s'agirait d'actualiser le maximum d'êtres possibles de ce type, il ne pourrait que se produire une convergence accusée des déterminations individuelles; et celle-ci se refléterait au plan des phénomènes dans une gradation apparemment continue des formes spécifiques. Les discontinuités qui surviennent ne seraient dues qu'aux limites de compossibilité des formes possibles dans le monde actualisable, lequel est de fait actualisé[1]. Dans les vérités contingentes, le dévelop-pement des attributs du sujet représente une série infinie dont la loi de détermination ne consiste que dans une expression symbolique reflétant une organisation interne du divers compris dans la série. Du point de vue de notre entendement, cette organisation n'a toutefois jamais fini de se déter-miner : elle donne l'apparence de se créer au fur et à mesure du changement des conditions contextuelles. La loi de détermination des implications d'un sujet concret est celle d'une force qui s'actualise en effets intégrés dans un contexte de conditions matérielles indéfiniment variables et constamment variées. Les vivants semblent à Leibniz les plus parfaites illustrations de cet ordre de déterminations conforme à la législation de la seule raison suffisante, si l'on s'abstient de remonter jusqu'aux réalités où se dévoile la conscience réflexive. Cette conscience réflexive elle-même repose d'ailleurs sur le divers d'états intégrés de perceptions infraconscientes, et toute cette structure sérielle des déterminations psychologiques à l'infini exprime la même loi de structuration qui se trouve régir les phénomènes du corps organique vivant. La dynamique de l'organisation vitale sous-tend

---

1. Cette vision métaphysique suscite des problèmes d'interprétation chez Lovejoy, voir *The Great Chain of Being, op. cit.*, p. 144-182. Faisant fond sur un « principe de plénitude ontologique » de type spinoziste, cet interprète est amené à tenir les calculs de compossibilités auxquels se livrerait intemporellement l'entendement infini, pour soumis à la stricte légis-lation du principe de contradiction, donc pour des exemplifications de vérités nécessaires. Cette thèse rapprocherait Leibniz d'une théorie causale des réalités finies qui ne pourrait plus se distinguer de la doctrine spinoziste postulant que le possible est circonscrit à l'intérieur de la sphère du nécessaire actualisé. Cette interprétation est incompatible avec la thèse métaphysique de la pluralité des mondes possibles et elle se trouve récusée par la doctrine leibnizienne des vérités contingentes dont les relations constitutives sont régies par le principe de raison suffisante.

de façon intégrale la série contingente des attributs que l'on rattache
indûment à une substance dépourvue de toute corporéité.

Pour fins d'analyse, tout entendement fini compare entre elles les
réalités phénoménales et particulièrement celles qui se révèlent les plus
complexes : les vivants. Il prend alors des termes de comparaison relatifs à
tel ou tel type générique de caractère observable : forme de tels organes ou
de tels ensembles d'organes, réplication du type par la génération, manifes-
tation de telle ou telle activité fonctionnelle. À l'aide de ce critère empirique, se découvrent des séquences d'intermédiaires entre les variantes
nettement distinctes que représentent des espèces suffisamment éloignées.
De là, s'infère la gradation plus ou moins continue du trait choisi lorsque
nous traversons successivement, par l'observation, des groupements
d'individus, représentant chacun une médiane de forme ou de fonction
comprise entre d'autres médianes. Leibniz a un sens aigu de la relativité
des critères classificatoires choisis. C'est pourquoi les séries de gradations
que l'on peut concevoir sont très diverses et intégreront très différemment
le même type individuel, en le rapprochant de tel type ou de tel autre type
suivant la forme de ressemblance considérée. Et comme les vivants que
caractérise l'« organisme » répondent à une architecture complexe de traits
structuraux et fonctionnels intégrés, la règle informelle de compossibilité
des déterminations peut éliminer de fait certaines médianes possibles.
Il peut aussi se produire que de telles médianes se manifestent dans des
types organiques appartenant à des systèmes géographiquement éloignés
de ceux où se trouvent les médianes voisines sur le plan de la ressemblance.
Car des groupes hétérogènes forment de tels systèmes en vertu d'une règle
de compossibilité des disparités de type, compte tenu du contexte matériel
de réalisation. En résumé, telle est la doctrine que Leibniz formule dans les
Nouveaux Essais, 3.6.12 :

> Des habiles philosophes ont traité cette question, *utrum detur Vacuum
> Formarum*, c'est-à-dire s'il y a des espèces possibles qui pourtant
> n'existent point, et qu'il pourrait sembler que la nature ait oubliées. J'ai des
> raisons pour croire que toutes les espèces possibles ne sont point compos-
> sibles dans l'univers tout grand qu'il est, et cela non seulement par rapport
> aux choses qui sont ensemble en même temps, mais même par rapport à
> toute la suite des choses. C'est-à-dire je crois qu'il y a nécessairement des
> espèces qui n'ont jamais été et ne seront jamais, n'étant pas compatibles
> avec cette suite des créatures que Dieu a choisie. Mais je crois que toutes les
> choses que la parfaite harmonie de l'univers pouvait recevoir y sont. Qu'il y
> ait des créatures mitoyennes entre celles qui sont éloignées, c'est quelque
> chose de conforme à cette même harmonie, quoique ce ne soit pas toujours
> dans un même globe ou système, et ce qui est au milieu de deux espèces
> l'est quelquefois par rapport à certaines circonstances et non pas par

rapport à d'autres. Les oiseaux si différents de l'homme en autres choses s'approchent de lui par la parole, mais si les singes savaient parler comme les perroquets, ils iraient [plus] loin. La Loi de la Continuité porte que la Nature ne laisse point de vide dans l'ordre qu'elle suit, mais toute forme ou espèce n'est pas de tout ordre [1].

Précisons comment Leibniz se figure la détermination des espèces et comment cette détermination renvoie à la doctrine de l'organisme. La distinction cruciale oppose l'espèce au sens mathématique ou logique et l'espèce au sens physique [2]. La moindre différence d'essence, c'est-à-dire de détermination conceptuelle, crée une espèce logique. Ainsi le cercle et la parabole constituent-ils des espèces logiques, quel que soit le nombre infini de figures que l'on rattache à chaque espèce. Mais il n'en est pas de même des ellipses, qui comportent une infinité d'espèces suivant la distance des foyers, ni non plus des ovales à trois foyers, qui comportent une infinité d'espèces, constituant une infinité de genres logiques. À la limite, on peut tenir tout individu physique pour une espèce logique ultime, et même on peut considérer qu'il constitue une infinité d'espèces logiques suivant le changement temporel de sa variété indéfinie interne. Mais les espèces physiques dépendent des ressemblances que les entendements finis retiennent pour identifier des types généraux, des groupements d'individus répondant à une essence dont les bornes sont assignées de façon relative. Ces ressemblances, pourvu qu'elles soient relevées de façon cohérente et de façon à éclairer progressivement la connexion des phénomènes, ne peuvent toutefois qu'être fondées dans l'ordre des choses; elles tiennent à l'intelligibilité de phénomènes bien fondés :

> Cependant quelques règlements que les hommes fassent pour leurs dénominations, et pour les droits attachés aux noms; pourvu que leur règlement soit suivi ou lié et intelligible, il sera fondé en réalité, et ils ne sauront se figurer des espèces que la nature, qui comprend jusqu'aux possibilités, n'ait faites ou distinguées avant eux [3].

Le modèle que Leibniz privilégie pour l'identification des ressemblances spécifiques tient à la réplication des caractéristiques structurales et fonctionnelles à travers les changements phénoménaux. De même que les espèces chimiques se manifestent lorsqu'on peut reconstituer les corps et leurs propriétés par un jeu de réactions compensant les altérations précé-

1. A VI 6, 307.
2. *NE*, 3.3. 14; 3.6. 8; 3.6. 38, A VI 6, 293, 305, 325-326.
3. *NE*, 3.6. 13, A VI 6, 309; voir aussi 3.5. 9, A VI 6, 302 : « C'est la nature des choses qui fixe ordinairement ces limites des espèces ».

demment survenues, de même les espèces biologiques s'affirment par la
génération, le semblable découlant d'une reproduction du semblable, à
l'exclusion de tout type équivoque non réitérable : « dans les corps organiques on met ordinairement la marque provisionnelle de la même espèce
dans la génération ou race ; comme dans les [corps] plus similaires on la
met dans la reproduction » [1].

Leibniz toutefois ne refuse aucunement de reconnaître les phénomènes
d'hybridation, qui peuvent aboutir à l'établissement de nouvelles
médianes entre espèces antérieurement identifiées [2]. Car cette exception ne
fait que confirmer la règle du repérage des ressemblances empiriquement
fondées et attestant de compossibilités sous-jacentes. D'où, comme Roger
l'a bien montré, ce que l'on a tenu à tort pour une admission de
transformisme chez Leibniz [3]. En fait, il s'agit de deux thèses à la fois.
D'une part, Leibniz postule le caractère relatif de nos distinctions spécifiques fondées sur des critères empiriques. D'autre part, il admet que les
caractéristiques phénoménales au sein d'un groupe peuvent se profiler de
façon différente dans divers types de contexte. En fait, Leibniz est fixiste
pour autant qu'il postule au départ la coexistence de toutes les déterminations individuelles ; mais celles-ci sont appelées à se manifester dans un
contexte changeant, et de ce fait, on peut se représenter des diversifications
d'espèces, des effacements, voire d'apparentes créations en état de
variance par rapport aux espèces précédemment identifiées. La préexistence des germes, telle que les théoriciens de l'ovisme ou de l'animal-
culisme tentaient de l'établir, apparaît nécessairement à Leibniz comme
une hypothèse fondée sur des analogies empiriques. De ce fait, elle ne peut
afficher qu'une validité relative. Par contre, la détermination des similitudes naturelles semble exprimer un ordre de possibilités au plan des
constitutions internes des corps organiques. Mais elle l'exprime sur le
mode de l'approximation relative aux conditions de l'expérience.

Leibniz ne récuse pas non plus la possibilité d'ajouter au critère de la
reproduction, celui de caractéristiques fonctionnelles *sui generis*, comme

---

1. *NE*, 3.6. 38, A VI 6, 325.
2. *NE*, 3.6. 23, A VI 6, 315, où Leibniz mentionne un certain nombre de circonstances
susceptibles d'altérer la reproduction du type, que l'on admette une hypothèse de préformation oviste ou animalculiste.
3. *Ibid.*, A VI 6 317 : « Peut-être que dans quelque temps ou quelque lieu de l'univers, les
espèces des animaux sont ou étaient ou seront plus sujet[te]s à changer qu'elles ne sont
présentement parmi nous, et plusieurs animaux qui ont quelque chose du chat, comme le lion,
le tigre et le lynx, pourraient avoir été d'une même race et pourront être maintenant comme
des sous-divisions nouvelles de l'ancienne espèce des chats ».

c'est le cas lorsqu'on identifie l'homme à partir de la génération, , mais aussi à partir de ses fonctions intellectives, sans que le lien des deux critères soit nécessairement fondé sur une analyse conceptuelle adéquate. De façon générale, une telle analyse conceptuelle devrait remonter des similitudes phénoménales qui, associées, définissent la raison de l'identité spécifique, à la constitution interne commune des individualités impliquées dans le regroupement. Il y aurait dans cette constitution interne de quoi justifier les similitudes phénoménales. Or Leibniz ne peut exclure la possibilité qu'il n'y ait pas de conformité stricte entre la constitution interne et les traits spécifiques au plan de l'analyse empirique. Et il est manifeste que notre possibilité d'accès à ces constitutions internes ne peut être qu'hypothétique. À supposer qu'il faille admettre cette inéluctable relativité, il n'en reste pas moins que les régularités phénoménales suffisent à justifier nos classifications, du moins de façon provisionnelle. Le repérage analytique de ces régularités constitue donc la clé d'un accès de notre part à l'ordre naturel présumé :

> Et quand on accorderait que certaines natures apparentes qui nous font donner des noms, n'ont rien d'intérieur commun, nos définitions ne laisseraient pas d'être fondées dans des espèces réelles ; car les phénomènes mêmes sont des réalités. Nous pouvons donc dire que tout ce que nous distinguons ou comparons avec vérité, la nature le distingue ou le fait convenir aussi, quoiqu'elle ait des distinctions et des comparaisons que nous ne savons point et qui peuvent être meilleures que les nôtres. Aussi faudra-t-il encore beaucoup de soin et d'expérience pour assigner les genres et les espèces d'une manière assez approchante de la nature [1].

L'exemple qui illustre cette déclaration, est révélateur. Leibniz note que la tendance des botanistes du temps est de classer les plantes d'après la forme des fleurs. Il propose de constituer plusieurs classifications parallèles en se fondant sur d'autres traits phénoménaux. On obtiendrait ainsi une pluralité de tables. La façon de les unifier consiste à remonter à la génération du type spécifique et à voir comment la combinaison de ces traits phénoménaux résulte des déterminations régissant le développement de telle ou telle plante – déterminations que l'on pourrait qualifier rétrospectivement de « génétiques ». Leibniz développe à ce propos l'analogie de la graine et du pollen de la plante avec l'œuf et les spermatozoïdes de l'animal. Le but visé est de suggérer que l'étude des modalités de la génération et du développement éclairerait la diversification morphologique et physiologique des types spécifiques : on approcherait ainsi d'une

---

1. *NE*, 3.6. 13, AVI 6, 309.

connaissance d'essences réelles pour les espèces, d'« attributs fixes pour chaque espèce communs à tous ses individus et toujours subsistant dans le même vivant organique, quelques altérations ou transformations [qui] lui puissent arriver »[1].

Si l'on se réfère à la seule possibilité logique et donc aux constructions issues du pouvoir de la raison même, il pourrait et devrait y avoir des distinctions à l'infini : il n'y aurait donc aucune certitude quant à la détermination des espèces distinctes, constitutives de la nature actualisée. Mais cela ne saurait contredire à la reconnaissance empirique de ressemblances fondées dans l'ordre des choses. Les espèces physiques très voisines peuvent d'autant moins se confondre que l'on procède à une analyse impliquant leur compatibilité avec d'autres espèces hétérogènes dans un même système[2]. Et même si l'on doit introduire des limites de convention entre les types ainsi identifiés, par exemple en appliquant des critères de type quantitatif, il ne saurait se faire que, si l'ordre des phénomènes répond à nos distinctions, celles-ci ne bénéficient d'un fondement réel. De ce point de vue, la science ne peut faire mieux que de s'employer à rectifier peu à peu les classifications vulgaires, soit en étendant les limites de l'observation et en tentant de s'approcher de la constitution interne par constructions hypothétiques, soit en expérimentant, comme font les jardiniers, lorsqu'ils composent des hybrides[3]. Ainsi se trouve défini un modèle d'extension progressive des distinctions spécifiques :

> Si nous combinons des idées compatibles, les limites que nous assignons aux espèces, sont toujours exactement conformes à la nature ; et si nous prenons garde à combiner les idées qui se trouvent actuellement ensemble, nos notions sont encore conformes à l'expérience ; et si nous les considérons comme provisionnelles seulement pour des corps effectifs, sauf à l'expérience faite, ou à faire d'y découvrir davantage, et si nous recourons aux experts lorsqu'il s'agit de quelque chose de précis à l'égard de ce qu'on

---

1. *NE*, 3.6. 13, A VI 6, 310.

2. *NE*, 3.6. 27, A VI 6, 321 : « Car, quand il s'agit des fictions et de la possibilité des choses, les passages d'espèce en espèce peuvent être insensibles, et pour les discerner, ce serait quelquefois à peu près comme on ne saurait décider combien il faut laisser de poils à un homme pour qu'il ne soit point chauve. Cette indétermination serait vraie quand même nous connaîtrions parfaitement l'intérieur des créatures dont il s'agit. Mais je ne vois point qu'elle puisse empêcher les choses d'avoir des essences réelles indépendamment de l'entendement, et nous de les connaître : il est vrai que les noms et les bornes des espèces seraient quelquefois comme les noms des mesures et des poids, où il faut choisir pour avoir des bornes fixes. Cependant pour l'ordinaire, il n'y a rien de tel à craindre, les espèces trop approchantes ne se trouvant guère ensemble ».

3. *NE*, 3.6. 28, A VI 6, 321.

entend publiquement par le nom; nous ne nous y tromperons pas. Ainsi la Nature peut fournir des idées plus parfaites et plus commodes, mais elle ne donnera point un démenti à celles que nous avons, qui sont bonnes et naturelles, quoique ce ne soient peut-être pas les meilleures et les plus naturelles[1].

En fait, Leibniz situe la construction de modèles pour la détermination des espèces dans l'entre-deux des espèces logiques et des espèces physiques réellement fondées. Cette science intermédiaire des essences spécifiques se fonde sur une démarche définitionnelle de l'entendement: « On s'y règle sur les apparences les plus considérables, qui ne sont pas tout à fait immuables, mais qui ne changent pas facilement, l'une approchant plus de l'essentiel que l'autre »[2]. Qu'il s'agisse là de constructions hypothétiques sous forme de modèles, cela se trouve confirmé du fait que Leibniz qualifie ces espèces composées de « différences spécifiques civiles » et d' « espèces nominales ». Mis à part la caractéristique spécifique que constitue la raison en l'homme, les espèces physiques n'apparaissent que comme de pures conjectures: « [On présume] quelque nature essentielle et immuable »[3]. D'où la relativité des déterminations de types classificatoires, telles que nous les assignons de l'extérieur par le repérage de similitudes et de différences phénoménales. Prenons l'espèce *Canis* et considérons-en les variétés quasi indéfinies! Ces variétés ne correspondent-elles pas toutes à une « même nature intérieure constante spécifique » qui aurait varié par altérations accidentelles? C'est le sens que pourrait prendre une dérivation historique des races depuis le prototype commun. Non qu'il s'agisse d'une transformation au sens strict. Leibniz a plutôt en vue des modulations indéfinies autour d'une médiane, ce qui nous inciterait à identifier de nouvelles médianes entre les médianes de départ, mais sans que le processus de modification figure une véritable causalité évolutive. Les médianes apparaissent d'autant plus déterminées que les phénomènes présentent des types de structures globalement plus hétérogènes. On peut alors présumer que la distinction des espèces au niveau intermédiaire des phénomènes correspond à une distinction au plan de la structure interne essentielle, et que cette dernière ne se trouve pas exclue par les variations individuelles indéfinies que l'on peut référer aux espèces logiques (*species infimæ*). Les races ou variétés de chiens ne constituent peut-être que des regroupements accidentels d'espèces logiques en

---

1. *NE*, 3.6. 30, A VI 6, 322-323.
2. *NE*, 3.6. 39, A VI 6, 327.
3. *NE*, 3.6. 38, A VI 6, 325.

dispersion graduelle par rapport à la médiane d'une seule espèce physique, mais tendant différentiellement vers cette médiane comme à une norme d'optimalité. Certes, les diverses espèces phénoménales que l'on tend alors à identifier, pourraient être estimées des modèles sans consistance substantielle. Mais il ressort d'une comparaison du chien et de l'éléphant que les espèces phénoménales correspondantes semblent refléter une distinction d'essences réelles, correspondant à la disparité des systèmes organiques ainsi comparés [1].

Comment cette conception différentielle des distinctions spécifiques peut-elle s'inscrire sous le principe général de continuité, sans que l'on retombe sur l'indétermination des individualités comprises en termes d'espèces purement logiques? Dans un univers où toute solution de continuité serait abolie, pourrait-on légitimement traiter d'espèces d'organismes vivants? Dans une autre étude consacrée à la conception du vivant selon Leibniz, j'ai estimé pouvoir apporter à ces questions la réponse provisoire suivante :

> Pour un entendement infini, la compréhension intégrale des espèces impliquerait l'accès aux coordonnées représentant toutes les propriétés des divers types d'organismes. Ces ensembles de propriétés seraient, dans chaque cas, différentiellement distincts de toute conjonction analogue exprimant des espèces voisines par la ressemblance. D'une certaine manière, ces conjonctions affines seraient comprises comme des limites à la détermination des ensembles distincts visés, tout en représentant en même temps des déterminations hétérogènes par rapport à ceux-ci. Ainsi tous les types organiques effectivement réalisés exprimeraient des similarités fondamentales en termes de structures et de fonctions vitales, mais ces similarités impliqueraient des degrés. Ces degrés correspondraient aux points caractéristiques voisins d'une unique courbe représentant les formes d'organisation et les modes d'intégration des propriétés structurales et fonctionnelles – formes d'organisation et modes d'intégration différentiellement distincts les uns des autres. Chaque point dans cette représentation figurée correspondrait à la loi interne d'un type d'organisme. Or où trouverions-nous [...] ces lois actualisées et exprimées sur le mode objectif? [...] Pour nous représenter l'ordre des phénomènes, nous en sommes réduits à construire des modèles hypothétiques. Ces modèles se

1. *NE*, 3.6. 38, A VI 6, 325-326 : «Mais il n'y a point d'apparence qu'un Épagneul et un Éléphant soient de même race, et qu'ils aient une telle nature spécifique commune. Ainsi dans les différentes sortes de chiens, en parlant des apparences, on peut distinguer les espèces, et parlant de l'essence intérieure, on peut balancer : mais comparant le Chien et l'Éléphant, il n'y a pas lieu de leur attribuer extérieurement ou intérieurement ce qui les ferait croire d'une même espèce. Ainsi il n'y a aucun sujet d'être en balance contre la présomption».

fondent sur la sélection de traits caractéristiques qui nous permettent de concevoir des séries graduées de déterminations structurales et fonctionnelles. Et, dans ces conditions, l'établissement de différences réelles entre espèces naturelles ne saurait dépendre que d'une intégration totale de leurs propriétés, intégration qui fût de nature à former des systèmes spécifiques distincts. Nous devrions par suite concevoir les constitutions internes spécifiques présumées comme des sortes de matrices combinant diverses séries de déterminations structurales et fonctionnelles. La chaîne des classes d'êtres apparaît alors comme une courbe intégrant ces multiples déterminations qui formeraient autant de matrices pour le développement de types distincts d'organismes. En même temps, Leibniz soutient avec insistance que les modes d'intégration caractérisant chaque espèce vivante trouvent leur expression dans la génération de corps organiques représentatifs du type en question [1].

Ainsi pouvons-nous finalement préciser la façon programmatique dont Leibniz conçoit la classification des espèces biologiques. C'est sur la structure du germe, de l'embryon de l'organisme, que doit se concentrer la recherche des traits phénoménaux les plus représentatifs des déterminations combinatoires formant la constitution interne de l'espèce. Tout se passe comme si Leibniz aurait recommandé de construire la taxonomie des espèces vivantes à un premier niveau sur l'anatomie et la physiologie comparée, puis à un niveau plus profond, sur l'embryologie comparée, enfin à un niveau encore plus profond sur une théorie génétique de type combinatoire. Certes, ce schéma reconstitué est une sorte de fantasme historique. Mais il permet de comprendre que la théorie leibnizienne était axée sur une conception de l'organisme comme organisation structurale et fonctionnelle et donnait ainsi lieu à des hypothèses conformes aux principes architectoniques, non sans analogie avec le mode de formation des hypothèses leibniziennes en physique.

En contexte leibnizien, la théorie scientifique ne peut se constituer sans intervention de principes architectoniques : ceux-ci incarnent diversement l'exigence formelle de raison suffisante. Les variantes multiples de ces principes se ramèneraient à trois formes principales : finalité, identité des indiscernables, continuité. Ces principes n'ont pas de déduction systématique *a priori*; ils se révèlent plutôt au fur et à mesure du développement des théories, comme des postulats heuristiques. Dans ce cadre opératoire,

---

1. F. Duchesneau, *Leibniz. Le vivant et l'organisme, op. cit.*, p. 115-116.

ils apparaissent non comme des énoncés métaphysiques, mais plutôt comme des préceptes méthodologiques.

Le principe de finalité ne définit donc pas métaphysiquement ce que serait l'ordre final de la nature; il établit plutôt comment l'analyse des phénomènes s'éclaire lorsque l'on peut en saisir le lien d'organisation à l'aide de raisons physiques intégrées et de modèles mathématiques figurant l'optimalité de ces raisons. Par ailleurs, Leibniz soutient constamment la correspondance intégrale des séries finales et des séries causales dans l'engendrement des phénomènes de la nature. Dans la mesure où la voie de la causalité efficiente ne nous est pas accessible *a priori*, il peut se faire que nous puissions anticiper sur l'ordre d'engendrement des effets en construisant un modèle idéal de corrélation des déterminations. C'est ainsi que l'on peut développer les théorèmes de la catoptrique et de la dioptrique en vertu du principe du trajet le plus déterminé du rayon lumineux. Tout se passe comme si le calcul des formes optimales permettait de choisir entre une pluralité de modèles particuliers en vertu de l'exhaustion des différences de trajectoire en une détermination unique, la plus simple et la plus englobante. Mais, à cet égard, les modèles sont censés refléter l'harmonie des raisons déterminantes à l'arrière-plan des phénomènes. Par ailleurs, l'*Unicum opticæ, dioptricæ et catoptricæ principium* (1682) et la *Tentamen anagogicum* (c. 1697) révèlent que l'appel aux causes finales en physique se produit à l'intérieur d'une structure argumentative à trois paliers : celui des données empiriques et des modèles qui les transcrivent, celui des mécanismes présumés à l'arrière-plan des phénomènes et qui font l'objet d'explications théoriques, celui des raisons téléologiques qui mènent à l'anticipation hypothétique de causes déterminantes. La corrélation des deuxième et troisième paliers s'impose dans toute intervention du principe de finalité en physique. Dans le cadre de la physiologie, la même thèse s'applique, puisque l'ordre intégratif que l'on assigne à l'organisme dans ses structures et son fonctionnement se détaille en mécanismes emboîtés à l'infini que la notion d'ordre intégré permet par ailleurs d'analyser. Le principe de finalité se révèle alors capable de contrôler la systématicité des énoncés théoriques, c'est-à-dire leur pouvoir d'expression par rapport à un ordre en quelque sorte organique des causes sous-tendant les connexions phénoménales. Ultimement, Leibniz se sert du principe non seulement pour inventer des formulations de lois et pour régler des constructions théoriques, mais aussi pour ruiner la thèse occasionnaliste qui eût coupé l'explication scientifique de toute recherche portant sur des entités théoriques de type causal. La progression analogique dans la recherche des causes répond à une exigence téléologique.

Le principe de l'identité des indiscernables est certes un principe architectonique, mais on a tendu à le reléguer à un rôle essentiellement négatif, celui d'écarter de la théorisation tout concept qui rendrait les ingrédients fondamentaux de la réalité intrinsèquement indistincts les uns des autres. Sous sa figuration comme principe *de maximis et minimis*, il joue un rôle nettement plus positif : celui d'imposer la conception d'un ordre harmonique sous-tendant la figuration géométrique des réalités phénoménales. Si le principe de continuité est appelé à fixer des normes pour la formulation d'hypothèses, le principe des indiscernables indique plus particulièrement la nécessité de construire les modèles en prenant en compte les structures infiniment variées et individualisées du réel à l'arrière-plan des phénomènes. Au plan des hypothèses, la projection d'une détermination globale ne vaut que si l'on peut en inférer un mode de structuration individualisée pour une infinité d'instantiations empiriques. Dans le cas des lois de la dioptrique et de la catoptrique, l'hypothèse illustre une tendance à harmoniser des effets différentiellement distincts à l'infini. Or l'usage positif du principe ne se limite pas à la régulation des modèles ; il s'étend à l'invention et à la justification des postulats théoriques, comme le démontrent les dernières phases de la correspondance avec De Volder. La « géométrisation » des connexions empiriques par les modèles, quel que soit le caractère englobant de ceux-ci, sert à fonder une représentation relative et idéale des relations causales – par exemple, en dynamique, les lois des forces dérivatives actives et passives. Or ces lois ne concernent que des entités théoriques déterminées par leur *situs* spatiotemporel et impliquant la figuration de points matériels indiscernables tels que seraient les atomes. Les constructions théoriques échappent à ces apories en postulant des entités causales affectées d'une discernabilité intrinsèque. D'où la phénoménalisation leibnizienne des notions d'espace, de temps, de mouvement. L'analyse de la structure de l'espace et du temps comme modes de représentation de rapports d'ordre possible impliquant la simultanéité ou la succession, révèle la nécessité de rattacher ces formes d'intelligibilité à la structure individualisée du réel physique. Il faut accéder à des causes qui puissent s'avérer déterminantes par rapport aux catégories cosmologiques qui servent à les analyser. Les congruences de relations d'ordre spatio-temporel servent d'appui aux lois constantes de la nature physique, mais pour autant seulement que s'y projette la convergence graduée des actions de sujets réels. D'où la postulation d'ingrédients réels de force à l'arrière-plan des lois d'interaction mécanique qui assurent la dérivation sérielle des effets dynamiques sur le plan des forces dérivatives. Les forces primitives actives et passives fondent des lois de séries d'états monadiques qui s'expriment en lois de séries d'états phénoménaux, déployées suivant les déterminations homogènes de l'espace, du temps et du mouvement. La recherche des lois et des postulats théoriques requiert que l'on se représente un ordre résultant de la structure harmonique des agents de causalité.

En analysant le principe de continuité, il importe de saisir que les divers principes architectoniques exemplifient conjointement les exigences d'ordre et d'intelligibilité supra-géométrique qui doivent prévaloir dans la formulation des lois de la nature et dans l'établissement de synthèses explicatives. On ne peut donc dissocier l'examen de ce principe des implications des principes de finalité et d'identité des indiscernables. Ainsi le principe de continuité intervient-il pour spécifier l'usage légitime des causes finales et la formulation adéquate de lois de la nature exprimant l'harmonie de causes individualisées. À l'œuvre dans la genèse même de la dynamique en 1678, le principe de continuité se voit consacrer une analyse spécifique en 1687 dans le cadre de la controverse des forces vives avec les Cartésiens. Il a des racines « métaphysiques » dans la théorie du fondement individualisé à l'infini pour les *continua* d'espace et de temps. Il a des origines « géométriques » dans l'algorithme infinitésimal et la technique du passage à la limite vers une détermination continue, celle-ci outrepassant l'assignation de quantités discrètes au-delà de toute grandeur assignable. Le principe peut se formuler : *À des séries graduellement ordonnées d'antécédents doivent correspondre des séries graduellement ordonnées de conséquents.* Ce principe sert de critère pour récuser des constructions explicatives inadéquates : par exemple, les lois du choc selon Descartes impliquaient des disparités inacceptables dans la correspondance des séries. Il sert par ailleurs d'assise pour concevoir des *nexus* de séries où les diverses continuités s'harmonisent. Contrairement à des interprétations influencées par la théorie transcendantale de la méthode chez Kant, il convient de saisir que les principes leibniziens, et particulièrement celui de continuité, se justifient essentiellement par leur capacité pragmatique d'orchestrer la critique et la découverte de lois. Ainsi les diverses incarnations de la continuité ne peuvent faire l'objet d'aucune dérivation *a priori* en vertu des capacités synthétiques de la raison. Elles sont néanmoins régies par une exigence de détermination optimale des relations phénoménales. Et elles sont appelées à remplir une triple fonction : critique, heuristique et théorique. Il s'agit dans tous les cas de concevoir comment les connexions empiriques peuvent s'engendrer systématiquement de façon à pouvoir rendre compte du détail des phénomènes à l'infini. Dans cet ordre, nos constructions théoriques ne seront jamais que des édifices provisoires, mais la conformité aux « axiomes » méthodologiques de la continuité tend à leur garantir une pertinence fonctionnelle en termes de projection de raisons suffisantes aptes à assurer la liaison des phénomènes.

L'intervention du principe de continuité dans la construction théorique se spécifie suivant les domaines d'application. Mais cette spécificité entraînerait-elle de l'équivocité ? Dans les mathématiques, le recours au principe intervient de multiples façons : dans l'analyse des séries, dans la théorie des fonctions, mais surtout dans la géométrie analytique lorsqu'interviennent les techniques du calcul infinitésimal. Il s'agit essentiellement de mettre en œuvre des artifices symboliques qui assurent la transposition analogique de rapports assignables à des cas où la différence devient moindre que toute grandeur assignable. La réforme leibnizienne des théories mathématiques tient à la possibilité de transformer une formule de résolution analytique en instrument de synthèse et de détermination architectonique. Le principe de continuité y intervient pour sanctionner le rôle d'une raison déterminante procédant à une résorption analytique des différences sous l'égide de synthèses provisionnelles. En passant à la physique, il devient manifeste que le principe reçoit deux types d'expressions. Il peut s'agir de concevoir des modèles qui aient recours aux ressources des mathématiques de l'infini. Mais il peut aussi s'agir de concevoir des postulats théoriques pour rendre compte de l'ordre architectonique des phénomènes : l'objectif est alors de formuler des lois et des causes symbolisant adéquatement l'interconnexion continue des réalités physiques, telles que l'expérience les révèle.

Les deux types d'expressions de la continuité, au plan des modèles et à celui des postulats théoriques, auront d'autant plus tendance à s'écarter l'un de l'autre que l'on aura affaire à l'analyse de phénomènes plus complexes pour lesquels les *nexus* de relations empiriques se composent de plus en plus. Mais Leibniz maintiendra que, suivant cette complexification d'objet, le principe de continuité est en mesure d'exercer une emprise analogue, fondée sur l'établissement d'« esquisses architectoniques », qu'il présume par ailleurs susceptibles de modélisation mathématique. Cette thèse épistémologique se vérifie dans le cas de la théorie des corps organiques vivants et de l'organisme, telle que Leibniz la dessine de façon programmatique. Ainsi peut-on retrouver un tel dessein méthodologique appliqué au problème de la classification graduée des espèces vivantes.

Reprenant le concept d'un enchaînement sériel des formes vivantes – *Natura non facit saltus* – Leibniz en lie l'interprétation à une sorte d'analyse matricielle faisant intervenir une pluralité de relations d'intégration entre structures anatomiques et fonctions physiologiques. Domine à cet égard une conception théorique de l'organisation vitale qui fait elle-même intervenir une représentation continuiste de l'intégration structuro-fonctionnelle. Il n'y aurait donc pas équivocité, mais plutôt bipolarité parmi les expressions du principe de continuité dans le cas de telles sciences empiriques. De la modélisation des phénomènes à leur mise en forme théorique, le lien méthodologique paraît être celui des implications architectoniques du principe de raison suffisante, transformé en instrument d'application de la méthode hypothético-déductive, en sa version leibnizienne.

CONCLUSION

Pour Leibniz, la science est affaire de méthode. Cela peut évidemment se comprendre en plusieurs sens. En premier lieu, la méthode est interne à la science. L'explication des phénomènes et la découverte des lois de la nature supposent des stratégies rationnelles déployées aux divers paliers de l'observation, de l'hypothèse, de la corroboration expérimentale, de la construction théorique. Ces stratégies rationnelles, même si elles incarnent les exigences logiques de la démonstration, ne sauraient être prédéfinies antérieurement à l'édification de toute science. La méthode s'élabore de façon contingente : elle incarne, suivant une formule leibnizienne, une sorte de nécessité *ex hypothesi*. Elle représente réflexivement et prospectivement la forme d'une argumentation complexe qui sert à découvrir et à expliquer. Or l'état de développement de cette forme d'argumentation dépend de la science accomplie ou en voie d'accomplissement dans une période et à une époque donnée : la science d'alors fournit des modèles et des schémas types de procédure rationnelle. En même temps, toutefois, la méthode ainsi dessinée doit développer de nouvelles ressources et permettre une compréhension plus poussée et plus intégrale des phénomènes. Ainsi la méthode projette-t-elle en particulier certains modes de représentation théorique, sans lesquels l'analyse et l'explication resteraient sommaires et superficielles.

Par un autre aspect, la méthode se situe à l'extérieur de la science. Elle appartient à l'analyse philosophique. Certes, on peut la faire dépendre d'une doctrine de la connaissance, voire de présupposés métaphysiques exprimant l'ordre sous-jacent aux réalités phénoménales. Elle pourrait aussi représenter le mode d'unification des connaissances humaines sous l'indice de la certitude, à la façon cartésienne. Mais elle peut se définir en extériorité par rapport à la science en un sens différent et plus proche de la signification leibnizienne. Nous pourrions alors nous intéresser au mode de structuration des concepts et des propositions par lesquels l'entendement entreprend d'exprimer l'ordre intelligible du réel au plan des phénomènes, comme au-delà, à des paliers plus substantiels. Ce mode de structuration comporte des formes normatives qui se découvriront progressivement au fil des analyses et des synthèses par lesquelles se fonde et se délimite l'œuvre de science. Mais, dans ce dessein-cadre de la recherche rationnelle, la méthode ne peut non plus apparaître comme un objet descriptible et prescriptible *hic et nunc*. Si la science générale apparaît comme une discipline réflexive tournée vers l'idée de méthode, ce ne peut être que de façon hypothétique et provisionnelle. La structure et les procédés de la *methodus rationis* ne valent que pour autant qu'ils donnent lieu à un déploiement inventif de raisons suffisantes. Il s'agit alors de rendre compte des phénomènes et de leurs lois, voire d'ensembles plus ou moins intégrés des vérités tant nécessaires que contingentes, pour nos entendements finis. Dans ce contexte, la réflexion philosophique sur la méthode est appelée à préciser quelle combinaison de principes est susceptible de soutenir tels ou tels programmes de recherche scientifique et d'en permettre la réalisation.

J'ai tenté de cerner tant la problématique interne que la problématique externe de la méthode chez Leibniz, ou plutôt la conjonction indissociable des deux problématiques. Or l'analyse entreprise devait prendre comme repères obligés les constructions théoriques les plus significatives de la science leibnizienne. C'est en rapport étroit à de telles constructions que Leibniz a composé une représentation méthodique de la science et des modalités de connaissance, voire des pratiques impliquées. À son tour, cette représentation a interféré avec la révision progressive du corpus scientifique leibnizien, en particulier avec les diverses phases de constitution de la dynamique. J'ai précisément traité de cet aspect dans *La dynamique de Leibniz* [1]. Surtout, Leibniz développe une conception opératoire, adaptative de la méthode dont les ressorts épistémologiques méritaient d'être examinés avec attention. Dans la sphère des vérités contingentes expressives des lois de la nature, ces ressorts épistémologiques tiennent pour une bonne part à l'identification des procédés de démonstration et de découverte et à l'inventaire des moyens de codification, d'analyse et d'explication des phénomènes. Ces ressorts servent à justifier une investigation théorique, une recherche de raisons spéculatives d'exceptionnelle ampleur dans le contexte de la science moderne. Mais, loin de reposer sur l'arbitraire de stipulations rationnelles *a priori*, la démarche leibnizienne

---

1. F. Duchesneau, *La dynamique de Leibniz, op. cit.*

intègre des inférences hypothétiques conformes à un système de critères empiriques, pragmatiques et conceptuels. Enfin, la méthodologie leibnizienne incarne l'idéal d'une science susceptible de produire, de réviser et de contrôler des « essais architectoniques » dans la figuration théorique de causes et de structures au fondement de la réalité phénoménale. D'où le paradigme, à bien des égards actuel, d'une science se construisant et se réformant selon des principes. En définitive, saisir l'originalité et la fonctionnalité de la perspective leibnizienne en science revient à détailler les significations complexes d'une telle théorisation opérant *selon des principes*.

Dotée d'une telle structure, la dynamique sert d'illustration au programme méthodologique leibnizien. Leibniz dessine les linéaments fondamentaux de ce programme à travers les projets d'encyclopédie. Le but visé est de soumettre l'ensemble des disciplines rationnelles et empiriques à une même structure démonstrative et heuristique. L'analyse combinatoire des objets les plus complexes, correspondant à l'ordre phénoménal, s'articule selon des procédures hypothético-déductives reflétant l'organisation architectonique de réquisits définitionnels. Suivant les enseignements d'une *mathesis* repensée, se déployant en une science générale des similitudes de forme, les modalités d'analyse et de synthèse conjuguées rapportent l'ordre des connexions phénoménales empiriquement décrites à des raisons suffisantes causales, objets de constructions analogiques et conditionnelles. Or ces constructions ne peuvent s'opérer suivant des règles indifférentes. La *science générale* est appelée à fournir un cadre normatif à l'invention de démonstrations et d'explications. Ce cadre normatif toutefois comportera, outre les procédures formelles de l'art logique, des schèmes pour la formulation de programmes de recherche. Sous le vocable d'*ars inveniendi*, la science générale vise à spécifier les modalités alternativement et réciproquement analytiques et synthétiques d'un dévoilement de raisons suffisantes figurant des chaînes de définitions conditionnelles. Leibniz entend dépasser à cet égard tant les limites de l'analyse selon Pappus que les artifices spéculatifs et psychologiques des résolutions analytiques à la façon de Descartes. Il met donc en scène le pouvoir rationnel d'anticiper sur les démonstrations à découvrir par hypothèses ou synthèses provisionnelles : celles-ci se trouvent soumises à l'évaluation suivant la décomposition analytique des traits définitionnels impliqués, que ceux-ci soient réels ou qu'ils aient été présumés avec vraisemblance. À l'analyse revient néanmoins le privilège de prolonger les chaînes démonstratives précédemment acquises en forgeant des hypothèses susceptibles d'exprimer telle structure

combinatoire implicite, reflétant l'organisation complexe des phénomènes. C'est dire que l'analyse suppose de multiples rapports d'ordre entre
démonstrations, données d'expérience et faits d'observation : elle s'appuie
sur un ordre combinatoire présumé des ingrédients réels signifiés par
l'explication. L'application de la *mathesis* signifiera donc le développement analogique de modèles pour symboliser les connexions et les
séquences de phénomènes et leur intégration aux constructions théoriques
selon des principes.

Les réflexions leibniziennes sur les ordres de vérités illustrent, sous un
autre angle, la structure méthodologique de la science à construire et à
développer. Ainsi les vérités de raison répondent-elles au processus de
substitution d'équivalents définitionnels *salva veritate* et incarnent-elles la
norme d'un développement causal des possibilités impliquées dans le
concept de l'objet abstrait représenté. À supposer qu'ils répondent à cette
norme, les modèles servant à symboliser les phénomènes en leur
connexion réelle requièrent la postulation de raisons suffisantes additionnelles : cette postulation relève des vérités contingentes et de leur principe
d'intelligibilité. Selon l'épistémologie leibnizienne, ce second ordre de
vérités se caractérise par des connexions analytiques que l'entendement
doit pouvoir déployer à partir des concepts signifiés. L'implication des
réquisits de la définition refléterait l'idée régulatrice d'un dessein architectonique prévalant dans l'analyse du *definiendum*. Or, en fait, l'analyse des
vérités contingentes ne peut s'opérer pour nos entendements finis que sous
réserve d'une hypothèse figurant par connexions synthétiques la constitution présumée de l'objet. La connexion analytique ultime sous-jacente à
ces déterminations « nominales » figure la raison suffisante entière d'où
dériverait la loi d'engendrement des connexions synthétiques et provisionnelles. Si les vérités de fait sont reconnues susceptibles de preuve *a priori*,
c'est d'abord parce qu'il serait possible de construire, selon des principes
incarnant diversement l'exigence de raison suffisante, certaines hypothèses explicatives et que la loi d'engendrement des connexions empiriques se conformerait vraisemblablement à de telles hypothèses. Leibniz
nous invite à concevoir la preuve *a priori* à l'instar des résolutions mathématiques impliquant l'analyse de l'infini. Certes, la résolution de type
mathématique est alors possible en un nombre fini d'étapes parce que l'on
traite d'abstraits symboliques. Dans le cas des vérités de fait, la résolution
analytique à l'infini nous est inaccessible, si ce n'est de façon substitutive.
Or l'expérience peut garantir analogiquement une certaine schématisation
des caractéristiques formelles des objets considérés. Des lois de séries
provisionnelles peuvent d'autre part se dessiner, qui intègrent les diverses

séquences empiriques et impliquent l'élimination graduelle d'éléments antinomiques présumés. Pour constituer une science démonstrative des vérités de fait, il s'agit donc de concevoir *ex hypothesi* de tels schémas d'explication analytique.

La mise en œuvre de cette thèse épistémologique suscite la doctrine leibnizienne de l'hypothèse. Celle-ci se trouve formulée en 1678 dans la correspondance avec Conring, en même temps que s'enclenche la réforme de la dynamique. Il s'agit d'anticiper les raisons déterminantes causales pour certains ensembles de phénomènes donnés. Or la projection d'équivalents définitionnels peut donner lieu à des relations de substitutions fictives, mais bien fondées, compte tenu de la corrélation constante des phénomènes et du pouvoir heuristique que recèle l'hypothèse. Dans les *Nouveaux Essais sur l'entendement humain* (1704), Leibniz donnera encore plus de relief à cette doctrine. Les hypothèses de science peuvent accéder au statut de savoir démonstratif lorsqu'elles fournissent une représentation cohérente de l'engendrement des phénomènes et qu'elles se moulent selon un système d'expression conforme à des modèles mathématiques possibles. Certes, Leibniz retrouve le cercle pappusien. C'est ce même cercle que Descartes avait tenté de dénouer en distinguant la procédure par laquelle l'hypothèse explique les faits et celle par laquelle les faits servent de preuve à l'hypothèse. Déjà, Descartes avait fait intervenir comme argument de validation subsidiaire, l'insertion de l'hypothèse dans le réseau des raisons théoriques susceptibles d'expliquer divers ensembles de phénomènes. Pour sa part, Leibniz interprète les relations conditionnelles qu'exprime l'hypothèse proprement dite, à l'aide de modèles mathématiques impliquant des relations nécessaires *ex hypothesi*. Il insère en outre l'hypothèse dans un réseau de raisons déterminantes théoriques : ce réseau assure l'analyse des phénomènes en termes d'implications conditionnelles et programme par suite l'invention progressive de nouveaux faits corroborés. Une fois développée, la notion leibnizienne d'hypothèse assume un rôle régulateur à l'égard des schèmes généraux que la science applique à l'explication des phénomènes. Ainsi Leibniz relativise-t-il de façon significative l'hypothèse corpusculaire que les savants de son temps, en particulier empiristes, tenaient pour une pièce maîtresse de la « déduction des phénomènes ». Les constructions de type micromécaniste n'ont qu'une validité conditionnelle ; celle-ci dépend de modèles qui rendent provisionnellement intelligibles les connexions de qualités sensibles. Or ces modèles reflètent non des ingrédients primordiaux du réel et de sa représentation, mais des relations de concomitance réglée, susceptibles d'une certaine formalisation et dont on se sert pour symboliser l'ordre des causes réelles à l'arrière-plan des phénomènes. Dans cette perspective, l'exemple par excellence d'une hypothèse à la façon de Leibniz nous est fourni par la théorie de la circulation harmonique, mise en scène dans le *Tentamen de motuum cælestium causis* (1689). Leibniz y subsume les lois empiriques de Kepler sous une construction physique qui répond à un certain nombre de postulats – en particulier sur l'inertie et la transmission du mouvement par contact. Il utilise aussi les ressources de la modélisation infinitésimale. La trajectoire des planètes résulterait conjointement de la circulation tourbillonnaire et d'une combinaison de tendance centrifuge, issue de cette circulation, et de tendance au déplacement vertical vers le centre du système suite à des impacts de parties matérielles. L'hypothèse leibnizienne s'oppose à celle de Newton dans la mesure où elle tente de fournir un ensemble intégré de raisons physiques de l'effet gravitationnel, alors que l'explication newtonienne se présentait comme une simple symbolisation des phénomènes. Ainsi Leibniz entreprend-il de déduire les modèles servant à rendre compte de lois empiriques particulières, à partir de théories plus générales impliquant par exemple les principes de la dynamique et figurant une conspiration harmonique des causes.

Sans doute l'édification des théories constitue-t-elle pour Leibniz l'opération méthodologique la plus fondamentale et la plus essentielle. Cette opération implique l'intervention primordiale de principes architectoniques, incarnations diverses de l'exigence de raison suffisante dans la recherche scientifique. J'en ai cerné trois modalités primordiales : les principes de finalité, d'identité des indiscernables et de continuité. Le principe de finalité intervient lorsque l'on vise à fournir la formule optimale d'un système intégré de raisons déterminantes. La démonstration des lois fondamentales de la réflexion et de la réfraction lumineuse illustre la façon dont le principe oriente vers l'hypothèse explicative qui rendra compte des effets par subsomption des modèles mathématiques sous une règle de détermination optimale. Une argumentation similaire pourrait être développée au sujet d'une formalisation projetée de la théorie physiologique. Soutenant la thèse d'une intégrale correspondance dans le système de la nature entre séries de causes efficientes et séries de raisons téléologiques, Leibniz récuse la thèse de l'occasionnalisme épistémologique en même temps qu'il illustre l'approche architectonique dans l'explication scientifique. La théorie est redevable au principe de l'identité des indiscernables d'imposer une construction de modèles tels qu'ils puissent exprimer le plus adéquatement les structures infiniment individualisées de la réalité sous-tendant l'ordre phénoménal. Illustré dans tout calcul *de maximis et minimis* applicable aux phénomènes, le principe suggère l'harmonisation systématique de tendances différentiellement différenciées dans la production des effets. Trop souvent réduit à son seul rôle régulateur et critique, ce même principe tient une part déterminante dans l'élaboration de concepts théoriques. Par-delà la relativité des catégories spatio-temporelles, à l'arrière-plan des lois de l'interaction mécanique des corps, Leibniz pose des structures causales individualisées impliquant le développement de lois de série d'où découlerait la détermination corrélée des phénomènes dans leur ordre.

Les principes de finalité et d'identité des indiscernables s'intègrent au principe de continuité, qui constitue sans doute la cheville ouvrière majeure de la théorie scientifique selon Leibniz. À l'œuvre dès avant la réforme de la dynamique, le principe de continuité bénéficie d'un fondement métaphysique dans l'harmonisation différentielle et continue des réalités individuelles, mais son rôle scientifique tient pour une bonne part à la technique du passage à la limite proposée selon l'algorithme infinitésimal. Il sert de critère pour rejeter des constructions explicatives mal formées, telles les lois cartésiennes du choc. Suivant la formule : *À des séries graduées d'antécédents correspondent des séries graduées de conséquents*, il sert surtout à guider la recherche de raisons déterminantes théoriques, en particulier lorsqu'il s'agit de concevoir l'ordre émergeant de séries qui formeraient réseau. En mathématiques, l'artifice de résolution analytique que procure le calcul infinitésimal se transforme en instrument pour développer une pluralité de synthèses théoriques. Appliqué dans le cadre des sciences de la nature, le principe peut servir à concevoir des modèles utilisant les ressources d'un algorithme d'engendrement continu des déterminations. Au-delà, il peut soutenir l'effort de théorisation en formant la matrice de concepts et de lois qui représenteraient l'ordre intégré d'entités théoriques impliquant le développement sériel d'effets corrélatifs. Lorsqu'on passe à l'explication des phénomènes de type organique, la complexité des séquences phénoménales se révèle indéfiniment croissante à l'analyse : le rôle du principe de continuité dans la fabrication de concepts théoriques, comme celui des autres principes architectoniques à cet égard, tend à prendre le pas sur la fonction qu'ils assumaient à l'égard de la production de modèles, lorsqu'il s'agissait d'expliquer des séquences plus simples et plus uniformes. Entre ces pôles d'intervention, liés respectivement aux postulats théoriques et aux modèles de « géométrisation » des phénomènes, mais toujours relativement conjugués, le recours aux principes architectoniques caractérise très adéquatement la recherche prospective de raison suffisante dans le cadre méthodologique de la science leibnizienne.

Au-delà des bornes de notre étude, certaines inférences pourraient s'offrir à l'analyse. Ainsi la science leibnizienne s'est-elle trouvée diversement assimilée dans l'histoire ultérieure : elle a constitué un héritage important en marge de la science newtonienne, et au-delà. Certains des modèles et des schèmes théoriques élaborés par Leibniz ont suscité des développements significatifs jusqu'à notre époque, qu'il importerait de détailler. Ainsi en sera-t-il, par exemple, des ressources embryonnées de l'algorithme infinitésimal pour la modélisation, des principes de la dynamique et de leur résurgence dans une physique de l'énergie et des champs de force, de la relativité suggérée des catégories spatio-temporelles dans la mise en forme théorique des lois de la nature phénoménale, du paradigme monadologique dans la conception des organismes et de leur mode d'intégration morphologique et fonctionnel[1]. Si l'on s'assignait comme tâche de circonscrire la caractéristique leibnizienne de tels développements, sans doute découvrirait-on qu'elle tient surtout aux principes d'une méthode pour la science que Leibniz s'était appliqué à concevoir.

Les schèmes savamment esquissés de cette méthode leibnizienne et les justifications épistémologiques qui l'accompagnent dépassent de loin les pratiques méthodologiques de la science de ce temps-là. Si les réalisations scientifiques de Leibniz en leur contexte propre s'y articulent, elles ne suffisent pas d'ailleurs à en épuiser le contenu programmatique et à en délimiter les modalités ouvertes d'adaptation. On ne saurait surtout sousestimer le profond intérêt philosophique de cette méthode. Certes, une référence métaphysique *sui generis* n'est pas absente des considérations leibniziennes sur la méthode, mais Leibniz ne se fait pas faute de soutenir l'autonomie des procédures rationnelles de la science et d'en proposer une analyse épistémologique de portée générale. À cet égard, son œuvre figure parmi nos sources les plus actuellement contemporaines. Certes, historiquement datée, la référence à la méthode de la science selon Leibniz n'interviendra jamais qu'indirectement dans les débats épistémologiques actuels. Mais elle pourra sans conteste nous servir de « pierre de touche » pour évaluer ce qu'il manque à telle ou telle version de l'empirisme constructif, du réalisme critique ou de quelque autre doctrine actuelle, lorsqu'il s'agit d'exprimer le profil combinatoire ou architectonique de la science en acte.

---

1. Retracer en partie l'utilisation de concepts et de modèles leibniziens dans les développements ultérieures de la philosophie et des sciences de la vie a constitué notre visée particulière : voir F. Duchesneau, *Organisme et corps organique de Leibniz à Kant, op. cit.*

BIBLIOGRAPHIE

ŒUVRES DE LEIBNIZ

G. W. Leibniz. Sämtliche Schriften und Briefe, hrsg. von der Akademie der Wissenchaften, Darmstadt(-Berlin), Akademie-Verlag, 1923-...

G. W. Leibniz. Mathematische Schriften, hrsg. von C. I. Gerhardt [1849-1863], Hildesheim, G. Olms, 1971, 7 Bde.

Die philosophischen Schriften von G.W. Leibniz, hrsg. von C. I. Gerhardt [1875-1890], Hildesheim, G. Olms, 1965, 7 Bde.

G. W. Leibniz, Opera omnia, collecta studio L. Dutens [1768], Hildesheim, G. Olms, 1989, 7 vol.

Leibnizens nachgelassene Schriften physikalischen, mechanischen und technischen Inhalts, hrsg. von E. Gerland, Leipzig, B. G. Teubner, 1906.

Opuscules et fragments inédits de Leibniz, éd. L. Couturat [1903], Hildesheim, G. Olms, 1988.

G. W. Leibniz. Textes inédits, publiés et annotés par G. Grua, Paris, P.U.F., 1948, 2 vol.

G. W. Leibniz, Principes de la nature et de la grâce fondés en raison; Principes de la philosophie ou Monadologie, éd. A. Robinet, Paris, P.U.F., 1954.

Correspondance Leibniz-Clarke, éd. A. Robinet, Paris, P.U.F., 1957.

G. W. Leibniz. Opuscules philosophiques choisis, trad. du latin P. Schrecker, Paris, Vrin, 1966.

G. W. Leibniz. Philosophical Papers and Letters, transl. and ed. L. E. Loemker, Dordrecht, Reidel, 1969 (2 nd ed.).

G. W. Leibniz, La réforme de la dynamique. De corporum concursu (*1678*) *et autres textes inédits*, éd. M. Fichant, Paris, Vrin, 1994.

G. W. Leibniz, Recherches générales sur l'analyse des notions et des vérités. 24 thèses métaphysiques et autres textes logiques et métaphysiques, éd. J.-B. Rauzy, Paris, P.U.F., 1998.

Leibniz – De Volder. Correspondance, traduite, annotée et précédée d'une introduction « L'Ambivalence de l'action » par A.-L. Rey, Paris, Vrin, 2016.

G. W. Leibniz. Mathesis universalis. *Écrits sur la mathématique universelle*, éd. D. Rabouin, Paris, Vrin, 2018.

BIBLIOGRAPHIE GÉNÉRALE

ADAMS (Robert M.), «Leibniz's theories of contingency», *in* R. S. Woolhouse (ed.), *Gottfried Wilhelm Leibniz. Critical Assessments*, London, Routledge, 1994, I, p. 128-173.

ADOMAITIS (Laurynas), «Equivalence of hypotheses and Galilean censure in Leibniz: A conspiracy or a way to moderate censure?», *Revue d'histoire des sciences*, 72 (2019), p. 63-86.

AITON (Eric J.), *The Vortex Theory of Planetary Motion*, London/New York, Macdonald/American Elsevier, 1972.

– *Leibniz. A Biography*, Bristol-Boston, A. Hilger, 1985.

– «The mathematical basis of Leibniz's theory of planetary motion», in *Leibniz' Dynamica, Studia Leibnitiana, Sonderheft 13*, Stuttgart, F. Steiner, 1984, p. 209-225.

– «Polygons and parabolas: Some problems concerning the dynamics of planetary orbits», *Centaurus*, 31 (1988), p. 207-221.

ALEXANDER (Peter), *Ideas, Qualities and Corpuscules. Locke and Boyle on the External World*, Cambridge, CUP, 1985.

ALLEN (Diogenes), *Mechanical Explanations and the Ultimate Origin of the Universe according to Leibniz, Studia Leibnitiana, Sonderheft 11*, Wiesbaden, F. Steiner, 1983.

– «From vis viva to primary force in matter», in *Leibniz' Dynamica, Studia Leibnitiana, Sonderheft 13*, Stuttgart, F. Steiner, 1984, p. 55-61.

ANDRAULT (Raphaële), *La vie selon la raison. Physiologie et metaphysique chez Spinoza et Leibniz*, Paris, Honoré Champion, 2014.

ANDREWS (F. E.), «Leibniz's logic within his philosophical system», *Dionysius*, 7 (1983), p. 73-127.

ANSTEY (Peter), *The Philosophy of Robert Boyle*, London, Routledge, 2000.

– *John Locke and Natural Philosophy*, Oxford, OUP, 2011.

ARNDT (Hans Werner), *Methodo scientifica pertractatum. Mos geometricus und Kalkülbegriff in der philosophischen Theorienbildung des 17. und 18. Jahrhunderts*, Berlin, W. De Gruyter, 1971.

– «Die Zusammenhang von Ars iudicandi und Ars inveniendi in der Logik von Leibniz», *Studia Leibnitiana*, 3 (1971), p. 205-213.

ARTHUR (Richard T.), *Monads, Composition, and Force. Ariadnean Threads through Leibniz's Labyrinth*, Oxford, OUP, 2018.

– «Leibniz's theory of time», *in* K. Okruhlik, J. R. Brown (eds), *The Natural Philosophy of Leibniz*, Dordrecht, Reidel, 1985, p. 263-313.

BACHELARD (Suzanne), «Maupertuis et le principe de la moindre action», *Thalès*, 9 (1958), p. 3-36.

BATTAIL (Jean-François), *L'avocat philosophe Géraud de Cordemoy (1626-1684)*, La Haye, M. Nijhoff, 1973.

BELAVAL (Yvon), *Leibniz critique de Descartes*, Paris, Gallimard, 1960.

– *Leibniz. Initiation à sa philosophie*, Paris, Vrin, 1962.

– *Études leibniziennes. De Leibniz à Hegel*, Paris, Gallimard, 1976.

– « Leibniz et la chaîne des êtres », *Analecta Husserliana*, 11 (1981), p. 59-68.

BERNSTEIN (Howard R.), « Leibniz and Huygens on the relativity of motion », in *Leibniz' Dynamica, Studia Leibnitiana, Sonderheft 13*, Stuttgart, F. Steiner, 1984, p. 85-102.

BERTOLONI MELI (Domenico), *Equivalence and Priority: Newton versus Leibniz. Including Leibniz's Unpublished manuscripts on the* Principia, Oxford, Clarendon Press, 1993.

– « Leibniz's excerpts from the *Principia mathematica* », *Annals of Science*, 45 (1988), p. 477-505.

– « Leibniz on the censorship of the Copernican system », *Studia Leibnitiana*, 20 (1988), p. 19-42.

– « Some aspects of the interaction between natural philosophy and mathematics in Leibniz », in *The Leibniz Renaissance*, Firenze, L. S. Olschki, 1989, p. 9-22.

BLOCH (Olivier-René), *La Philosophie de Gassendi*, La Haye, M. Nijhoff, 1971.

BREGER (Herbert), *Kontinuum, Analysis, Informales – Beiträge zur Mathematik und Philosophie von Leibniz*, Berlin, Springer Spektrum, 2016.

« Elastizität als Strukturprinzip der Materie bei Leibniz », in *Leibniz' Dynamica, Studia Leibnitiana, Sonderheft 13*, Stuttgart, F. Steiner, 1984, p. 112-121.

– « Der Begriff der Zeit bei Newton und Leibniz », *in* G. Heinemann (Hrsg.), *Nebenwege der Naturphilosophie und Wissenschaftsgeschichte*, Kassel, Zentr. Druckerei d. Gesamthochschule, 1987, p. 37-53.

– « Symmetry in Leibnizian Physics », in *The Leibniz Renaissance*, Firenze, L. S. Olschki, 1989, p. 23-42.

BUCHDAHL (Gerd), *Metaphysics and the Philosophy of Science. The Classical Origins. Descartes to Kant*, Oxford, Blackwell, 1969.

BURKHARDT (Hans), *Logik und Semiotik in der Philosophie von Leibniz*, München, Philosophia Verlag, 1980.

BRUNSCHVICG (Léon), *Les étapes de la philosophie mathématique*, Paris, A. Blanchard, 1972.

CARTWRIGHT (Nancy), *How the Laws of Physics Lie*, Oxford, Clarendon Press, 1983.

CASSIRER (Ernst), *Leibniz' System in seinen wissenschaftlichen Grundlagen*, Hildesheim, G. Olms, 1980.

CLARKE (Desmond M.), *Descartes' Philosophy of Science*, Manchester, Manchester University Press, 1982.

– *Occult Powers and Hypotheses. Cartesian Philosophy under Louis XIV*, Oxford, Clarendon Press, 1989.

COUTURAT (Louis), *La logique de Leibniz d'après des documents inédits*, Hildesheim, G. Olms, 1969.

CURLEY (Edwin M.), « Der Ursprung des Leibnizschen Wahrheitstheorie », *Studia Leibnitiana*, 20 (1988), p. 160-174.

– « The root of contingency », *in* R. S. Woolhouse (ed.), *Gottfried Wilhelm Leibniz. Critical Assessments*, London, Routledge, 1994, I, p. 187-207.

DE RISI (Vincenzo), *Geometry and Monadology. Leibniz's* Analysis situs *and Philosophy of Space*, Basel, Birkhäuser, 2007.

– « Leibniz on the Continuity of Space », in *id.* (ed.), *Leibniz and the Structure of Sciences. Modern Perspectives on the History of Logic, Mathematics, Epistemology*, Cham, Springer, 2019, p. 111-169.

DESCARTES (René), *Œuvres de Descartes*, éd. C. Adam et P. Tannery, nouvelle présentation par B. Rochot et P. Costabel, Paris, Vrin, 1964-1974.

– *Discours de la méthode. Teste et commentaire,* éd. É. Gilson, Paris, Vrin, 1976 (5ᵉ éd.).

DUCHESNEAU (François), *L'empirisme de Locke*, La Haye, M. Nijhoff, 1973.

– *La dynamique de Leibniz*, Paris, Vrin, 1994.

– *Les modèles du vivant de Descartes à Leibniz*, Paris, Vrin, 1998.

– *Leibniz. Le vivant et l'organisme*, Paris, Vrin, 2010.

– *La physiologie des Lumières. Empirisme, modèles et théories*, Paris, Classiques Garnier, 2012.

– *Organisme et corps organique de Leibniz à Kant*, Paris, Vrin, 2018.

– « Leibniz et la théorie physiologique », *Journal of the History of Philosophy*, 14 (1976), p. 281-300.

– « Hypothèses et finalité dans la science leibnizienne », *Studia Leibnitiana*, 12 (1980), p. 161-178.

– « Leibniz et les hypothèses de physique », *Philosophiques*, 9 (1982), p. 223-238.

– « Leibniz. Le principe des indiscernables comme principe de la théorie physique », in *Leibniz: Werk und Wirkung. IV. Internationaler Leibniz-Kongress*, Hannover, G.W. Leibniz Gesellschaft, 1983, p. 125-134.

– « The problem of indiscernibles in Leibniz's 1671 mechanics », *in* K. Okruhlik, J. R. Brown (eds), *Leibniz. The Philosophy and Foundations of Science*, Dordrecht, Reidel, 1985, p. 7-26.

– « Leibniz on the classificatory function of language », *Synthese*, 75 (1988), p. 163-181.

– « Locke et les constructions théoriques en science », *Revue internationale de philosophie*, 42 (1988), p. 173-191.

– « The principle of indiscernibles and Leibniz's theory of science », *in* N. Rescher (ed.), *Leibnizian Inquiries*, Lanham, University Press of America, 1989, p. 45-53.

– « Leibniz and the philosophical analysis of science », *in* J. E. Fenstad *et al.* (eds), *Logic, Methodology and Philosophy of Science VIII*, Amsterdam, Elsevier Science Publishers, 1989, p. 609-624.

– « Leibniz's *Hypothesis physica nova*: A conjunction of models for explaining phenomena », *in* J.R. Brown, J. Mittelstrass (eds), *An Intimate relation. Studies in the History and Philosophy of Science, Presented to Robert E. Butts on his 60ᵗʰ Birthday*, Dordrecht, Kluwer, 1989, p. 153-170.

– «Leibniz et l'hypothèse corpusculaire selon Locke», *in* I. Marchlewitz, A. Heinekamp (Hrsg.), *Leibniz' Auseinandersetzung mit Vorgängern und Zeitgenossen, Studia Leibnitiana, Supplementa 27*, Stuttgart, F. Steiner, 1990, p. 124-137.

– «The significance of the a priori method in Leibniz's dynamics», *in* G. Brittan (ed.), *Causality, Method and Modality. Essays in Honor of Jules Vuillemin*, Dordrecht, Kluwer, 1991, p. 53-82.

– «Leibniz's theoretical shift in the *Phoranomus* and *Dynamica de potentia*», *Perspectives on Science*, 6 (1998), p. 77-109.

– «Descartes et le modèle de la science», *in* B. Bourgeois, J. Havet (dir.), *L'esprit cartésien. Quatrième centenaire de la naissance de Descartes*, Paris, Vrin, 2000, I, p. 99-122.

– «Leibniz et la méthode des hypothèses», *in* F. Duchesneau, J. Griard (dir.), *Leibniz selon les Nouveaux Essais sur l'entendement humain*, Paris/Montréal, Vrin/Bellarmin, 2006, p. 113-127.

– «Rule of continuity and infinitesimals in Leibniz's physics», *in* U. Goldembaum, D. Jesseph (eds), *Infinitesimal Differences. Controversies between Leibniz and his Contemporaries*, Berlin, Walter de Gruyter, 2008, p. 235-253.

– «The organism-mechanism relationship: an issue in the Leibniz-Stahl controversy», *in* O. Nachtomy, J. E. H. Smith (eds), *The Life Science in Early Modern Philosophy*, Oxford, OUP, 2014, p. 98-114.

– «Leibniz et la méthode de Hobbes au fondement de la philosophie naturelle», *in* E. Marquer, P. Rateau (dir.), *Leibniz lecteur critique de Hobbes*, Montréal/Paris, Presses de l'Université de Montréal/Vrin, 2017, p. 219-235.

– «Le recours aux principes architectoniques dans la *Dynamica* de Leibniz», *Revue d'histoire des sciences*, 72 (2019), p. 37-60.

– «Leibniz and the network of Italian physiologists», *in* E. Pasini, M. Palumbo (eds), *Subnetworks in Leibniz's Correspondence and Intellectual Network*, in *Wolfenbütteler Forschungen*, Wiesbaden, Harrassowitz Verlag, à paraître.

– «Leibniz, Ramazzini et le paramétrage des maladies épidémiques», *Studia Leibnitiana*, à paraître.

— et SMITH (J. E. H.), *The Leibniz-Stahl Controversy*, New Haven, Yale University Press, 2016.

DUGAS (René), *La mécanique au XVIIᵉ siècle*, Neuchâtel, Éditions du Griffon, 1954.

DUHEM (Pierre), *La théorie physique. Son objet, sa structure* [2ᵉ éd. 1914], Paris, Vrin, 1989.

ENGFER (Hans-Jürgen), *Philosophie als Analysis. Studien zur Entwicklung philosophischer Analysiskonzeptionen unter dem Einfluss mathematischer Methodenmodelle im 17. und frühen 18. Jahrhundert*, Stuttgart-Bad Cannstatt, Frommann-Holzboog, 1982.

FICHANT (Michel), *Science et métaphysique dans Descartes et Leibniz*, Paris, P.U.F., 1998.

– « La "réforme" leibnizienne de la dynamique d'après des textes inédits », in *Akten des II. internationalen Leibniz-Kongresses, Studia Leibnitiana, Supplementa 13*, Wiesbaden, F. Steiner, 1974, p. 195-214.

– « Les concepts fondamentaux de la mécanique selon Leibniz en 1676 », in *Leibniz à Paris (1672-1676), Studia Leibnitiana, Supplementa 17*, Wiesbaden, F. Steiner, 1978, p. 219-232.

– « Neue Einblicke in Leibniz' Reform seiner Dynamik (1678) », *Studia Leibnitiana*, 22 (1990), p. 38-68.

– « Le "principe des principes" : idées et expérience », *in* A. Pelletier (ed.), *Leibniz's Experimental Philosophy*, Stuttgart, F. Steiner Verlag, 2016, p. 25-40.

GARBER (Daniel), *Body, Substance, Monad*, Oxford, OUP, 2009.

– « Leibniz and the foundations of physics », *in* K. Okruhlik, J. R. Brown (eds), *The Natural Philosophy of Leibniz*, Dordrecht, Reidel, 1985, p. 27-130.

GROSHOLZ (Emily), « Productive ambiguity in Leibniz's representation of infinitesimals », *in* U. Goldenbaum, D. Jesseph (eds), *Infinitesimal Differences. Controversies between Leibniz and his Contemporaries*, Berlin, Walter de Gruyter, 2008, p. 153-170.

GUEROULT (Martial), *Leibniz. Dynamique et métaphysique, suivi d'une note sur le principe de la moindre action chez Maupertuis*, Paris, Aubier-Montaigne, 1967.

HACKING (Ian), *Representing and Intervening. Introductory Topics in the Philosophy of Natural Science*, Cambridge, CUP, 1983.

– « Why motion is only a well-founded phenomenon », *in* K. Okruhlik, J. R. Brown (eds), *The Natural Philosophy of Leibniz*, Dordrecht, Reidel, 1985, p. 131-150.

HAHN (Roger), *The Anatomy of a Scientific Institution. The Paris Academy of Sciences, 1666-1803*, Berkeley, University of California Press, 1971.

HARTZ (Glenn A.), « Space and time in the Leibnizian metaphysics », *Noûs*, 22 (1988), p. 493-519.

– « Leibniz on why Descartes' metaphysics of body is necessarily false », *in* N. Rescher (ed.), *Leibnizian Inquiries*, Lanham, University Press of America, 1989, p. 23-36.

HEIMSOETH (Heinz), *Die Methode der Erkenntnis bei Descartes und Leibniz*, Giessen, Töpelmann, 1912-1914.

HERMES (Hans), « Ideen von Leibniz zur Grundlagenforschung : Die ars inveniendi und die ars judicandi », in *Akten des internationalen Leibniz-Kongreßes 14. 19. November 1966, Studia Leibnitiana, Supplementa 3*, Wiesbaden, F. Steiner, 1969, p. 92-102.

HINTIKKA (Jaako) et REMES (Unto), *The Method of Analysis. Its Geometrical Origin and its General Significance*, Dordrecht, Reidel, 1974.

HOBBES (Thomas), *De corpore*, éd. K. Schuhmann, Paris, Vrin, 1999.

HOYER (Ulrich), «Das Verhältnis der Leibnizschen zur Keplerschen Himmelsmechanik», *Zeitschrift für allgemeine Wissenschaftstheorie*, 10 (1979), p. 29-34.

HUNTER (Michael), *Establishing the New Science: The Experience of the Early Royal Society*, Woodbridge, Boydell Press, 1989.

HUYGENS (Christiaan), *Œuvres complètes de Christiaan Huygens*, publiées par la Société hollandaise des Sciences, Amsterdam, Swets & Zeitlinger, 1967.

ISHIGURO (Hidé), *Leibniz's Philosophy of Logic and Language*, Cambridge, CUP, 1990 (2ᵉ éd.).

– «Leibniz on hypothetical truths», *in* M. Hooker (ed.), *Leibniz: Critical and Interpretive Essays*, Manchester, Manchester University Press, 1982, p. 90-102.

JOLLEY (Nicholas), *Leibniz and Locke: A Study of the New Essays on Human Understanding*, Oxford, Clarendon Press, 1984.

– «Leibniz and phenomenalism», *Studia Leibnitiana*, 18 (1986), p. 38-51.

JOST (Jürgen), «Leibniz and the calculus of variations», *in* V. De Risi (ed.), *Leibniz and the Structure of Sciences. Modern Perspectives on the History of Logic, Mathematics, Epistemology*, Cham, Springer, 2019, p. 253-270.

KNECHT (Herbert), *La logique de Leibniz. Essai sur le rationalisme baroque*, Lausanne, L'Âge d'homme, 1981.

KOVACH (Francis J.), «Actions at a distance in the cosmology and metaphysics of G. W. Leibniz», *in* N. Rescher (ed.), *Leibnizian Inquiries*, Lanham, University Press of America, 1989, p. 71-82.

KULSTAD (Mark A.), «Leibniz's conceptions of expression», *Studia Leibnitiana*, 9 (1977), p. 55-76.

LÆRKE (Mogens), «*More mathematico demonstrata, Ordine naturali exposita*: Leibniz sur l'organisation de l'encyclopédie», *in* A. Pelletier (ed.), *Leibniz Experimental Philosophy*, Stuttgart, F. Steiner, 2016, p. 239-255.

LAKATOS (Imre), *Philosophical Papers*. Volume I: *The Methodology of Scientific Research Programmes*, Cambridge, CUP, 1978.

– «The method of analysis-synthesis», in *Mathematics, Science and Epistemology. Philosophical Papers*, vol. 2, Cambridge, CUP, 1978, p. 70-103.

LALANNE (Arnaud), *Genèse et évolution du principe de raison suffisante dans l'œuvre de G. W. Leibniz*, thèse de doctorat, Université Paris-Sorbonne, 2013, Lille, Atelier national de reproduction des thèses, 2015.

– «Les dernières évolutions du principe de raison suffisante», *Les Études Philosophiques*, juillet 2016/3, p. 321-225.

LEDUC (Christian), *Substance, individu et connaissance chez Leibniz*, Montréal/Paris, Presses de l'Université de Montréal/Vrin, 2009.

LEVEY (Samuel), «Archimedes, infinitesimals and the law of continuity: on Leibniz's fictionalism», *in* U. Goldenbaum, D. Jesseph (eds), *Infinitesimal Differences. Controversies between Leibniz and his Contemporaries*, Berlin, Walter de Gruyter, 2008, p. 107-133.

LINGUITI (Gennar Luigi), *Leibniz e la scoperta del mondo microscopico della vita*, Lucca, Pacini Fazzi, 1984.

LOCKE (John), *An Essay concerning Human Understanding*, ed. P. H. Nidditch, Oxford, Clarendon Press, 1975.

LOEMKER (Leroy E.), «Leibniz's conception of philosophical method», *in* I. Leclerc (ed.), *The Philosophy of Leibniz and the Modern World*, Nashville, Vanderbilt University Press, 1973, p. 135-157.

– «Boyle and Leibniz», *in* I. Leclerc (ed.), *The Philosophy of Leibniz and the Modern World*, Nashville, Vanderbilt University Press, 1973, p. 248-275.

LOVEJOY (Arthur), *The Great Chain of Being. A Study of the History of an Idea*, Cambridge (Mass.), Harvard University Press, 1964.

LYSSY (Ansgar), «L'économie de la nature : Maupertuis et Euler sur le principe de moindre action», *Philosophiques*, 42 (2015), p. 31-50.

McDONOUGH (Jeffrey), «Leibniz's two realms revisited», *Nous*, 42 (2008), p. 673-696.

– «Leibniz on natural teleology and the laws of optics», *Philosophy and Phenomenological Research*, 78 (2009), p. 505-544.

– «Leibniz's optics and contingency in nature», *Perspectives on Science*, 18 (2010), p. 432-455.

– «Leibniz and the foundations of physics», *The Philosophical Review*, 125 (2016), p. 1-34.

– «Leibniz on monadic agency and optimal form», *in* A. Pelletier (ed.,), *Leibniz Experimental Philosophy*, Stuttgart, F. Steiner, 2016, p. 94-118.

McRAE (Robert), *Leibniz. Perception, Apperception and Thought*, Toronto, University of Toronto Press, 1976.

MALINK (Marco) et VASUDEVAN (Anubav), «Leibniz on the logic of conceptual containment and coincidence», *in* V. De Risi (ed.), *Leibniz and the Structure of Sciences. Modern Perspectives on the History of Logic, Mathematics, Epistemology*, Cham, Springer, 2019, p. 1-46.

MATES (Benson), *The Philosophy of Leibniz. Metaphysics and Language*, Oxford, OUP, 1986.

MAUPERTUIS (Pierre-Louis Moreau de), *Œuvres*, Hildesheim, Olms, 1974.

MONDADORI (Fabrizzio), «Necessity ex hypothesi», in *The Leibniz Renaissance*, Firenze, L.S. Olschki, 1985, p. 191-222.

MUGNAI (Massimo), *Leibniz' Theory of Relations*, Stuttgart, F. Steiner, 1992.

– «On Leibniz's theory of relations», in *Questions de logique, Studia Leibnitiana, Sonderheft 15*, Stuttgart, F. Steiner, 1988, p. 145-161.

NACHTOMY (Ohad), *Living Mirrors. Infinity, Unity, and Life in Leibniz's Philosophy*, New York, Oxford University Press, 2019.

– «Modal adventures between Leibniz and Kant : Existence and (temporal, logical, real) possibilities», *in* S. Mark (ed.), *The Actual and the Possible. Modality and Metaphysics in Modern Philosophy*, New York, OUP, 2017, p. 64-93.

NICOLÁS (Juan A.), «Universalität des Prinzips vom zureichenden Grund», *Studia Leibnitiana*, 22 (1990), p. 90-105.

OKRUHLIK (Kathleen), « The status of scientific laws in the Leibnizian system, *in* K. Okruhlik, J. R. Brown (eds), *The Natural Philosophy of Leibniz*, Dordrecht, Reidel, 1985, p. 183-206.

ORTEGA Y GASSET (José), *The Idea of Principle in Leibnitz and the Evolution of Deductive Theory*, trad. angl. M. Adams, New York, W. W. Norton, 1971.

PALAIA (Roberto), « Naturbegriff und Kraftbegriff im Briefwechsel zwischen Leibniz und Sturm », *in* I. Marchlewitz, A. Heinekamp (Hrsg.), *Leibniz' Auseinandersetzung mit Vorgängern und Zeitgenossen, Studia Leibnitiana, Supplementa 27*, Stuttgart, F. Steiner, 1990, p. 157-172.

PANZA (Marco), « De la nature épargnante aux forces généreuses : le principe de moindre action entre mathématiques et métaphysique. Maupertuis et Euler, 1740-1751 », *Revue d'histoire des sciences*, 48 (1995), p. 435-520.

PAPPUS, *Pappi Alexandrini collectionis quæ supersunt*, éd. F. Hultsch, Berlin, Weidmann, 1876-1877.

PARKINSON (G. H. R.), *Logic and Reality in Leibniz's Metaphysics*, Oxford, Clarendon Press, 1965.

PASCAL (Blaise), *Œuvres complètes*, Paris, Seuil, 1963.

PELLETIER (Arnaud), « L'analogie du magnétisme : les réflexions leibniziennes sur la déclinaison de l'aimant, d'après des textes inédits », *in* J. Nicolas, S. Toledo (eds), *Leibniz y las ciencias empiricas*, Granada, Comares, 2011, p. 187-206.

– « *Logica est Scientia generalis* : l'unité de la logique selon Leibniz », *Archives de philosophie*, 76 (2013), p. 271-294.

– « Des limites de l'expérience : Leibniz et l'explication des phénomènes magnétiques », *in* A. Pelletier (ed.), *Leibniz's Experimental Philosophy*, Stuttgart, F. Steiner, 2016, p. 143-160

– « The scientia generalis and the encyclopaedia », *in* M. R. Antognazza (ed.), *Oxford Handbook of Leibniz*, Oxford, OUP, 2018, p. 162-176.

POSER (Hans), « Apriorismus der Prinzipien und Kontingenz der Naturgesetze. Das Leibniz-Paradigma der Naturwissenschaft », in *Leibniz' Dynamica, Studia Leibnitiana, Sonderheft 13*, Stuttgart, F. Steiner, 1984, p. 164-179.

RABOUIN (David), *Mathématiques et philosophie chez Leibniz. Au fil de l'analyse des notions et vérités*, Thèse d'habilitation, 2019.

– « The difficulty of being simple : on some interactions between mathematics and philosophy in Leibniz's analysis of notions », *in* N. B. Goethe, P. Beeley, D. Rabouin (eds), *G. W. Leibniz, Interrelations between Mathematics and Philosophy*, Dordrecht, Springer, 2016, p. 49-72.

– « Introduction », *in* G. W. Leibniz, Mathesis universalis. *Écrits sur la mathématique universelle*, Paris, Vrin 2018, p. 7-69.

RATEAU (Paul), « La philosophie et l'idée d'encyclopédie universelle des connaissances selon Leibniz », *Archives de philosophie*, 81 (2018), p. 115-141.

RESCHER (Nicholas), *Leibniz. An Introduction to his Philosophy*, Oxford, Blackwell, 1979.

– *Leibniz's Metaphysics of Nature*, Dordrecht, Reidel, 1981.

REY (Anne-Lise), « L'ambivalence de l'action » in *Leibniz – De Volder Correspondance*, Paris, Vrin, 2016, p. 19-83.

ROBINET (André), *Malebranche et Leibniz. Relations personnelles*, Paris, Vrin, 1955.

– *Architectonique disjonctive, automates systémiques et idéalité transcendantale dans l'œuvre de G. W. Leibniz*, Paris, Vrin, 1986.

ROGER (Jacques), *Les Sciences de la vie dans la pensée française du XVIIIe siècle*, Paris, A. Colin, 1971 (2e éd.).

ROSS (George MacDonald), « Leibniz's phenomenalism and the construction of matter », in *Leibniz' Dynamica, Studia Leibnitiana, Sonderheft 13*, Stuttgart, F. Steiner, 1984, p. 26-36.

– « The demarcation between metaphysics and other disciplines in the thought of Leibniz, *in* R. S. Woolhouse (ed.), *Metaphysics and Philosophy of Science in the 17th and 18th Centuries. Essays in Honour of Gerd Buchdahl*, Dordrecht, Kluwer, 1988, p. 133-163.

RUSSELL (Bertrand), *La Philosophie de Leibniz*, trad. fr. J. et R. Ray, Paris, F. Alcan, 1908.

RUTHERFORD (Donald P.), *Leibniz and the Rational Order of Nature*, Cambridge, CUP, 1996.

SABRA (A. I.), *Theories of Light from Descartes to Newton*, Cambridge, CUP, 1981.

SALOMON-BAYET (Claire), *L'Institution de la science et l'expérience du vivant. Méthode et expérience à l'Académie royale des Sciences, 1666-1793*, Paris, Flammarion, 1978.

SCHEPERS (Heinrich), « Begriffsanalyse und Kategorialsynthese. Zur Verflechtung von Logik und Metaphysik bei Leibniz », in *Akten des I. internationalen Leibniz-Kongreßes, Studia Leibnitiana, Supplementa 3*, Wiesbaden, F. Steiner, 1969, p. 34-49.

SCHNEIDER (Martin), *Analysis und Synthesis bei Leibniz*, thèse de doctorat, Bonn, 1974.

– « Funktion und Grundlegung der Mathesis Universalis im Leibnizschen Wissenschaftsystem », in *Questions de logique, Studia Leibnitiana, Sonderheft 15*, Stuttgart, F. Steiner, 1988, p. 162-182.

SCHOLZ (Heinrich), *Mathesis universalis. Abhandlungen zur Philosophie als strenger Wissenschaft*, Darmstadt, Wissenschaftliche Buchgesellschaft, 1969.

SEAGER (William), « The principle of continuity and the evaluation of theories, *Dialogue*, 20 (1981), p. 485-495.

– « Leibniz and scientific realism, in K. Okruhlik, J. R. Brown (eds), *The Natural Philosophy of Leibniz*, Dordrecht, Reidel, 1985, p. 315-331.

SMITH (J. E. H.), *Divine Machine. Leibniz and the Sciences of Life*, Princeton, Princeton University Press, 2011.

STAMMEL (Hans), *Der Kraftbegriff in Leibniz' Physik*, thèse de doctorat, Mannheim, 1982.

– « Der Status der Bewegungsgesetze in Leibniz' Philosophie und die apriorische Methode der Kraftmessung », in *Leibniz' Dynamica, Studia Leibnitiana, Sonderheft 13*, Stuttgart, F. Steiner, 1984, p. 180-188.

VAN FRAASSEN (Bas C.), *The Scientific Image*, Oxford, Clarendon Press, 1980.

VAN LEEUWEN (Henry G.), *The Problem of Certainty in English Thought 1630-1690*, The Hague, M. Nijhoff, 1970 (2 nd éd.).

WATSON (Richard A.), *The Downfall of Cartesianism 1673-1712*, The Hague, M. Nijhoff, 1966.

WESTFALL (Richard S.), *Force in Newton's Physics. The Science of Dynamics in the Seventeenth Century*, New York, American Elsevier, 1971.

– « The problem of force : Huygens, Newton, Leibniz », in *Leibniz' Dynamica, Studia Leibnitiana, Sonderheft 13*, Stuttgart, F. Steiner, 1984, p. 71-84.

WILSON (Catherine), *Leibniz's Metaphysics. A Historical and Comparative Study*, Princeton, Princeton University Press, 1989.

WOOLHOUSE (R. S.) (ed.), *Leibniz: Metaphysics and Philosophy of Science*, Oxford, OUP, 1981.

YOLTON (John W.), *Locke and the Compass of Human Understanding*, Cambridge, CUP, 1970.

YOST (Robert M.), *Leibniz and Philosophical Analysis*, Berkeley-Los Angeles, University of California Press, 1954.

INDEX DES NOMS

ADAMS (Robert M.), 130-133
ADOMAITIS (Laurynas), 235
AITON (Eric), 225, 227, 230, 231
ALEXANDER (Peter), 22, 205, 207
ALLEN (Diogenes), 266, 268
ALSTED (Johann Heinrich), 28
ALVENSLEBEN (Carl August von), 273
ANDRAULT (Raphaële), 337
ANDREWS (Floy E.), 137
ANSTEY (Peter), 22, 191, 205, 207
APOLLONIUS, 60
ARCHIMÈDE 140, 141, 175, 327
ARISTOTE, 28, 185
ARNAULD (Antoine), 111, 119, 121-124, 146, 225, 302
ARNDT (Hans Werner), 62
ARTHUR (Richard T.), 201, 217, 285, 290, 304

BACHELARD (Suzanne), 257, 258, 262
BACON (Francis), 19, 30, 56, 91, 93, 183
BATTAIL (Jean-François), 146
BAYLE (Pierre), 269, 299, 302, 314, 328, 329
BELAVAL (Yvon), 74, 75, 77, 177, 249, 253-256, 275, 297, 304, 335
BERNSTEIN (Howard R.), 290

BERTOLONI MELI (Domenico), 223, 227, 232, 235
BLOCH (Olivier-René), 213
BORELLI (Giovanni Alfonso), 223
BOYLE (Robert), 21, 22, 85, 175, 191, 205-208, 222
BRAHÉ (Tycho), 234, 283
BREGER (Herbert), 294
BRUNSCHVICG (Léon), 73, 75, 319
BUCHDAHL (Gerd), 308-311

CARTWRIGHT (Nancy), 16
CASSIRER (Ernst), 62
CATELAN (François), 302, 316
CLARKE (Desmond), 72
CLARKE (Samuel), 23, 112, 212, 286, 287, 291
CLAUBERG (Johann), 29
CLÜVER (Detlev), 95
COMMANDINO (Federigo), 68
CONRING (Hermann), 32, 54, 103, 114, 171-175, 183-186, 190, 194, 196, 244, 245, 361
COPERNIC (Nicolas), 234, 283
COUTURAT (Louis), 26-28, 50, 54, 61, 76, 77, 92, 109, 120, 127, 130, 131, 143, 149, 172, 249, 273, 296, 297
CURLEY (Edwin M.), 130-134

DÉMOCRITE, 205, 206, 288

DE RISI (Vincenzo), 51, 152, 153
DES BOSSES (Bartholomæus), 113
DESCARTES (René), 19, 27, 49, 64, 65, 70-77, 100-103, 109, 138, 169, 171, 173-177, 181, 184, 188, 189, 194-198, 201, 204, 225, 245, 246, 249, 252, 261, 262, 270, 302, 303, 306, 307, 313, 315, 330, 331, 354, 359, 361
DUGAS (René), 223, 230
DUHEM (Pierre), 17, 18

ENGFER (Hans Jürgen), 60, 62, 77, 78
EUCLIDE, 112, 116

FERMAT (Pierre de), 253, 257, 278
FICHANT (Michel), 22, 93, 116, 171
FOUCHER (Simon), 178-183, 192, 245, 315-318

GALIEN, 254
GALILEI (Galileo), 19, 28, 100-103, 175, 176
GASSENDI (Pierre), 19, 205, 206, 213
GILBERT (William), 100
GLANVILL (Joseph), 30
GOLIUS (Jacob), 73
GREGORY (James), 235-237, 248
GROSHOLZ (Emily), 320
GUERICKE (Otto von), 103
GUGLIELMINI (Domenico), 339

HACKING (Ian), 16
HAHN (Roger), 21
HALLEY (Edmond), 241
HARTSOEKER (Nicolaus), 286, 287
HARTZ (Glenn A.), 304
HARVEY (William), 100, 102
HEIMSOETH (Heinrich), 61
HINTIKKA (Jaako), 67-70

HOBBES (Thomas), 19, 22, 28, 70, 79, 117-119, 170, 173, 175
HOYER (Ulrich), 224
HUNTER (Michael), 21
HUYGENS (Christiaan), 19, 22, 28, 171, 223-225, 229-232, 235-243, 248, 283, 286, 300, 333, 336

ISHIGURO (Hidé), 128, 130, 134, 135, 180-182

JOLLEY (Nicholas), 206
JOST (Jürgen), 258

KANT (Immanuel), 127-129, 251, 309, 310, 354
KEPLER (Johannes), 19, 100, 223, 226-231, 236-238, 247, 248, 362
KNECHT (Herbert), 26, 27
KNOBLOCH (Eberhard), 50
KUHN (Thomas S.), 12

LÆRKE (Mogens), 44
LAKATOS (Imre), 14, 15, 70, 173, 195
LALANNE (Arnaud), 111, 297
LEDUC (Christian), 79
LEEUWENHOEK (Antonie van), 339
LEVEY (Samuel), 326
LINGUITI (Gennar Luigi), 337
LOCKE (John), 19, 21-23, 45, 127, 190-192, 198-201, 205-222, 260, 341
LOEMKER (Leroy), 61, 62, 82, 85, 138, 321, 322
LOVEJOY (Arthur), 335, 343
LYSSY (Ansgar), 257

MALEBRANCHE (Nicolas), 176-179, 302, 303, 306, 307, 316, 318
MALINK (Marco), 53
MALPIGHI (Marcello), 41, 339

MARIOTTE (Edme), 171, 318
MATES (Benson), 113
MAUPERTUIS (Pierre-Louis Moreau de), 257, 258
MCDONOUGH (Jeffrey), 251, 264, 278
MCRAE (Robert), 126, 251, 297, 309, 310
MOLYNEUX (William), 270
MORIN (Jean-Baptiste), 195
MUGNAI (Massimo), 113

NACHTOMY (Ohad), 129, 337
NEWTON (Isaac), 15, 19, 21, 22, 70, 176, 191, 205, 206, 212, 223-227, 231, 232, 235-240, 247-249, 290, 362

OKRUHLIK (Kathleen), 142
OLDENBURG (Henry), 44

PALAIA (Roberto), 269
PANZA (Marco), 257
PAPPUS, 67-70, 73, 77, 78, 105, 193, 359
PARKINSON (G. H. R.), 140
PASCAL (Blaise), 58, 59, 103
PELLETIER (Arnaud), 46, 54, 75, 107, 243
PHILIPP (Christian), 138
PLACCIUS (Vincenz), 114, 172
POPPER (Karl), 14
POSER (Hans), 251
PTOLÉMÉE, 234, 278, 283
PYTHAGORE, 102

QUINE (W. V. O.), 17, 18

RAMAZZINI (Bernardino), 339
RATEAU (Paul), 46

REMES (Unto), 67-70
RÉMOND (Nicolas-François), 323
RESCHER (Nicholas), 113
REY (Anne-Lise), 282
ROBERVAL (Gilles Personne de), 60
ROBINET (André), 179, 302
ROGER (Jacques), 334, 335, 346
ROHAULT (Jacques), 220
RÖMER (Olaüs), 233
RUSSELL (Bertrand), 62, 109, 127-131, 134

SABRA (A. I.), 278
SAINT-VINCENT (Grégoire de), 91
SALOMON-BAYET (Claire), 21
SCHELHAMMER (Günther Christoph), 269
SCHNEIDER (Martin), 34, 49, 50, 62, 78, 85, 162-168
SCHRECKER (Paul), 63
SEAGER (William), 314
SERRES (Michel), 335
SMITH (Justin), 337, 340
SNELL (Willebrord), 103, 262, 278
SOPHIE (Électrice de Hanovre), 273
SPINOLA (Christoph Rojas), 52
STAMMEL (Hans), 302
STURM (Johann Christoph), 269, 276
SWAMMERDAM (Jan), 339
SYDENHAM (Thomas), 173

TORRICELLI (Evangelista), 103

VAGETIUS (Johann), 172
VAN FRAASSEN (Bas), 16
VAN LEEUWEN (Henry G.), 30
VARIGNON (Pierre), 225, 230, 312, 321, 326
VASUDEVAN (Anubav), 53

VOLDER (Burchard de), 270, 271, 282-289, 292, 353

WALLIS (John), 22
WATSON (Richard A.), 179
WEIGEL (Erhard), 276

WESTFALL (Richard S.), 223
WREN (Christopher), 22

YOLTON (John), 22

ZWINGER (Theodor), 28

INDEX DES MATIÈRES

Analogie, 43, 91, 111, 134, 137, 147, 152, 159, 166-168, 251, 304, 325, 337, 340, 351
Analyse, 16, 24, 30, 31, 35-42, 45-51, 60-89, 104, 112, 118, 123, 125-136, 150, 153, 163, 164, 169, 170, 177, 184, 189, 190, 209, 216, 221, 231, 232, 259, 277, 293, 300, 321, 326, 329, 338 ; — cartésienne, 65 ; — physique, 35, 93, 340
Ars, — inveniendi, 60, 62, 63, 105 ; — judicandi, 60, 62
Atomisme, 205, 225
Attraction, 226, 229, 232, 236, 240, 248
Axiome, 115, 140, 141, 145, 172, 273, 276, 300, 317, 318, 335

Bateau (règle du), 300, 333
Biologie, 37, 309

Calcul infinitésimal, 19, 88, 100, 138, 154, 168, 200, 231, 247, 255, 303, 304, 310, 320, 322, 326, 327, 355, 363
Catoptrique, 159, 249, 254, 256, 262, 278-282, 294, 336, 352, 353, 362
Cercle pappusien, 70, 194, 196, 245, 246, 361

Chaîne, — de définitions (catena definitionum), 76, 106, 114, 172, 183-186, 197 ; — des êtres, 334, 335, 340-342
Chimie, 29, 37, 174
Choc (lois du), 22, 174, 252, 331, 333, 336, 354
Circulation harmonique, 171, 223-241, 247, 248, 362
Cogito, 53, 81, 121, 131
Combinatoire, 23, 26, 28, 30, 33-42, 47-51, 55, 61-67, 76-92, 94-99, 102-106, 145, 148, 151, 170, 292, 323, 351, 360
Comète, 237, 243, 248
Conatus, 170, 227-232, 238, 239, 247, 248, 268, 271, 276, 303, 340
Continuité (principe de), 37, 43, 92, 93, 141, 145, 159, 161, 178, 189, 191, 200, 221, 296, 297-351, 353-356, 363
Contradiction (principe de), 110, 143, 298, 343

Définition, — nominale, 115, 117, 216 ; — réelle, 80, 115, 117, 122, 125, 203, 216
De formis optimis (analyse ou calcul), 253, 256, 275-278

De maximis et minimis (analyse ou calcul), 190, 253-255, 259, 263, 264, 273-277, 280, 296, 353

Démonstration, 20, 22, 23, 26, 28, 47, 49, 53, 59, 60-86, 97, 98, 102, 105, 106, 111, 114-117, 120, 125, 132-139, 142, 144, 150, 151, 159, 171, 172, 178, 179, 183-189, 195-197, 235, 245, 260-263, 317, 326-328, 357, 358

Dioptrique, 103, 159, 176, 190, 194, 249, 253, 256, 261-264, 270, 275, 277-282, 294, 314, 336, 352, 353, 362

Durée, 201, 226, 229, 285, 289

Dynamique, 19-20, 22, 23, 30, 31, 34, 96, 97, 101, 107, 126, 138, 159, 171, 175, 177, 189, 199, 200, 233, 235-239, 241, 244, 248, 249-251, 257, 258, 271, 282, 283, 292, 293, 299, 302, 308, 340, 343, 353-364

Ellipse, 80, 306

Encyclopédie, 26, 30, 52, 55, 103

Équivalence de la cause pleine et de l'effet entier (principe de l'), 299

Espace, 291, 292

Espèce, — logique, 345 ; — physique, 350

Essence, 206, 283, 326, 342, 345

Étendue, 252, 271

Évidence, 67, 246, 265, 337

Expérience, 11, 80, 93, 99, 123, 138, 139, 143, 199

Experimental philosophy, 44, 93

Falsificationnisme, 14

Finalité (principe de), 252-272, 279, 298, 301, 308, 314, 352, 362

Force centrifuge, 227-239, 242

Gravitation, 15, 223, 248

Harmonie préétablie, 131, 314, 334

Hypothèse, 29, 31, 42, 51, 69, 80, 92, 95, 102, 122, 164, 166, 169-248, 258-266, 275, 283, 334, 335, 346, 360, 362 ; — corpusculaire, 205-223

Impetus, 219, 227, 230, 340

Indiscernables (principe de l'identité des), 145, 146, 156, 157, 166, 200, 213, 221, 247, 250, 272-296, 299, 351, 353, 354, 362, 363

Induction, 33, 197, 339

Jugement, — analytique, 109 ; — synthétique, 109, 129

Loi de la nature, 23, 25, 131, 135, 170, 183, 241, 251, 252, 256, 264, 266, 269-271, 275, 287, 294 ,295, 298-302, 306, 313, 328, 354, 357, 358, 364

Lumière, 39, 223, 226, 242, 248, 254, 257, 261, 263

Magnétisme, 223, 242, 243

Mathesis, 30, 34, 43, 44, 49, 50, 70, 75, 101, 104, 107, 164, 264, 294, 359, 360

Mécanique, 15, 30, 31, 36, 50, 51, 92, 102, 138, 169-171, 175, 177, 178, 189, 223-230, 233, 247-249, 259, 261, 265, 278, 283, 299, 303, 307-312, 318, 336, 340

Mécanisme, 44, 101, 172, 214, 222, 241, 250, 269

Médecine, 28, 29, 31, 46, 97, 173, 177

Métaphysique, 11, 12, 15, 17, 22, 23, 29, 31, 49, 51, 54, 55, 75, 101-107, 113, 121-127, 132, 134, 138, 140, 142, 143, 145, 166, 169-171, 178, 179, 188, 189, 198-200, 205-207, 221, 250-257, 264-275, 283, 296, 303, 304, 314, 315, 329, 338, 342, 343, 363
Méthode hypothético-déductive, 246, 250, 356
Microscope de la nature, 41, 339
Moindre action (principe de la), 257, 258, 262
Monade, 265, 270, 334, 338, 343
Mouvement (lois du), 29, 174, 200, 220, 235, 241, 252, 257, 258, 268-271, 299, 300, 313, 317, 318

Nature plastique, 24-25
Newtonianisme, 11, 23, 241
Nominalisme, 22, 79

Occasionnalisme, 269, 362
Optimum (principe de l'), 275
Organisme, 339, 344

Perception, 38, 77, 143, 144, 151, 163, 201, 209, 210, 337
Phénomène, 91, 131, 157, 163, 164, 190, 227, 241, 242, 253, 259, 315, 338
Physiologie, 253, 254, 264, 265, 333, 337, 351, 352
Physique, 283, 287, 288, 294-296, 302-304, 308, 311-313, 317-319, 325, 327, 329, 333, 339, 340, 351, 352, 355, 364
Positivisme logique, 11, 12, 16
Pouvoir (idée de), 210, 214, 220, 221
Prédicat (*predicatum inest subjecto*), 111, 112, 122, 134

Préexistence des germes, 334, 346
Programme de recherche, 15, 25, 60, 63, 207

Qualités premières et secondes, 209-223, 247

Raison, — inclinante, 139 ;
— suffisante (principe de), 25, 37, 42, 43, 53, 63, 80, 81, 87, 92, 96, 110, 111, 119-122, 125, 128-131, 136, 139-142, 146, 153-163, 165-167, 172, 173, 217, 244, 245, 250, 256, 259, 264, 267, 286, 292-295, 297-301, 304, 320-323, 329, 343, 351, 356, 360
Réalisme critique, 17, 364
Réflexion lumineuse, voir : catoptrique
Réfraction lumineuse, voir : dioptrique

Scepticisme, 179, 212, 217, 309, 315
Science générale, 9, 23, 25, 26. 44-50, 55-60, 64, 102, 104-107, 358, 359
Sémiotique, 45
Substance, 112, 123, 124, 131, 138, 139, 144, 146, 157, 207, 208, 212-216, 272, 283, 289, 336, 344
Substitution d'équivalents, 118, 120, 121, 125, 136, 144, 154, 158, 166, 184, 185, 190, 360
Symétrie, 235, 255, 294
Synthèse, 25-30, 46, 60-87, 90, 94, 104, 105, 109, 118, 128, 166, 194-197, 203, 204, 246, 250, 251, 292, 320, 321, 341, 359

Téléologie, voir : finalité (principe de)

Temps, 15, 102, 123, 200, 212, 266, 273, 285, 288-292, 303, 314, 353, 354

Théorie, 14, 15, 18, 23, 27, 44, 50, 83, 104, 120, 153, 164, 170, 173, 174, 178, 201, 221, 233, 265, 268, 269, 283, 284, 292, 302, 311, 312, 318, 333-337, 340, 351, 360-363

Tourbillon, 226, 227, 232, 236-240, 244, 247

Vérité, — contingente (ou de fait), 23-25, 62, 63, 81, 111, 120-122, 124-140, 144-168, 200, 250, 251, 266, 298, 301, 328, 343, 358, 360 ; — hypothétique, 25, 179 ; — nécessaire (ou de raison), 57, 62, 87, 109-111, 115-133, 136, 137, 144, 148, 149, 154, 155, 158, 165, 195, 198, 298

TABLE DES MATIÈRES

Abréviations 7

Avant-propos 9

Introduction 11

Chapitre premier : La méthode d'invention 21
  Encyclopédie et science générale 26
  Analyse et synthèse 60
  Méthode analytique et science des phénomènes 89

Chapitre II : L'ordre des vérités 109
  Vérités de raison et vérités de fait 110
  Contingence et science des phénomènes 137

Chapitre III : la stratégie des hypothèses 169
  La méthode des hypothèses : formulation 171
  La méthode des hypothèses: évaluation 190
  Critique de l'hypothèse corpusculaire 205
  La circulation harmonique: hypothèse leibnizienne 223

Chapitre IV : Les principes architectoniques 249
  Le principe de finalité 252
  Le principe de l'identité des indiscernables 272
  Le principe de continuité 297
  Applications du principe de continuité 318

CONCLUSION 357

BIBLIOGRAPHIE 365

INDEX DES NOMS 377

INDEX DES MATIÈRES.. 381

TABLE DES MATIÈRES 385

Achevé d'imprimer en février 2022 par *La Manufacture - Imprimeur* – 52200 Langres
Imprimé en France – N° d'imprimeur : 220152 – Dépôt légal : mars 2022